最新 출제경향에 따른 상시검정대비

굴삭기운전기능사

도로명주소법 요점정리·실기시험 코스 및 작업요령수록

이영환 김성식 박용호 共著

미전사이언스

머 리 말

최근에 급증하는 건설·토목공사와 더불어 여기에 가장 중추적인 역할을 담당하는 건설기계는 몇 년 사이에 급격하게 보급되었으며 모든 산업현장에서 설비의 자동화가 이루어져 감에 따라 인력(人力)의 시대를 탈피하여 보다 편리한 기계의 힘을 이용하여 작업에 임하고 있다. 이에 따라 건설기계의 운전·정비 및 관리는 항상 상호간에 전문성을 가져야 할 것이며 동시에 올바른 지식을 겸비하여야 할 것이다.

이 책은 다음과 같은 사항에 중점을 두고 집필하였다.

첫째, 한국산업인력공단에서 시행되었던 건설기계 운전기능사 문제를 분석하여 나열하였다.

둘째, 문제들을 과목별로 분류한 후 난이도에 따라 배열하였으며, 문제마다 해설을 충실히 하였다.

셋째, 법규(건설기계관리법과 도로교통법 및 도로명 주소법) 출제 문제수가 늘어남에 따라 자주 출제되는 부분의 요점을 삽입하였다.

넷째, 굴삭기의 구조 및 작업장치은 요점정리를 두어 수험생들의 이해를 돕고자 하였다.

다섯째, 작업장치별 실력평가 문제를 수록하였다.

여섯째, 실기시험 코스 및 작업요령을 수록하였다.

끝으로 이 책의 출판에 도움을 아끼지 않으신 도서출판 **미전사이언스** 편집부 여러분께 깊은 감사를 드리는 바이다.

저 자

굴삭기 >>>o 건설기계운전기능사 출제기준

출제 수 : 60

주요항목	주요항목	세부항목
건설기계 기관장치	기관의 구조, 기능 및 점검	●기관 본체　●연료장치 ●냉각장치　●윤활장치 ●흡·배기장치
건설기계 전기장치	전기장치의 구조, 기능 및 점검	●시동장치　●충전장치 ●조명장치　●계기장치 ●예열장치
건설기계 섀시장치	섀시의 구조, 기능 및 점검	●동력전달장치　●제동장치 ●조향장치　●주행장치
건설기계 작업장치	굴삭기 작업장치	●굴삭기 구조 ●작업장치의 기능 ●작업방법
유압일반	유압유	●유압유
	유압기기	●유압펌프 ●제어밸브 ●유압 실린더와 유압모터 ●유압기호 및 회로 ●기타 부속장치 등
건설기계 관리법규 및 도로교통법	건설기계 등록검사	●건설기계 등록 ●건설기계 검사
	면허, 사업, 벌칙	●건설기계 조종사의 면허 및 건설기계사업 ●건설기계 관리법규의 벌칙
	건설기계의 도로교통	●도로통행방법에 관한 사항 ●도로교통법규의 벌칙
안전관리	안전관리	●산업안전 일반 ●기계·기기 및 공구에 관한 사항 ●환경오염방지장치
	작업안전	●작업시 안전사항 ●기타 안전관련 사항

차 례
CONTENTS

CHAPTER 01 건설기계 기관 ——————— 15

1. 기관의 개요 ——————— 15
   1.1. 기관의 정의 ······················ 15
   1.2. 4행정 사이클 디젤기관의
        작동과정 ························ 16

2. 기관 본체 ——————— 17
   2.1. 실린더헤드 ······················ 17
   2.2. 실린더블록 ······················ 20
   2.3. 피스톤 ···························· 21
   2.4. 피스톤 링 ························ 22
   2.5. 크랭크축 ·························· 22
   2.6. 플라이휠 ·························· 23
   2.7. 밸브기구 ·························· 23

3. 연료장치 ——————— 26
   3.1. 디젤기관 연료 ·················· 26
   3.2. 디젤기관의 노크(노킹) ········ 26
   3.3. 디젤기관 연료장치 ············ 27
   3.4. 전자제어 디젤기관 연료장치 31

4. 냉각장치 ——————— 33
   4.1. 냉각장치의 필요성 ············ 33
   4.2. 수냉식 기관 ······················ 33

5. 윤활장치 ——————— 38
   5.1. 기관오일의 작용과 구비조건 38
   5.2. 기관오일의 분류 ················ 39
   5.3. 4행정 사이클 기관의
        윤활방식 ·························· 39
   5.4. 윤활장치의 구성부품 ·········· 40

6. 흡기장치 및 과급기 ——————— 42
   6.1. 흡기장치 ·························· 42
   6.2. 과급기(터보차저) ················ 44
   ◎ 출제예상문제 ——————— 45

CHAPTER 02 건설기계 전기 — 81

1. 기초전기 및 반도체 — 81
   1.1. 전기의 기초사항 — 81
   1.2. 옴의 법칙 — 81
   1.3. 접촉저항 — 81
   1.4. 퓨즈 — 81
   1.5. 반도체 — 82

2. 축전지 — 82
   2.1. 축전지의 개요 — 82
   2.2. 납산축전지 — 83
   2.3. MF축전지 — 87

3. 시동장치 — 88
   3.1. 기동전동기의 원리 — 88
   3.2. 기동전동기의 종류와 특징 — 88
   3.3. 기동전동기의 구조와 기능 — 88
   3.4. 기동전동기 다루기 — 90

3.5. 기동전동기 시험항목 — 91

4. 예열장치 — 91
   4.1. 예열플러그방식 — 91
   4.2. 흡기가열방식 — 92

5. 충전장치 — 92
   5.1. 발전기의 원리 — 92
   5.2. 교류(AC) 충전장치 — 92

6. 계기·등화장치 및 에어컨장치 — 94
   6.1. 조명의 용어 — 94
   6.2. 전조등과 그 회로 — 94
   6.3. 방향지시등 — 95
   6.4. 에어컨장치 — 96
   ◎ 출제예상문제 — 99

CHAPTER 03 건설기계 섀시 — 125

1. 동력전달장치 — 125
   1.1. 클러치 — 125
   1.2. 변속기 — 127
   1.3. 자동변속기 — 128
   1.4. 드라이브라인 — 129
   1.5. 종감속기어와 차동기어장치 — 130

2. 제동장치 — 131
   2.1. 제동장치의 개요 — 131
   2.2. 제동장치의 구비조건 — 131
   2.3. 유압브레이크 — 131
   2.4. 배력 브레이크 — 133
   2.5. 공기브레이크 — 134

3. 조향장치(환향장치) ── 135
   3.1. 조향장치의 개요 ……… 135
   3.2. 동력 조향장치 ………… 135
   3.3. 앞바퀴 얼라인먼트 …… 136

4. 주행장치 ──────── 137
   4.1. 휠과 타이어 …………… 137
   4.2. 트랙장치(무한궤도) …… 139
   ◆ 출제예상문제 ─────── 143

CHAPTER 04 굴삭기의 구조 및 작업장치 ── 163

1. 굴삭기의 개요 ─────── 163
2. 굴삭기의 주요구조 ───── 163
   2.1. 상부회전체 …………… 163
   2.2. 작업 장치 ……………… 164
   2.3. 선택 작업장치의 종류 … 164
   2.4. 하부 주행장치 ………… 166
   2.5. 굴삭기를 트레일러에
       상차하는 방법 ………… 167
   ◆ 출제예상문제 ─────── 169

CHAPTER 05 건설기계 유압 ── 181

1. 유압의 개요 ──────── 181
   1.1. 액체의 성질 …………… 181
   1.2. 유압장치의 정의 ……… 181
   1.3. 유압장치의 장·단점 …… 182

2. 유압유(작동유) ─────── 183
   2.1. 유압유의 점도 ………… 183
   2.2. 유압유의 구비조건 …… 183
   2.3. 유압유 첨가제 ………… 184
   2.4. 유압유에 수분이 미치는
       영향 ……………………… 184
   2.5. 유압유 열화 판정방법 … 184
   2.6. 유압유의 온도 ………… 184
   2.7. 유압장치의 이상 현상 … 185

3. 유압장치 ──────── 186
   3.1. 오일탱크 ……………… 186
   3.2. 유압펌프 ……………… 188
   3.3. 제어밸브 ……………… 191
   3.4. 액추에이터 …………… 194
   3.5. 그 밖의 유압장치 …… 196

4. 유압회로 및 기호 ───── 198
   4.1. 유압회로 ……………… 198
   4.2. 유압기호 ……………… 199
   4.3. 플러싱 ………………… 200

◎ 출제예상문제 ─── 201

CHAPTER 06 건설기계 관리법규 및 도로교통법 ─── 233

1. 건설기계관리법 ─── 233
   1.1. 목적 및 정의 ─── 233
   1.2. 건설기계의 범위 ─── 233
   1.3. 건설기계사업의 분류 ─── 235
   1.4. 건설기계의 신규 등록 ─── 235
   1.5. 등록사항 변경신고 ─── 235
   1.6. 건설기계의 등록말소 사유 ─── 236
   1.7. 건설기계 조종사면허 ─── 237
   1.8. 등록번호표 ─── 240
   1.9. 건설기계 임시운행 ─── 241
   1.10. 건설기계 검사 ─── 242
   1.11. 건설기계 구조변경 ─── 244
   1.12. 건설기계 사후관리 ─── 245
   1.13. 건설기계 조종사 면허 취소사유 ─── 246
   1.14. 벌칙 ─── 247
   1.15. 특별표지판 부착대상 건설기계 ─── 248
   1.16. 건설기계의 좌석안전띠 및 조명장치 ─── 249

2. 도로교통법 ─── 249
   2.1. 용어의 정의 ─── 249
   2.2. 안전표지의 종류 ─── 250
   2.3. 신호 또는 지시에 따를 의무 ─── 250
   2.4. 이상기후일 경우의 운행속도 ─── 251
   2.5. 앞지르기 금지 ─── 252
   2.6. 정차 및 주차금지 ─── 252
   2.7. 교통사고 발생 후 벌점 ─── 253
   2.8. 운전 중 휴대전화 사용이 가능한 경우 ─── 253

3. 도로명주소법 ─── 253
   3.1. 목적 ─── 253
   3.2. 정의 ─── 254
   3.3. 도로명주소의 구성 및 표기방법 등 ─── 255
   3.4. 도로구간의 설정 대상 ─── 256
   3.5. 도로구간의 설정·변경· 폐지기준 등 ─── 256
   3.6. 도로표지 ─── 258
   ◎ 출제예상문제 ─── 261

CHAPTER 07 안전관리 — 299

1. 산업안전일반 — 299
   1.1. 산업안전의 개요 — 299
   1.2. 산업재해 — 300
   1.3. 방호장치의 종류 — 300
   1.4. 안전장치를 선정할 때 고려할 사항 — 301
   1.5. 작업복 — 301
   1.6. 안전·보건표지의 종류 — 302
   1.7. 안전·보건표지의 색체와 용도 — 303
   1.8. 화재의 분류 — 304

2. 기계·기기 및 공구에 관한 사항 — 305
   2.1. 수공구 안전사항 — 305
   2.2. 드릴작업을 할 때 주의사항 — 307
   2.3. 그라인더(연삭숫돌) 작업을 할 때 주의사항 — 308
   2.4. 산소-아세틸렌가스 용접 — 308

3. 작업상의 안전 — 309
   3.1. 작업장의 안전수칙 — 309
   3.2. 운반작업을 할 때 안전사항 — 310
   3.3. 벨트에 관한 안전사항 — 310

4. 가스배관의 손상방지 — 311
   4.1. LNG와 LPG의 차이점 — 311
   4.2. 가스배관의 외면에 표시하여야 하는 사항 — 311
   4.3. 가스배관의 분류 — 311
   4.4. 가스배관과 이격거리 및 매설 깊이 — 311
   4.5. 가스배관 및 보호포의 색상 — 312
   4.6. 도시가스 압력에 의한 분류 — 312
   4.7. 인력으로 굴착하여야 하는 범위 — 312
   4.8. 라인마크 — 313
   4.9. 도로 굴착자가 굴착공사 전에 이행할 사항 — 313
   4.10. 도시가스 매설배관 표지판의 설치기준 — 313

5. 전기시설물 작업시 주의사항 — 314
   5.1. 전선로 부근에서 작업할 때 주의사항 — 314
   5.2. 전선로와의 안전 이격거리 — 314
   5.3. 예측할 수 있는 전압 — 314
   5.4. 감전재해의 대표적인 발생 형태 — 315

5.5. 고압 전력케이블을 지중에
　　　매설하는 방법 ………… 315

◎ 출제예상문제 ──────── 317

CHAPTER 08　실력평가 ──────────────── 367

1. 굴삭기운전기능사 ──── 367
2. 굴삭기운전기능사 ──── 376
3. 굴삭기운전기능사 ──── 384
4. 굴삭기운전기능사 ──── 393
5. 굴삭기운전기능사 ──── 402

CHAPTER 09　부　　록[굴삭기운전기능사 실기] ──────── 411

1. 코스운전 ─────── 411
2. 굴착작업 ─────── 414
3. 국가기술자격 실기시험문제 - 417
　3.1. 굴삭기운전기능사 과제
　　　변경내역 ………… 417

3.2. 수험자 지참공구 목록 및
　　　기준 ……………… 418
◎ 국가기술자격 실기시험문제 ── 419
◎ 시험장 준비도면 ──────── 423

건설기계 기관

1 기관의 개요

1.1. 기관의 정의
기관(엔진)이란 열에너지(연료의 연소)를 기계적 에너지(크랭크축의 회전)로 변환시켜 주는 장치이다. 건설기계에서는 주로 디젤기관을 사용하며 장·단점은 다음과 같다.

[1] 디젤기관의 장점
① 열효율이 높고 연료소비율이 적다.
② 인화점이 높아 연료의 취급이 쉽다.
③ 점화장치가 없어 고장률이 적다.
④ 유해 배기가스 배출량이 적다.
⑤ 흡입행정에서 펌핑손실(pumping loss)을 줄일 수 있다.

[2] 디젤기관의 단점
① 압축과 폭압압력이 커 마력당 무게가 무겁다.
② 운전 중 소음과 진동이 크다.
③ 기관 각 부분의 구조가 튼튼해야 한다.
④ 가솔린기관보다 최고 회전속도가 낮다.
⑤ 예열플러그가 필요하다.

1.2. 4행정 사이클 디젤기관의 작동과정

① 크랭크축이 2회전할 때 피스톤은 흡입 → 압축 → 폭발(동력) → 배기의 4행정을 하여 1사이클을 완성한다.
② 피스톤 행정이란 피스톤이 상사점에서 하사점으로 이동한 거리이다.

1.2.1. 흡입행정(intake stroke)

흡입밸브는 열리고 배기밸브는 닫혀있다. 피스톤이 상사점에서 하사점으로 하강함에 따라 부압이 발생하며, 디젤기관은 실린더 내에는 공기만 흡입된다.

1.2.2. 압축행정(compression stroke)

① 흡입과 배기밸브는 모두 닫혀있으며, 피스톤은 하사점에서 상사점으로 상승한다.
② 디젤기관의 압축비가 높은 이유는 공기의 압축열로 자기착화시키기 위함이다.

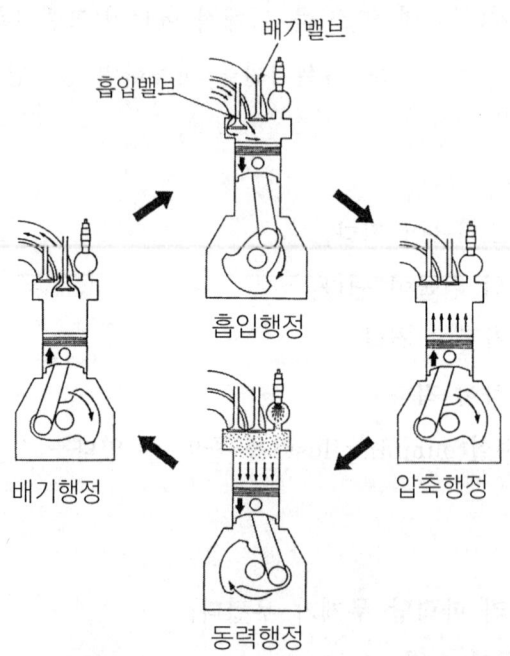

그림 4행정 사이클 기관의 작동순서

> **REFERENCE** 압축압력이 낮아지는 원인
> - 실린더 벽의 과다 마모
> - 피스톤 링이 파손 또는 과다 마모
> - 피스톤 링의 탄력부족
> - 헤드개스킷에서 압축가스 누설
> - 흡입 또는 배기밸브의 밀착 불량

1.2.3. 폭발(동력)행정(power stroke)

① 흡입과 배기밸브는 모두 닫혀 있으며, 압축행정 말기에 분사노즐로부터 실린더 내로 연료를 분사하여 연소시켜 동력을 얻는 행정이다.

② 폭발행정 끝 부분 즉 배기행정 초기에 배기밸브가 열려 실린더 내의 압력에 의해서 배기가스가 배기밸브를 통해 스스로 배출되는 현상을 블로다운(blow down)이라 한다.

1.2.4. 배기행정(exhaust stroke)

배기밸브가 열리면서 폭발행정에서 일을 한 연소가스를 실린더 밖으로 배출시키는 행정이다.

> **REFERENCE** 압축착화 기관
> 디젤기관은 공기만을 흡입하고 고온·고압으로 압축한 후 고압의 연료(경유)를 미세한 안개 모양으로 분사시켜 자기(自己)착화시킨다.

2 기관 본체

2.1. 실린더헤드(cylinder head)

2.1.1. 실린더헤드의 구조

헤드 개스킷을 사이에 두고 실린더블록에 볼트로 설치되며, 피스톤, 실린더와 함께 연소실을 형성한다.

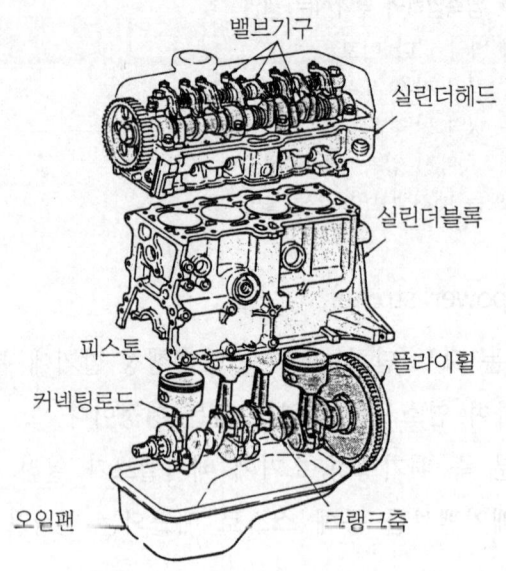

그림 디젤기관 본체의 구조

2.1.2. 디젤기관 연소실

① 연소실 모양에 따라 기관출력, 열효율, 운전 정숙도, 노크발생 빈도 등이 관계된다.
② 연소실의 종류에는 단실식인 직접분사실식과 복실식인 예연소실식, 와류실식, 공기실식 등이 있다.

[1] 연소실의 구비조건

① 압축 끝에서 혼합기의 와류를 형성하는 구조이어야 한다.
② 연소실 내의 표면적이 최소가 되도록 하여야 한다.
③ 돌출부가 없고, 화염전파 거리가 짧아야 한다.
④ 분사된 연료를 가능한 한 짧은 시간 내에 완전연소 시킬 수 있어야 한다.
⑤ 평균유효압력이 높고, 노크발생이 적어야 한다.
⑥ 고속회전에서 연소상태가 좋아야 한다.

[2] 직접분사실식 연소실
  피스톤 헤드를 오목하게 하고 연소실을 형성시킨 것이며, 연소실 중 연료소비율이 낮고 연소압력이 가장 높다. 다공형 분사노즐을 사용한다.

(1) 직접분사실식 연소실의 장점
  ① 연료소비율이 작고, 열효율이 높다.
  ② 실린더헤드의 구조가 간단하다.
  ③ 연소실 체적에 대한 표면적 비율이 작아 냉각손실이 작다.
  ④ 기관 시동이 쉽다.

(2) 직접분사실식 연소실의 단점
  ① 분사압력이 높아 분사펌프와 노즐의 수명이 짧다.
  ② 사용연료 변화에 매우 민감하여 분사상태가 조금만 달라져도 기관의 성능이 크게 변화한다.
  ③ 기관의 회전속도 및 부하의 변화에 민감하고 노크발생이 쉽다.
  ④ 질소산화물의 발생률이 크다.
  ⑤ 다공형 분사노즐을 사용하므로 값이 비싸다.

[3] 예연소실 연소실
(1) 예연소실 연소실의 장점
  ① 사용연료의 변화에 둔감하며, 운전상태가 조용하고, 노크 발생이 적다.

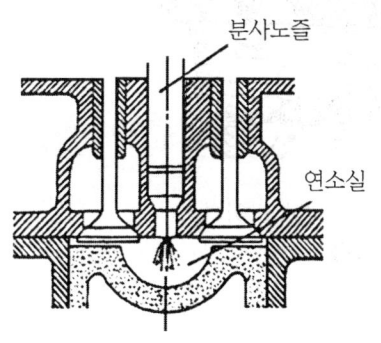
그림 직접분사실식 연소실

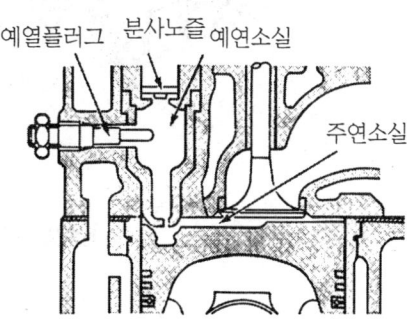
그림 예연소실식 연소실

② 연료의 분사압력이 낮아 연료장치의 고장이 적고, 수명이 길다.

(2) 예연소실 연소실의 단점
① 실린더헤드의 구조가 복잡하고, 연소실 체적에 대한 표면적 비율이 커 냉각손실이 크다.
② 연료소비율이 비교적 크다.
③ 시동 보조장치인 예열플러그가 필요하다.

2.1.3. 헤드 개스킷

실린더헤드와 블록사이에 삽입되어 압축과 폭발가스의 기밀을 유지하고 냉각수와 기관오일이 누출되는 것을 방지한다.

2.2. 실린더블록(cylinder block)

2.2.1. 일체식 실린더

실린더블록과 같은 재질로 실린더를 일체로 제작한 형식이며, 특징은 강성 및 강도가 크고 냉각수 누출우려가 적으며, 부품수가 적고 무게가 가볍다.

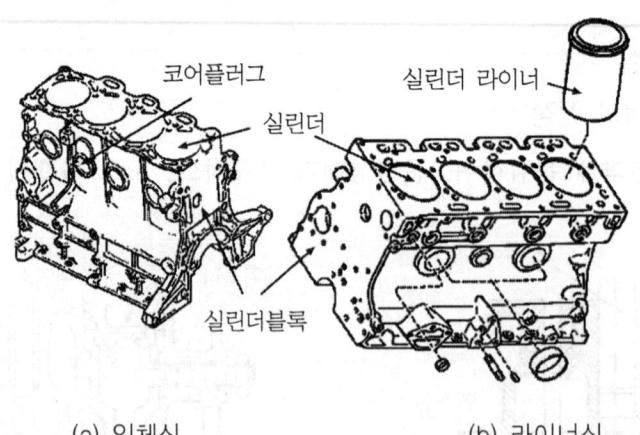

(a) 일체식 　　　　　　　　(b) 라이너식

그림 실린더블록의 구조

2.2.2. 실린더 라이너

실린더블록과 라이너(실린더)를 별도로 제작한 후 라이너를 실린더블록에 끼우는 형식으로 습식과 건식이 있다. 건설기계 기관에서 주로 사용하는 습식라이너는 냉각수가 라이너 바깥둘레에 직접접촉 하며, 정비할 때 라이너 교환이 쉽고, 냉각효과가 좋은 장점이 있으나 크랭크 케이스에 냉각수가 들어갈 우려가 있다.

2.3. 피스톤(piston)

2.3.1. 피스톤의 구비조건

① 피스톤 중량이 작고, 고온·고압가스에 견딜 것
② 블로바이(blow by)가 없을 것
③ 열전도율이 크고, 열팽창률이 적을 것

2.3.2. 피스톤 간극

[1] 피스톤 간극이 작을 때의 영향
① 열팽창으로 인해 실린더와 피스톤사이에서 고착(소결)이 발생한다.
② 피스톤 간극이 적을 때, 기관오일이 부족할 때, 기관이 과열되었을 때, 냉각수량이 부족할 경우에 피스톤이 고착(소결)된다.

[2] 피스톤 간극이 클 때의 영향
① 기관 시동성능 저하 및 출력이 감소한다.
② 연료가 기관오일에 떨어져 희석되어 기관오일의 수명이 단축된다.
③ 피스톤 링의 기능저하로 기관오일이 연소실에 유입되어 오일소비가 많아진다.
④ 블로바이에 의해 압축압력이 낮아진다.
⑤ 피스톤 슬랩(피스톤이 운동방향을 바꿀 때 실린더 벽에 충격을 주는 현상)이 발생한다.

2.4. 피스톤 링(piston ring)

2.4.1. 피스톤 링의 종류

기밀작용을 하는 압축 링과 오일제어 작용을 하는 오일 링이 있다.

2.4.2. 피스톤 링의 작용

① 기밀작용(밀봉작용)
② 오일제어 작용(실린더 벽의 오일 긁어내리기 작용)
③ 열전도 작용(냉각작용)

2.4.3. 피스톤 링의 구비조건

① 열팽창률이 적고, 고온에서도 탄성을 유지할 것
② 실린더 벽의 재질보다 다소 경도가 낮을 것
③ 실린더 벽에 동일한 압력을 가할 것
④ 장시간 사용하여도 피스톤 링 자체나 실린더 마모가 적을 것

2.4.4. 피스톤 링이 마모되었을 때의 영향

① 크랭크 케이스 내에 블로바이 현상으로 인한 미연소 가스 및 연소가스가 많아진다.
② 오일 제어작용이 불량해 기관오일이 연소실로 올라와 연소실에서 연소하며, 배기가스 색은 회백색이 된다.

2.5. 크랭크축(crank shaft)

2.5.1. 크랭크축의 구조

① 피스톤의 직선운동을 회전운동으로 변환시키는 장치이다.
② 구조는 메인저널(main journal), 크랭크 핀(crank pin), 크랭크 암(crank arm), 밸런스 웨이트(평형추, balance weight) 등으로 되어있다.
③ 4실린더 기관은 크랭크축의 위상각이 180°이고 5개의 메인베어링에 의해 크랭크 케이스에 지지된다.

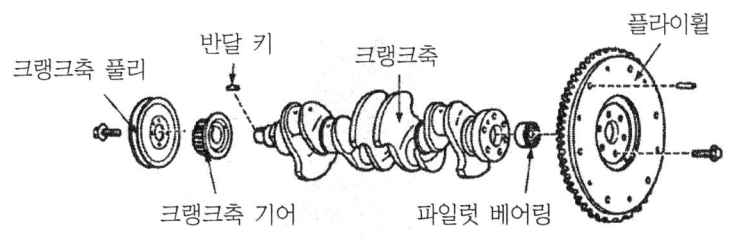

그림 크랭크축과 플라이휠의 구조

2.5.2. 크랭크축 비틀림 진동발생의 관계
① 기관의 주기적인 회전력 작용에 의해 발생한다.
② 크랭크축의 강성이 작고, 기관의 회전속도가 느릴수록 크다.
③ 기관의 회전력 변동이 크고, 크랭크축의 길이가 길수록 크다.

2.6. 플라이휠(fly wheel)
① 기관의 맥동적인 회전을 관성력을 이용하여 원활한 회전으로 바꾸어주는 역할을 한다.
② 실린더 내에서 폭발이 일어나면 피스톤 → 커넥팅로드 → 크랭크축 → 플라이휠(클러치)순서로 전달된다.

2.7. 밸브기구(valve train)
2.7.1. 캠축과 캠(cam shaft & cam)
① 기관의 밸브 수와 같은 캠이 배열된 축으로 흡입 및 배기밸브를 개폐시키는 작용을 한다.
② 4행정 사이클 기관의 크랭크축 기어와 캠축기어의 지름비율은 1 : 2이고 회전비율은 2 : 1이다.

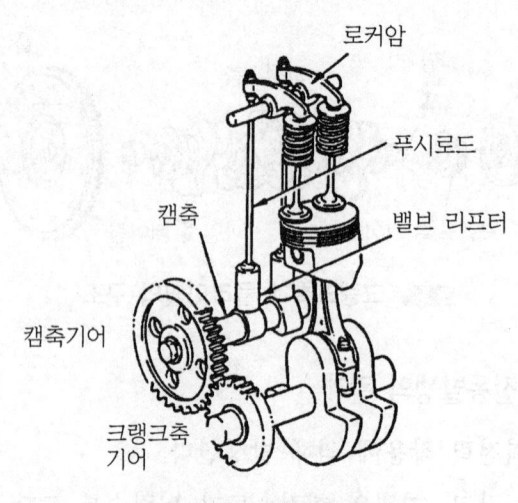

그림 밸브기구의 구조

2.7.2. 유압식 밸브 리프터

기관의 작동온도 변화에 관계없이 밸브간극을 0으로 유지시키는 장치이며, 특징은 다음과 같다.

① 밸브간극 조정이 자동으로 된다.
② 밸브개폐 시기가 정확하다.
③ 밸브기구의 내구성이 좋다.
④ 밸브기구의 구조가 복잡하다.
⑤ 윤활장치가 고장이 나면 기관의 작동이 정지된다.

2.7.3. 밸브(valve)

[1] 밸브의 구비조건

① 열에 대한 저항력이 크고, 열전도율이 좋을 것
② 무게가 가볍고, 열에 대한 팽창률이 작을 것
③ 가스에 견디고, 고온에 잘 견딜 것

[2] 밸브의 구조
① 밸브헤드(valve head) : 고온·고압가스에 노출되므로 특히 배기밸브는 열부하가 매우 크다.
② 밸브 페이스(valve face) : 밸브시트(seat)에 밀착되어 연소실 내의 기밀유지 작용을 한다.
③ 밸브 스템(valve stem) : 밸브 가이드 내부를 상하왕복 운동하며 밸브헤드가 받는 열을 가이드를 통해 방출하고, 밸브의 개폐를 돕는다.
④ 밸브 가이드(valve guide) : 밸브의 상하운동 및 시트와 밀착을 바르게 유지하도록 밸브 스템을 안내해 준다.
⑤ 밸브 스프링(valve spring) : 밸브가 닫혀있는 동안 밸브시트와 밸브 페이스를 밀착시켜 기밀이 유지되도록 한다.
⑥ 밸브시트(valve seat) : 밸브 페이스 밀착되어 연소실의 기밀유지 작용과 밸브헤드의 냉각작용을 한다.

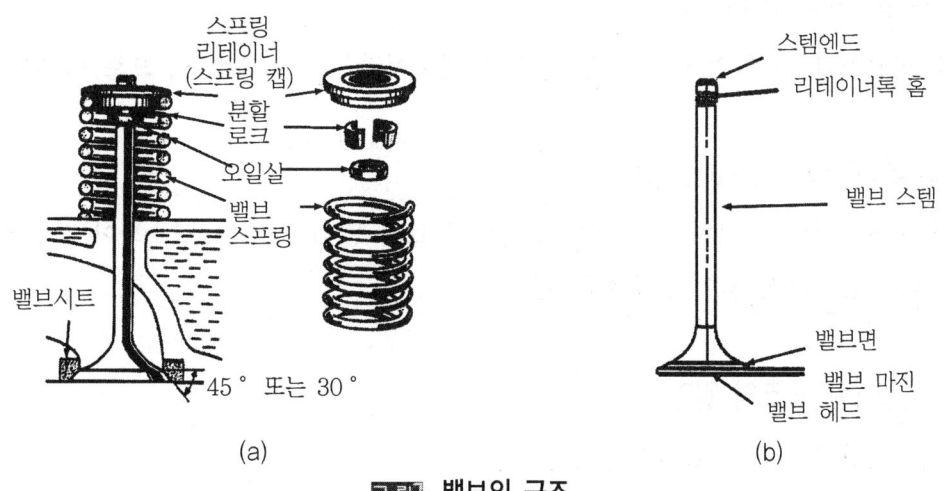

그림 밸브의 구조

[3] 밸브간극(valve clearance)
① 기관 작동 중 열팽창을 고려하여 로커 암과 밸브 스템 끝 사이에 둔 간극이다.
② 밸브간극이 크면 정상 작동온도에서 밸브가 완전히 열리지 못한다.
③ 밸브간극이 적으면 밸브가 열려 있는 기간이 길어지므로 실화가 발생할 수 있다.

3. 연료장치

3.1. 디젤기관 연료

3.1.1. 디젤기관 연료의 구비조건

① 연소속도가 빠르고, 자연발화점이 낮을 것(착화가 용이할 것)
② 세탄가가 높고, 발열량이 클 것
③ 온도변화에 따른 점도변화가 적을 것
④ 카본의 발생이 적을 것

3.1.2. 연료의 착화성

디젤기관 연료(경유)의 착화성은 세탄가로 표시한다.

3.1.3. 디젤기관의 연소과정

착화 지연기간 → 화염 전파기간 → 직접 연소기간 → 후 연소기간으로 이루어진다.

3.2. 디젤기관의 노크(노킹)

착화 지연기간이 길어져 연소실에 누적된 연료가 많아 일시에 연소되어 실린더 내의 압력상승이 급격하게 되어 발생하는 현상이다.

3.2.1. 디젤기관 노크의 원인

① 착화지연기간 중 연료분사량이 많다.
② 흡기온도 및 압축압력·압축비가 낮다.
③ 연료의 분사압력 및 연소실 및 실린더의 온도가 낮다.
④ 연료의 세탄가가 낮고, 착화 지연기간이 길다.
⑤ 분사노즐의 분무상태가 불량하다.

3.2.2. 디젤기관의 노크 방지방법

① 세탄가가 높은 연료 즉 착화점이 낮은 연료(착화성이 좋은)를 사용한다.
② 착화 지연기간을 짧게 한다.
③ 흡기압력과 온도, 연소실 및 실린더 벽의 온도를 높인다.
④ 압축비 및 압축압력과 온도를 높인다.

3.2.3. 디젤기관의 진동원인

① 연료 분사시기·분사간격이 다르다.
② 각 실린더의 연료 분사압력과 분사량이 다르다.
③ 연료계통 내에 공기가 유입되었다.
④ 4실린더 기관에서 1개의 분사노즐이 막혔다.
⑤ 피스톤 및 커넥팅로드의 중량차이가 있다.
⑥ 크랭크축에 불균형이 있다.

3.3. 디젤기관 연료장치(분사펌프 사용)

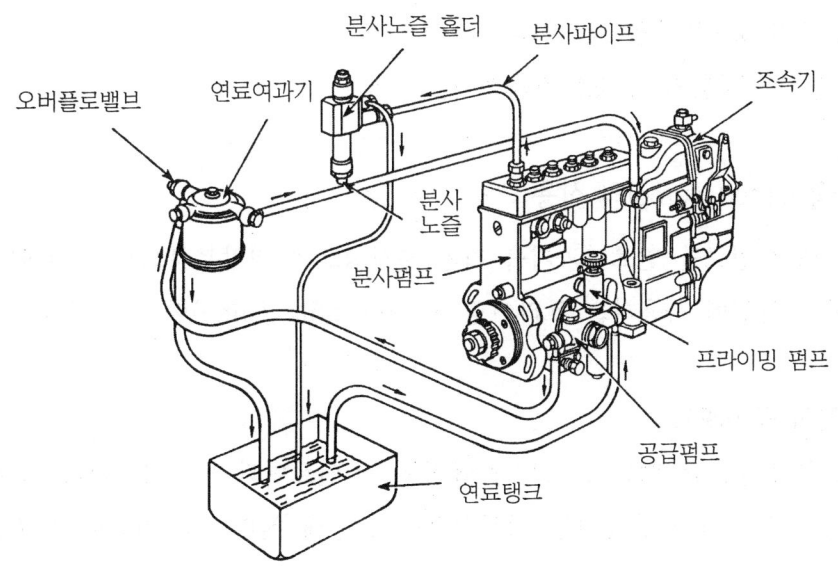

그림 디젤기관 연료장치(분사펌프 사용)의 구조

> **REFERENCE** 연료공급 순서
> 연료탱크 → 연료공급펌프 → 연료여과기 → 분사펌프 → 분사노즐이다.

3.3.1. 연료탱크(fuel tank)

겨울철에는 공기 중의 수증기가 응축하여 물이 되어 들어가므로 작업 후 연료를 탱크에 가득 채워 두어야 한다. 작업 후 탱크에 연료를 가득 채워주는 이유는 다음과 같다.

① 연료탱크 내의 공기 중의 수분이 응축되어 물이 생기는 것을 방지하기 위함이다.
② 연료의 기포방지를 위함이다.
③ 내일(다음)의 작업을 준비하기 위함이다.

3.3.2. 연료여과기(fuel filter)

연료 중의 수분 및 불순물을 걸러주며, 오버플로 밸브(over flow valve)의 기능은 다음과 같다.

① 연료압력의 지나친 상승을 방지한다.
② 연료여과기 엘리먼트를 보호한다.
③ 공급펌프의 소음발생을 방지한다.
④ 운전 중 연료계통의 공기를 배출한다.

3.3.3. 공급펌프(feed pump)의 작용

연료탱크 내의 연료를 연료여과기를 거쳐 분사펌프의 저압부분으로 공급하며, 연료계통의 공기빼기 작업에 사용하는 프라이밍 펌프(priming pump)를 두고 있다.

[1] 연료장치의 공기빼기
① 연료장치의 공기를 빼는 순서는 공급펌프 → 연료여과기 → 분사펌프이다.
② 연료장치에 공기가 흡입되면 기관회전이 불량해 진다. 즉 기관이 부조를 일으킨다.

③ 연료장치의 공기빼기 작업은 연료탱크 내의 연료가 결핍되어 보충한 경우, 연료호스나 파이프 등을 교환한 경우, 연료여과기의 교환, 분사펌프를 탈·부착한 경우 등에 한다.

[2] 기관 가동 중 시동이 꺼지는 원인
① 연료장치 내에 기포가 있다.
② 연료탱크 내에 오물이 연료장치에 혼입되었다.
③ 연료여과기가 막혔다.
④ 연료파이프에서 누출이 있다.
⑤ 연료가 결핍되었다.

3.3.4. 분사펌프(injection pump)의 구조

공급펌프에서 보내준 저압의 연료를 압축하여 분사순서에 맞추어 고압의 연료를 분사노즐로 압송시키는 것으로 조속기와 타이머(분사시기를 조절하는 장치)가 설치되어 있다.

[1] 분사펌프 캠축(cam shaft)
기관의 크랭크축 기어로 구동되며, 4행정 사이클 기관은 크랭크축의 1/2로 회전한다.

[2] 플런저 배럴과 플런저
① 플런저 배럴 속을 플런저가 상하 미끄럼운동하여 고압의 연료를 형성하는 부분이다.
② 플런저 유효행정을 크게 하면 연료분사량이 증가한다. 플런저와 배럴의 윤활은 연료(경유)로 한다.

[3] 딜리버리밸브(delivery valve)
연료의 역류(분사노즐에서 분사펌프로의 흐름)방지, 분사노즐의 후적방지, 잔압을 유지시킨다.

[4] 조속기(거버너, governor)의 기능
① 기관의 회전속도나 부하의 변동에 따라 연료분사량을 조정하는 장치이다.
② 연료분사량이 일정하지 않고, 차이가 많으면 연소 폭발음의 차이가 있으며 기관은 부조(진동)를 한다.

[5] 타이머(timer, 분사시기 조절장치)
기관 회전속도 및 부하에 따라 연료 분사시기를 변화시키는 장치이다.

3.3.5. 분사노즐(injection nozzle, 인젝터)

[1] 분사노즐의 개요
① 분사펌프에서 보내온 고압의 연료를 미세한 안개 모양으로 연소실 내에 분사한다.
② 밀폐형 노즐의 종류에는 구멍형(직접분사실식에서 사용), 핀틀형 및 스로틀형이 있다.
③ 연료분사의 3대 조건은 무화(안개 모양), 분산(분포), 관통력이다.

[2] 분사노즐의 구비조건
① 고온·고압의 가혹한 조건에서 장기간 사용할 수 있을 것
② 연료의 분사 끝에서 후적(뒤 흘림)이 일어나지 말 것
③ 분무를 연소실의 구석구석까지 뿌려지게 할 것
④ 연료를 미세한 안개 모양으로 쉽게 착화하게 할 것

[3] 분사노즐의 시험
노즐테스터로 점검할 수 있는 항목은 분포(분무)상태, 분사각도, 후적 유무, 분사개시 압력 등이다

3.4. 전자제어 디젤기관 연료장치(커먼레일장치)
3.4.1. 전자제어 디젤기관의 연료장치

커먼레일 디젤엔진의 연료공급 과정은 연료탱크 → 연료여과기 → 저압 연료펌프 → 고압 연료펌프 → 커먼레일 → 인젝터 순서이다.

① 저압 연료펌프 : 연료펌프 릴레이로부터 전원을 공급받아 고압 연료펌프로 연료를 압송한다.
② 연료여과기 : 연료 속의 수분 및 이물질을 여과하며, 연료 가열장치가 설치되어 있어 겨울철에 냉각된 기관을 시동할 때 연료를 가열한다.
③ 고압 연료펌프 : 저압 연료펌프에서 공급된 연료를 고압으로 압축하여 커먼레일로 공급한다.
④ 커먼레일 : 고압 연료펌프에서 공급된 연료를 각 실린더의 인젝터로 분배한다.
⑤ 연료압력 제어밸브 : 커먼레일 내의 연료압력이 규정 값보다 높아지면 열려 연료의 일부를 연료탱크로 복귀시킨다.
⑥ 인젝터 : 고압의 연료를 컴퓨터의 전류제어를 통하여 연소실에 미립형태로 분사한다.

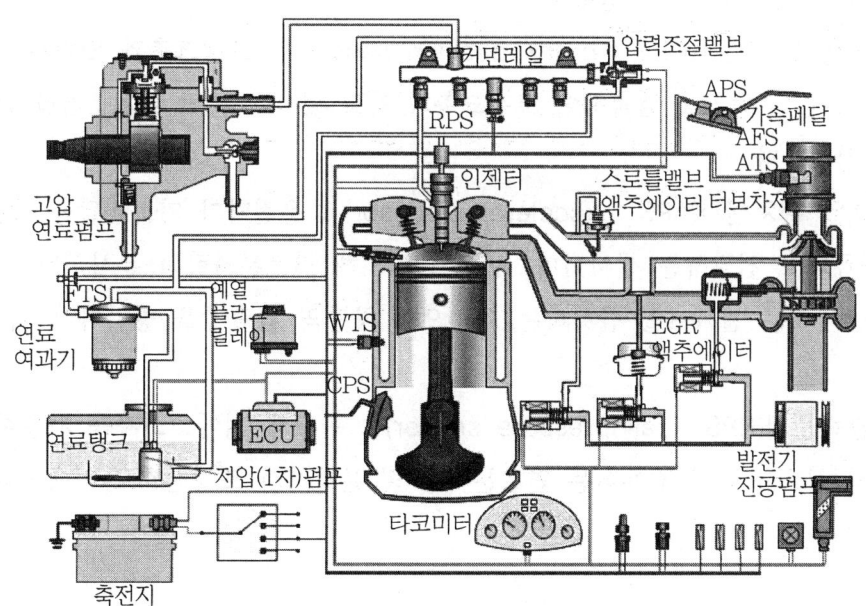

그림 전자제어 디젤기관의 구성

> **REFERENCE** 연료압력이 낮은 원인
> - 연료보유량 부족 및 연료펌프 공급압력의 누설
> - 연료압력 레귤레이터밸브의 밀착 불량으로 리턴포트 쪽으로 연료 누설
> - 연료펌프 및 연료펌프 내의 체크밸브의 밀착 불량
> - 연료여과기 막힘
> - 연료계통에 베이퍼록 발생

3.4.2. 컴퓨터(ECU)의 입력요소

① 공기유량센서(AFS : air flow sensor) : 열막(hot film)방식을 사용한다. 주 기능은 EGR(배기가스 재순환) 피드백제어이며, 또 다른 기능은 스모그 제한 부스트 압력제어(매연 발생을 감소시키는 제어)이다.

② 흡기온도센서(ATS : air temperature sensor) : 부특성 서미스터를 사용한다. 연료분사량, 분사시기, 시동할 때 연료분사량 제어 등의 보정신호로 사용된다.

③ 연료온도센서(FTS : fuel temperature sensor) : 부특성 서미스터를 사용한다. 연료온도에 따른 연료분사량 보정신호로 사용된다.

④ 수온센서(WTS : water temperature sensor) : 부특성 서미스터를 사용한다. 기관온도에 따른 연료분사량을 증감하는 보정신호로 사용되며, 기관의 온도에 따른 냉각 팬 제어신호로도 사용된다.

⑤ 크랭크축 위치센서(CPS : crank position sensor) : 크랭크축과 일체로 되어 있는 센서 휠의 돌기를 검출하여 크랭크축의 각도 및 피스톤의 위치, 기관 회전속도 등을 검출한다.

⑥ 가속페달 위치센서(APS : accelerator sensor) : 운전자가 가속페달을 밟은 정도를 컴퓨터로 전달하는 센서이며, 센서 1에 의해 연료분사량과 분사시기가 결정되고, 센서 2는 센서 1을 감시하는 기능으로 차량의 급출발을 방지하기 위한 것이다.

⑦ 연료압력센서(RPS : rail pressure sensor) : 반도체 피에조소자를 사용한다. 이 센서의 신호를 받아 컴퓨터는 연료분사량 및 분사시기 조정신호로 사용한다.

3.4.3. 컴퓨터(ECU)의 출력요소

① 인젝터(injector) : 고압 연료펌프로부터 송출된 연료가 커먼레일을 통하여 인젝터로 공급되며, 연료를 연소실에 직접 분사한다. 인젝터의 점검항목은 저항, 연료분사량, 작동음이다.
② EGR밸브 : 기관에서 배출되는 가스 중 질소산화물(NOx) 배출을 억제하기 위한 밸브이다.

4. 냉각장치

4.1. 냉각장치의 필요성

① 기관의 온도는 실린더헤드 물재킷 내의 냉각수 온도로 나타내며 약 75~95℃ 이다.
② 기관이 과열하면 금속이 빨리 산화되고, 실린더헤드 등이 변형되기 쉬우며, 기관오일 점도저하로 유막이 파괴되고, 각 작동부분이 열팽창으로 고착된다.
③ 기관이 과냉하면 블로바이 현상이 발생하여 압축압력이 저하하고 연료소비량이 증대되며, 기관의 회전저항이 증가한다.

4.2. 수냉식 기관

4.2.1. 수냉식 기관의 냉각방식

수냉식은 기관 내부의 연소를 통해 일어나는 열에너지가 기계적 에너지로 바뀌면서 뜨거워진 기관을 물로 냉각하는 방식이며, 종류는 다음과 같다.

① 자연 순환방식 : 냉각수를 대류에 의해 순환시켜 냉각한다.
② 강제 순환방식 : 물 펌프로 실린더헤드와 블록에 설치된 물재킷 내에 냉각수를 순환시켜 냉각한다.
③ 압력 순환방식 : 냉각계통을 밀폐시키고, 냉각수가 가열되어 팽창할 때의 압력이 냉각수에 압력을 가하여 냉각수의 비등점을 높여 비등에 의한 손실을 감소시킨다.
④ 밀봉 압력방식 : 라디에이터 캡을 밀봉시킨 후 냉각수의 팽창과 맞먹는 크기의 보조 물탱크를 설치하고 냉각수가 팽창하였을 때 외부로 배출되지 않도록 한다.

4.2.2. 수냉식의 주요구조와 그 기능

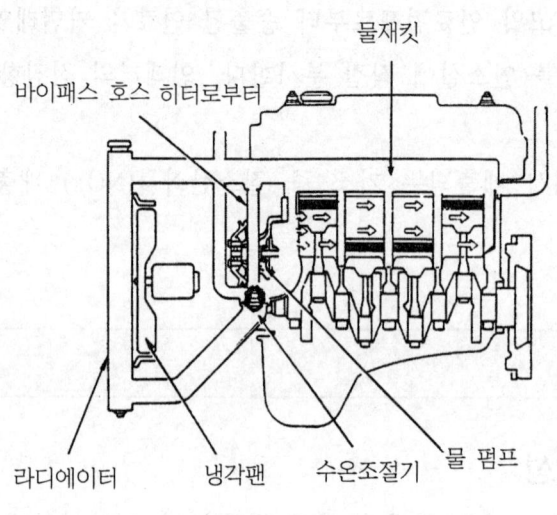

그림 냉각장치의 구성

[1] 물재킷(water jacket)

물재킷은 실린더헤드 및 블록에 일체 구조로 된 냉각수가 순환하는 물 통로이다.

[2] 물 펌프(water pump)

① 팬벨트를 통하여 크랭크축에 의해 구동되며, 실린더헤드 및 블록의 물재킷 내로 냉각수를 순환시키는 원심력 펌프이다.

② 능력은 송수량으로 표시하며, 효율은 냉각수 온도에 반비례하고 압력에 비례하므로 냉각수에 압력을 가하면 물 펌프의 효율이 증대된다.

[3] 냉각 팬(cooling fan)

① 냉각 팬이 회전할 때 공기가 불어가는 방향은 라디에이터(방열기) 방향이다.

② 전동 팬의 특징

㉮ 과열일 때만 작동하고, 정상온도 이하에서는 작동하지 않는다.

㉯ 기관의 시동여부에 관계없이 냉각수 온도에 따라 작동하고, 팬벨트가 필요 없다.

[4] 팬벨트(drive belt or fan belt)

  팬벨트는 각 풀리의 양쪽 경사진 부분에 접촉되어야 하며, 크랭크축 풀리, 발전기 풀리, 물 펌프 풀리 등을 연결 구동한다.

(1) 팬벨트 장력 점검

  기관이 정지된 상태에서 벨트의 중심을 엄지손가락으로 눌러서 점검한다.

(2) 팬벨트 장력이 너무 크면(팽팽하면)

  물 펌프 및 발전기 풀리의 베어링 마멸이 촉진된다.

(3) 팬벨트 장력이 너무 작으면(헐거우면)

  ① 소음이 발생하며, 팬벨트의 손상이 촉진된다.
  ② 물 펌프 회전속도가 느려 기관이 과열되기 쉽다.
  ③ 발전기의 출력이 저하된다.

[5] 라디에이터(radiator : 방열기)
(1) 라디에이터의 구조 및 구비조건
  1) 라디에이터의 구조
    라디에이터는 위 탱크, 냉각수 주입구, 코어(냉각핀과 수관[튜브]), 아래탱크로 구성되며, 재료는 대부분 알루미늄합금을 사용한다.

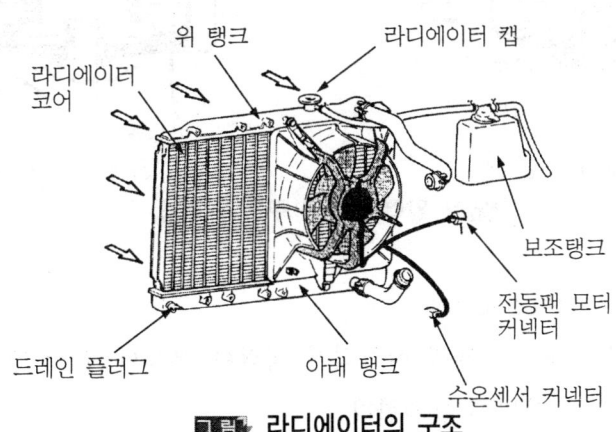

그림 라디에이터의 구조

2) 라디에이터의 구비조건
① 가볍고 작으며, 강도가 클 것
② 단위면적 당 방열량이 클 것
③ 공기 흐름저항이 적을 것
④ 냉각수 흐름저항이 적을 것

(2) 라디에이터 캡(radiator cap)

냉각장치 내의 비등점(비점)을 높이고, 냉각범위를 넓히기 위하여 압력식 캡을 사용한다. 압력식 캡은 압력밸브와 진공밸브로 되어있다.
① 냉각장치 내부압력이 규정보다 높을 때 압력밸브가 열린다.
② 냉각장치 내부압력이 부압이 되면 진공밸브가 열린다.

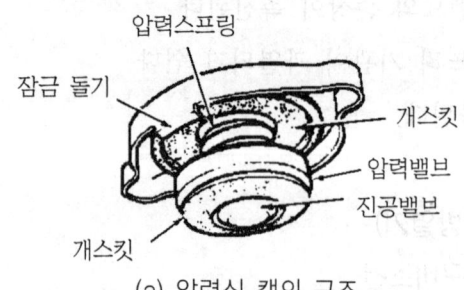
(a) 압력식 캡의 구조

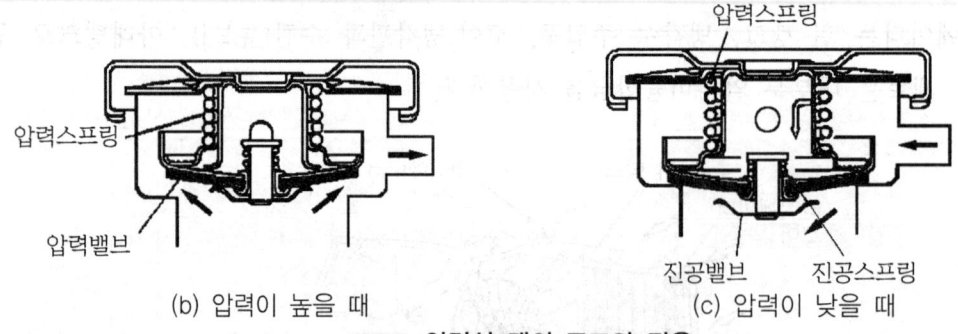
(b) 압력이 높을 때   (c) 압력이 낮을 때

그림 압력식 캡의 구조와 작용

[6] 수온조절기(정온기 : thermostat)
① 실린더헤드 물재킷 출구부분에 설치되어 냉각수 온도에 따라 냉각수 통로를 개폐하여 기관의 온도를 알맞게 유지한다.

② 종류에는 펠릿형, 벨로즈형, 바이메탈형이 있으나 현재는 펠릿형 만을 사용한다. 펠릿형은 왁스실에 왁스를 넣어 온도가 높아지면 팽창 축을 올려 열리도록 되어 있다.

③ 수온조절기가 열린 상태로 고장나면 기관이 과냉하기 쉽고, 닫힌 상태로 고장 나면 과열하고, 열림온도가 낮으면 기관의 워밍업(난기운전)시간이 길어지기 쉽다.

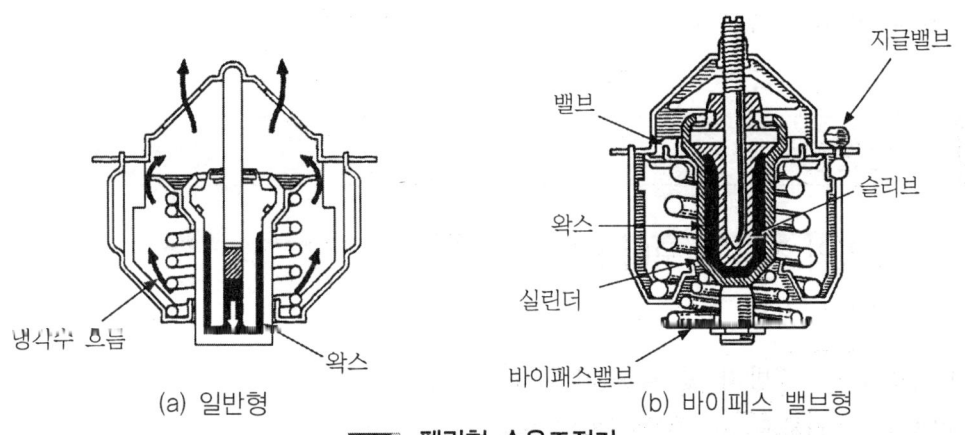

그림 펠릿형 수온조절기

[7] 부동액

메탄올(알코올), 글리세린 에틸렌글리콜이 있으며, 에틸렌글리콜을 주로 사용한다. 부동액의 구비조건은 다음과 같다.

① 빙점(응고점)은 물보다 낮을 것
② 비등점이 물보다 높을 것
③ 부식성이 없고, 팽창계수가 적을 것
④ 휘발성이 없고, 순환이 잘 될 것
⑤ 물과 혼합이 잘되고, 침전물이 없을 것

4.2.3. 수냉식 기관의 과열원인

① 팬벨트의 장력이 적거나 파손되었다.
② 냉각 팬이 파손되었다.
③ 라디에이터 호스가 파손되었다.

④ 라디에이터 코어가 20% 이상 막혔다.
⑤ 라디에이터 코어가 파손되었거나 오손되었다.
⑥ 물 펌프의 작동이 불량하다.
⑦ 수온조절기(정온기)가 닫힌 채 고장이 났다.
⑧ 수온조절기가 열리는 온도가 너무 높다.
⑨ 물재킷 내에 스케일(물때)이 많이 쌓여 있다.
⑩ 냉각수 양이 부족하다.

5 윤활장치

5.1. 기관오일의 작용과 구비조건

5.1.1. 기관오일의 작용

① 마찰감소·마멸방지 및 밀봉(기밀)작용을 한다.
② 열전도(냉각)작용 및 세척(청정)작용을 한다.
③ 완충(응력분산)작용 및 부식방지(방청)작용을 한다.

5.1.2. 기관오일의 구비조건

① 점도지수가 커 온도와 점도와의 관계가 적당할 것
② 인화점 및 자연발화점이 높을 것
③ 강인한 유막을 형성할 것
④ 응고점이 낮고 비중과 점도가 적당할 것
⑤ 기포발생 및 카본생성에 대한 저항력이 클 것

> **REFERENCE 오일의 점도와 점도지수**
> • 점도 : 오일의 끈적끈적한 정도(점성)이며, 가장 중요한 성질이다.
> • 점도지수 : 오일의 점도는 온도가 상승하면 점도가 낮아지고, 온도가 낮아지면 점도가 높아지는 성질이 있는데 이 변화 정도를 표시하는 것이다.

5.2. 기관 오일의 분류

5.2.1. SAE(미국 자동차 기술협회) 분류

SAE번호로 오일의 점도를 표시하며, 번호가 클수록 점도가 높다.

[1] 겨울용 기관 오일

겨울에는 기관오일의 유동성이 떨어지기 때문에 점도가 낮아야 한다.

[2] 봄·가을용 기관 오일

봄·가을용은 겨울용보다는 점도가 높고, 여름용보다는 점도가 낮다.

[3] 여름용 기관 오일

여름용은 기온이 높기 때문에 기관오일의 점도가 높아야 한다.

[4] 범용 기관 오일(다급 기관 오일)

저온에서 기관이 시동될 수 있도록 점도가 낮고, 고온에서도 기능을 발휘할 수 있는 기관오일이다.

5.2.2. API(미국 석유협회) 분류

가솔린기관용(ML, MM, MS)과 디젤기관용(DG, DM, DS)으로 구분된다.

5.3. 4행정 사이클 기관의 윤활방식

① 비산식 : 커넥팅로드 대단부에 부착한 주걱(oil dipper)으로 오일 팬 내의 오일을 크랭크축이 회전할 때의 원심력으로 퍼 올려 뿌려준다.
② 압송식 : 캠축으로 구동되는 오일펌프로 오일을 흡입·가압하여 각 윤활부분으로 보낸다.
③ 비산 압송식 : 비산식과 압송식을 조합한 것이며, 최근에 가장 많이 사용한다.
④ 전 압송식 : 피스톤과 피스톤 핀까지 윤활유를 압송하여 윤활하는 방식이다.

5.4. 윤활장치의 구성부품

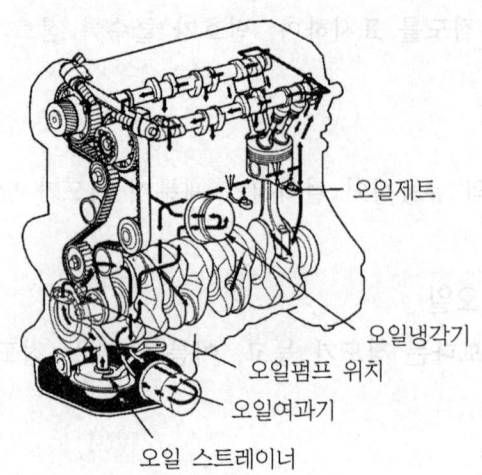

그림 윤활장치의 구성

5.4.1. 오일 팬(oil pan) 또는 아래 크랭크 케이스

① 기관오일 저장용기이며, 오일의 냉각작용도 한다.
② 내부에 섬프(sump)와 격리판(배플)이 설치되어 있고, 외부에는 오일 배출용 드레인 플러그가 있다.

5.4.2. 오일 스트레이너(oil strainer)

오일펌프로 들어가는 오일을 여과하는 부품이며, 철망으로 제작하여 비교적 큰 입자의 불순물을 여과한다.

5.4.3. 오일펌프(oil pump)

① 기관이 가동되어야 작동하며, 오일 팬 내의 오일을 흡입 가압하여 오일여과기를 거쳐 각 윤활부분으로 공급한다.
② 종류에는 기어펌프, 로터리펌프, 플런저펌프, 베인 펌프 등이 있으며 4행정 사이클 기관에서는 주로 로터리펌프와 기어펌프를 사용한다.

5.4.4. 오일여과기(oil filter)

[1] 오일여과기의 기능
윤활장치 내를 순환하는 불순물을 제거하며, 기관오일을 1회 교환할 때 1회 교환한다.

[2] 오일 여과방식
① 분류식 : 오일펌프에 나온 윤활유의 일부만 여과하여 오일 팬으로 보내고, 나머지는 그대로 윤활부분으로 보내는 방식이다.
② 샨트식 : 오일펌프에서 나온 윤활유의 일부만 여과하게 한 방식이지만 여과된 윤활유가 오일 팬으로 되돌아오지 않고, 나머지 여과되지 않은 윤활유와 윤활부분에서 합쳐져 공급된다.
③ 전류식 : 오일펌프에서 나온 오일의 모두를 여과기를 거쳐서 여과된 후 윤활부분으로 가는 방식이다. 또 오일여과기가 막히는 것에 대비하여 여과기 내에 바이패스 밸브를 둔다.

5.4.5. 유압 조절밸브(oil pressure relief valve)
유압이 과도하게 상승하는 것을 방지하여 유압이 일정하게 유지되도록 하는 작용을 한다.

[1] 유압이 높아지는 원인
① 윤활회로의 일부가 막혔을 때
② 기관오일의 점도가 높을 때
③ 유압조절 밸브(릴리프밸브) 스프링의 장력이 과다할 때
④ 유압조절 밸브가 닫힌 채로 고착되었을 때

[2] 유압이 낮아지는 원인
① 오일 팬 내에 오일이 적을 때
② 커넥팅로드 대단부 베어링과 핀 저널의 간극과 크랭크축 오일틈새가 클 때

③ 오일펌프가 불량할 때
④ 유압조절 밸브가 열린 상태로 고장 났을 때
⑤ 기관 각 부분의 마모가 심할 때
⑥ 기관오일에 경유가 혼입되어 점도가 낮아졌을 때

5.4.6. 기관 오일량 점검방법

① 건설기계를 평탄한 지면에 주차시킨다.
② 기관을 시동하여 난기운전(워밍업)시킨 후 기관을 정지한다.
③ 유면표시기를 빼어 묻은 오일을 깨끗이 닦은 후 다시 끼운다.
④ 다시 유면표시기를 빼어 오일이 묻은 부분이 "F(full)"와 "L(low)"선의 중간 이상에 있으면 된다.
⑤ 오일량을 점검할 때 점도도 함께 점검한다.

6 흡기장치 및 과급기

6.1. 흡기장치

6.1.1. 흡기장치의 구비조건

① 각 실린더에 공기가 균일하게 분배되도록 하여야 한다.
② 공기 충돌을 방지하여야 하며, 굴곡이 있어서는 안 된다.
③ 연소가 촉진되도록 공기에 와류를 일으키도록 해야 한다.
④ 흡입부분에는 돌출부가 없어야 하고, 균일한 분배성을 가져야 한다.
⑤ 전체 회전영역에 걸쳐서 흡입효율이 좋아야 한다.
⑥ 연소속도를 빠르게 해야 한다.

6.1.2. 공기청정기(air cleaner)

① 흡입공기 중의 먼지 등의 여과와 흡입공기의 소음을 감소시키며, 통기저항이 크면 기관의 출력이 저하되고, 연료소비에 영향을 준다.
② 공기청정기가 막히면 배기가스 색은 검은색이 배출되며, 출력은 저하된다.

[1] 건식 공기청정기
① 작은 입자의 먼지나 오물을 여과할 수 있고, 기관 회전속도의 변동에도 안정된 공기청정 효율을 얻을 수 있다.
② 구조가 간단해 설치 및 분해·조립이 쉽다.
③ 여과망(엘리먼트)은 압축공기로 안쪽에서 바깥쪽으로 불어내어 청소한다.

[2] 습식 공기청정기
① 공기청정기 케이스 밑에는 일정한 양의 기관오일이 들어 있어 흡입공기는 오일로 적셔진 여과망을 통과시켜 여과시킨다.
② 청정효율은 공기량이 증가할수록 높아지며, 회전속도가 빠르면 효율이 좋고 낮으면 저하된다.
③ 여과망(엘리먼트)은 스틸 울(steel wool)이므로 세척하여 다시 사용한다.

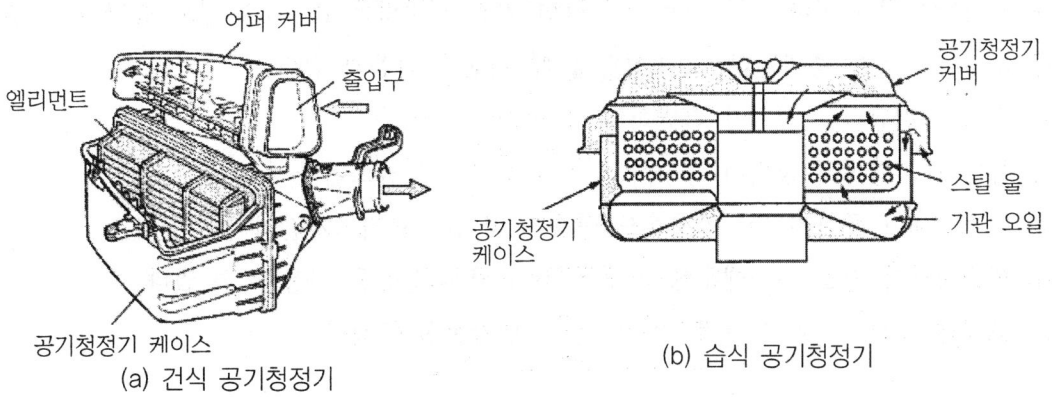

그림 공기청정기의 종류

[3] 유조식 공기청정기
영구적으로 사용할 수 있으며 먼지가 많은 지역에 적합하다.

[4] 원심분리식 공기청정기
흡입공기를 선회시켜 엘리먼트 이전에서 이물질을 제거한다.

6.2. 과급기(터보차저)

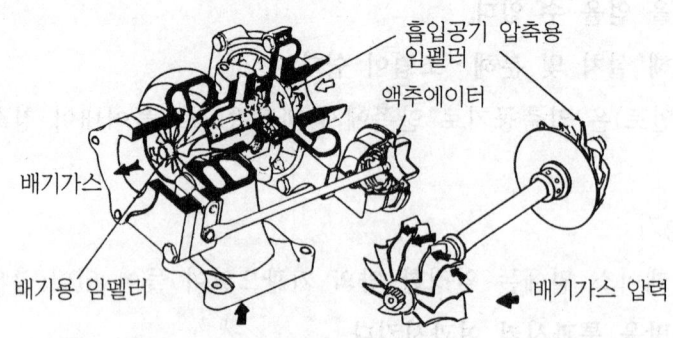

그림 과급기의 작동도

6.2.1. 과급기의 개요

과급기는 흡기다기관과 배기다기관사이에 설치되어 기관의 실린더 내에 공기를 압축하여 공급하는 장치이다. 과급기를 설치하면 기관의 중량은 10~15% 정도 증가되고, 출력은 35~45% 정도 증가한다. 설치하였을 때 이점은 다음과 같다.

① 구조가 간단하고 설치가 간단하다.
② 동일 배기량에서 출력이 증가하고, 연료소비율이 감소된다.
③ 연소상태가 좋아지므로 압축온도 상승에 따라 착화지연기간이 짧아진다.
④ 연소상태가 양호하기 때문에 비교적 질이 낮은 연료를 사용할 수 있다.
⑤ 고지대에서도 기관의 출력변화가 적고, 냉각손실이 적다.

6.2.2. 과급기의 작동

① 기관의 배기가스에 의해 구동되며, 기관오일이 공급된다.
② 배기가스가 터빈을 회전시키면 공기가 흡입되어 디퓨저에 들어간다.
③ 디퓨저에서는 공기의 속도 에너지가 압력 에너지로 바뀌게 된다.
④ 인터쿨러는 과급기가 설치된 디젤기관에서 급기온도를 낮추어 배출가스를 저감시키는 장치이다.

출제예상문제

기관본체

01. 열기관이란 어떤 에너지를 어떤 에너지로 바꾸어 유효한 일을 할 수 있도록 한 기계인가?
① 열에너지를 기계적 에너지로
② 전기적 에너지를 기계적 에너지로
③ 위치 에너지를 기계적 에너지로
④ 기계적 에너지를 열에너지로

[해설] 열기관(엔진)이란 열에너지(연료의 연소)를 기계적 에너지(크랭크축의 회전운동)로 변환시켜주는 장치이다.

02. 디젤기관의 특성으로 가장 거리가 먼 것은?
① 연료소비율이 적고 열효율이 높다.
② 예열플러그가 필요 없다.
③ 연료의 인화점이 높아서 화재의 위험성이 적다.
④ 전기점화장치가 없어 고장률이 적다.

[해설] 예연소실과 와류실식에서는 시동보조 장치인 예열 플러그를 필요로 한다.

03. 디젤기관과 관계없는 설명은?
① 경유를 연료로 사용한다.
② 점화장치 내에 배전기가 있다.
③ 압축 착화한다.
④ 압축비가 가솔린기관보다 높다.

[해설] 디젤기관은 압축착화 방식이므로 점화장치가 없으며, 경유를 연료로 사용하고, 압축비가 가솔린기관보다 높다.

04. 4행정 기관에서 1사이클을 완료할 때 크랭크축은 몇 회전하는가?
① 1회전   ② 2회전
③ 3회전   ④ 4회전

[해설] 4행정 사이클 기관은 크랭크축이 2회전하고, 피스톤은 흡입 → 압축 → 폭발(동력) → 배기의 4행정을 하여 1사이클을 완성한다.

05. 엔진에서 피스톤의 행정이란?
① 피스톤의 길이
② 실린더 벽의 상하 길이
③ 상사점과 하사점과의 총면적
④ 상사점과 하사점과의 거리

[해설] 피스톤 행정이란 상사점과 하사점까지의 거리이다.

06. 4행정 사이클 기관의 행정순서로 맞는 것은?
① 압축 → 동력 → 흡입 → 배기
② 흡입 → 동력 → 압축 → 배기
③ 압축 → 흡입 → 동력 → 배기
④ 흡입 → 압축 → 동력 → 배기

Answer ▶▶▶ 01. ① 02. ② 03. ② 04. ② 05. ④ 06. ④

07. 디젤기관의 순환운동 순서로 맞는 것은?
   ① 공기압축 → 가스폭발 → 공기흡입 → 배기 → 점화
   ② 연료흡입 → 연료분사 → 공기압축 → 착화연소 → 연소·배기
   ③ 공기흡입 → 공기압축 → 연소·배기 → 연료분사 → 착화연소
   ④ 공기흡입 → 공기압축 → 연료분사 → 착화연소 → 배기

   해설 디젤기관의 순환운동 순서는 공기흡입 → 공기압축 → 연료분사 → 착화연소 → 배기이다.

08. 4행정 디젤기관에서 흡입행정 시 실린더 내에 흡입되는 것은?
   ① 혼합기   ② 공기
   ③ 스파크   ④ 연료

   해설 흡입행정은 사이클의 맨 처음 행정이며, 흡입밸브는 열리고 배기밸브는 닫혀 있다. 공기는 피스톤이 상사점에서 하사점으로 내려감에 따라 흡입된다.

09. 디젤기관의 압축비가 높은 이유는?
   ① 연료의 무화를 양호하게 하기 위하여
   ② 공기의 압축열로 착화시키기 위하여
   ③ 기관과열과 진동을 적게 하기 위하여
   ④ 연료의 분사를 높게 하기 위하여

10. 실린더의 압축압력이 저하하는 주요 원인으로 틀린 것은?
   ① 실린더 벽의 마멸
   ② 피스톤 링의 탄력부족
   ③ 헤드 개스킷 파손에 의한 누설
   ④ 연소실 내부의 카본누적

   해설 압축압력이 저하하는 원인은 실린더 벽의 마멸, 피스톤 링의 탄력부족, 피스톤 링의 마모, 헤드 개스킷 파손, 밸브 밀착불량 등이다.

11. 4행정 사이클 디젤기관의 동력행정에 관한 설명으로 틀린 것은?
   ① 분사시기의 진각에는 연료의 착화 늦음이 고려된다.
   ② 연료는 분사됨과 동시에 연소를 시작한다.
   ③ 연료분사 시작점은 회전속도에 따라 진각 된다.
   ④ 피스톤이 상사점에 도달하기 전 소요의 각도범위 내에서 분사를 시작한다.

   해설 연료가 분사된 후 착화지연기간을 거쳐 연소를 시작한다.

12. 공기만을 실린더 내로 흡입하여 고압축비로 압축한 다음 압축열에 연료를 분사하는 작동원리의 디젤기관은?
   ① 압축 착화기관   ② 전기 점화기관
   ③ 외연기관   ④ 제트기관

   해설 디젤기관은 흡입행정에서 공기만을 실린더 내로 흡입하여 고압축비로 압축한 후 압축열에 연료를 분사하는 압축착화(자기착화) 기관이다.

13. 4행정 사이클 기관에서 흡기밸브와 배기밸브가 모두 닫혀 있는 행정은?
   ① 흡입행정, 압축행정
   ② 압축행정, 동력행정
   ③ 폭발행정, 배기행정
   ④ 배기행정, 흡입행정

Answer
07. ④ 08. ② 09. ② 10. ④ 11. ② 12. ① 13. ②

14. 기관에서 폭발행정 말기에 배기가스가 실린더 내의 압력에 의해 배기밸브를 통해 배출되는 현상은 ?

① 블로바이(blow by)
② 블로 백(block back)
③ 블로 다운(blow down)
④ 블로 업(blow up)

> 해설 : 블로 다운이란 폭발행정 끝 부분 즉 배기행정 초기에 배기밸브가 열려 실린더 내의 압력에 의해서 배기가스가 배기밸브를 통해 스스로 배출되는 현상이다.

15. 2행정 사이클 디젤기관의 흡입과 배기행정에 관한 설명으로 틀린 것은 ?

① 압력이 낮아진 나머지 연소가스가 압출되어 실린더 내는 와류를 동반한 새로운 공기로 가득 차게 된다.
② 연소가스가 자체의 압력에 의해 배출되는 것을 블로바이라고 한다.
③ 동력행정의 끝 부분에서 배기밸브가 열리고 연소가스가 자체의 압력으로 배출이 시작된다.
④ 피스톤이 하강하여 소기포트가 열리면 예압된 공기가 실린더 내로 유입된다.

> 해설 : 연소가스가 자체의 압력에 의해 배출되는 것을 블로다운이라고 한다.

16. 2행정 사이클 기관에만 해당되는 과정(행정)은 ?

① 흡입   ② 압축
③ 동력   ④ 소기

> 해설 : 소기행정이란 잔류 배기가스를 내보내고 새로운 공기를 실린더 내에 공급하는 것이며, 2행정 사이클 기관에만 해당되는 과정(행정)이다.

17. 2행정 디젤기관의 소기방식에 속하지 하는 것은 ?

① 루프 소기식   ② 횡단 소기식
③ 복류 소기식   ④ 단류 소기식

18. 디젤기관에서 실화할 때 나타나는 현상으로 옳은 것은 ?

① 기관이 과냉한다.
② 기관회전이 불량해진다.
③ 연료소비가 감소한다.
④ 냉각수가 유출된다.

> 해설 : 실화란 실린더 수가 많은 기관에서 1개 이상의 실린더 내에서 폭발이 일어나지 못하는 현상이며, 실화가 일어나면 기관의 회전이 불량해진다.

19. 디젤기관의 연소실 형상과 관련이 적은 것은 ?

① 기관출력   ② 열효율
③ 공전속도   ④ 운전 정숙도

> 해설 : 기관의 연소실 모양에 따라 기관출력, 열효율, 운전정숙도, 노크발생 빈도 등이 관련된다.

20. 디젤기관의 연소실은 열효율이 높은 구조이어야 하는데 잘못 설명된 것은 ?

① 압축비를 높인다.
② 연소실의 구조를 간단히 한다.
③ 열효율을 높이면 연료소비율도 증가한다.
④ 연소실 벽의 온도를 높인다.

> 해설 : 열효율을 높이면 연료소비율도 감소한다.

Answer
14. ③ 15. ② 16. ④ 17. ③ 18. ② 19. ③ 20. ③

21. 보기에 나타낸 것은 기관에서 어느 구성부품을 형태에 따라 구분한 것인가?

[보기]
직접분사식,   예연소실식
와류실식,   공기실식

① 연료분사장치   ② 연소실
③ 점화장치   ④ 동력전달장치

해설 디젤기관 연소실은 단실식인 직접분사식과 복실식인 예연소실식, 와류실식, 공기실식 등으로 나누어진다.

22. 연소실과 연소의 구비조건이 아닌 것은?
① 분사된 연료를 가능한 한 긴 시간 동안 완전 연소시킬 것
② 평균유효압력이 높을 것
③ 고속회전에서 연소상태가 좋을 것
④ 노크발생이 적을 것

해설 연소실은 분사된 연료를 가능한 한 짧은 시간 내에 완전연소 시킬 것

23. 기관 연소실이 갖추어야 할 구비조건으로 틀린 것은?
① 압축 끝에서 혼합기의 와류를 형성하는 구조이어야 한다.
② 연소실 내의 표면적은 최대가 되도록 한다.
③ 화염전파 거리가 짧아야 한다.
④ 돌출부가 없어야 한다.

해설 연소실 내의 표면적을 최소화시킬 것

24. 디젤기관의 연소실 중 연료소비율이 낮으며 연소압력이 가장 높은 연소실 형식은?

① 예연소실식   ② 와류실식
③ 직접분사실식   ④ 공기실식

해설 직접분사실식은 디젤기관의 연소실 중 연료소비율이 낮으며 연소압력이 가장 높다.

25. 디젤기관에서 직접분사실식 장점이 아닌 것은?
① 연료소비량이 적다.
② 냉각손실이 적다.
③ 연료계통의 연료누출 염려가 적다.
④ 구조가 간단하여 열효율이 높다.

해설 직접분사실식은 분사압력이 가장 높아 분사펌프와 노즐의 수명이 짧고, 연료계통의 연료누출 염려가 큰 단점이 있다.

26. 예연소실식 연소실에 대한 설명으로 가장 거리가 먼 것은?
① 예열플러그가 필요하다.
② 사용연료의 변화에 민감하다.
③ 예연소실은 주연소실보다 작다.
④ 분사압력이 낮다.

해설 예연소실식 연소실은 사용연료의 변화에 둔감하다.

27. 실린더헤드와 블록사이에 삽입하여 압축과 폭발가스의 기밀을 유지하고 냉각수와 엔진오일이 누출되는 것을 방지하는 역할을 하는 것은?
① 헤드 워터재킷   ② 헤드볼트
③ 헤드 오일통로   ④ 헤드 개스킷

해설 헤드개스킷은 실린더헤드와 블록사이에 삽입하여 압축과 폭발가스의 기밀을 유지하고 냉각수와 엔진오일이 누출되는 것을 방지한다.

Answer
21. ② 22. ① 23. ② 24. ③ 25. ③ 26. ② 27. ④

28. 실린더헤드 개스킷에 대한 구비조건으로 틀린 것은?

① 기밀유지가 좋을 것
② 내열성과 내압성이 있을 것
③ 복원성이 적을 것
④ 강도가 적당할 것

> 해설: 헤드 개스킷은 기밀유지가 좋을 것, 냉각수 및 기관오일이 새지 않을 것, 내열성과 내압성이 클 것, 복원성이 있고, 강도가 적당할 것

29. 실린더 헤드개스킷이 손상되었을 때 일어나는 현상으로 가장 옳은 것은?

① 엔진오일의 압력이 높아진다.
② 피스톤 링의 작동이 느려진다.
③ 압축압력과 폭발압력이 낮아진다.
④ 피스톤이 가벼워진다.

> 해설: 헤드개스킷이 손상되면 압축가스가 누출되므로 압축압력과 폭발압력이 낮아진다.

30. 기관에서 사용되는 일체식 실린더의 특징이 아닌 것은?

① 냉각수 누출 우려가 적다.
② 라이너 형식보다 내마모성이 높다.
③ 부품수가 적고 중량이 가볍다.
④ 강성 및 강도가 크다.

> 해설: 일체식 실린더는 강성 및 강도가 크고 냉각수 누출 우려가 적으며, 부품수가 적고 중량이 가볍다.

31. 냉각수가 라이너 바깥둘레에 직접 접촉하고, 정비 시 라이너 교환이 쉬우며, 냉각효과가 좋으나, 크랭크 케이스에 냉각수가 들어갈 수 있는 단점을 가진 것은?

① 진공 라이너 ② 건식 라이너
③ 유압 라이너 ④ 습식 라이너

> 해설: 습식 라이너는 냉각수가 라이너 바깥둘레에 직접 접촉하는 형식이며, 정비작업을 할 때 라이너 교환이 쉽고 냉각효과가 좋으나, 크랭크 케이스로 냉각수가 들어갈 우려가 있다.

32. 기관에서 실린더마모가 가장 큰 부분은?

① 실린더 아랫부분
② 실린더 윗부분
③ 실린더 중간부분
④ 실린더 연소실 부분

> 해설: 실린더 벽의 마멸은 윗부분(상사점 부근)이 가장 크다.

33. 실린더의 내경이 행정보다 작은 기관을 무엇이라고 하는가?

① 스퀘어 기관
② 단행정 기관
③ 장행정 기관
④ 정방행정 기관

> 해설: 장 행정기관은 실린더 내경이 피스톤 행정보다 작은 형식이다.

34. 기관의 실린더 수가 많을 때의 장점이 아닌 것은?

① 기관의 진동이 적다.
② 저속회전이 용이하고 큰 동력을 얻을 수 있다.
③ 연료소비가 적고 큰 동력을 얻을 수 있다.
④ 가속이 원활하고 신속하다.

Answer ▶▶▶

28. ③   29. ③   30. ②   31. ④   32. ②   33. ③   34. ③

35. 디젤기관에서 실린더가 마모되었을 때 발생할 수 있는 현상이 아닌 것은?
① 윤활유 소비량 증가
② 연료소비량 증가
③ 압축압력의 증가
④ 블로바이(blow-by)가스의 배출증가

36. 피스톤의 구비조건으로 틀린 것은?
① 고온·고압에 견딜 것
② 열전도가 잘 될 것
③ 열팽창률이 적을 것
④ 피스톤 중량이 클 것

해설
피스톤의 구비조건은 피스톤 중량이 작고, 고온·고압에 견딜 것, 열전도가 잘되고, 열팽창률이 적을 것, 블로바이(압축가스의 누출)가 없을 것

37. 피스톤의 형상에 의한 종류 중에 측압부의 스커트부분을 떼어내 경량화 하여 고속엔진에 많이 사용되는 피스톤은 무엇인가?
① 솔리드 피스톤　② 풀스커트 피스톤
③ 스플릿 피스톤　④ 슬리퍼 피스톤

해설
슬리퍼 피스톤은 측압부의 스커트부분을 떼어내 경량화 하여 고속엔진에 많이 사용한다.

38. 기관의 피스톤이 고착되는 원인으로 틀린 것은?
① 냉각수량이 부족할 때
② 기관오일이 부족하였을 때
③ 기관이 과열되었을 때
④ 압축압력이 너무 높을 때

해설
피스톤이 고착되는 원인은 기관이 과열되었을 때, 피스톤 간극이 적을 때, 기관오일이 부족하였을 때, 냉각수량이 부족할 때

39. 보기에서 피스톤과 실린더 벽사이의 간극이 클 때 미치는 영향을 모두 나타낸 것은?

[보기]
a. 마찰열에 의해 소결되기 쉽다.
b. 블로바이에 의해 압축압력이 낮아진다.
c. 피스톤 링의 기능저하로 인하여 오일이 연소실에 유입되어 오일소비가 많아진다.
d. 피스톤 슬랩 현상이 발생되며, 기관출력이 저하된다.

① a, b, c　② c, d
③ b, c, d　④ a, b, c, d

해설
피스톤 간극이 작으면 마찰열에 의해 소결(고착)되기 쉽다.

40. 기관의 피스톤 링에 대한 설명 중 틀린 것은?
① 압축 링과 오일 링이 있다.
② 기밀유지의 역할을 한다.
③ 연료분사를 좋게 한다.
④ 열전도작용을 한다.

해설
피스톤 링에는 압축가스가 새는 것을 방지하는 압축 링과 엔진오일을 실린더 벽에서 긁어내리는 작용을 하는 오일 링이 있다.

41. 피스톤 링의 구비조건으로 틀린 것은?
① 열팽창률이 적을 것
② 고온에서도 탄성을 유지할 것
③ 링 이음부의 압력을 크게 할 것
④ 피스톤 링이나 실린더 마모가 적을 것

해설
링 이음부의 압력이 크면 피스톤 링 이음부가 파손되기 쉽다.

Answer　35. ③　36. ④　37. ④　38. ④　39. ③　40. ③　41. ③

42. 디젤엔진에서 피스톤 링의 3대 작용과 거리가 먼 것은?

① 응력분산작용 ② 기밀작용
③ 오일제어 작용 ④ 열전도작용

해설 피스톤 링의 작용은 기밀유지 작용(밀봉작용), 오일제어 작용(엔진오일을 실린더 벽에서 긁어내리는 작용), 열전도 작용(냉각작용)이다.

43. 엔진오일이 연소실로 올라오는 주된 이유는?

① 피스톤 링 마모
② 피스톤 핀 마모
③ 커넥팅로드 마모
④ 크랭크축 마모

해설 피스톤 링 또는 실린더 벽이 마모되면 기관오일이 연소실로 올라와 연소하므로 오일의 소모가 증대되며 이때 배기가스 색이 회백색이 된다.

44. 기관에서 크랭크축의 역할은?

① 원활한 직선운동을 하는 장치이다.
② 기관의 진동을 줄이는 장치이다.
③ 직선운동을 회전운동으로 변환시키는 장치이다.
④ 상하운동을 좌우운동으로 변환시키는 장치이다.

해설 크랭크축은 피스톤의 직선운동을 회전운동으로 변환시키는 장치이다.

45. 기관에서 크랭크축(crank shaft)의 구성품이 아닌 것은?

① 크랭크 암(crank arm)
② 크랭크 핀(crank pin)
③ 저널(journal)
④ 플라이휠(fly wheel)

해설 크랭크축은 메인저널, 크랭크 핀, 크랭크 암, 평형추 등으로 되어있다.

46. 크랭크축은 플라이휠을 통하여 동력을 전달해 주는 역할을 하는데 회전균형을 위해 크랭크 암에 설치되어 있는 것은?

① 저널
② 크랭크 핀
③ 크랭크 베어링
④ 밸런스 웨이트

해설 밸런스 웨이트(평형추)는 크랭크축의 회전균형을 위하여 크랭크 암에 설치되어 있다.

47. 크랭크축의 위상각이 180°이고 5개의 메인 베어링에 의해 크랭크 케이스에 지지되는 엔진은?

① 2실린더 엔진 ② 3실린더 엔진
③ 4실린더 엔진 ④ 5실린더 엔진

해설 4실린더 엔진은 크랭크축의 위상각이 180°이고 5개의 메인 베어링에 의해 크랭크 케이스에 지지된다.

48. 크랭크축의 비틀림 진동에 대한 설명으로 틀린 것은?

① 각 실린더의 회전력 변동이 클수록 커진다.
② 크랭크축이 길수록 커진다.
③ 강성이 클수록 커진다.
④ 회전부분의 질량이 클수록 커진다.

해설 크랭크축에서 비틀림 진동은 크랭크축의 강성이 적을수록, 기관의 회전속도가 느릴수록 크다.

49. 기관의 크랭크축 베어링의 구비조건으로 틀린 것은?
① 마찰계수가 클 것
② 내피로성이 클 것
③ 매입성이 있을 것
④ 추종유동성이 있을 것

> 해설 크랭크축 베어링의 구비조건은 하중부담 능력 및 매입성이 있을 것, 내부식성 및 내피로성이 있을 것, 마찰계수가 적고, 추종 유동성이 있을 것, 길 들임성이 좋을 것

50. 기관의 맥동적인 회전 관성력을 원활한 회전으로 바꾸어주는 역할을 하는 것은?
① 크랭크축   ② 피스톤
③ 플라이휠   ④ 커넥팅로드

> 해설 플라이휠은 기관의 맥동적인 회전을 관성력을 이용하여 원활한 회전으로 바꾸어주는 역할을 한다.

51. 기관의 동력을 전달하는 계통의 순서를 바르게 나타낸 것은?
① 피스톤 → 커넥팅로드 → 클러치 → 크랭크축
② 피스톤 → 클러치 → 크랭크축 → 커넥팅로드
③ 피스톤 → 크랭크축 → 커넥팅로드 → 클러치
④ 피스톤 → 커넥팅로드 → 크랭크축 → 클러치

> 해설 실린더 내에서 폭발이 일어나면 피스톤 → 커넥팅로드 → 크랭크축 → 플라이휠(클러치)순서로 전달된다.

52. 4행정 기관에서 크랭크축 기어와 캠축기어와의 지름의 비 및 회전비는 각각 얼마인가?
① 1 : 2 및 2 : 1   ② 2 : 1 및 2 : 1
③ 1 : 2 및 1 : 2   ④ 2 : 1 및 1 : 2

> 해설 4행정 사이클 기관에서 크랭크축 기어와 캠축 기어와의 지름의 비율은 1 : 2이고, 회전비율은 2 : 1이다.

53. 유압식 밸브리프터의 장점이 아닌 것은?
① 밸브간극 조정은 자동으로 조절된다.
② 밸브 개폐시기가 정확하다.
③ 밸브구조가 간단하다.
④ 밸브기구의 내구성이 좋다.

> 해설 유압식 밸브 리프터는 밸브기구의 구조가 복잡하고, 윤활장치가 고장이 나면 기관 작동이 정지되는 단점이 있다.

54. 흡·배기밸브의 구비조건이 아닌 것은?
① 열전도율이 좋을 것
② 열에 대한 팽창률이 적을 것
③ 열에 대한 저항력이 적을 것
④ 가스에 견디고 고온에 잘 견딜 것

55. 엔진의 밸브장치 중 밸브가이드 내부를 상하 왕복운동하며 밸브헤드가 받는 열을 가이드를 통해 방출하고, 밸브의 개폐를 돕는 부품의 명칭은?
① 밸브시트   ② 밸브 스템
③ 밸브 페이스   ④ 밸브 스템 엔드

> 해설 밸브 스템은 밸브가이드 내부를 상하 왕복운동하며 밸브헤드가 받는 열을 가이드를 통해 방출하고, 밸브의 개폐를 돕는다.

Answer 49. ① 50. ③ 51. ④ 52. ① 53. ③ 54. ③ 55. ②

56. 엔진의 밸브가 닫혀있는 동안 밸브시트와 밸브 페이스를 밀착시켜 기밀이 유지되도록 하는 것은?
① 밸브 리테이너 ② 밸브가이드
③ 밸브 스템 ④ 밸브 스프링

해설
밸브 스프링은 밸브가 닫혀있는 동안 밸브시트와 밸브 페이스를 밀착시켜 기밀이 유지되도록 한다.

57. 밸브간극이 작을 때 일어나는 현상으로 가장 적당한 것은?
① 기관이 과열된다.
② 밸브시트의 마모가 심하다.
③ 밸브가 적게 열리고 닫히기는 꽉 닫힌다.
④ 실화가 일어날 수 있다.

해설
밸브간극이 적으면 밸브가 열려 있는 기간이 길어져 연료가 누출되므로 실화가 발생할 수 있다.

58. 기관의 밸브간극이 너무 클 때 발생하는 현상에 관한 설명으로 올바른 것은?
① 정상온도에서 밸브가 확실하게 닫히지 않는다.
② 밸브스프링의 장력이 약해진다.
③ 푸시로드가 변형된다.
④ 정상온도에서 밸브가 완전히 개방되지 않는다.

해설
밸브간극이 너무 크면 소음이 발생하며, 정상온도에서 밸브가 완전히 개방되지 않는다.

59. 건설기계 기관의 압축압력 측정방법으로 틀린 것은?
① 습식시험을 먼저하고 건식시험을 나중에 한다.
② 배터리의 충전상태를 점검한다.
③ 기관을 정상온도로 작동시킨다.
④ 기관의 분사노즐(또는 점화플러그)은 모두 제거한다.

해설
습식시험이란 건식시험을 한 후 밸브불량, 실린더 벽 및 피스톤링, 헤드개스킷 불량 등의 상태를 판단하기 위하여 분사노즐 설치구멍으로 기관오일을 10cc 정도 넣고 1분 후에 다시하는 시험이다.

연료장치

01. 디젤기관에 사용되는 연료의 구비조건으로 옳은 것은?
① 점도가 높고 약간의 수분이 섞여 있을 것
② 황의 함유량이 클 것
③ 착화점이 높을 것
④ 발열량이 클 것

해설
디젤기관 연료(경유) 발열량이 크고 연소속도가 빠를 것, 점도가 적당하고 수분이 섞여 있지 않을 것, 황의 함유량이 적을 것, 착화점이 낮을 것

02. 기관의 연료장치에서 희박한 혼합비가 미치는 영향으로 옳은 것은?
① 시동이 쉬워진다.
② 저속 및 공전이 원활하다.
③ 연소속도가 빠르다.
④ 출력(동력)의 감소를 가져온다.

해설
혼합비가 희박하면 기관 시동이 어렵고, 저속운전이 불량해지며, 연소속도가 느려 기관의 출력이 저하한다.

Answer
56. ④ 57. ④ 58. ④ 59. ① 01. ④ 02. ④

03. 연료의 세탄가와 가장 밀접한 관련이 있는 것은?
① 열효율　　　② 폭발압력
③ 착화성　　　④ 인화성

해설
연료의 세탄가란 착화성을 표시하는 수치이다.

04. 기관에서 열효율이 높다는 의미는?
① 일정한 연료소비로서 큰 출력을 얻는 것이다.
② 연료가 완전연소하지 않는 것이다.
③ 기관의 온도가 표준보다 높은 것이다.
④ 부조가 없고 진동이 적은 것이다.

해설
열효율이 높다는 것은 일정한 연료소비로서 큰 출력을 얻는 것이다.

05. 연료취급에 관한 설명으로 가장 거리가 먼 것은?
① 연료주입은 운전 중에 하는 것이 효과적이다.
② 연료주입 시 물이나 먼지 등의 불순물이 혼합되지 않도록 주의한다.
③ 정기적으로 드레인콕을 열어 연료탱크 내의 수분을 제거한다.
④ 연료를 취급할 때에는 화기에 주의한다.

해설
연료주입은 작업을 마친 후에 하는 것이 효과적이다.

06. 디젤기관 연소과정에서 연소 4단계와 거리가 먼 것은?
① 전기 연소기간(전 연소기간)
② 화염 전파기간(폭발 연소시간)
③ 직접 연소기간(제어 연소시간)
④ 후기 연소기간(후 연소시간)

해설
디젤엔진의 연소과정은 착화 지연기간 → 화염 전파기간 → 직접 연소기간 → 후 연소기간으로 이루어진다.

07. 디젤엔진 연소과정 중 연소실 내에 분사된 연료가 착화될 때까지의 지연되는 기간으로 옳은 것은?
① 직접 연소기간　　② 화염 전파기간
③ 착화 지연기간　　④ 후 연소시간

해설
착화지연기간은 연소실 내에 분사된 연료가 착화될 때까지의 지연되는 기간으로 약 1/1000~4/1000초 정도이다.

08. 디젤기관 연소과정에서 착화 늦음 원인과 가장 거리가 먼 것은?
① 연료의 미립도
② 연료의 압력
③ 연료의 착화성
④ 공기의 와류상태

해설
착화 늦음은 연료의 미립도, 연료의 착화성, 공기의 와류상태, 기관의 온도 등에 관계된다.

09. 착화지연 기간이 길어져 실린더 내에 연소 및 압력상승이 급격하게 일어나는 현상은?
① 디젤 노크　　　② 조기점화
③ 가솔린 노크　　④ 정상연소

해설
디젤기관의 노크는 착화 지연기간이 길어져 실린더 내의 연소 및 압력상승이 급격하게 일어나는 현상이다.

Answer
03. ③　04. ①　05. ①　06. ①　07. ③　08. ②　09. ①

10. 디젤기관에서 노킹을 일으키는 원인으로 맞는 것은?

① 흡입공기의 온도가 높을 때
② 착화 지연기간이 짧을 때
③ 연료에 공기가 혼입되었을 때
④ 연소실에 누적된 연료가 많아 일시에 연소할 때

> **해설**
> 디젤기관의 노킹은 연소실에 누적된 연료가 많아 일시에 연소할 때 발생한다.

11. 디젤기관의 노킹발생 원인과 가장 거리가 먼 것은?

① 착화기간 중 분사량이 많다.
② 노즐의 분무상태가 불량하다.
③ 세탄가가 높은 연료를 사용하였다.
④ 기관이 과도하게 냉각되어 있다.

> **해설**
> 노킹발생의 원인
> • 연료의 세탄가와 분사압력이 낮을 때
> • 착화 지연기간 중 연료분사량이 많을 때
> • 연소실의 온도가 낮고, 착화 지연시간이 길 때
> • 압축비가 낮고, 기관이 과냉 되었을 때
> • 분사노즐의 분무상태가 불량할 때

12. 디젤기관의 노크 방지방법으로 틀린 것은?

① 세탄가각 높은 연료를 사용한다.
② 압축비를 높게 한다.
③ 흡기압력을 높게 한다.
④ 실린더 벽의 온도를 낮춘다.

> **해설**
> 노크 방지방법
> • 연료의 착화점이 낮은 것(착화성이 좋은)을 사용할 것
> • 세탄가가 높은 연료를 사용할 것
> • 흡기압력과 온도, 실린더(연소실) 벽의 온도를 높일 것
> • 압축비 및 압축압력과 온도를 높일 것
> • 착화지연 기간을 짧게 할 것

13. 노킹이 발생되었을 때 디젤기관에 미치는 영향이 아닌 것은?

① 배기가스의 온도가 상승한다.
② 연소실 온도가 상승한다.
③ 엔진에 손상이 발생할 수 있다.
④ 출력이 저하된다.

> **해설**
> 노킹이 발생되면
> • 기관 회전속도(rpm)가 낮아지고, 출력이 저하한다.
> • 기관이 과열되기 쉽고, 흡기효율이 저하한다.
> • 실린더 벽과 피스톤에 손상이 발생할 수 있다.

14. 디젤기관에서 발생하는 진동이 억제 대책이 아닌 것은?

① 플라이휠　　② 캠 샤프트
③ 밸런스 샤프트　④ 댐퍼 풀리

> **해설**
> 캠 샤프트는 크랭크축으로 구동되며, 흡입과 배기밸브를 개폐한다.

15. 디젤기관에서 발생하는 진동의 원인이 아닌 것은?

① 프로펠러 샤프트의 불균형
② 분사시기의 불균형
③ 분사량의 불균형
④ 분사압력의 불균형

> **해설**
> 크랭크축에 불균형이 있으면 기관이 진동한다.

16. 디젤기관 연료장치의 구성부품이 아닌 것은?

① 예열플러그　　② 분사노즐
③ 연료공급펌프　④ 연료여과기

Answer ▶▶▶

10. ④　11. ③　12. ④　13. ①　14. ②　15. ①　16. ①

17. 디젤엔진의 연료탱크에서 분사노즐까지 연료의 순환 순서로 맞는 것은?

① 연료탱크 → 연료공급펌프 → 분사펌프 → 연료필터 → 분사노즐
② 연료탱크 → 연료필터 → 분사펌프 → 연료공급펌프 → 분사노즐
③ 연료탱크 → 연료공급펌프 → 연료필터 → 분사펌프 → 분사노즐
④ 연료탱크 → 분사펌프 → 연료필터 → 연료공급펌프 → 분사노즐

해설
연료공급 순서는 연료탱크 → 연료공급펌프 → 연료필터 → 분사펌프 → 분사노즐이다.

18. 건설기계작업 후 탱크에 연료를 가득 채워주는 이유와 가장 관련이 적은 것은?

① 다음의 작업을 준비하기 위해서
② 연료의 기포방지를 위해서
③ 연료탱크에 수분이 생기는 것을 방지하기 위해서
④ 연료의 압력을 높이기 위해서

해설
작업 후 탱크에 연료를 가득 채워주는 이유는 다음의 작업을 준비하기 위해서, 연료의 기포방지를 위해서, 연료탱크 내의 공기 중의 수분이 응축되어 물이 생기는 것을 방지하기 위함이다.

19. 디젤기관의 연료계통에서 응축수가 생기면 시동이 어렵게 되는데 이 응축수는 어느 계절에 가장 많이 생기는가?

① 봄   ② 여름
③ 가을   ④ 겨울

해설
연료계통의 응축수는 주로 겨울에 가장 많이 발생한다.

20. 건설기계 운전자가 연료탱크의 배출 콕을 열었다가 잠그는 작업을 하고 있다면, 무엇을 배출하기 위한 예방정비 작업인가?

① 공기
② 유압오일
③ 엔진오일
④ 수분과 오물

해설
연료탱크의 배출 콕(드레인 플러그)을 열었다가 잠그는 것은 수분과 오물을 배출하기 위함이다.

21. 디젤기관 연료여과기의 구성부품이 아닌 것은?

① 오버플로 밸브(over flow valve)
② 드레인 플러그(drain plug)
③ 여과망
④ 프라이밍 펌프(priming pump)

해설
연료여과기의 구조는 보디, 엘리먼트, 중심파이프, 커버, 오버플로 밸브, 드레인 플러그 등으로 되어 있으며 엘리먼트는 여과지(paper)를 주로 사용한다.

22. 디젤기관 연료여과기에 설치된 오버플로 밸브(over flow valve)의 기능이 아닌 것은?

① 여과기 각 부분 보호
② 연료공급펌프 소음발생 억제
③ 운전 중 공기배출 작용
④ 인젝터의 연료분사시기 제어

해설
오버플로밸브는 연료여과기 엘리먼트 보호, 운전 중 연료계통의 공기배출, 연료공급펌프의 소음발생 방지, 연료압력의 지나친 상승을 방지한다.

Answer
17. ③   18. ④   19. ④   20. ④   21. ④   22. ④

23. 디젤기관 연료장치에서 연료필터의 공기를 배출하기 위해 설치되어 있는 것으로 가장 적합한 것은?
① 벤트플러그　② 오버플로 밸브
③ 코어플러그　④ 글로플러그

🅗🅘설
• 벤트플러그 : 공기를 배출하기 위해 사용하는 플러그
• 드레인 플러그 : 액체를 배출하기 위해 사용하는 플러그

24. 연료탱크의 연료를 분사펌프 저압부까지 공급하는 것은?
① 연료공급 펌프　② 연료분사 펌프
③ 인젝션 펌프　④ 로터리 펌프

🅗🅘설
연료 공급펌프는 연료탱크 내의 연료를 연료여과기를 거쳐 분사펌프의 저압부분으로 공급한다.

25. 디젤기관 연료장치의 분사펌프에서 프라이밍펌프의 사용 시기는?
① 출력을 증가시키고자 할 때
② 연료계통의 공기배출을 할 때
③ 연료의 양을 가감할 때
④ 연료의 분사압력을 측정할 때

🅗🅘설
프라이밍 펌프는 연료공급펌프에 설치되어 있으며, 분사펌프로 연료를 보내거나 연료계통의 공기를 배출할 때 사용한다.

26. 디젤기관 연료장치에서 공기를 뺄 수 있는 부분이 아닌 것은?
① 분사노즐 상단의 피팅 부분
② 분사펌프의 에어 브리드 스크루
③ 연료여과기의 벤트플러그
④ 연료탱크의 드레인 플러그

27. 디젤기관에서 연료라인에 공기가 혼입되었을 때의 현상으로 가장 적절한 것은?
① 분사압력이 높아진다.
② 디젤노크가 일어난다.
③ 연료분사량이 많아진다.
④ 기관부조 현상이 발생된다.

🅗🅘설
연료에 공기가 흡입되면 기관회전이 불량해 진다. 즉 기관이 부조를 일으킨다.

28. 디젤기관 연료라인에 공기빼기를 하여야 하는 경우가 아닌 것은?
① 예열이 안 되어 예열플러그를 교환한 경우
② 연료호스나 파이프 등을 교환한 경우
③ 연료탱크 내의 연료가 결핍되어 보충한 경우
④ 연료필터의 교환, 분사펌프를 탈·부착한 경우

🅗🅘설
연료라인의 공기빼기 작업은 연료탱크 내의 연료가 결핍되어 보충한 경우, 연료호스나 파이프 등을 교환한 경우, 연료필터의 교환, 분사펌프를 탈·부착한 경우 등에 한다.

29. 디젤기관에서 연료장치 공기빼기 순서로 옳은 것은?
① 공급펌프 → 연료여과기 → 분사펌프
② 공급펌프 → 분사펌프 → 연료여과기
③ 연료여과기 → 공급펌프 → 분사펌프
④ 연료여과기 → 분사펌프 → 공급펌프

🅗🅘설
연료장치 공기빼기 순서는 공급펌프 → 연료여과기 → 분사펌프이다.

Answer　23. ①　24. ①　25. ②　26. ④　27. ④　28. ①　29. ①

30. 프라이밍펌프를 이용하여 디젤기관 연료장치 내에 있는 공기를 배출하기 어려운 곳은?
① 공급펌프   ② 연료필터
③ 분사펌프   ④ 분사노즐

해설) 프라이밍펌프로는 연료공급펌프, 연료필터, 분사펌프 내의 공기를 빼낼 수 있다.

31. 건설기계가 현장에서 작업 중 각종계기는 정상인데 엔진부조가 발생한다면 우선 점검해 볼 계통은?
① 연료계통   ② 충전계통
③ 윤활계통   ④ 냉각계통

32. 디젤기관에서 부조발생의 원인이 아닌 것은?
① 발전기 고장
② 거버너 작용불량
③ 분사시기 조정불량
④ 연료의 압송불량

33. 디젤기관에서 주행 중 시동이 꺼지는 경우로 틀린 것은?
① 연료필터가 막혔을 때
② 분사파이프 내에 기포가 있을 때
③ 연료파이프에 누설이 있을 때
④ 플라이밍펌프가 작동하지 않을 때

해설) 플라이밍펌프는 디젤기관 연료계통의 공기빼기를 하는 펌프이며, 주행 중 시동이 꺼지는 원인과는 관계가 없다.

34. 디젤기관에서 연료를 압축하여 분사순서에 맞게 노즐로 압송시키는 장치는?
① 연료분사펌프   ② 연료공급펌프
③ 프라이밍펌프   ④ 유압펌프

해설) 연료분사펌프는 연료를 압축하여 분사순서에 맞추어 노즐로 압송시키는 것으로 조속기(연료분사량 조정)와 분사시기를 조절하는 장치(타이머)가 설치되어 있다.

35. 디젤기관의 연료분사펌프에서 연료분사량 조정은?
① 컨트롤 슬리브와 피니언의 관계위치를 변화하여 조정
② 프라이밍펌프를 조정
③ 플런저 스프링의 장력조정
④ 리밋 슬리브를 조정

해설) 각 실린더 별로 연료분사량에 차이가 있으면 분사펌프 내의 컨트롤 슬리브와 피니언의 관계위치를 변화하여 조정한다.

36. 디젤기관 인젝션 펌프에서 딜리버리밸브의 기능으로 틀린 것은?
① 역류방지   ② 후적 방지
③ 잔압 유지   ④ 유량조정

해설) 딜리버리밸브는 연료의 역류(분사노즐에서 펌프로의 흐름)를 방지하고, 분사노즐의 후적을 방지하며, 잔압을 유지시킨다.

37. 기관의 부하에 따라 자동적으로 분사량을 가감하여 최고 회전속도를 제어하는 것은?
① 플런저 펌프   ② 캠축
③ 거버너   ④ 타이머

해설) 거버너(조속기)는 분사펌프에 설치되어 있으며, 기관의 부하에 따라 자동적으로 연료분사량을 가감하여 최고 회전속도를 제어한다.

Answer ▶▶▶◦
30. ④ 31. ① 32. ① 32. ① 33. ④ 34. ① 35. ① 36. ④ 37. ③

38. 디젤기관에서 인젝터 간 연료분사량이 일정하지 않을 때 나타나는 현상은?
① 연료 분사량에 관계없이 기관은 순조로운 회전을 한다.
② 연료소비에는 관계가 있으나 기관 회전에는 영향은 미치지 않는다.
③ 연소 폭발음의 차이가 있으며 기관은 부조를 하게 된다.
④ 출력은 향상되나 기관은 부조를 하게 된다.

[해설] 인젝터 간 연료분사량이 일정하지 않으면 연소 폭발음의 차이가 있으며 기관은 부조를 일으킨다.

39. 디젤기관에서 회전속도에 따라 연료의 분사시기를 조절하는 장치는?
① 과급기　　② 기화기
③ 타이머　　④ 조속기

[해설] 타이머(timer)는 기관의 회전속도에 따라 자동적으로 분사시기를 조정하여 운전을 안정되게 한다.

40. 디젤기관만이 가지고 있는 부품은?
① 분사노즐　　② 오일펌프
③ 물 펌프　　④ 연료펌프

41. 기관에서 연료펌프로부터 보내진 고압의 연료를 미세한 안개 모양으로 연소실에 분사하는 부품은?
① 분사노즐　　② 커먼레일
③ 분사펌프　　④ 공급펌프

[해설] 분사노즐은 분사펌프에 보내준 고압의 연료를 연소실에 안개 모양으로 분사하는 부품이다.

42. 디젤기관 노즐(nozzle)의 연료분사 3대 요건이 아닌 것은?
① 무화　　② 관통력
③ 착화　　④ 분포

[해설] 연료분사의 3대 요소는 무화(안개화), 분포(분산), 관통력이다.

43. 디젤기관에 사용하는 분사노즐의 종류에 속하지 않는 것은?
① 핀틀(pintle)형
② 스로틀(throttle)형
③ 홀(hole)형
④ 싱글 포인트(single point)형

[해설] 분사노즐의 종류에는 홀(구멍)형, 핀틀형, 스로틀형이 있다.

44. 직접분사식에 가장 적합한 노즐은?
① 구멍형 노즐　　② 핀틀형 노즐
③ 스로틀형 노즐　　④ 개방형 노즐

[해설] 구멍형 노즐은 직접분사식 연소실에서 사용한다.

45. 분사노즐시험기로 점검할 수 있는 것은?
① 분사개시 압력과 분사속도를 점검할 수 있다.
② 분포상태와 플런저의 성능을 점검할 수 있다.
③ 분사개시 압력과 후적을 점검할 수 있다.
④ 분포상태와 분사량을 점검할 수 있다.

[해설] 노즐테스터로 점검할 수 있는 항목은 분포(분무)상태, 분사각도, 후적 유무, 분사개시 압력 등이다.

Answer 38. ③　39. ③　40. ①　41. ①　42. ③　43. ④　44. ①　45. ③

46. 커먼레일 디젤엔진의 연료장치 구성부품이 아닌 것은?

① 분사펌프　② 커먼레일
③ 고압펌프　④ 인젝터

해설
커먼레일 디젤엔진의 연료공급 경로는 연료탱크 → 연료필터 → 저압 연료펌프 → 고압 연료펌프 → 커먼레일 → 인젝터 순서이다.

47. 커먼레일 연료분사장치의 저압계통이 아닌 것은?

① 1차 연료공급펌프
② 연료 스트레이너
③ 연료 여과기
④ 커먼레일

해설
커먼레일은 고압 연료펌프로부터 이송된 고압의 연료를 저장하는 부품으로 인젝터가 설치되어 있어 모든 실린더에 공통으로 연료를 공급하는데 사용된다.

48. 인젝터의 점검항목이 아닌 것은?

① 저항　② 작동온도
③ 분사량　④ 작동음

해설
인젝터의 점검항목은 저항, 연료분사량, 작동음이다.

49. 커먼레일 디젤기관의 전자제어계통에서 입력요소가 아닌 것은?

① 연료온도 센서
② 연료압력 센서
③ 연료압력 제한밸브
④ 축전지 전압

50. 커먼레일 디젤기관의 압력제한밸브에 대한 설명 중 틀린 것은?

① 연료압력이 높으면 연료의 일부분이 연료탱크로 되돌아간다.
② 커먼레일과 같은 라인에 설치되어 있다.
③ 기계식 밸브가 많이 사용된다.
④ 운전조건에 따라 커먼레일의 압력을 제어한다.

해설
압력제한밸브는 커먼레일에 설치되어 커먼레일 내의 연료압력이 규정 값보다 높아지면 열려 연료의 일부를 연료탱크로 복귀시킨다.

51. 커먼레일방식 디젤기관에서 크랭킹은 되는데 기관이 시동되지 않는다. 점검부위로 틀린 것은?

① 인젝터
② 커먼레일 압력
③ 연료탱크 유량
④ 분사펌프 딜리버리밸브

해설
분사펌프 딜리버리밸브는 기계제어 분사장치에서 사용한다.

52. 기관에서 연료압력이 너무 낮은 원인이 아닌 것은?

① 연료펌프의 공급압력이 누설되었다.
② 연료압력 레귤레이터에 있는 밸브의 밀착이 불량하여 리턴포트 쪽으로 연료가 누설되었다.
③ 연료필터가 막혔다.
④ 리턴호스에서 연료가 누설된다.

해설
리턴호스는 기관에서 사용하고 남은 연료가 연료탱크로 복귀하는 호스이므로 연료압력에는 영향을 주지 않는다.

Answer 46. ① 47. ④ 48. ② 49. ③ 50. ③ 51. ④ 52. ④

53. 커먼레일 디젤기관의 연료압력센서(RPS)에 대한 설명 중 맞지 않는 것은?
   ① RPS의 신호를 받아 연료분사량을 조정하는 신호로 사용한다.
   ② RPS의 신호를 받아 연료 분사시기를 조정하는 신호로 사용한다.
   ③ 반도체 피에조 소자방식이다.
   ④ 이 센서가 고장이면 시동이 꺼진다.

   해설
   연료압력 센서(RPS)는 반도체 피에조소자를 사용하며, 이 센서의 신호를 받아 컴퓨터는 연료분사량 및 분사시기 조정신호로 사용한다. 고장이 발생하면 림프 홈 모드(페일 세이프)로 진입하여 연료압력을 400bar로 고정시킨다.

54. 커먼레일 디젤기관의 공기유량센서(AFS)로 많이 사용되는 방식은?
   ① 칼만와류 방식 ② 열막방식
   ③ 베인방식 ④ 피토관 방식

   해설
   공기유량센서(air flow sensor)는 열막(hot film)방식을 사용하며, 이 센서의 주 기능은 EGR 피드백 제어이며, 또 다른 기능은 스모그 리미트 부스트 압력제어(매연 발생을 감소시키는 제어)이다.

55. 커먼레일 디젤기관의 공기유량 센서(AFS)에 대한 설명 중 맞지 않는 것은?
   ① EGR 피드백제어 기능을 주로 한다.
   ② 열막방식을 사용한다.
   ③ 연료량 제어기능을 주로 한다.
   ④ 스모그 제한 부스터 압력제어용으로 사용한다.

56. 커먼레일 디젤기관의 흡기온도센서(ATS)에 대한 설명으로 틀린 것은?
   ① 주로 냉각팬 제어신호로 사용된다.
   ② 연료량 제어 보정신호로 사용된다.
   ③ 분사시기 제어 보정신호로 사용된다.
   ④ 부특성 서미스터이다.

57. 전자제어 디젤엔진의 회전을 감지하여 분사순서와 분사시기를 결정하는 센서는?
   ① 가속페달 센서
   ② 냉각수 온도센서
   ③ 엔진오일 온도센서
   ④ 크랭크축 센서

   해설
   크랭크축 센서(CPS, CKP, 크랭크 포지션센서)는 크랭크축과 일체로 되어 있는 센서 휠의 돌기를 검출하여 크랭크축의 각도 및 피스톤의 위치, 기관 회전속도 등을 검출한다.

58. 커먼레일 디젤기관의 센서에 대한 설명이 아닌 것은?
   ① 연료온도센서는 연료온도에 따른 연료량 보정신호로 사용된다.
   ② 크랭크 포지션센서는 밸브개폐시기를 감지한다.
   ③ 수온센서는 기관의 온도에 따른 냉각팬 제어신호로 사용된다.
   ④ 수온센서는 기관온도에 따른 연료량을 증감하는 보정신호로 사용된다.

59. 커먼레일 디젤기관의 연료장치에서 출력요소는?
   ① 공기유량센서 ② 인젝터
   ③ 엔진 ECU ④ 브레이크 스위치

   해설
   인젝터는 엔진 ECU의 신호에 의해 연료를 분사하는 출력요소이다.

Answer
53. ④ 54. ② 55. ③ 56. ① 57. ④ 58. ② 59. ②

60. 커먼레일 디젤기관의 가속페달 포지션 센서에 대한 설명 중 맞지 않는 것은?
① 가속페달 포지션센서는 운전자의 의지를 전달하는 센서이다.
② 가속페달 포지션센서 2는 센서 1을 검사하는 센서이다.
③ 가속페달 포지션센서 3은 연료 온도에 따른 연료량 보정신호를 한다.
④ 가속페달 포지션센서 1은 연료량과 분사시기를 결정한다.

해설
가속페달 위치센서는 운전자의 의지를 컴퓨터로 전달하는 센서이며, 센서 1에 의해 연료분사량과 분사시기가 결정되며, 센서 2는 센서 1을 감시하는 기능으로 차량의 급출발을 방지하기 위한 것이다.

61. 기관의 운전 상태를 감시하고 고장진단 할 수 있는 기능은?
① 윤활기능   ② 제동기능
③ 조향기능   ④ 자기진단기능

해설
자기진단기능이란 기관의 운전 상태를 감시하고 고장진단 할 수 있는 기능이다.

냉각장치

01. 공랭식 기관의 냉각장치에서 볼 수 있는 것은?
① 물 펌프   ② 코어플러그
③ 수온조절기   ④ 냉각핀

해설
공랭식 기관은 실린더헤드와 블록과 같이 과열되기 쉬운 부분에 냉각핀을 두고 냉각시킨다.

02. 엔진 내부의 연소를 통해 일어나는 열에너지가 기계적 에너지로 바뀌면서 뜨거워진 엔진을 물로 냉각하는 방식으로 옳은 것은?
① 수냉식   ② 공랭식
③ 유냉식   ④ 가스 순환식

03. 기관의 온도를 측정하기 위해 냉각수의 수온을 측정하는 곳으로 가장 적절한 곳은?
① 실린더헤드 물재킷 부분
② 엔진 크랭크케이스 내부
③ 라디에이터 하부
④ 수온조절기 내부

해설
기관의 냉각수 온도는 실린더헤드 물재킷 부분의 온도로 나타내며, 75~95℃ 정도면 정상이다.

04. 엔진작동에 필요한 냉각수 온도의 최적 조건 범위에 해당되는 것은?
① 0~5℃   ② 10~45℃
③ 75~95℃   ④ 110~120℃

05. 엔진 과열 시 일어나는 현상이 아닌 것은?
① 각 작동부분이 열팽창으로 고착될 수 있다.
② 윤활유 점도저하로 유막이 파괴될 수 있다.
③ 금속이 빨리 산화되고 변형되기 쉽다.
④ 연료소비율이 줄고, 효율이 향상된다.

해설
엔진이 과열하면 금속이 빨리 산화되고 변형되기 쉽고, 윤활유의 점도저하로 유막이 파괴될 수 있으며, 각 작동부분이 열팽창으로 고착될 우려가 있다.

Answer 60. ③ 61. ④ 01. ④ 02. ① 03. ① 04. ③ 05. ④

06. 디젤엔진의 과냉 시 발생할 수 있는 사항으로 틀린 것은?

① 압축압력이 저하된다.
② 블로바이 현상이 발생된다.
③ 연료소비량이 증대된다.
④ 엔진의 회전저항이 감소한다.

해설
엔진이 과냉되면 블로바이 현상이 발생하여 압축압력이 저하하고 연료소비량이 증대되며, 엔진의 회전저항이 증가한다.

07. 기관의 냉각장치에 해당하지 않는 부품은?

① 팬 및 벨트   ② 릴리프밸브
③ 수온조절기   ④ 방열기

해설
릴리프밸브는 윤활장치나 유압장치에서 유압을 규정 값으로 제어한다.

08. 건설기계용 디젤기관의 냉각장치 방식에 속하지 않는 것은?

① 강제 순환식
② 압력 순환식
③ 진공 순환식
④ 자연 순환식

해설
냉각장치 방식에는 자연 순환방식, 강제 순환방식, 압력 순환방식, 밀봉 압력방식이 있다.

09. 가압식 라디에이터의 장점으로 틀린 것은?

① 방열기를 적게 할 수 있다.
② 냉각수의 비등점을 높일 수 있다.
③ 냉각수의 순환속도가 빠르다.
④ 냉각장치의 효율을 높일 수 있다.

해설
가압방식 라디에이터의 장점은 방열기를 작게 할 수 있고, 냉각수의 비등점을 높여 비등에 의한 손실을 줄일 수 있으며, 냉각수 손실이 적어 보충횟수를 줄일 수 있고, 냉각장치의 열효율이 향상된다.

10. 기관에 온도를 일정하게 유지하기 위해 설치된 물 통로에 해당되는 것은?

① 오일 팬   ② 밸브
③ 워터 자켓   ④ 실린더헤드

해설
워터 자켓(water jacket)은 기관의 온도를 일정하게 유지하기 위해 실린더헤드와 실린더블록에 설치된 물 통로이다.

11. 물 펌프에 대한 설명으로 틀린 것은?

① 주로 원심펌프를 사용한다.
② 구동은 벨트를 통하여 크랭크축에 의해서 구동된다.
③ 냉각수에 압력을 가하면 물 펌프의 효율은 증대된다.
④ 펌프효율은 냉각수 온도에 비례한다.

해설
물 펌프의 효율은 냉각수 온도에 반비례하고 압력에 비례한다. 따라서 냉각수에 압력을 가하면 물 펌프의 효율이 증대된다.

12. 냉각수 순환용 물 펌프가 고장났을 때 기관에 나타날 수 있는 현상은?

① 기관 과열
② 시동불능
③ 축전지의 비중저하
④ 발전기 작동불능

해설
물 펌프가 고장나면 냉각수가 순환하지 못하여 기관 과열의 원인이 된다.

Answer
06. ④ 07. ② 08. ③ 09. ③ 10. ③ 11. ④ 12. ①

13. 기관의 냉각 팬이 회전할 때 공기가 불어가는 방향은?
① 회전방향 ② 상부방향
③ 하부방향 ④ 방열기 방향

해설
냉각 팬이 회전할 때 공기가 불어가는 방향은 방열기 방향이다.

14. 냉각장치에 사용되는 전동 팬에 대한 설명으로 틀린 것은?
① 냉각수 온도에 따라 작동한다.
② 정상온도 이하에서는 작동하지 않고 과열일 때 작동한다.
③ 엔진이 시동되면 동시에 회전한다.
④ 팬벨트는 필요 없다.

해설
전동 팬은 엔진의 시동여부에 관계없이 냉각수 온도에 따라 작동한다.

15. 팬벨트와 연결되지 않은 것은?
① 발전기 풀리
② 기관 오일펌프 풀리
③ 워터펌프 풀리
④ 크랭크축 풀리

해설
기관 오일펌프는 크랭크축이나 캠축에 의해 직접 구동된다.

16. 기관에서 팬벨트 장력 점검방법으로 맞는 것은?
① 벨트길이 측정게이지로 측정 점검
② 정지된 상태에서 벨트의 중심을 엄지손가락으로 눌러서 점검
③ 엔진을 가동한 후 텐셔너를 이용하여 점검
④ 발전기의 고정 볼트를 느슨하게 하여 점검

해설
팬벨트 장력은 기관의 가동이 정지된 상태에서 물 펌프와 발전기사이의 벨트 중심을 엄지손가락으로 눌러서 점검한다.

17. 팬벨트에 대한 점검과정으로 적합하지 않은 것은?
① 팬벨트는 눌러(약 10kgf) 처짐이 13~20mm 정도로 한다.
② 팬벨트는 풀리의 밑 부분에 접촉되어야 한다.
③ 팬벨트 조정은 발전기를 움직이면서 조정한다.
④ 팬벨트가 너무 헐거우면 기관 과열의 원인이 된다.

해설
팬벨트는 풀리의 양쪽 경사진 부분에 접촉되어야 미끄러지지 않는다.

18. 냉각 팬의 벨트유격이 너무 클 때 일어나는 현상은?
① 발전기의 과충전이 발생된다.
② 강한 텐션으로 벨트가 절단된다.
③ 기관 과열의 원인이 된다.
④ 점화시기가 빨라진다.

해설
냉각 팬의 벨트유격이 너무 크면(장력이 약하면) 기관 과열의 원인이 되며, 발전기의 출력이 저하한다.

19. 건설기계 기관에 있는 팬벨트의 장력이 약할 때 생기는 현상으로 맞는 것은?
① 발전기 출력이 저하될 수 있다.
② 물 펌프 베어링이 조기에 손상된다.
③ 엔진이 과냉된다.
④ 엔진이 부조를 일으킨다.

Answer
13. ④ 14. ③ 15. ② 16. ② 17. ② 18. ③ 19. ①

20. 기관에서 팬벨트 및 발전기 벨트의 장력이 너무 강할 경우에 발생될 수 있는 현상은 ?
① 발전기 베어링이 손상될 수 있다.
② 기관의 밸브장치가 손상될 수 있다.
③ 충전부족 현상이 생긴다.
④ 기관이 과열된다.

해설
팬벨트의 장력이 너무 강하면(팽팽하면) 발전기 베어링이 손상되기 쉽다.

21. 냉각장치에 사용되는 라디에이터의 구성품이 아닌 것은 ?
① 냉각수 주입구   ② 냉각핀
③ 코어   ④ 물재킷

해설
물재킷은 실린더헤드와 블록에 설치한 냉각수 순환 통로이다.

22. 라디에이터(Radiator)에 대한 설명으로 틀린 것은 ?
① 라디에이터 재료 대부분은 알루미늄 합금이 사용된다.
② 단위 면적당 방열량이 커야 한다.
③ 냉각효율을 높이기 위해 방열 핀이 설치된다.
④ 공기흐름 저항이 커야 냉각효율이 높다.

해설
라디에이터의 구비조건은 단위면적 당 방열량이 클 것, 가볍고 작으며, 강도가 클 것, 냉각수 흐름 저항이 적을 것, 공기 흐름저항이 적을 것

23. 라디에이터(radiator)를 다운플로 형식(down type)과 크로스플로 형식(cross flow type)으로 구분하는 기준은 ?
① 공기가 흐르는 방향에 따라
② 라디에이터 크기에 따라
③ 라디에이터의 설치위치에 따라
④ 냉각수가 흐르는 방향에 따라

24. 사용하던 라디에이터와 신품 라디에이터의 냉각수 주입량을 비교했을 때 신품으로 교환해야 할 시점은 ?
① 10% 이상의 차이가 발생했을 때
② 20% 이상의 차이가 발생했을 때
③ 30% 이상의 차이가 발생했을 때
④ 40% 이상의 차이가 발생했을 때

해설
신품과 사용품의 냉각수 주입량이 20% 이상의 차이가 발생하면 라디에이터를 교환한다.

25. 라디에이터 내의 냉각수가 누출되는 경우 발생하는 현상은 ?
① 냉각수 비등점이 높아진다.
② 냉각수 순환이 불량해진다.
③ 기관이 과열한다.
④ 기관이 과냉한다.

26. 기관 방열기에 연결된 보조탱크의 역할을 설명한 것으로 가장 적합하지 않은 것은 ?
① 냉각수의 체적팽창을 흡수한다.
② 냉각수 온도를 적절하게 조절한다.
③ 오버플로(over flow)되어도 증기만 방출된다.
④ 장기간 냉각수 보충이 필요 없다.

해설
방열기에 연결된 보조탱크의 역할은 냉각수의 체적팽창을 흡수하므로 오버플로 되어도 증기만 방출되며, 장기간 냉각수 보충이 필요 없다.

Answer
20. ① 21. ④ 22. ④ 23. ④ 24. ② 25. ③ 26. ②

27. 냉각장치에서 냉각수의 비등점을 높이기 위한 장치는?
① 진공식 캡   ② 방열기
③ 압력식 캡   ④ 정온기

> **해설** 냉각장치 내의 비등점(비점)을 높이고, 냉각범위를 넓히기 위하여 압력식 캡을 사용한다.

28. 압력식 라디에이터 캡에 있는 밸브는?
① 입력밸브와 진공밸브
② 압력밸브와 진공밸브
③ 입구밸브와 출구밸브
④ 압력밸브와 메인밸브

> **해설** 라디에이터 캡에 설치된 밸브는 압력밸브와 진공밸브이다.

29. 압력식 라디에이터 캡에 대한 설명으로 옳은 것은?
① 냉각장치 내부압력이 규정보다 낮을 때 공기밸브는 열린다.
② 냉각장치 내부압력이 규정보다 높을 때 진공밸브는 열린다.
③ 냉각장치 내부압력이 부압이 되면 진공밸브는 열린다.
④ 냉각장치 내부압력이 부압이 되면 공기밸브는 열린다.

> **해설** 압력식 라디에이터 캡의 작동
> • 냉각장치 내부압력이 부압이 되면(내부압력이 규정보다 낮을 때) 진공밸브가 열린다.
> • 냉각장치 내부압력이 규정보다 높을 때 압력밸브가 열린다.

30. 밀봉 압력식 냉각방식에서 보조탱크 내의 냉각수가 라디에이터로 빨려 들어갈 때 개방되는 압력 캡의 밸브는?
① 릴리프밸브   ② 진공밸브
③ 압력밸브   ④ 리듀싱 밸브

> **해설** 밀봉 압력식 냉각방식에서 보조탱크 내의 냉각수가 라디에이터로 빨려 들어갈 때 진공밸브가 개방된다.

31. 라디에이터 캡의 스프링이 파손되는 경우 발생하는 현상은?
① 냉각수 비등점이 높아진다.
② 냉각수 순환이 불량해진다.
③ 냉각수 순환이 빨라진다.
④ 냉각수 비등점이 낮아진다.

> **해설** 압력밸브의 주작용은 냉각수의 비등점을 상승시키는 것이므로 압력밸브 스프링이 파손되거나 장력이 약해지면 비등점이 낮아져 기관이 과열되기 쉽다.

32. 엔진의 온도를 항상 일정하게 유지하기 위하여 냉각계통에 설치되는 것은?
① 크랭크축 풀리   ② 물 펌프 풀리
③ 수온조절기   ④ 벨트 조절기

> **해설** 수온조절기(정온기)는 기관 내부의 냉각수 온도변화에 따라 자동적으로 통로를 개폐하여 냉각수 온도를 항상 일정하게 유지한다.

33. 디젤기관에서 냉각수의 온도에 따라 냉각수 통로를 개폐하는 수온조절기가 설치되는 곳으로 적당한 곳은?
① 라디에이터 상부
② 라디에이터 하부
③ 실린더블록 물재킷 입구부분
④ 실린더헤드 물재킷 출구부분

Answer
27. ③   28. ②   29. ③   30. ②   31. ④   32. ③   33. ④

34. 수온조절기의 종류가 아닌 것은 ?
① 벨로즈형식
② 펠릿형식
③ 바이메탈형식
④ 마몬형식

해설) 수온조절기의 종류에는 바이메탈형식, 벨로즈형식, 펠릿형식이 있다.

35. 현재 가장 많이 사용되고 있는 수온조절기의 형식은 ?
① 펠릿형
② 바이메탈형
③ 벨로즈형
④ 블래더형

해설) 수온조절기는 주로 펠릿형을 사용한다.

36. 왁스실에 왁스를 넣어 온도가 높아지면 팽창 축을 올려 열리는 온도조절기는 ?
① 벨로즈형
② 펠릿형
③ 바이패스형
④ 바이메탈형

해설) 펠릿형(Pellet type)은 왁스 실에 왁스를 넣어 온도가 높아지면 팽창 축을 올려 열리는 형식이다.

37. 기관의 수온조절기에 있는 바이패스(by pass)회로의 기능은 ?
① 냉각수 온도를 제어한다.
② 냉각 팬의 속도를 제어한다.
③ 냉각수의 압력을 제어한다.
④ 냉각수를 여과시킨다.

38. 엔진의 냉각장치에서 수온조절기의 열림 온도가 낮을 때 발생하는 현상은 ?
① 방열기 내의 압력이 높아진다.
② 엔진이 과열되기 쉽다.
③ 엔진의 워밍업시간이 길어진다.
④ 물 펌프에 과부하가 발생한다.

해설) 수온조절기의 열림 온도가 낮으면 엔진의 워밍업 시간이 길어지기 쉽다.

39. 디젤기관을 시동시킨 후 충분한 시간이 지났는데도 냉각수 온도가 정상적으로 상승하지 않을 경우 그 고장의 원인이 될 수 있는 것은 ?
① 냉각 팬벨트의 헐거움
② 수온조절기가 열린 채 고장
③ 물 펌프의 고장
④ 라디에이터 코어의 막힘

해설) 기관을 시동시킨 후 충분한 시간이 지났는데도 냉각수 온도가 정상적으로 상승하지 않는 원인은 수온조절기가 열린 상태로 고장 난 경우이다.

40. 건설기계운전 시 계기판에서 냉각수량 경고등이 점등되었다. 그 원인으로 가장 거리가 먼 것은 ?
① 냉각수량이 부족할 때
② 냉각계통의 물 호스가 파손되었을 때
③ 라디에이터 캡이 열린 채 운행하였을 때
④ 냉각수 통로에 스케일(물때)이 많이 퇴적되었을 때

해설) 냉각수 경고등은 라디에이터 내에 냉각수가 부족할 때 점등되며, 냉각수 통로에 스케일(물때)이 많이 퇴적되면 기관이 과열한다.

Answer ››
34. ④   35. ①   36. ②   37. ①   38. ③   39. ②   40. ④

41. 건설기계 작업 시 계기판에서 냉각수 경고등이 점등되었을 때 운전자로서 가장 적절한 조치는?
① 오일량을 점검한다.
② 작업이 모두 끝나면 곧바로 냉각수를 보충한다.
③ 라디에이터를 교환한다.
④ 작업을 중지하고 점검 및 정비를 받는다.

해설 냉각수 경고등이 점등되면 작업을 중지하고 냉각수량 점검 및 냉각계통의 정비를 받는다.

42. 건설기계 기관에서 부동액으로 사용할 수 없는 것은?
① 메탄
② 알코올
③ 글리세린
④ 에틸렌글리콜

43. 부동액이 구비하여야 할 조건이 아닌 것은?
① 물과 쉽게 혼합될 것
② 침전물의 발생이 없을 것
③ 부식성이 없을 것
④ 비등점이 물보다 낮을 것

해설 부동액의 구비조건은 비등점이 물보다 높을 것, 빙점(응고점)은 물보다 낮을 것, 물과 혼합이 잘 될 것, 휘발성이 없고, 순환이 잘 될 것, 부식성이 없고, 팽창계수가 적을 것, 침전물이 없을 것

44. 엔진에서 라디에이터의 방열기 캡을 열어 냉각수를 점검하였더니 엔진오일이 떠 있다면 그 원인은?
① 피스톤 링과 실린더 마모
② 밸브간극 과다
③ 압축압력이 높아 역화 현상발생
④ 실린더헤드 개스킷 파손

해설 방열기에 기름이 떠 있는 원인은 실린더헤드 개스킷 파손, 헤드볼트 풀림 또는 파손, 수랭식 오일쿨러에서의 누출 때문이다.

45. 냉각장치에서 냉각수가 줄어든다. 원인과 정비방법으로 틀린 것은?
① 워터펌프 불량 : 조정
② 서머스타트 하우징 불량 : 개스킷 및 하우징 교체
③ 히터 혹은 라디에이터 호스불량 : 수리 및 부품교환
④ 라디에이터 캡 불량 : 부품교환

해설 워터펌프가 불량하면 교환한다.

46. 냉각장치에서 소음이 발생하는 원인으로 틀린 것은?
① 수온조절기 불량
② 팬벨트 장력 헐거움
③ 냉각 팬 조립 불량
④ 물 펌프 베어링 마모

해설 수온조절기가 닫힌 상태로 고장 나면 기관이 과열하고, 열린 상태로 고장 나면 과냉한다.

47. 냉각수에 엔진오일이 혼합되는 원인으로 가장 적합한 것은?
① 물 펌프 마모
② 수온조절기 파손
③ 방열기 코어 파손
④ 헤드 개스킷 파손

해설 헤드개스킷이 파손되거나 실린더헤드에 균열이 발생하면 냉각수에 엔진오일이 혼합된다.

Answer 41. ④ 42. ① 43. ④ 44. ④ 45. ① 46. ① 47. ④

48. 냉각장치에 대하여 설명한 것 중 틀린 것은?

① 냉각수 온도가 너무 낮으면 엔진의 운전상태가 나빠진다.
② 각 장치 내부의 세척에는 가성소다를 섞은 물을 사용한다.
③ 엔진과열의 원인은 서모스탯의 고장으로 냉각수 순환이 빠른 경우이다.
④ 각 장치 내부에 물때가 끼면 엔진과열의 원인이 된다.

> 해설
> 엔진과열의 원인은 서머스탯(수온조절기)의 고장으로 냉각수 순환이 느린 경우이다.

49. 작업 중 엔진온도가 급상승하였을 때 가장 먼저 점검하여야 할 것은?

① 윤활유 점도지수
② 크랭크축 베어링 상태
③ 부동액 점도
④ 냉각수의 양

> 해설
> 작업 중 엔진온도가 급상승하면 냉각수의 양을 가장 먼저 점검한다.

50. 수냉식 기관이 과열되는 원인으로 틀린 것은?

① 방열기의 코어가 20% 이상 막혔을 때
② 규정보다 높은 온도에서 수온조절기가 열릴 때
③ 수온조절기가 열린 채로 고정되었을 때
④ 규정보다 적게 냉각수를 넣었을 때

51. 건설기계 운전작업 중 온도게이지가 "H" 위치에 근접되어 있다. 운전자가 취해야 할 조치로 가장 알맞은 것은?

① 작업을 계속해도 무방하다.
② 잠시작업을 중단하고 휴식을 취한 후 다시 작업한다.
③ 윤활유를 즉시 보충하고 계속 작업한다.
④ 작업을 중단하고 냉각수 계통을 점검한다.

> 해설
> 온도게이지가 "H" 위치에 근접되어 있으면 작업을 중단하고 냉각수 계통을 점검한다.

52. 동절기에 기관이 동파되는 원인으로 맞는 것은?

① 냉각수가 얼어서
② 기동전동기가 얼어서
③ 발전장치가 얼어서
④ 엔진오일이 얼어서

> 해설
> 동절기에 기관이 동파되는 원인은 냉각수가 얼면 체적이 늘어나기 때문이다.

윤활장치

01. 엔진오일의 작용에 해당되지 않는 것은?

① 오일제거작용
② 냉각작용
③ 응력분산작용
④ 방청 작용

> 해설
> 윤활유의 주요기능은 기밀작용(밀봉작용), 방청 작용(부식방지작용), 냉각작용, 마찰 및 마멸방지작용, 응력분산작용, 세척작용 등이 있다.

Answer 48. ③ 49. ④ 50. ③ 51. ④ 52. ① 01. ①

02. 실린더와 피스톤사이에 유막을 형성하여 압축 및 연소가스가 누설되지 않도록 기밀을 유지하는 작용으로 옳은 것은?

① 밀봉작용　　② 감마작용
③ 냉각작용　　④ 방청작용

해설) 밀봉작용은 기밀작용이라고도 하며, 실린더와 피스톤사이에 유막을 형성하여 압축 및 연소가스가 누설되지 않도록 기밀을 유지한다.

03. 기관 윤활유의 구비조건이 아닌 것은?

① 점도가 적당할 것
② 청정력이 클 것
③ 비중이 적당할 것
④ 응고점이 높을 것

해설) 기관오일은 응고점이 낮아야 한다.

04. 엔진오일 구비조건 중 높으면 좋은 것은?

① 응고점과 비등점
② 발화점과 응고점
③ 인화점과 발화점
④ 유동점과 인화점

해설) 엔진오일은 인화점과 발화점이 높아야 한다.

05. 기관에 사용되는 윤활유의 성질 중 가장 중요한 것은?

① 온도　　② 점도
③ 습도　　④ 건도

해설) 윤활유의 성질 중 가장 중요한 것은 점도이다.

06. 온도에 따르는 점도변화 정도를 표시하는 것은?

① 점도지수　　② 점화
③ 점도분포　　④ 윤활성

해설) 오일의 점도는 온도가 상승하면 점도가 낮아지고, 온도가 낮아지면 점도가 높아지는 성질이 있는데 이 변화정도를 표시하는 것이 점도지수이다.

07. 엔진오일의 점도지수가 작은 경우 온도 변화에 따른 점도변화는?

① 온도에 따른 점도변화가 작다.
② 온도에 따른 점도변화가 크다.
③ 점도가 수시로 변화한다.
④ 온도와 점도는 무관하다.

해설) 점도지수가 작으면 온도에 따른 점도변화가 크다.

08. 기관에 사용되는 윤활유 사용방법으로 옳은 것은?

① 계절과 윤활유 SAE번호는 관계가 없다.
② 겨울은 여름보다 SAE번호가 큰 윤활유를 사용한다.
③ SAE번호는 일정하다.
④ 여름용은 겨울용보다 SAE번호가 크다.

해설) 여름에는 SAE번호가 큰 윤활유(점도가 높은)를 사용하고, 겨울에는 점도가 낮은(SAE번호가 작은)오일을 사용한다.

09. 다음 엔진오일 중 오일점도가 가장 높은 것은?

① SAE #40　　② SAE #30
③ SAE #20　　④ SAE #10

해설) SAE 분류에서 숫자(번호)가 클수록 점도가 높다.

Answer
02. ①　03. ④　04. ③　05. ②　06. ①　07. ②　08. ④　09. ①

10. 겨울철에 사용하는 엔진오일의 점도는 어떤 것이 좋은가?
① 계절에 관계없이 점도는 동일해야 한다.
② 겨울철 오일점도가 높아야 한다.
③ 겨울철 오일점도가 낮아야 한다.
④ 오일은 점도와는 아무런 관계가 없다.

해설) 겨울철에 사용하는 엔진오일은 점도가 낮아야 한다.

11. 윤활유 점도가 기준보다 높은 것을 사용했을 때의 현상으로 맞는 것은?
① 좁은 공간에 잘 스며들어 충분한 윤활이 된다.
② 엔진 시동을 할 때 필요 이상의 동력이 소모된다.
③ 점차 묽어지기 때문에 경제적이다.
④ 겨울철에 특히 사용하기 좋다.

해설) 윤활유 점도가 기준보다 높은 것을 사용하면 점도가 높아져 윤활유 공급이 원활하지 못하게 되며, 기관을 시동할 때 동력이 많이 소모된다.

12. 윤활유 첨가제가 아닌 것은?
① 점도지수 향상제
② 청정분산제
③ 기포 방지제
④ 에틸렌글리콜

해설) 윤활유 첨가제에는 부식방지제, 유동점강하제, 극압윤활제, 청정분산제, 산화방지제, 점도지수 향상제, 기포방지제, 유성향상제, 형광염료 등이 있다.

13. 윤활유에 첨가하는 첨가제의 사용목적으로 틀린 것은?
① 유성을 향상시킨다.
② 산화를 방지한다.
③ 점도지수를 향상시킨다.
④ 응고점을 높게 한다.

14. 기관의 윤활방식 중 주로 4행정 사이클 기관에 많이 사용되고 있는 윤활방식은?
① 혼합식, 압력식, 편심식
② 혼합식, 압력식, 중력식
③ 편심식, 비산식, 비산 압송식
④ 비산식, 압송식, 비산 압송식

해설) 4행정 사이클 기관의 윤활방식에는 비산식, 압송식, 비산 압송식 등이 있다.

15. 엔진의 윤활방식 중 오일펌프 급유하는 방식은?
① 비산식   ② 압송식
③ 분사식   ④ 비산분무식

해설) 압송식은 엔진오일을 오일펌프로 공급한다.

16. 일반적으로 기관에 많이 사용되는 윤활방법은?
① 수 급유식
② 적하 급유식
③ 비산압송 급유식
④ 분무 급유식

해설) 압송식과 비산식을 합친 비산 압송식을 가장 많이 사용한다.

Answer ▶▶▶ 10. ③ 11. ② 12. ④ 13. ④ 14. ④ 15. ② 16. ③

17. 4행정 사이클 기관의 윤활방식 중 피스톤과 피스톤 핀까지 윤활유를 압송하여 윤활하는 방식은?
① 전 압력식 ② 전 압송식
③ 전 비산식 ④ 압송 비산식

해설 전 압송식은 피스톤과 피스톤 핀까지 윤활유를 압송하여 윤활하는 방식이다.

18. 기관의 주요 윤활부분이 아닌 것은?
① 실린더 ② 플라이휠
③ 피스톤 링 ④ 크랭크 저널

해설 수동변속기를 탑재한 경우에는 플라이휠 뒷면에 클러치가 설치되므로 윤활을 해서는 안 된다.

19. 엔진 윤활에 필요한 엔진오일이 저장되어 있는 곳으로 옳은 것은?
① 스트레이너 ② 섬프
③ 오일 팬 ④ 오일필터

해설 오일 팬은 기관오일이 저장되어 있는 부품이다.

20. 오일 팬(oil pan)에 대한 설명으로 틀린 것은?
① 엔진오일 저장용기이다.
② 오일의 온도를 높인다.
③ 내부에 격리판이 설치되어 있다.
④ 오일 드레인 플러그가 있다.

해설 오일 팬은 엔진오일 저장용기이며, 내부에 격리판이 설치되어 있다. 아래쪽에는 오일배출용 드레인 플러그가 있으며, 오일의 냉각작용도 한다.

21. 오일 스트레이너(oil strainer)에 대한 설명으로 바르지 못한 것은?

① 고정식과 부동식이 있으며 일반적으로 고정식이 많이 사용되고 있다.
② 불순물로 인하여 여과망이 막힐 때에는 오일이 통할 수 있도록 바이패스 밸브(by pass valve)가 설치된 것도 있다.
③ 보통 철망으로 만들어져 있으며 비교적 큰 입자의 불순물을 여과한다.
④ 오일필터에 있는 오일을 여과하여 각 윤활부로 보낸다.

해설 오일 스트레이너는 오일펌프로 들어가는 오일을 여과하는 부품이며, 일반적으로 철망으로 제작하여 비교적 큰 입자의 불순물을 여과한다.

22. 디젤엔진에서 오일을 가압하여 윤활부에 공급하는 역할을 하는 것은?
① 냉각수 펌프
② 진공펌프
③ 공기압축 펌프
④ 오일펌프

해설 오일펌프는 오일 팬 내의 오일을 흡입 가압하여 각 윤활부로 공급한다.

23. 오일펌프(기계식)의 작동에 관한 내용으로 맞는 것은?
① 항상 작동된다.
② 엔진이 가동되어야 작동한다.
③ 운전석에서 따로 작동시켜야 한다.
④ 전기장치가 작동되었을 때 작동을 시작한다.

해설 오일펌프는 크랭크축이나 캠축으로 구동되며, 즉 엔진이 가동되어야 작동한다.

Answer 17. ② 18. ② 19. ③ 20. ② 21. ④ 22. ④ 23. ②

24. 건설기계의 기관에서 오일펌프가 하는 주 기능은?
① 오일의 여과기능이다.
② 오일의 속도를 조절한다.
③ 오일의 압력을 만들어 준다.
④ 오일 양을 조절한다.

25. 오일 팬에 있는 오일을 흡입하여 기관의 각 운동부분에 압송하는 오일펌프로 가장 많이 사용되는 것은?
① 피스톤 펌프, 나사펌프, 원심펌프
② 나사펌프, 원심펌프, 기어펌프
③ 기어펌프, 원심펌프, 베인 펌프
④ 로터리펌프, 기어펌프, 베인 펌프

> 해설
> 오일펌프의 종류에는 기어펌프, 베인 펌프, 로터리 펌프, 플런저 펌프가 있다.

26. 4행정 사이클 기관에 주로 사용되고 있는 오일펌프는?
① 원심식과 플런저식
② 기어식과 플런저식
③ 로터리식과 기어식
④ 로터리식과 나사식

> 해설
> 4행정 사이클 기관에서는 주로 로터리 펌프와 기어펌프를 사용한다.

27. 디젤기관의 윤활장치에서 오일여과기의 역할은?
① 오일의 역순환 방지작용
② 오일에 필요한 방청 작용
③ 오일에 포함된 불순물 제거작용
④ 오일계통에 압력증대 작용

28. 기관에 사용되는 여과장치가 아닌 것은?
① 공기청정기
② 오일필터
③ 오일 스트레이너
④ 인젝션 타이머

29. 기관의 윤활장치에서 엔진오일의 여과방식이 아닌 것은?
① 전류식   ② 샨트식
③ 합류식   ④ 분류식

> 해설
> 기관오일의 여과방식에는 분류식, 샨트식, 전류식이 있다.

30. 윤활유 공급펌프에서 공급된 윤활유 전부가 엔진 오일필터를 거쳐 윤활부로 가는 방식은?
① 분류식   ② 자력식
③ 전류식   ④ 샨트식

> 해설
> 전류식은 공급된 윤활유 전부가 오일여과기를 거쳐 윤활부분으로 가는 방식이다.

31. 윤활장치에서 바이패스밸브의 작동주기로 옳은 것은?
① 오일이 오염되었을 때 작동
② 오일필터가 막혔을 때 작동
③ 오일이 과냉되었을 때 작동
④ 엔진 시동 시 항상 작동

> 해설
> 오일여과기가 막히는 것을 대비하여 바이패스 밸브를 설치한다.

Answer ▶▶▶
24. ③   25. ④   26. ③   27. ③   28. ④   29. ③   30. ③   31. ②

32. 기관에 사용하는 오일여과기의 적절한 교환시기로 맞는 것은?
   ① 윤활유 1회 교환 시 2회 교환한다.
   ② 윤활유 1회 교환 시 1회 교환한다.
   ③ 윤활유 2회 교환 시 1회 교환한다.
   ④ 윤활유 3회 교환 시 1회 교환한다.

   해설 오일여과기는 윤활유를 1회 교환할 때 1회 교환한다.

33. 기관에 사용되는 오일여과기에 대한 사항으로 틀린 것은?
   ① 여과기가 막히면 유압이 높아진다.
   ② 엘리먼트는 물로 깨끗이 세척한 후 압축공기로 다시 청소하여 사용한다.
   ③ 여과능력이 불량하면 부품의 마모가 빠르다.
   ④ 작업조건이 나쁘면 교환 시기를 빨리 한다.

34. 디젤기관의 엔진오일 압력이 규정 이상으로 높아질 수 있는 원인은?
   ① 엔진오일에 연료가 희석되었다.
   ② 엔진오일의 점도가 지나치게 낮다.
   ③ 엔진오일의 점도가 지나치게 높다.
   ④ 기관의 회전속도가 낮다.

   해설 기관의 온도가 낮아 오일의 점도가 높아지면 유압이 높아진다.

35. 오일압력이 낮은 것과 관계없는 것은?
   ① 커넥팅로드 대단부 베어링과 핀 저널의 간극이 클 때
   ② 실린더 벽과 피스톤간극이 클 때
   ③ 각 마찰부분 윤활간극이 마모되었을 때
   ④ 엔진오일에 경유가 혼입되었을 때

   해설 실린더 벽과 피스톤 간극이 크면 압축압력이 저하하고, 기관오일의 소모가 많아진다.

36. 그림과 같은 경고등의 의미는?

   ① 엔진오일 압력경고등
   ② 와셔액 부족 경고등
   ③ 브레이크액 누유 경고등
   ④ 냉각수 온도경고등

37. 엔진 오일압력 경고등이 켜지는 경우가 아닌 것은?
   ① 엔진을 급가속 시켰을 때
   ② 오일이 부족할 때
   ③ 오일필터가 막혔을 때
   ④ 오일회로가 막혔을 때

   해설 오일압력 경고등이 켜지는 경우는 기관오일이 누출되어 부족할 때, 오일필터 및 오일회로가 막혔을 때

38. 건설기계로 작업 시 계기판에서 오일경고등이 점등되었을 때 우선 조치사항으로 적합한 것은?
   ① 엔진을 분해한다.
   ② 즉시 시동을 끄고 오일계통을 점검한다.
   ③ 엔진오일을 교환하고 운전한다.
   ④ 냉각수를 보충하고 운전한다.

   해설 오일경고등이 점등되면 즉시 엔진의 시동을 끄고 오일계통을 점검한다.

Answer 32. ② 33. ② 34. ③ 35. ② 36. ① 37. ① 38. ②

39. 엔진오일을 점검하는 방법으로 틀린 것은?

① 유면표시기를 사용한다.
② 오일의 색과 점도를 확인한다.
③ 끈적끈적하지 않아야 한다.
④ 검은색은 교환시기가 경과한 것이다.

> **해설**
> 기관 오일량 점검방법
> • 건설기계를 평탄한 지면에 주차시킨다.
> • 기관의 가동이 정지된 상태에서 점검한다.
> • 유면표시기(오일레벨 게이지)를 빼어 묻은 오일을 깨끗이 닦은 후 다시 끼운다.
> • 다시 유면표시기를 빼어 오일이 묻은 부분이 F(Full)에 가까이 있으면 된다.
> • 오일의 색깔과 점도를 점검하며, 점도를 점검할 때 끈적끈적하여야 한다.

40. 기관의 오일레벨 게이지에 관한 설명으로 틀린 것은?

① 윤활유 레벨을 점검할 때 사용한다.
② 윤활유를 육안검사 시에도 활용한다.
③ 기관의 오일 팬에 있는 오일을 점검하는 것이다.
④ 반드시 기관 작동 중에 점검해야 한다.

41. 엔진 오일량 점검에서 오일게이지에 상한선(Full)과 하한선(Low)표시가 되어 있을 때 가장 적합한 것은?

① Low표시에 있어야 한다.
② Low와 Full표시사이에서 Low에 가까이 있으면 좋다.
③ Low와 Full표시사이에서 Full에 가까이 있으면 좋다.
④ Full표시 이상이 되어야 한다.

42. 기관의 윤활유 소모가 많아질 수 있는 원인으로 옳은 것은?

① 비산과 압력   ② 비산과 희석
③ 연소와 누설   ④ 희석과 혼합

> **해설**
> 윤활유의 소비가 증대되는 2가지 원인은 "연소와 누설"이다.

43. 엔진오일이 많이 소비되는 원인이 아닌 것은?

① 피스톤 링의 마모가 심할 때
② 실린더의 마모가 심할 때
③ 기관의 압축압력이 높을 때
④ 밸브 가이드의 마모가 심할 때

> **해설**
> 엔진오일이 많이 소비되는 원인은 피스톤 링 및 실린더의 마모가 심할 때, 크랭크축 오일 실이 마모되었거나 파손되었을 때, 밸브 스템과 가이드사이의 간극이 클 때, 밸브 가이드의 오일 실이 불량할 때

44. 엔진에서 오일의 온도가 상승되는 원인이 아닌 것은?

① 과부하 상태에서 연속작업
② 오일 냉각기의 불량
③ 오일의 점도가 부적당할 때
④ 유량의 과다

45. 사용 중인 엔진오일을 점검하였더니 오일량이 처음량보다 증가하였다. 원인에 해당될 수 있는 것은?

① 냉각수 혼입   ② 산화물 혼입
③ 오일필터 막힘   ④ 배기가스 유입

> **해설**
> 엔진오일에 냉각수가 혼입되면 오일량이 처음량보다 증가한다.

Answer
39. ③   40. ④   41. ③   42. ③   43. ③   44. ④   45. ①

46. 기관의 윤활유를 교환 후 윤활유 압력이 높아졌다면 그 원인으로 가장 적당한 것은?

① 오일의 점도가 낮은 것으로 교환하였다.
② 오일점도가 높은 것으로 교환하였다.
③ 엔진오일 교환 시 연료가 흡입되었다.
④ 오일회로 내 누설이 발생하였다.

> 해설
> 점도가 높은 오일을 사용하면 윤활유 압력이 높아진다.

47. 기관에 작동 중인 엔진오일에 가장 많이 포함된 이물질은?

① 유입먼지
② 금속분말
③ 산화물
④ 카본(carbon)

> 해설
> 사용 중인 엔진오일에 가장 많이 포함된 이물질은 카본이다.

48. 엔진오일에 대한 설명 중 가장 알맞은 것은?

① 엔진오일에는 거품이 많이 들어있는 것이 좋다.
② 엔진오일 순환상태는 오일레벨 게이지로 확인한다.
③ 겨울보다 여름에는 점도가 높은 오일을 사용한다.
④ 엔진을 시동 후 유압경고등이 꺼지면 엔진을 멈추고 점검한다.

> 해설
> • 엔진오일에는 거품이 없어야 한다.
> • 엔진오일 순환상태는 유압계로 확인한다.
> • 엔진을 시동 후 유압경고등이 켜지면 엔진가동을 멈추고 점검한다.

49. 엔진오일이 공급되는 곳이 아닌 것은?

① 피스톤
② 크랭크축
③ 습식 공기청정기
④ 차동기어장치

> 해설
> 차동기어장치는 타이어형 건설기계가 선회할 때 바깥쪽 바퀴의 회전속도를 안쪽 바퀴보다 빠르게 하여 선회를 원활하게 해주는 장치이며, 기어오일을 주유한다.

흡기장치 및 과급기

01. 흡기장치의 구비조건으로 틀린 것은?

① 전 회전영역에 걸쳐서 흡입효율이 좋아야 한다.
② 균일한 분배성을 가져야 한다.
③ 흡입부에 와류가 발생할 수 있는 돌출부를 설치해야 한다.
④ 연소속도를 빠르게 해야 한다.

> 해설
> 공기 흡입부분에는 돌출부가 없어야 한다.

02. 기관에서 공기청정기의 설치 목적으로 옳은 것은?

① 연료의 여과와 가압작용
② 공기의 가압작용
③ 공기의 여과와 소음방지
④ 연료의 여과와 소음방지

> 해설
> 공기청정기는 흡입공기의 먼지 등을 여과하는 작용 이외에 흡기소음을 감소시킨다.

Answer
46. ② 47. ④ 48. ③ 49. ④ 01. ③ 02. ③

03. 기관 공기청정기의 통기저항을 설명한 것으로 틀린 것은?
① 저항이 적어야 한다.
② 저항이 커야 한다.
③ 기관출력에 영향을 준다.
④ 연료소비에 영향을 준다.

해설
공기청정기의 통기저항은 적어야 하며, 통기저항이 크면 기관의 출력이 저하되고, 연료소비에 영향을 준다.

04. 디젤기관에 사용되는 공기청정기의 내용으로 틀린 것은?
① 공기청정기는 실린더 마멸과 관계없다.
② 공기청정기가 막히면 배기색은 흑색이 된다.
③ 공기청정기가 막히면 출력이 감소한다.
④ 공기청정기가 막히면 연소가 나빠진다.

해설
공기청정기가 막히면 실린더 내로의 공기공급 부족으로 불완전 연소가 일어나 실린더 마멸을 촉진한다.

05. 건식 공기청정기의 장점이 아닌 것은?
① 설치 또는 분해·조립이 간단하다.
② 작은 입자의 먼지나 오물을 여과할 수 있다.
③ 구조가 간단하고 여과망을 세척하여 사용할 수 있다.
④ 기관 회전속도의 변동에도 안정된 공기청정 효율을 얻을 수 있다.

해설
건식 공기청정기의 여과망(엘리먼트)은 압축공기로 청소하여 사용한다.

06. 에어클리너가 막혔을 때 발생되는 현상으로 가장 적합한 것은?
① 배기색은 무색이며, 출력은 정상이다.
② 배기색은 흰색, 출력은 증가한다.
③ 배기색은 검은색이며, 출력은 저하된다.
④ 배기색은 흰색이며, 출력은 저하된다.

해설
에어클리너가 막히면 실린더 내로 유입되는 공기량이 부족해지므로 배기색은 검고, 출력은 저하된다.

07. 건식 공기청정기 세척방법으로 가장 적합한 것은?
① 압축공기로 안에서 밖으로 불어낸다.
② 압축공기로 밖에서 안으로 불어낸다.
③ 압축오일로 안에서 밖으로 불어낸다.
④ 압축오일로 밖에서 안으로 불어낸다.

해설
건식 공기청정기는 정기적으로 엘리먼트를 빼내어 압축공기로 안쪽에서 바깥쪽으로 불어내어 청소하여야 한다.

08. 습식 공기청정기에 대한 설명이 아닌 것은?
① 청정효율은 공기량이 증가할수록 높아지며, 회전속도가 빠르면 효율이 좋아진다.
② 흡입공기는 오일로 적셔진 여과망을 통과시켜 여과시킨다.
③ 공기청정기 케이스 밑에는 일정한 양의 오일이 들어 있다.
④ 공기청정기는 일정시간 사용 후 무조건 신품으로 교환해야 한다.

해설
습식 공기청정기의 엘리먼트는 스틸 울(여과망)이므로 세척하여 다시 사용한다.

Answer 03. ② 04. ① 05. ③ 06. ③ 07. ① 08. ④

09. 공기청정기의 종류 중 특히 먼지가 많은 지역에 적합한 공기청정기는 ?
① 건식 ② 유조식
③ 복합식 ④ 습식

해설
유조식 공기청정기는 여과효율은 낮으나 보수 관리비용이 싸고 엘리먼트의 파손이 적으며, 영구적으로 사용할 수 있어 먼지가 많은 지역에 적합하다.

10. 흡입공기를 선회시켜 엘리먼트 이전에서 이물질이 제거되게 하는 에어클리너 방식은 ?
① 습식
② 건식
③ 원심 분리식
④ 비스키 무수식

해설
원심분리식 에어클리너는 흡입공기를 선회시켜 엘리먼트 이전에서 이물질을 제거한다.

11. 보기에서 머플러(소음기)와 관련된 설명이 모두 올바르게 조합된 것은 ?

[보기]
a. 카본이 많이 끼면 엔진이 과열되는 원인이 될 수 있다.
b. 머플러가 손상되어 구멍이 나면 배기소음이 커진다.
c. 카본이 쌓이면 엔진 출력이 떨어진다.
d. 배기가스의 압력을 높여서 열효율을 증가시킨다.

① a, c, d ② a, b, c
③ a, b, d ④ b, c, d

12. 소음기나 배기관 내부에 많은 양의 카본이 부착되면 배압은 어떻게 되는가 ?
① 낮아진다.
② 저속에서는 높아졌다가 고속에서는 낮아진다.
③ 높아진다.
④ 영향을 미치지 않는다.

해설
소음기나 배기관 내부에 많은 양의 카본이 부착되면 배압은 높아진다.

13. 기관에서 배기상태가 불량하여 배압이 높을 때 발생하는 현상과 관련 없는 것은?
① 기관이 과열된다.
② 냉각수 온도가 내려간다.
③ 기관의 출력이 감소된다.
④ 피스톤의 운동을 방해한다.

해설
배압이 높으면 기관이 과열하므로 냉각수 온도가 올라가고, 피스톤의 운동을 방해하므로 기관의 출력이 감소된다.

14. 연소 시 발생하는 질소산화물(Nox)의 발생 원인과 가장 밀접한 관계가 있는 것은 ?
① 높은 연소온도
② 가속불량
③ 흡입공기 부족
④ 소염 경계층

해설
질소산화물(Nox)의 발생원인은 높은 연소온도 때문이다.

15. 국내에서 디젤기관에 규제하는 배출가스는 ?
① 탄화수소 ② 매연
③ 일산화탄소 ④ 공기과잉율(λ)

Answer 09. ② 10. ③ 11. ② 12. ③ 13. ② 14. ① 15. ②

16. 디젤기관 운전 중 흑색의 배기가스를 배출하는 원인으로 틀린 것은?
① 공기청정기 막힘
② 압축불량
③ 노즐불량
④ 오일 팬 내 유량 과다

> **해설**
> 오일 팬 내의 유량이 과다하면 배기가스 색은 회백색이 된다.

17. 배기가스의 색과 기관의 상태를 표시한 것으로 틀린 것은?
① 검은색 – 농후한 혼합비
② 무색 – 정상
③ 백색 또는 회색 – 윤활유의 연소
④ 황색 – 공기청정기의 막힘

18. 디젤엔진의 배기량이 일정한 상태에서 연소실에 강압적으로 많은 공기를 공급하여 흡입효율을 높이고 출력과 토크를 증대시키기 위한 장치는?
① 과급기   ② 에어 컴프레서
③ 연료압축기   ④ 냉각 압축펌프

> **해설**
> 과급기(터보차저)는 흡기관과 배기관사이에 설치되며, 배기가스로 구동된다. 기능은 배기량이 일정한 상태에서 연소실에 강압적으로 많은 공기를 공급하여 흡입효율(체적효율)을 높이고 기관의 출력과 회전력(토크)을 증대시키기 위한 장치이다.

19. 터보차저에 대한 설명 중 틀린 것은?
① 흡기관과 배기관사이에 설치된다.
② 과급기라고도 한다.
③ 배기가스 배출을 위한 일종의 블로워(blower)이다.
④ 기관출력을 증가시킨다.

> **해설**
> 터보차저는 과급기라고도 하며, 흡기관과 배기관 사이에 설치되어 기관출력을 증가시킨다.

20. 디젤기관에서 과급기를 사용하는 이유로 맞지 않는 것은?
① 체적효율 증대
② 냉각효율 증대
③ 출력증대
④ 회전력 증대

21. 디젤기관의 과급기에 대한 설명으로 틀린 것은?
① 흡입공기에 압력을 가해 기관에 공기를 공급한다.
② 체적효율을 높이기 위해 인터쿨러를 사용한다.
③ 배기터빈 과급기는 주로 원심식이 가장 많이 사용된다.
④ 과급기를 설치하면 엔진중량과 출력이 감소된다.

> **해설**
> 과급기를 설치하면 엔진의 중량은 10~15% 정도 증가하고, 출력은 35~45% 정도 증가한다.

22. 디젤기관에 과급기를 설치하였을 때 장점이 아닌 것은?
① 동일 배기량에서 출력이 감소하고, 연료소비율이 증가된다.
② 냉각손실이 적으며 높은 지대에서도 기관의 출력변화가 적다.
③ 연소상태가 좋아지므로 압축온도 상승에 따라 착화지연이 짧아진다.
④ 연소상태가 양호하기 때문에 비교적 질이 낮은 연료를 사용할 수 있다.

Answer 16. ④   17. ④   18. ①   19. ③   20. ②   21. ④   22. ①

23. 터보식 과급기의 작동상태에 대한 설명으로 틀린 것은 ?

① 디퓨저에서 공기의 압력에너지가 속도에너지로 바뀌게 된다.
② 배기가스가 임펠러를 회전시키면 공기가 흡입되어 디퓨저에 들어간다.
③ 디퓨저에서는 공기의 속도에너지가 압력에너지로 바뀌게 된다.
④ 압축공기가 각 실린더의 밸브가 열릴 때마다 들어가 충전효율이 증대된다.

해설 ------
디퓨저는 공기의 속도에너지를 압력에너지로 바꾸는 장치이다

24. 터보차저를 구동하는 것으로 가장 적합한 것은 ?

① 엔진의 열
② 엔진의 배기가스
③ 엔진의 흡입가스
④ 엔진의 여유동력

해설 ------
터보차저는 엔진의 배기가스에 의해 구동된다.

25. 배기 터빈 과급기에서 터빈 축 베어링의 윤활방법으로 옳은 것은 ?

① 기관오일을 급유
② 오일리스 베어링 사용
③ 그리스로 윤활
④ 기어오일을 급유

해설 ------
과급기의 터빈 축 베어링에는 기관오일을 급유한다.

26. 디젤기관에서 급기온도를 낮추어 배출가스를 저감시키는 장치는 ?

① 인터쿨러(inter cooler)
② 라디에이터(radiator)
③ 쿨링팬(cooling fan)
④ 유닛 인젝터(unit injector)

해설 ------
인터쿨러는 터보차저에 나오는 흡입공기의 온도를 낮춰 배출가스를 저감시키는 장치이다.

Answer
23. ① 24. ② 25. ① 26. ①

02 CHAPTER 건설기계 전기

1 기초전기 및 반도체

1.1. 전기의 기초사항
① 전류 : 단위는 암페어(A)이며, 발열작용, 화학작용, 자기작용 등 3대 작용을 한다.
② 전압 : 전류를 흐르게 하는 전기적인 압력이며, 단위는 볼트(V)이다.
③ 저항 : 전자의 움직임을 방해하는 요소이며, 단위는 옴(Ω)이다. 전선의 저항은 길이가 길어지면 커지고, 지름이 커지면 작아진다.

1.2. 옴의 법칙(ohm's law)
① 도체에 흐르는 전류는 전압에 정비례하고, 그 도체의 저항에는 반비례한다.
② 도체의 저항은 도체 길이에 비례하고 단면적에 반비례한다.

1.3. 접촉저항
접촉저항은 주로 스위치 접점, 배선의 커넥터, 축전지 단자(터미널) 등에서 발생하기 쉽다.

1.4. 퓨즈(fuse)
① 퓨즈는 전기장치에서 과전류에 의한 화재예방을 위해 사용하는 부품이다. 즉 단락(short)으로 인하여 전선이 타거나 과대전류가 부하로 흐르지 않도록 하는 안전장치이다.

② 퓨즈의 재질은 납과 주석의 합금이다.
③ 퓨즈의 용량은 암페어(A)로 표시하며, 회로에 직렬로 연결된다.

1.5. 반도체

1.5.1. 반도체 소자

① 다이오드 : P형 반도체와 N형 반도체를 마주 대고 접합한 것으로 정류작용을 한다.
② 포토다이오드 : 빛을 받으면 전류가 흐르지만 빛이 없으면 전류가 흐르지 않는다.
③ 발광다이오드(LED) : 순방향으로 전류를 공급하면 빛이 발생한다.
④ 제너다이오드 : 어떤 전압 하에서는 역방향으로 전류가 흐르도록 한 것이다.

1.5.2. 반도체의 특징

① 내부 전압강하가 적고, 수명이 길다.
② 내부의 전력손실이 적고, 소형·경량이다.
③ 예열시간을 요구하지 않고 곧바로 작동한다.
④ 고전압에 약하고, 150℃ 이상 되면 파손되기 쉽다.

2 축전지

2.1. 축전지의 개요

2.1.1. 축전지의 정의

전류의 화학작용을 이용한 장치이며, 기관을 시동할 때에는 양극판, 음극판 및 전해액이 가지는 화학적 에너지를 전기적 에너지로 꺼낼 수 있고, 전기적 에너지를 주면 화학적 에너지로 저장할 수 있다.

2.1.2. 축전지의 작용

① 기관을 시동할 때 시동장치 전원을 공급한다(가장 중요한 기능).

② 발전기가 고장일 때 일시적인 전원을 공급한다.
③ 발전기의 출력과 부하의 불균형(언밸런스)를 조정한다.

2.1.3. 축전지의 구비조건
① 심한 진동에 견딜 수 있어야 하며, 다루기 쉬워야 한다.
② 용량이 크고, 가격이 싸야 한다.
③ 소형·경량이고, 수명이 길어야 한다.
④ 전해액의 누출방지가 완전해야 한다.
⑤ 전기적 절연이 완전해야 한다.

2.2. 납산축전지
2.2.1. 납산축전지의 구조
[1] 극판
양극판은 과산화납, 음극판은 해면상납이며, 화학적 평형을 고려하여 음극판이 양극판보다 1장 더 많다.

[2] 극판군
① 극판군은 셀(cell)이라 부르며, 완전충전 되었을 때 약 2.1V의 기전력이 발생한다.
② 12V 축전지의 경우에는 6개의 셀이 직렬로 연결되어 있다.
③ 극판의 장수를 늘리면 축전지 용량이 증가하여 이용전류가 많아진다.

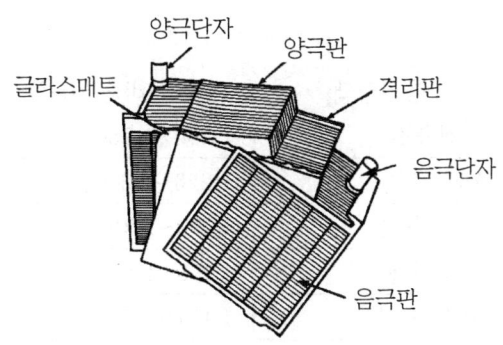

그림 극판군의 구조

[3] 격리판의 구비조건
 양극판과 음극판사이에 끼워져 양쪽 극판의 단락을 방지하는 부품이며, 구비조건은 다음과 같다.
 ① 비전도성일 것
 ② 기계적 강도가 있고, 전해액에 부식되지 않을 것
 ③ 극판에 좋지 못한 물질을 내 뿜지 않을 것
 ④ 다공성이어서 전해액의 확산이 잘 될 것

[4] 축전지 단자(terminal)구별 및 탈·부착방법
 ① 양극단자는 (+), 음극단자는 (-)의 부호로 분별한다.
 ② 양극단자는 적색, 음극단자는 흑색의 색깔로 분별한다.
 ③ 양극단자는 지름이 굵고, 음극단자는 가늘다.
 ④ 양극단자는 POS, 음극단자는 NEG의 문자로 분별한다.
 ⑤ 단자에서 케이블을 분리할 때에는 접지단자(-단자)의 케이블을 먼저 분리하고, 설치할 때에는 나중에 설치한다.
 ⑥ 단자에 녹이 발생하였으면 녹을 닦은 후 고정시키고 소량의 그리스를 상부에 도포한다.

[5] 전해액(electrolyte)
(1) 전해액의 비중
 ① 전해액은 묽은 황산을 사용하며, 비중은 20℃에서 완전 충전되었을 때 1.280이다.

충전상태	전해액 비중(20℃)
완전충전	1.260~1.280
75% 충전	1.220~1.240
50% 충전	1.190~1.210
25% 충전	1.150~1.170
완전 방전	1.110 이하

② 전해액은 온도가 상승하면 비중이 작아지고, 온도가 낮아지면 비중은 커진다.
③ 전해액의 빙점(어는 온도)은 그 전해액의 비중이 내려감에 따라 높아진다.

(2) 전해액 만드는 순서
① 용기는 반드시 질그릇 등 절연체인 것을 준비한다.
② 물(증류수)에 황산을 부어서 혼합하도록 한다.
③ 조금씩 혼합하도록 하며, 유리막대 등으로 천천히 저어서 냉각시킨다.
④ 전해액의 온도가 20℃에서 1.280되게 비중을 조정하면서 작업을 마친다.

(3) 축전지의 설페이션(유화)의 원인
　납산축전지를 오랫동안 방전상태로 두면 극판이 영구 황산납이 되어 사용하지 못하게 된다. 설페이션이 발생하는 원인은 다음과 같다.
① 장기간 방전상태로 방치하였을 때
② 전해액 속의 과도한 황산이 함유되었을 때
③ 전해액에 불순물이 포함되어 있을 때
④ 전해액 양이 부족할 때

2.2.2. 납산축전지의 화학작용
　방전이 진행되면 양극판의 과산화납과 음극판의 해면상납 모두 황산납이 되고, 전해액의 묽은 황산은 물로 변화한다.

2.2.3. 납산축전지의 여러 가지 특성

[1] 방전종지 전압(방전 끝 전압)
　축전지의 방전은 어느 한도 내에서 단자 전압이 급격히 저하하며 그 이후는 방전능력이 없어지는 전압으로 1셀 당 1.75V이다. 12V 축전지의 경우 1.75V×6= 10.5V이다.

[2] 축전지 용량
① 축전지 용량의 단위는 AH로 표시한다.

② 용량의 크기를 결정하는 요소는 극판의 크기, 극판의 수, 황산(전해액)의 양 등이다.
③ 용량표시 방법에는 20시간율, 25암페어율, 냉간율이 있다.

[3] 축전지 연결에 따른 용량과 전압의 변화
(1) 직렬연결
　　같은 축전지 2개 이상을 (+)단자와 다른 축전지의 (-)단자에 서로 연결하는 방식이며, 전압은 연결한 개수만큼 증가되지만 용량은 1개일 때와 같다.

(2) 병렬연결
　　같은 축전지 2개 이상을 (+)단자를 다른 축전지의 (+)단자에, (-)단자는 (-)단자에 접속하는 방식이며, 용량은 연결한 개수만큼 증가하지만 전압은 1개일 때와 같다.

2.2.4. 납산축전지의 자기방전(자연방전)

[1] 자기방전의 원인
① 구조상 부득이 하다(음극판의 작용물질이 황산과의 화학작용으로 황산납이 되기 때문에).
② 탈락한 극판 작용물질이 축전지 내부에 퇴적되어 단락되기 때문이다.
③ 전해액에 포함된 불순물이 국부전지를 구성하기 때문이다.
④ 축전지 커버와 케이스의 표면에서 전기누설 때문이다.

[2] 축전지의 자기방전량
① 전해액의 온도와 비중이 높을수록 자기방전량은 크다.
② 날짜가 경과할수록 자기방전량은 많아진다.
③ 충전 후 시간의 경과에 따라 자기방전량의 비율은 점차 낮아진다.

2.2.5. 납산축전지 충전

[1] 축전지의 충전방법
　　정전류 충전, 정전압 충전, 단별전류 충전, 급속충전 등이 있다.

(1) 정전류 충전

 충전시작에서 끝까지 일정한 전류로 충전하는 것이며, 충전전류 범위는 표준 충전전류는 축전지 용량의 10%, 최소 충전전류는 축전지 용량의 5%, 최대 충전전류는 축전지 용량의 20%이다.

(2) 정전압 충전

 충전시작부터 충전이 완료될 때까지 일정한 전압으로 충전하는 방법이며, 축전지의 충전에서 충전말기에 전류가 거의 흐르지 않기 때문에 충전능률이 우수하며 가스발생이 거의 없으나 충전초기에 많은 전류가 흘러 축전지 수명에 영향을 주는 단점이 있다.

[2] 축전지를 충전할 때 주의사항
① 방전상태로 두지 말고 즉시 충전한다.
② 충전하는 장소는 반드시 환기장치를 한다.
③ 충전 중 전해액의 온도를 45℃ 이상으로 상승시키지 않는다.
④ 양극판 격자의 산화가 촉진되므로 과충전시켜서는 안 된다.
⑤ 수소가스가 폭발성 가스이므로 충전 중인 축전지 근처에서 불꽃을 가까이 해서는 안 된다.
⑥ 축전지를 떼어내지 않고 급속충전을 할 경우에는 발전기 다이오드를 보호하기 위해 반드시 축전지와 기동전동기를 연결하는 케이블을 분리한다.

> **REFERENCE 배터리 CCA값이란**
>
> ■저온 시동전류(cold cranking ampere)
> 0°F(-17.8℃) 온도조건에서 방전 개시 후, 배터리 단자전압이 7.2V 아래로 떨어질 때까지의 지속시간이 30초 이상 될 수 있는 방전가능 최대전류이며 CCA는 자동차 크랭킹시 걸리는 부하전류(CA)와 비슷함을 알 수 있다. 그러므로 배터리 CCA 값 × 1.25하면 대략적인 크랭킹 전류(CA)값으로 보면 된다.

2.3. MF축전지(maintenance free battery)

 MF축전지는 격자를 저(低)안티몬 합금이나 납-칼슘합금을 사용하여 전해액의 감소나 자기 방전량을 줄일 수 있는 무정비 축전지이다.

[1] MF축전지의 특징
  ① 산소와 수소가스를 다시 증류수로 환원시키는 밀봉 촉매마개를 사용한다.
  ② 증류수를 점검하거나 보충하지 않아도 된다.
  ③ 자기방전 비율이 매우 낮다.
  ④ 장기간 보관이 가능하다.

3 시동장치

3.1. 기동전동기의 원리
기동전동기의 원리는 플레밍의 왼손법칙을 이용한다.

3.2. 기동전동기의 종류와 특징
  ① 직권전동기 : 전기자 코일과 계자코일이 직렬로 접속된 것이며, 기동회전력이 크고, 부하가 증가하면 회전속도가 낮아지고 흐르는 전류가 커지는 장점이 있으나 회전속도 변화가 큰 단점이 있다.
  ② 분권전동기 : 전기자 코일과 계자코일이 병렬로 접속된 것이다.
  ③ 복권전동기 : 전기자 코일과 계자코일이 직·병렬로 접속된 것이다.

3.3. 기동전동기의 구조와 기능
  ① 구조는 전기자 코일 및 철심, 정류자, 계자코일 및 계자철심, 브러시와 홀더, 피니언, 오버러닝 클러치, 솔레노이드 스위치 등으로 되어있다.
  ② 기관의 플라이휠의 링 기어에 기동전동기의 피니언을 맞물려 크랭크축을 회전시키고, 기관의 시동이 완료되면 기동전동기 피니언을 플라이휠 링 기어로부터 분리시키며, 플라이휠 링 기어와 기동전동기 피니언의 기어비율은 10~15 : 1 정도이다.

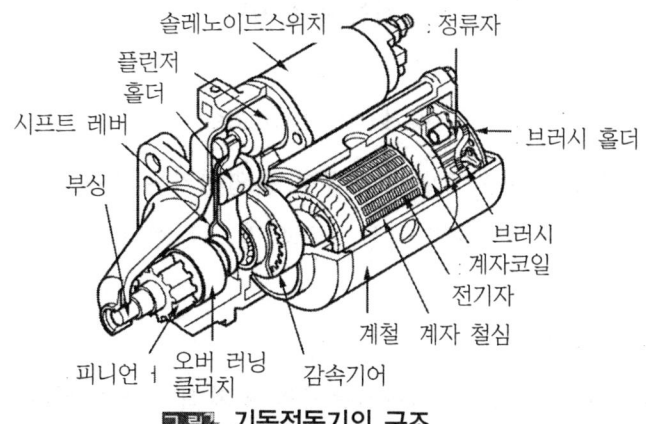

그림 기동전동기의 구조

3.3.1. 전기자(armature)

① 구조는 전기자 철심, 전기자 코일, 축 및 정류자로 구성되어 있고, 축 양끝은 베어링으로 지지되어 자극사이를 회전한다.
② 회전력(토크)을 발생하는 부분이다.

3.3.2. 오버러닝 클러치(over running clutch)

① 기동전동기의 피니언과 기관 플라이휠 링 기어가 물렸을 때 양 기어의 물림이 풀리는 것을 방지한다.
② 기관이 시동된 후에는 기동전동기 피니언이 공회전하여 플라이휠 링 기어에 의해 기관의 회전력이 기동전동기에 전달되지 않도록 한다.

3.3.3. 정류자(commutator)

전기자 코일에 항상 일정한 방향으로 전류가 흐르도록 한다.

3.3.4. 계철과 계자철심(yoke & pole core)

계철은 자력선의 통로와 기동전동기의 틀이 되는 부분이며, 계자철심은 계자코일에 전기가 흐르면 전자석이 되며, 자속을 잘 통하게 하고, 계자코일을 유지한다.

3.3.5. 계자코일(field coil)

계자철심에 감겨져 자력을 발생시키는 부분이다.

3.3.6. 브러시와 브러시 홀더(brush & brush holder)

① 정류자를 통하여 전기자 코일에 전류를 출입시키는 작용을 하며, 4개가 설치된다.
② 브러시는 본래 길이에서 1/3 이상 마모되면 교환한다.

3.3.7. 솔레노이드 스위치

마그넷 스위치라고도 부르며, 기동전동기의 전자석 스위치이며, 풀인 코일과 홀드인 코일로 되어있다.

3.3.8. 스타트 릴레이(start relay)

기동전동기로 많은 전류를 보내어 충분한 크랭킹 속도를 유지하고, 기관 시동을 용이하게 하며, 키스위치(시동스위치)를 보호한다.

3.3.9. 기동전동기의 동력전달방식

기동전동기의 피니언을 엔진의 플라이휠 링 기어에 물리는 방식에는 벤딕스 방식, 피니언 섭동방식, 전기자 섭동방식 등이 있다.
① 벤딕스 방식 : 피니언의 관성과 전동기의 고속회전을 이용하여 전동기의 회전력을 기관에 전달하는 방식으로 오버러닝 클러치가 필요 없다.
② 피니언 섭동방식 : 전자력을 이용하여 피니언의 이동과 스위치를 계폐시킨다.
③ 전기자 섭동방식 : 전기자 중심과 계자 중심을 오프셋시켜 자력선이 가까운 거리를 통과하려는 성질을 이용한다.

3.4. 기동전동기 다루기

① 기동전동기 연속 사용시간은 10초 정도로 한다.
② 기관이 시동된 후에는 시동스위치를 닫아서는 안 된다.

③ 기동전동기의 회전속도가 규정 이하이면 장시간 연속 운전시켜도 시동되지 않으므로 회전속도에 유의한다.
④ 배선용 케이블이나 굵기가 규정 이하의 것은 사용하지 않는다.

3.5. 기동전동기 시험항목

① 기동전동기의 시험항목에는 회전력(부하)시험, 무부하 시험, 저항시험 등이 있다.
② 기동전동기를 기관에서 떼어낸 상태에서 행하는 시험을 무부하시험, 기관에 설치된 상태에서 행하는 시험을 부하시험(회전력 시험)이라 한다.
③ 기동전동기의 회전력 시험은 정지상태의 회전력을 측정한다.

4 예열장치(glow system)

예열장치는 겨울철에 주로 사용하는 것으로 흡기다기관이나 연소실 내의 공기를 미리 가열하여 시동을 쉽도록 하는 장치이다. 즉 기관에 흡입된 공기온도를 상승시켜 시동을 원활하게 한다.

4.1. 예열플러그(glow plug type)방식

예열플러그는 연소실 내의 압축공기를 직접 예열하며 코일형과 실드형이 있다. 실드형(shield type) 예열플러그의 특징은 다음과 같다.

① 히트코일을 보호 금속튜브 속에 넣은 형식으로, 전류가 흐르면 금속튜브 전체가 적열된다.
② 히트코일이 연소열의 영향을 적게 받는다.

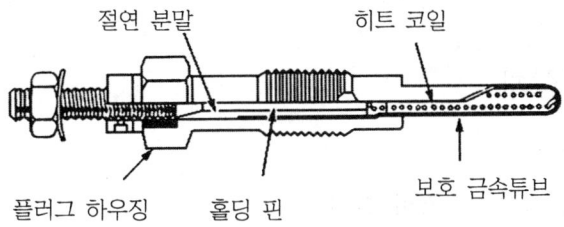

그림 실드형 예열플러그의 구조

③ 병렬결선이므로 어느 1개가 단선되어도 다른 것들은 계속 작용한다.
④ 적열까지의 시간이 코일형에 비해 조금 길지만 1개당의 발열량이 크고, 열용량이 크다.

> **REFERENCE 예열플러그의 단선원인**
> - 예열시간이 너무 길 때
> - 기관이 과열된 상태에서 빈번한 예열
> - 예열플러그를 규정토크로 조이지 않았을 때
> - 정격이 아닌 예열플러그를 사용했을 때
> - 규정이상의 과대전류가 흐를 때

4.2. 흡기 가열방식

흡기 가열방식에는 흡기히터와 히트레인지가 있으며, 직접분사실식에서 사용한다.

5 충전장치

5.1. 발전기의 원리

5.1.1. 플레밍의 오른손법칙

① 플레밍의 오른손법칙을 발전기의 원리로 사용한다.
② 건설기계에서는 주로 3상 교류발전기를 사용한다.

5.1.2. 렌츠의 법칙

"유도 기전력의 방향은 코일 내의 자속의 변화를 방해하려는 방향으로 발생한다."는 법칙이다.

5.2. 교류(AC) 충전장치

5.2.1. 교류발전기의 특징

① 고속회전에 잘 견디고, 출력이 크다.
② 저속에서도 충전 가능한 출력전압이 발생한다.

③ 소형·경량이며, 속도변화에 따른 적용 범위가 넓다.
④ 전압조정기만 필요하며, 브러시 수명이 길다.
⑤ 실리콘 다이오드로 정류하므로 전기적 용량이 크다.
⑥ 다이오드를 사용하기 때문에 정류 특성이 좋다.

5.2.2. 교류발전기의 구조

스테이터, 로터, 다이오드, 여자전류를 로터코일에 공급하는 슬립링과 브러시, 엔드 프레임 등으로 구성된 타려자 방식의 발전기이다.

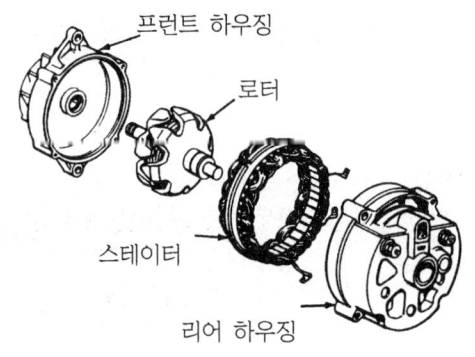

그림 교류발전기의 구조

[1] 스테이터(stator, 고정자)
    독립된 3개의 코일이 감겨져 있으며 3상 교류가 유기된다.

[2] 로터(rotor, 회전자)
    자극편은 코일에 전류가 흐르면 전자석이 되며, 교류발전기 출력은 로터코일의 전류를 조정하여 조정한다.

[3] 정류기(rectifier)
    실리콘 다이오드를 정류기로 사용한다. 기능은 스테이터 코일에서 발생한 교류를 직류로 정류하여, 외부로 공급하며, 축전지에서 발전기로 전류가 역류하는 것을 방지한다.

[4] 충전 경고등

계기판에 충전 경고등이 점등되면 충전이 되지 않고 있음을 나타내며, 기관 가동 전(점등)과 가동 중(소등) 점검한다.

6 ▶ 계기·등화장치 및 에어컨장치

6.1. 조명의 용어

① 광속 : 광원에서 나오는 빛의 다발이며, 단위는 루멘(lumen, 기호는 lm)이다.
② 광도 : 빛의 세기이며, 단위는 칸델라(candle, 기호는 cd)이다.
③ 조도 : 빛을 받는 면의 밝기이며, 단위는 룩스(lux, 기호는 Lx)이다.

> **REFERENCE**
> ■ 0.85RW의 전선
> 0.85는 전선의 단면적, R은 바탕색, W는 줄 색을 나타낸다.
> ■ 배선의 색과 기호
> G(Green, 녹색), L(Blue, 파랑색), B(Black, 검정색), R(Red, 빨강색)
> ■ 복선식
> 접지 쪽에도 전선을 사용하는 것으로 주로 전조등과 같이 큰 전류가 흐르는 회로에서 사용한다.

6.2. 전조등(head light or head lamp)과 그 회로

6.2.1. 실드빔방식(shield beam type)

① 반사경에 필라멘트를 붙이고 여기에 렌즈를 녹여 붙인 후 내부에 불활성 가스를 넣어 그 자체가 1개의 전구가 되도록 한 방식이다.
② 특징은 대기의 조건에 따라 반사경이 흐려지지 않고, 사용에 따르는 광도의 변화가 적은 장점이 있으나, 필라멘트가 끊어지면 렌즈나 반사경에 이상이 없어도 전조등 전체를 교환하여야 한다.

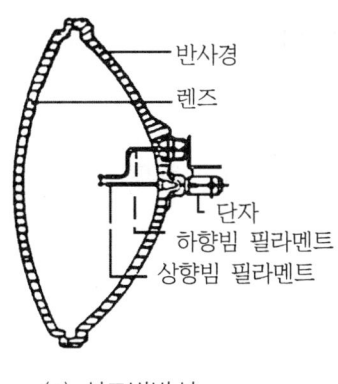 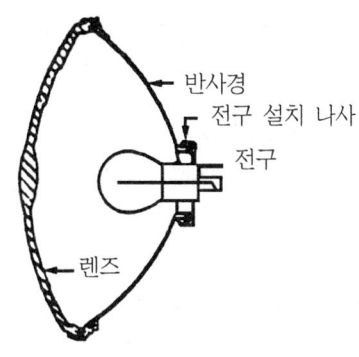

(a) 실드빔방식   (b) 세미 실드빔방식

그림 전조등의 종류

6.2.2. 세미 실드빔방식(semi shield beam type)

렌즈와 반사경은 녹여 붙였으나 전구는 별개로 설치한 형식으로 필라멘트가 끊어지면 전구만 교환하면 된다. 최근에는 할로겐램프를 주로 사용한다.

6.2.3. 전조등 회로

양쪽의 전조등은 하이 빔(high beam, 상향등)과 로우 빔(low beam, 하향등) 별로 병렬로 접속되어 있다.

6.3. 방향지시등

6.3.1. 플래셔 유닛

① 방향지시등 전구에 흐르는 전류를 일정한 주기로 단속·점멸하여 램프의 광도를 증감시키는 부품이다.

② 전자열선 방식 플래셔 유닛은 열에 의한 열선(heat coil)의 신축작용을 이용한 것이다.

[1] 한쪽은 정상이고, 다른 한 쪽은 점멸작용이 정상과 다르게(빠르게 또는 느리게)작용하는 원인

① 한쪽 전구를 교체할 때 규정용량의 전구를 사용하지 않았을 때

② 전구 1개가 단선되었을 때
③ 한쪽 전구소켓에 녹이 발생하여 전압강하가 있을 때

> **REFERENCE**
> 방향지시등의 한쪽 등의 점멸이 빠르게 작동하면 가장 먼저 전구(램프)의 단선 유무를 점검한다.

6.4. 에어컨장치

6.4.1. 냉매

R-134a는 지구환경 문제로 인하여 기존 냉매의 대체가스로 사용되고 있는 에어컨의 냉매이다.

6.4.2. 에어컨의 구조

① 압축기(compressor) : 증발기에서 기화된 냉매를 고온·고압가스로 변환시켜 응축기로 보낸다.

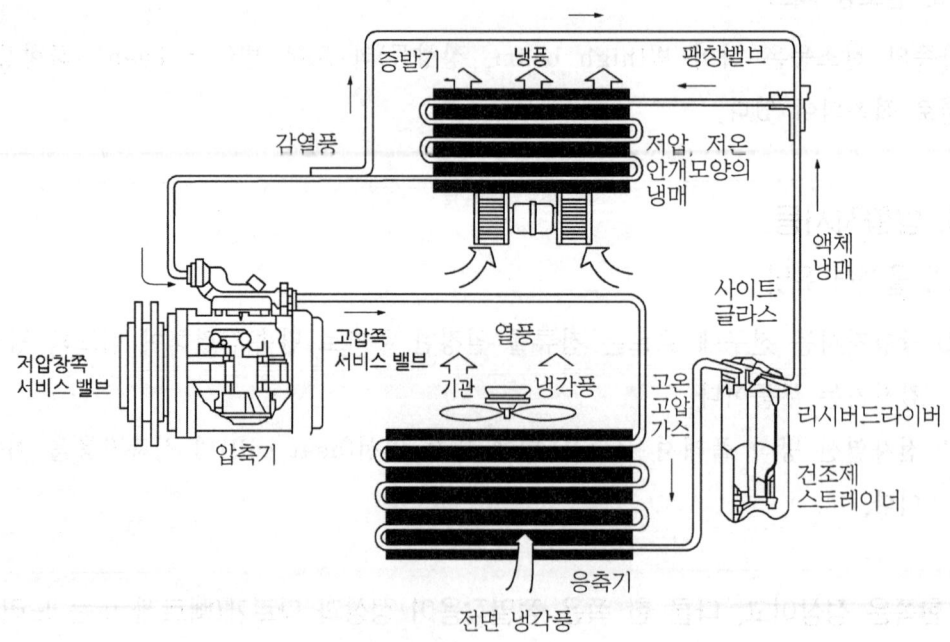

그림 에어컨의 구성요소

② 응축기(condenser) : 고온·고압의 기체냉매를 냉각에 의해 액체냉매 상태로 변화시킨다.
③ 리시버 드라이어(receiver dryer) : 응축기에서 보내온 냉매를 일시 저장하고 항상 액체상태의 냉매를 팽창밸브로 보낸다.
④ 팽창밸브(expansion valve) : 고압의 액체냉매를 분사시켜 저압으로 감압시킨다.
⑤ 증발기(evaporator) : 주위의 공기로부터 열을 흡수하여 기체 상태의 냉매로 변환시킨다.
⑥ 송풍기(blower) : 직류 직권전동기에 의해 구동되며, 공기를 증발기에 순환시킨다.

출제예상문제

기초전기 및 반도체

01. 전기가 이동하지 않고 물질에 정지하고 있는 전기는?
① 동전기　　② 정전기
③ 직류전기　④ 교류전기

[해설] 정전기란 전기가 이동하지 않고 물질에 정지하고 있는 전기이다.

02. 전류의 3대 작용이 아닌 것은?
① 발열작용　② 자기작용
③ 원심작용　④ 화학작용

[해설] 전류의 3대작용
- 발열작용 : 전구, 예열플러그 등에서 이용
- 화학작용 : 축전지 및 전기도금에서 이용
- 자기작용 : 발전기와 전동기에서 이용

03. 전류의 크기를 측정하는 단위로 맞는 것은?
① V　　② A
③ R　　④ K

04. 전압(voltage)에 대한 설명으로 적당한 것은?
① 자유전자가 도선을 통하여 흐르는 것을 말한다.
② 전기적인 높이 즉 전기적인 압력을 말한다.
③ 물질에 전류가 흐를 수 있는 정도를 나타낸다.
④ 도체의 저항에 의해 발생되는 열을 나타낸다.

05. 도체 내의 전류의 흐름을 방해하는 성질은?
① 전하　　② 전류
③ 전압　　④ 저항

06. 도체에도 물질내부의 원자와 충돌하는 고유저항이 있다. 고유저항과 관련이 없는 것은?
① 물질의 모양
② 자유전자의 수
③ 원자핵의 구조 또는 온도
④ 물질의 색깔

[해설] 물질의 고유저항은 재질, 모양, 자유전자의 수·원자핵의 구조 또는 온도에 따라서 변화한다.

07. 전선의 저항에 대한 설명 중 맞는 것은?
① 전선이 길어지면 저항이 감소한다.
② 전선의 지름이 커지면 저항이 감소한다.
③ 모든 전선의 저항은 같다.
④ 전선의 저항은 전선의 단면적과 관계없다.

[해설] 전선의 저항은 길이가 길어지면 증가하고, 지름 및 단면적이 커지면 감소한다.

Answer 01. ②　02. ③　03. ②　04. ②　05. ④　06. ④　07. ②

08. 축전기에 저장되는 전기량(Q, 쿨롱)을 설명한 것으로 틀린 것은?
① 금속판 사이의 거리에 반비례한다.
② 절연체의 절연도에 비례한다.
③ 금속판의 면적에 비례한다.
④ 정전용량은 가해지는 전압에 반비례한다.

해설
축전기의 용량은 가해지는 전압에 정비례한다.

09. 옴의 법칙에 대한 설명으로 옳은 것은?
① 도체에 흐르는 전류는 도체의 저항에 정비례한다.
② 도체의 저항은 도체 길이에 비례한다.
③ 도체의 저항은 도체에 가해진 전압에 반비례한다.
④ 도체에 흐르는 전류는 도체의 전압에 반비례한다.

해설
도체의 저항은 도체 길이에 비례하고 단면적에 반비례한다.

10. 전압·전류 및 저항에 대한 설명으로 옳은 것은?
① 직렬회로에서 전류와 저항은 비례 관계이다.
② 직렬회로에서 분압된 전압의 합은 전원전압과 같다.
③ 직렬회로에서 전압과 전류는 반비례 관계이다.
④ 직렬회로에서 전압과 저항은 반비례 관계이다.

해설
직렬회로는 전압이 나누어져 저항속을 흐른다. 즉, 각 저항에 가해지는 전압의 합은 전원전압과 같다.

11. 전기장치에서 접촉저항이 발생하는 개소 중 가장 거리가 것은?
① 배선 중간지점   ② 스위치 접점
③ 축전지 터미널   ④ 배선 커넥터

해설
접촉저항은 스위치 접점, 배선의 커넥터, 축전지 단자(터미널) 등에서 발생하기 쉽다.

12. 건설기계에서 사용되는 전기장치에서 과전류에 의한 화재예방을 위해 사용하는 부품으로 가장 적절한 것은?
① 콘덴서   ② 저항기
③ 퓨즈   ④ 전파방지기

해설
퓨즈는 전기장치에서 과전류에 의한 화재예방을 위해 사용하는 부품이다.

13. 퓨즈에 대한 설명 중 틀린 것은?
① 퓨즈는 정격용량을 사용한다.
② 퓨즈용량은 A로 표시한다.
③ 퓨즈는 가는 구리선으로 대용된다.
④ 퓨즈는 표면이 산화되면 끊어지기 쉽다.

14. 전기장치 회로에 사용하는 퓨즈의 재질로 적합 한 것은?
① 스틸 합금   ② 구리 합금
③ 알루미늄 합금   ④ 납과 주석합금

해설
퓨즈의 재질은 납과 주석의 합금이다.

15. 전기회로에서 퓨즈의 설치방법은?
① 직렬   ② 병렬
③ 직·병렬   ④ 상관없다.

해설
전기회로에서 퓨즈는 직렬로 설치한다.

Answer 08. ④ 09. ② 10. ② 11. ① 12. ③ 13. ③ 14. ④ 15. ①

16. 퓨즈의 접촉이 나쁠 때 나타나는 현상으로 옳은 것은?

① 연결부의 저항이 떨어진다.
② 전류의 흐름이 높아진다.
③ 연결부가 끊어진다.
④ 연결부가 튼튼해진다.

17. 건설기계의 전기회로의 보호장치로 맞는 것은?

① 안전밸브
② 퓨저블 링크
③ 캠버
④ 턴 시그널 램프

해설 퓨저블 링크(fusible link)는 전기회로를 보호하는 도체 크기의 작은 전선으로 회로에 삽입되어 있으며, 회로 단락되었을 때 용단되어 전원 및 회로를 보호한다.

18. 빛을 받으면 전류가 흐르지만 빛이 없으면 전류가 흐르지 않는 전기소자는?

① 발광 다이오드
② 포토다이오드
③ 제너 다이오드
④ PN 접합 다이오드

해설 포토다이오드
접합부분에 빛을 받으면 빛에 의해 자유전자가 되어 전자가 이동하며, 역방향으로 전기가 흐른다.

19. 트랜지스터에 대한 일반적인 특성으로 틀린 것은?

① 고온·고전압에 강하다.
② 내부전압 강하가 적다.
③ 수명이 길다.
④ 소형·경량이다.

해설 반도체는 고온(150℃ 이상 되면 파손되기 쉽다)·고전압에 약하다.

20. 전자제어 디젤 분사장치에서 연료를 제어하기 위해 센서로부터 각종 정보(가속페달의 위치, 기관속도, 분사시기, 흡기, 냉각수, 연료온도 등)를 입력받아 전기적 출력신호로 변환하는 것은?

① 컨트롤 로드 액추에이터
② 전자제어유닛(ECU)
③ 컨트롤 슬리브 액추에이터
④ 자기진단(self diagnosis)

해설 전자제어 유닛(ECU)은 선사세어 기관에서 연료를 제어하기 위해 센서로부터 각종 정보를 입력받아 전기적 출력신호로 변환하는 것이다.

축전지

01. 납산축전지에 관한 설명으로 틀린 것은?

① 기관시동 시 전기적 에너지를 화학적 에너지로 바꾸어 공급한다.
② 기관시동 시 화학적 에너지를 전기적 에너지로 바꾸어 공급한다.
③ 전압은 셀의 개수와 셀 1개당의 전압으로 결정된다.
④ 음극판이 양극판보다 1장 더 적다.

해설 축전지는 화학적 에너지를 전기적 에너지로 바꾸어 공급한다.

Answer 16. ③ 17. ② 18. ② 19. ① 20. ② 01. ①

02. 축전지의 역할을 설명한 것으로 틀린 것은?
① 기동장치의 전기적 부하를 담당한다.
② 발전기 출력과 부하와의 언밸런스를 조정한다.
③ 기관 시동 시 전기적 에너지를 화학적 에너지로 바꾼다.
④ 발전기 고장 시 주행을 확보하기 위한 전원으로 작동한다.

03. 건설기계 기관에 사용되는 축전지의 가장 중요한 역할은?
① 주행 중 점화장치에 전류를 공급한다.
② 주행 중 등화장치에 전류를 공급한다.
③ 주행 중 발생하는 전기부하를 담당한다.
④ 기동장치의 전기적 부하를 담당한다.

해설
기관에서 축전지를 사용하는 주된 목적은 기동전동기의 작동 즉 기동장치의 전기적 부하를 담당이다.

04. 축전지의 구비조건으로 가장 거리가 먼 것은?
① 축전지의 용량이 클 것
② 전기적 절연이 완전할 것
③ 가급적 크고, 다루기 쉬울 것
④ 전해액의 누출방지가 완전할 것

해설
축전지는 소형·경량이고, 수명이 길어야 하며, 다루기 쉬워야 한다.

05. 건설기계에 사용되는 12V 납산축전지의 구성은?
① 셀(cell) 3개를 병렬로 접속
② 셀(cell) 3개를 직렬로 접속
③ 셀(cell) 6개를 병렬로 접속
④ 셀(cell) 6개를 직렬로 접속

해설
12V 축전지는 2.1V의 셀(cell) 6개를 직렬로 접속한다.

06. 축전지 격리판의 구비조건으로 틀린 것은?
① 기계적 강도가 있을 것
② 다공성이고 전해액에 부식되지 않을 것
③ 극판에 좋지 않은 물질을 내뿜지 않을 것
④ 전도성이 좋으며 전해액의 확산이 잘 될 것

해설
격리판은 음극판과 양극판의 단락방지 즉, 절연성을 높이는 것이며, 비전도성이어야 한다.

07. 축전지의 케이스와 커버를 청소할 때 사용하는 용액으로 가장 옳은 것은?
① 비누와 물   ② 소금과 물
③ 소다와 물   ④ 오일과 가솔린

해설
축전지 커버나 케이스의 청소는 소다와 물 또는 암모니아수를 사용한다.

08. 건설기계에 사용되는 납산축전지에 대한 내용 중 맞지 않는 것은?
① 음(-)극판이 양(+)극판보다 1장 더 많다.
② 격리판은 비전도성이며 다공성이어야 한다.
③ 축전지 케이스 하단에 엘리먼트 레스트 공간을 두어 단락을 방지한다.
④ (+)단자 기둥은 (-)단자기둥보다 가늘고 회색이다.

Answer
02. ③   03. ④   04. ③   05. ④   06. ④   07. ③   08. ④

09. 축전지(battery) 내부에 들어가는 것이 아닌 것은?
① 단자기둥(터미널)
② 음극판
③ 양극판
④ 격리판

10. 납산축전지의 전해액으로 알맞은 것은?
① 순수한 물
② 과산화납
③ 해면상납
④ 묽은 황산

> **해설** 납산축전지 전해액은 증류수에 황산을 혼합한 묽은 황산이다.

11. 20℃에서 완전충전 시 축전지의 전해액 비중은?
① 2.260
② 0.128
③ 1.280
④ 0.0007

> **해설** 20℃에서 완전 충전된 납산축전지의 전해액 비중은 1.280이다.

12. 전해액 충전 시 20℃일 때 비중으로 틀린 것은?
① 25% : 1.150~1.170
② 50% : 1.190~1.210
③ 75% : 1.220~1.260
④ 완전충전 : 1.260~1.280

> **해설** 75% 충전 : 1.220~1.240

13. 축전지 전해액에 관한 내용으로 옳지 않은 것은?
① 전해액의 온도가 1℃ 변화함에 따라 비중은 0.0007씩 변한다.
② 온도가 올라가면 비중은 올라가고 온도가 내려가면 비중이 내려간다.
③ 전해액은 증류수에 황산을 혼합하여 희석시킨 묽은 황산이다.
④ 축전지 전해액 점검은 비중계로 한다.

> **해설** 전해액은 온도가 상승하면 비중은 내려가고, 온도가 내려가면 비중은 올라간다.

14. 납산축전지의 전해액을 만들 때 황산과 증류수의 혼합방법에 대한 설명으로 틀린 것은?
① 조금씩 혼합하며, 잘 저어서 냉각시킨다.
② 증류수에 황산을 부어 혼합한다.
③ 전기가 잘 통하는 금속제 용기를 사용하여 혼합한다.
④ 추운지방인 경우 온도가 표준온도일 때 비중이 1.280 되게 측정하면서 작업을 끝낸다.

> **해설** 전해액을 만들 때에는 질그릇 등의 절연체인 용기를 준비한다.

15. 납산축전지의 충전상태를 판단할 수 있는 계기로 옳은 것은?
① 온도계
② 습도계
③ 점도계
④ 비중계

> **해설** 비중계로 전해액의 비중을 측정하면 축전지 충전 여부를 판단할 수 있다.

Answer 09. ① 10. ④ 11. ③ 12. ③ 13. ② 14. ③ 15. ④

16. 납산축전지를 오랫동안 방전상태로 방치하면 사용하지 못하게 되는 원인은?
① 극판이 영구 황산납이 되기 때문이다.
② 극판에 산화납이 형성되기 때문이다.
③ 극판에 수소가 형성되기 때문이다.
④ 극판에 녹이 슬기 때문이다.

해설 납산축전지를 오랫동안 방전상태로 두면 극판이 영구 황산납이 되어 사용하지 못하게 된다.

17. 축전지 설페이션(유화)의 원인이 아닌 것은?
① 방전상태로 장시간 방치
② 전해액 양의 부족
③ 과충전인 경우
④ 전해액 속의 과도한 황산함유

해설 축전지를 과다 방전상태로 방치해 두면 설페이션이 발생한다.

18. 축전지의 온도가 내려갈 때 발생되는 현상이 아닌 것은?
① 비중이 상승한다.
② 전류가 커진다.
③ 용량이 저하한다.
④ 전압이 저하한다.

해설 축전지의 온도가 내려가면 비중은 상승하나, 용량, 전류, 전압이 모두 저하된다.

19. 전해액의 빙점은 그 전해액의 비중이 내려감에 따라 어떻게 되는가?
① 낮은 곳에 머문다.
② 낮아진다.
③ 변화가 없다.
④ 높아진다.

해설 전해액의 빙점(어는 온도)은 그 전해액의 비중이 내려감에 따라 높아진다.

20. 배터리에서 셀 커넥터와 터미널의 설명이 아닌 것은?
① 셀 커넥터는 납 합금으로 되었다.
② 양극판이 음극판의 수보다 1장 더 적다.
③ 색깔로 구분되어 있는 것은 (-)가 적색으로 되어있다.
④ 배터리 내의 각각의 셀을 직렬로 연결하기 위한 것이다.

21. 축전지의 양극과 음극단자의 구별하는 방법으로 틀린 것은?
① 양극은 적색, 음극은 흑색이다.
② 양극단자에 (+), 음극단자에는 (-)의 기호가 있다.
③ 양극단자에 포지티브(positive), 음극단자에 네거티브(negative)라고 표기되어있다.
④ 양극단자의 직경이 음극단자의 직경보다 작다.

해설 양극단자의 직경이 음극단자의 직경보다 굵다.

22. 축전지 터미널에 부식이 발생하였을 때 나타나는 현상과 가장 거리가 먼 것은?
① 기동전동기의 회전력이 작아진다.
② 엔진 크랭킹이 잘되지 않는다.
③ 전압강하가 발생된다.
④ 시동스위치가 손상된다.

해설 축전지 터미널에 부식이 발생하면 전압강하가 발생되어 기동전동기의 회전력이 작아져 엔진 크랭킹이 잘되지 않는다.

Answer 16. ① 17. ③ 18. ② 19. ④ 20. ③ 21. ④ 22. ④

23. 납산축전지 터미널에 녹이 발생했을 때의 조치방법으로 가장 적합한 것은?
① 물걸레로 닦아내고 더 조인다.
② 녹을 닦은 후 고정시키고 소량의 그리스를 상부에 도포한다.
③ [+]와 [-] 터미널을 서로 교환한다.
④ 녹슬지 않게 엔진오일을 도포하고 확실히 더 조인다.

해설
터미널(단자)에 녹이 발생하였으면 녹을 닦은 후 고정시키고 소량의 그리스를 상부에 도포한다.

24. 건설기계의 축전지 케이블 탈거에 대한 설명으로 옳은 것은?
① 절연되어 있는 케이블을 먼저 탈거한다.
② 아무 케이블이나 먼저 탈거한다.
③ "[+]" 케이블을 먼저 탈거한다.
④ 접지되어 있는 케이블을 먼저 탈거한다.

해설
축전지에서 케이블을 탈거할 때에는 먼저 접지케이블을 탈거한다.

25. 축전지를 교환 및 장착할 때 연결순서로 맞는 것은?
① (+)나 (-)선 중 편리한 것부터 연결하면 된다.
② 축전지의 (-)선을 먼저 부착하고, (+)선을 나중에 부착한다.
③ 축전지의 (+), (-)선을 동시에 부착한다.
④ 축전지의 (+)선을 먼저 부착하고, (-)선을 나중에 부착한다.

26. 납산축전지의 충·방전상태를 나타낸 것이 아닌 것은?

① 축전지가 방전되면 양극판은 과산화납이 황산납으로 된다.
② 축전지가 방전되면 전해액은 묽은 황산이 물로 변하여 비중이 낮아진다.
③ 축전지가 충전되면 음극판은 황산납이 해면상납으로 된다.
④ 축전지가 충전되면 양극판에서 수소를, 음극판에서 산소를 발생시킨다.

해설
납산축전지가 충전되면 양극판에서 산소를, 음극판에서 수소를 발생시킨다.

27. 축전지에서 방전 중일 때의 화학작용을 설명하였다. 틀린 것은?
① 음극판 : 해면상납 → 황산납
② 전해액 : 묽은 황산 → 물
③ 격리판 : 황산납 → 물
④ 양극판 : 과산화납 → 황산납

28. 축전지의 방전종지 전압에 대한 설명이 잘못된 것은?
① 축전지의 방전 끝(한계) 전압을 말한다.
② 한 셀 당 1.7~1.8V 이하로 방전되는 것을 말한다.
③ 방전종지 전압 이하로 방전시키면 축전지의 성능이 저하된다.
④ 20시간율 전류로 방전하였을 경우 방전종지 전압은 한 셀 당 2.1V이다.

해설
축전지의 방전종지 전압이란 축전지의 방전 끝(한계) 전압이며, 한 셀 당 1.7~1.8V 이하로 방전되는 현상이다. 방전종지 전압 이하로 방전시키면 축전지의 성능이 저하된다.

Answer 23. ② 24. ④ 25. ④ 26. ④ 27. ③ 28. ④

29. 축전지의 방전은 어느 한도 내에서 단자 전압이 급격히 저하하며 그 이후는 방전 능력이 없어지게 된다. 이때의 전압을 ( )이라고 한다. ( )에 들어갈 용어로 옳은 것은?
① 충전전압 ② 방전전압
③ 방전종지전압 ④ 누전전압

해설) 방전종지전압이란 축전지의 방전은 어느 한도 내에서 단자 전압이 급격히 저하하며 그 이후는 방전능력이 없어지게 되는 전압이다.

30. 12V용 납산축전지의 방전종지 전압은?
① 12V ② 10.5V
③ 7.5V ④ 1.75V

해설) 축전지 셀 당 방전종지전압이 1.75V이므로 12V 축전지의 방전종지전압은 6×1.75V=10.5V이다.

31. 건설기계에 사용되는 축전지의 용량 단위는?
① Ah ② PS
③ kW ④ kV

해설) 축전지 용량의 단위는 암페어시 용량(Ah)으로 표시하며 이것은 일정 방전전류(A) × 방전 종지전압까지의 연속 방전시간(H)이다.

32. 축전지의 용량(전류)에 영향을 주는 요소로 틀린 것은?
① 극판의 수 ② 극판의 크기
③ 전해액의 양 ④ 냉간율

해설) 축전지의 용량은 셀 당 극판수, 극판의 크기, 전해액의 양으로 결정된다.

33. 축전지의 용량 표시방법이 아닌 것은?

① 25시간율 ② 25암페어율
③ 냉간율 ④ 20시간율

해설) 축전지의 용량표시 방법에는 20시간율, 25암페어율, 냉간율이 있다.

34. 그림과 같이 12V용 축전지 2개를 사용하여 24V용 건설기계를 시동하고자 할 때 연결 방법으로 옳은 것은?

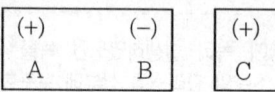

① B - D ② A - C
③ A - B ④ B - C

해설) 직렬연결이란 전압과 용량이 동일한 축전지 2개 이상을 (+)단자와 연결대상 축전지의 (-)단자에 서로 연결하는 방식이며, 이때 전압은 축전지를 연결한 개수만큼 증가하나 용량은 1개일 때와 같다.

35. 같은 축전지 2개를 직렬로 접속하면 어떻게 되는가?
① 전압은 2배가 되고, 용량은 같다.
② 전압은 같고, 용량은 2배가된다.
③ 전압과 용량은 변화가 없다.
④ 전압과 용량 모두 2배가된다.

36. 건설기계에 사용되는 12볼트(V) 80암페어(A) 축전지 2개를 직렬연결하면 전압과 전류는?
① 24볼트(V) 160암페어(A)가 된다.
② 12볼트(V) 160암페어(A)가 된다.
③ 24볼트(V) 80암페어(A)가 된다.
④ 12볼트(V) 80암페어(A)가 된다.

해설) 12V 80A 축전지 2개를 직렬로 연결하면 24V 80A가 된다.

Answer
29. ③ 30. ② 31. ① 32. ④ 33. ① 34. ④ 35. ① 36. ③

37. 같은 용량·같은 전압의 축전지를 병렬로 연결하였을 때 맞는 것은?
① 용량과 전압은 일정하다.
② 용량과 전압이 2배로 된다.
③ 용량은 한 개일 때와 같으나 전압은 2배로 된다.
④ 용량은 2배이고 전압은 한 개일 때와 같다.

> **해설**
> 축전지의 병렬연결이란 같은 전압, 같은 용량의 축전지 2개 이상을 (+)단자를 다른 축전지의 (+)단자에, (-)단자는 (-)단자에 접속하는 방식이며, 용량은 연결한 개수만큼 증가하지만 전압은 1개일 때와 같다.

38. 건설기계에 사용되는 12볼트(V) 80암페어(A) 축전지 2개를 병렬로 연결하면 전압과 전류는?
① 12볼트(V), 160암페어(A)가 된다.
② 24볼트(V), 80암페어(A)가 된다.
③ 12볼트(V), 80암페어(A)가 된다.
④ 24볼트(V), 160암페어(A)가 된다.

> **해설**
> 12V 80A 축전지 2개를 병렬로 연결하면 12V 160A가 된다.

39. 축전지의 수명을 단축하는 요인들이 아닌 것은?
① 전해액의 부족으로 극판의 노출로 인한 설페이션
② 전해액에 불순물이 많이 함유된 경우
③ 내부에서 극판이 단락 또는 탈락이 된 경우
④ 단자기둥의 굵기가 서로 다른 경우

> **해설**
> 축전지의 수명을 단축하는 요인은 전해액의 부족으로 극판의 노출로 인한 설페이션, 전해액에 불순물이 많이 함유된 경우, 내부에서 극판이 단락 또는 탈락이 된 경우이다.

40. 충전된 축전지라도 방치해두면 사용하지 않아도 조금씩 자연 방전하여 용량이 감소하는 현상은?
① 화학방전 ② 자기방전
③ 강제방전 ④ 급속방전

> **해설**
> 자기방전이란 충전된 축전지라도 방치해두면 사용하지 않아도 조금씩 자연 방전하여 용량이 감소하는 현상이다.

41. 배터리의 자기방전 원인에 대한 설명으로 틀린 것은?
① 배터리의 구조상 부득이하다.
② 이탈된 작용물질이 극판의 아래 부분에 퇴적되어 있다.
③ 배터리 케이스의 표면에서 전기누설이 없다.
④ 전해액 중에 불순물이 혼입되어 있다.

42. 충전된 축전지를 방치 시 자기방전(self discharge)의 원인과 가장 거리가 먼 것은?
① 양극판 작용물질 입자가 축전지 내부에 단락으로 인한 방전
② 격리판이 설치되어 방전
③ 전해액 내에 포함된 불순물에 의해 방전
④ 음극판의 작용물질이 황산과 화학작용으로 방전

Answer
37. ④ 38. ① 39. ④ 40. ② 41. ③ 42. ②

43. 축전지의 자기 방전량 설명으로 적합하지 않은 것은?
① 전해액의 온도가 높을수록 자기 방전량은 작아진다.
② 전해액의 비중이 높을수록 자기 방전량은 크다.
③ 날짜가 경과할수록 자기 방전량은 많아진다.
④ 충전 후 시간의 경과에 따라 자기 방전량의 비율은 점차 낮아진다.

> 해설: 자기 방전량은 전해액의 온도가 높을수록 커진다.

44. 축전지의 소비된 전기에너지를 보충하기 위한 충전방법이 아닌 것은?
① 정전류 충전 ② 정전압 충전
③ 급속충전 ④ 초 충전

> 해설: 축전지의 충전방법에는 정전류 충전, 정전압 충전, 단별전류 충전, 급속충전 등이 있다.

45. 축전지를 충전기에 의해 충전 시 정전류 충전범위로 틀린 것은?
① 최대 충전전류 : 축전지 용량의 20%
② 최소 충전전류 : 축전지 용량의 5%
③ 최대 충전전류 : 축전지 용량의 50%
④ 표준 충전전류 : 축전지 용량의 10%

> 해설: 정전류 충전방법은 충전시작에서 끝까지 일정한 전류로 충전하는 것이며, 충전전류 범위는 표준충전전류는 축전지 용량의 10%, 최소 충전전류는 축전지 용량의 5%, 최대 충전전류는 축전지 용량의 20%이다.

46. 축전지의 충전에서 충전말기에 전류가 거의 흐르지 않기 때문에 충전능률이 우수하며 가스발생이 거의 없으나 충전초기에 많은 전류가 흘러 축전지 수명에 영향을 주는 단점이 있는 충전방법은?
① 정전류 충전 ② 정전압 충전
③ 단별전류 충전 ④ 급속충전

> 해설: 정전압 충전은 충전시작에서부터 충전이 완료될 때까지 일정한 전압으로 충전하는 방법이며, 축전지의 충전에서 충전말기에 전류가 거의 흐르지 않기 때문에 충전능률이 우수하며 가스발생이 거의 없으나 충전초기에 많은 전류가 흘러 축전지 수명에 영향을 주는 단점이 있다.

47. 납산 축전지의 충전 중 주의사항으로 틀린 것은?
① 차상에서 충전할 때는 배터리 접지 (-)를 분리할 것
② 전해액의 온도는 45℃ 이상을 유지할 것
③ 충전 중 축전지에 충격을 가하지 말 것
④ 통풍이 잘되는 곳에서 충전할 것

> 해설: 충전할 때 전해액의 온도가 최대 45℃를 넘지 않도록 한다.

48. 급속충전을 할 때 주의사항으로 옳지 않은 것은?
① 충전시간은 가급적 짧아야 한다.
② 충전 중인 축전지에 충격을 가하지 않는다.
③ 통풍이 잘되는 곳에서 충전한다.
④ 축전지가 차량에 설치된 상태로 충전한다.

> 해설: 급속충전을 할 때에는 접지케이블을 분리한 후 충전한다.

Answer ▶▶▶
43. ① 44. ④ 45. ③ 46. ② 47. ② 48. ④

49. 건설기계에 장착된 축전지를 급속충전할 때 축전지의 접지케이블을 분리시키는 이유는?
① 과충전을 방지하기 위해
② 발전기의 다이오드를 보호하기 위해
③ 시동스위치를 보호하기 위해
④ 기동전동기를 보호하기 위해

> [해설] 급속 충전할 때 축전지의 접지케이블을 분리하여야 하는 이유는 발전기의 다이오드를 보호하기 위함이다.

50. 축전지가 낮은 충전율로 충전되는 이유가 아닌 것은?
① 축전지의 노후
② 레귤레이터의 고장
③ 전해액 비중의 과다
④ 발전기의 고장

> [해설] 전해액 비중이 과다하면 과충전 될 우려가 있다.

51. 축전지가 완전충전이 제대로 되지 않는다. 그 원인이 아닌 것은?
① 배터리 극판 손상
② 배터리 어스선 접속이완
③ 본선(B+) 연결부분 접속이완
④ 발전기 브러시 스프링 장력과다

52. 납산축전지를 충전할 때 화기를 가까이 하면 위험한 이유는?
① 수소가스가 폭발성가스이기 때문에
② 산소가스가 폭발성가스이기 때문에
③ 수소가스가 조연성가스이기 때문에
④ 산소가스가 인화성가스이기 때문에

> [해설] 축전지 충전 중에 화기를 가까이 하면 위험한 이유는 발생하는 수소가스가 폭발하기 때문이다.

53. 축전지가 과충전 일 경우 발생되는 현상으로 틀린 것은?
① 전해액이 갈색을 띠고 있다.
② 양극판 격자가 산화된다.
③ 양극단자 쪽의 셀 커버가 볼록하게 부풀어 있다.
④ 축전지에 지나치게 많은 물이 생성된다.

> [해설] 축전지가 방전되면 전해액이 물로 변화한다.

54. 납산축전지에 증류수를 자주 보충시켜야 한다면 그 원인에 해당될 수 있는 것은?
① 충전 부족이다.
② 극판이 황산화 되었다.
③ 과충전되고 있다.
④ 과방전되고 있다.

> [해설] 납산축전지에 증류수를 자주 보충시켜야 하는 원인은 과충전되기 때문이다.

55. 축전지 전해액이 자연 감소되었을 때 보충에 가장 적합한 것은?
① 증류수
② 황산
③ 경수
④ 수돗물

> [해설] 축전지 전해액이 자연 감소되었을 경우에는 증류수를 보충한다.

Answer 49. ② 50. ③ 51. ④ 52. ① 53. ④ 54. ③ 55. ①

56. 축전지의 전해액이 빨리 줄어든다. 그 원인과 가장 거리가 먼 것은?
① 축전지 케이스가 손상된 경우
② 과충전이 되는 경우
③ 비중이 낮은 경우
④ 전압조정기가 불량인 경우

해설
축전지의 전해액이 빨리 줄어드는 원인은 축전지 케이스가 손상된 경우, 전압조정기의 불량으로 과충전이 되는 경우이다.

57. 동절기 축전지 관리요령으로 틀린 것은?
① 충전이 불량하면 전해액이 결빙될 수 있으므로 완전충전 시킨다.
② 시동을 쉽게 하기 위하여 축전지를 보온시킨다.
③ 전해액 수준이 낮으면 운전 후 즉시 증류수를 보충한다.
④ 전해액 수준이 낮으면 운전시작 전 아침에 증류수를 보충한다.

58. 납산축전지에 대한 설명으로 옳은 것은?
① 전해액이 자연 감소된 축전지의 경우 증류수를 보충하면 된다.
② 축전지의 방전이 계속되면 전압은 낮아지고, 전해액의 비중은 높아지게 된다.
③ 축전지의 용량을 크게 하려면 별도의 축전지를 직렬로 연결하면 된다.
④ 축전지를 보관할 때에는 되도록 방전시키는 것이 좋다.

해설
• 축전지의 방전이 계속되면 전압은 낮아지고, 전해액의 비중도 낮아진다.
• 축전지의 용량을 크게 하기 위해서는 별도의 축전지를 병렬로 연결한다.
• 축전지를 보관할 때에는 가능한 한 충전시키는 것이 좋다.

59. 납산축전지에 대한 설명으로 틀린 것은?
① 화학에너지를 전기에너지로 변환하는 것이다.
② 완전방전 시에만 재충전 한다.
③ 전압은 셀의 수에 의해 결정된다.
④ 전해액 면이 낮아지면 증류수를 보충하여야 한다.

해설
엔진을 시동할 때 축전지는 기동전동기로 전원을 공급하고, 엔진이 시동되어 발전기가 작동하면 충전전류를 공급받아 충전된다.

60. MF(maintenance free)축전지에 대한 설명으로 적합하지 않는 것은?
① 격자의 재질은 납과 칼슘합금이다.
② 무보수용 배터리다.
③ 밀봉 촉매마개를 사용한다.
④ 증류수는 매 15일마다 보충한다.

해설
MF축전지는 증류수를 점검 및 보충하지 않아도 된다.

61. 시동키를 뽑은 상태로 주차했음에도 배터리에서 방전되는 전류를 뜻하는 것은?
① 충전전류   ② 암전류
③ 시동전류   ④ 발전전류

해설
암전류란 시동키를 뽑은 상태로 주차했음에도 배터리에서 방전되는 전류이다.

Answer
56. ③   57. ③   58. ①   59. ②   60. ④   61. ②

시동장치

01. 건설기계에 사용되는 전기장치 중 플레밍의 왼손법칙이 적용된 부품은 ?
① 발전기   ② 점화코일
③ 릴레이   ④ 시동전동기

해설 기동전동기는 플레밍의 왼손법칙에 따르는 방향의 힘을 받는다.

02. 건설기계에 주로 사용되는 기동전동기로 맞는 것은 ?
① 직류 분권전동기
② 직류 직권전동기
③ 직류 복권전동기
④ 교류전동기

해설 기관 시동으로 사용하는 전동기는 직류 직권전동기이다.

03. 전동기의 종류와 특성 설명으로 틀린 것은 ?
① 직권전동기는 계자코일과 전기자 코일이 직렬로 연결된 것이다.
② 분권전동기는 계자코일과 전기자 코일이 병렬로 연결된 것이다.
③ 복권전동기는 직권전동기와 분권전동기 특성을 합한 것이다.
④ 내연기관에서는 순간적으로 강한 토크가 요구되는 복권전동기가 주로 사용된다.

해설 내연기관에서는 순간적으로 강한 토크가 요구되는 직권전동기가 사용된다.

04. 직권식 기동전동기의 전기자 코일과 계자코일의 연결이 맞는 것은 ?
① 병렬로 연결되어 있다.
② 직렬로 연결되어 있다.
③ 직렬·병렬로 연결되어 있다.
④ 계자코일은 직렬, 전기자 코일은 병렬로 연결되어 있다.

해설 직권 전동기는 계자코일과 전기자 코일이 직렬로 연결되어 있다.

05. 직류 직권전동기에 대한 설명 중 틀린 것은 ?
① 기동 회전력이 분권전동기에 비해 크다.
② 부하에 따른 회전속도의 변화가 크다.
③ 부하를 크게 하면 회전속도는 낮아진다.
④ 부하에 관계없이 회전속도가 일정하다.

해설 직류 직권전동기는 기동 회전력이 크고, 부하가 걸렸을 때에는 회전속도는 낮으나 회전력이 큰 장점이 있으나 회전속도의 변화가 큰 단점이 있다.

06. 전기자 코일, 정류자, 계자코일, 브러시 등으로 구성되어 기관을 가동시킬 때 사용되는 것으로 맞는 것은 ?
① 발전기   ② 기동전동기
③ 오일펌프   ④ 액추에이터

해설 기동전동기는 전기자 코일 및 철심, 정류자, 계자코일 및 계자철심, 브러시 및 홀더, 피니언, 오버러닝 클러치, 솔레노이드 스위치 등으로 구성되어 기관을 가동시킬 때 사용한다.

Answer 01. ④ 02. ② 03. ④ 04. ② 05. ④ 06. ②

07. 건설기계 기동전동기의 주요부품으로 틀린 것은?
① 전기자(아마추어)
② 계자코일 및 계자철심
③ 방열판(히트 싱크)
④ 브러시 및 브러시 홀더

08. 기동전동기의 기능으로 틀린 것은?
① 기관을 구동시킬 때 사용한다.
② 플라이휠의 링 기어에 기동전동기 피니언을 맞물려 크랭크축을 회전시킨다.
③ 축전지와 각부 전장품에 전기를 공급한다.
④ 기관의 시동이 완료되면 피니언을 링 기어로부터 분리시킨다.

[해설] 축전지와 각부 전장품에 전기를 공급하는 장치는 발전기이다.

09. 기관 시동 시 전류의 흐름으로 옳은 것은?
① 축전지 → 전기자 코일 → 정류자 → 브러시 → 계자코일
② 축전지 → 계자코일 → 브러시 → 정류자 → 전기자 코일
③ 축전지 → 전기자 코일 → 브러시 → 정류자 → 계자코일
④ 축전지 → 계자코일 → 정류자 → 브러시 → 전기자 코일

[해설] 기관을 시동할 때 기동전동기에 전류가 흐르는 순서는 축전지 → 계자코일 → 브러시 → 정류자 → 전기자 코일이다.

10. 기동전동기에서 토크를 발생하는 부분은?
① 계자코일
② 솔레노이드스위치
③ 전기자 코일
④ 계철

[해설] 기동전동기에서 토크(회전력)가 발생하는 부분은 전기자 코일이다.

11. 기동전동기에서 전기자 철심을 여러 층으로 겹쳐서 만드는 이유는?
① 자력선 감소   ② 소형 경량화
③ 맴돌이 전류감소 ④ 온도상승 촉진

[해설] 전기자 철심을 두께 0.35~1.0mm의 얇은 철판을 각각 절연하여 겹쳐 만든 이유는 자력선을 잘 통과시키고, 맴돌이 전류를 감소시키기 위함이다.

12. 기동전동기 전기자 코일에 항상 일정한 방향으로 전류가 흐르도록 하기 위해 설치한 것은?
① 다이오드   ② 슬립링
③ 로터   ④ 정류자

[해설] 정류자는 전기자 코일에 항상 일정한 방향으로 전류가 흐르도록 하는 작용을 한다.

13. 기동전동기의 브러시는 본래 길이의 얼마정도 마모되면 교환하는가?
① $\frac{1}{10}$ 이상   ② $\frac{1}{3}$ 이상
③ $\frac{1}{5}$ 이상   ④ $\frac{1}{4}$ 이상

[해설] 기동전동기의 브러시는 본래 길이의 1/3 이상 마모되면 교환하여야 한다.

Answer
07. ③   08. ③   09. ②   10. ③   11. ③   12. ④   13. ②

14. 엔진이 기동된 다음에는 피니언이 공회전하여 링 기어에 의해 엔진의 회전력이 기동전동기에 전달되지 않도록 하여 엔진의 회전력이 기동전동기에 전달되지 않도록 하는 장치는?

① 피니언
② 전기자
③ 오버런링 클러치
④ 정류자

[해설] 오버런링 클러치는 엔진이 기동된 후에는 피니언이 공회전하여 링 기어에 의해 엔진의 회전력이 기동전동기에 전달되지 않도록 하여 엔진의 회전력이 기동전동기에 전달되지 않도록 하는 장치이다.

15. 기동전동기 구성부품 중 자력선을 형성하는 것은?

① 전기자   ② 계자코일
③ 슬립링   ④ 브러시

[해설] 계자코일에 전기가 흐르면 계자철심이 전자석이 되며, 자력선을 형성한다.

16. 기동전동기에서 마그네틱 스위치는?

① 전자석 스위치이다.
② 전류 조절기이다.
③ 전압 조절기이다.
④ 저항 조절기이다.

17. 시동장치에서 스타트 릴레이의 설치목적으로 틀린 것은?

① 축전지 충전을 용이하게 한다.
② 회로에 충분한 전류가 공급될 수 있도록 하여 크랭킹이 원활하게 한다.
③ 엔진 시동을 용이하게 한다.
④ 키스위치(시동스위치)를 보호한다.

[해설] 스타트 릴레이는 회로에 충분한 전류가 공급될 수 있도록 하여 크랭킹이 원활하게(시동을 용이하게) 하며, 키스위치(시동스위치)를 보호한다.

18. 기동전동기의 피니언을 기관의 링 기어에 물리게 하는 방법이 아닌 것은?

① 피니언 섭동식
② 벤딕스식
③ 전기자 섭동식
④ 오버러닝 클러치식

[해설] 기동전동기의 피니언을 엔진의 플라이휠 링 기어에 물리는 방식에는 벤딕스 방식, 피니언 섭동방식, 전기자 섭동방식 등이 있다.

19. 기동전동기 동력전달기구인 벤딕스식의 설명으로 적합한 것은?

① 전자력을 이용하여 피니언의 이동과 스위치를 개폐시킨다.
② 피니언의 관성과 전동기의 고속회전을 이용하여 전동기의 회전력을 엔진에 전달한다.
③ 오버러닝 클러치가 필요하다.
④ 전기자 중심과 계자중심을 오프셋 시켜 자력선이 가까운 거리를 통과하려는 성질을 이용하였다.

[해설] 벤딕스식은 피니언의 관성과 전동기의 고속회전을 이용하여 전동기의 회전력을 엔진에 전달하는 방식으로 오버러닝 클러치가 필요 없다.

Answer 14. ③ 15. ② 16. ① 17. ① 18. ④ 19. ②

20. 건설기계의 기동장치 취급 시 주의사항으로 틀린 것은?
    ① 기관이 시동된 상태에서 기동스위치를 켜서는 안 된다.
    ② 기동전동기의 회전속도가 규정이하이면 오랜 시간 연속 회전시켜도 시동이 되지 않으므로 회전속도에 유의해야 한다.
    ③ 기동전동기의 연속 사용기간은 3분 정도로 한다.
    ④ 전선 굵기는 규정이하의 것을 사용하면 안 된다.

    [해설] 기동전동기의 연속 사용기간은 10~15초 정도로 한다.

21. 기동전동기 피니언을 플라이휠 링 기어에 물려 기관을 크랭킹시킬 수 있는 점화스위치 위치는?
    ① ON위치 ② ACC위치
    ③ OFF위치 ④ ST위치

    [해설] ST(시동)위치는 기동전동기 피니언을 플라이휠 링 기어에 물려 기관을 크랭킹하는 점화스위치의 위치이다.

22. 엔진이 기동되었는데도 시동스위치를 계속 ON위치로 할 때 미치는 영향으로 가장 알맞은 것은?
    ① 크랭크축 저널이 마멸된다.
    ② 클러치 디스크가 마멸된다.
    ③ 기동전동기의 수명이 단축된다.
    ④ 엔진의 수명이 단축된다.

23. 기관에 사용되는 시동모터가 회전이 안 되거나 회전력이 약한 원인이 아닌 것은?
    ① 시동스위치의 접촉이 불량하다.
    ② 배터리 단자와 터미널의 접촉이 나쁘다.
    ③ 브러시가 정류자에 잘 밀착되어 있다.
    ④ 축전지 전압이 낮다.

    [해설] 기동전동기 브러시스프링 장력이 약해 정류자와의 밀착이 불량하면 기동전동기(시동모터)가 회전하지 못한다.

24. 기동전동기가 회전하지 않는 원인으로 틀린 것은?
    ① 배선과 스위치가 손상되었다.
    ② 기동전동기의 피니언이 손상되었다.
    ③ 배터리의 용량이 작다.
    ④ 기동전동기가 소손되었다.

    [해설] 기동전동기의 피니언이 손상되어도 다른 부분이 정상이면 회전을 한다.

25. 시동스위치를 시동(ST)위치로 했을 때 솔레노이드 스위치는 작동되나 기동전동기는 작동되지 않는 원인으로 틀린 것은?
    ① 축전지 방전으로 전류용량 부족
    ② 시동스위치 불량
    ③ 엔진 내부 피스톤 고착
    ④ 기동전동기 브러시 손상

    [해설] 시동스위치를 시동위치로 했을 때 솔레노이드 스위치는 작동되나 기동전동기가 작동되지 않은 원인은 축전지 용량의 과다방전, 엔진내부 피스톤 고착, 전기자 코일 또는 계자코일의 개회로(단선) 등이다.

Answer 20. ③ 21. ④ 22. ③ 23. ③ 24. ② 25. ②

26. 겨울철에 디젤기관 기동전동기의 크랭킹 회전수가 저하되는 원인으로 틀린 것은?
  ① 엔진오일의 점도가 상승
  ② 온도에 의한 축전지의 용량 감소
  ③ 점화스위치의 저항증가
  ④ 기온저하로 기동부하 증가

  해설) 겨울철에 기동전동기 크랭킹 회전수가 낮아지는 원인은 엔진오일의 점도가 상승, 온도에 의한 축전지의 용량 감소, 기온저하로 기동부하 증가 등이다.

27. 기동전동기는 정상 회전하지만 피니언이 링 기어와 물리지 않을 경우 고장원인이 아닌 것은?
  ① 진동기축의 스플라인 접동부가 불량일 때
  ② 기동전동기의 클러치 피니언의 앞 끝이 마모되었을 때
  ③ 마그네틱 스위치의 플런저가 튀어나오는 위치가 틀릴 때
  ④ 정류자 상태가 불량할 때

  해설) 정류자 상태가 불량하면 기동전동기가 원활하게 작동하지 못한다.

28. 기동전동기의 시험과 관계없는 것은?
  ① 부하시험
  ② 무부하 시험
  ③ 관성시험
  ④ 저항시험

  해설) 기동전동기의 시험항목에는 회전력(부하)시험, 무부하 시험, 저항시험 등이 있다.

예열장치

01. 디젤기관의 냉간 시 시동을 돕기 위해 설치된 부품으로 맞는 것은?
  ① 히트레인지(예열플러그)
  ② 발전기
  ③ 디퓨저
  ④ 과급장치

  해설) 디젤기관의 시동 보조장치에는 예열장치, 흡기가열장치(흡기히터와 히트레인지), 실린더 감압장치, 연소촉진제 공급장치 등이 있다.

02. 디젤기관에서만 해당되는 회로는?
  ① 예열플러그 회로 ② 시동회로
  ③ 충전회로   ④ 등화회로

  해설) 예열플러그 회로는 디젤기관에서만 볼 수 있다.

03. 동절기에 주로 사용하는 것으로, 디젤기관에 흡입된 공기온도를 상승시켜 시동을 원활하게 하는 장치는?
  ① 고압 분사장치   ② 연료장치
  ③ 충전장치   ④ 예열장치

  해설) 예열장치는 한랭한 상태에서 기관을 시동할 때 시동을 원활히 하기 위해 사용한다.

04. 디젤엔진의 예열장치에서 연소실 내의 압축공기를 직접 예열하는 형식은?
  ① 히트릴레이식   ② 예열플러그식
  ③ 흡기히터식   ④ 히트레인지식

  해설) 예열플러그는 예열장치에서 연소실 내의 압축공기를 직접 예열하는 부품이다.

Answer 26. ③ 27. ④ 28. ③ 01. ① 02. ① 03. ④ 04. ②

05. 디젤기관 예열장치에서 코일형 예열플러그와 비교한 실드형 예열플러그의 설명 중 틀린 것은 ?
① 발열량이 크고 열용량도 크다.
② 예열플러그들 사이의 회로는 병렬로 결선되어 있다.
③ 기계적 강도 및 가스에 의한 부식에 약하다.
④ 예열플러그 하나가 단선되어도 나머지는 작동된다.

해설
실드형 예열플러그는 보호금속 튜브에 히트코일이 밀봉되어 있어 기계적 강도 및 가스에 의한 부식에 강하고 병렬로 연결되어 있다.

06. 6기통 디젤기관의 병렬로 연결된 예열플러그 중 3번 기통의 예열플러그가 단선되었을 때 나타나는 현상에 대한 설명으로 옳은 것은 ?
① 2번과 4번의 예열플러그도 작동이 안 된다.
② 3번 실린더 예열플러그만 작동이 안 된다.
③ 축전지 용량의 배가 방전된다.
④ 예열플러그 전체가 작동이 안 된다.

해설
병렬로 연결된 예열플러그가 단선되면 단선된 것만 작동을 하지 못한다.

07. 예열플러그가 스위치 ON 후 15~20초에서 완전히 가열되었을 경우의 설명으로 옳은 것은 ?
① 정상상태이다.
② 접지되었다.
③ 단락되었다.
④ 다른 플러그가 모두 단선되었다.

해설
예열플러그가 15~20초에서 완전히 가열된 경우는 정상상태이다.

08. 디젤기관의 전기 가열식 예열장치에서 예열 진행의 3단계로 틀린 것은 ?
① 프리 글로우   ② 스타트 글로우
③ 포스트 글로우 ④ 컷 글로우

해설
디젤기관의 전기 가열식 예열장치에서 예열 진행의 3단계는 프리 글로우, 스타트 글로우, 포스트 글로우이다.

09. 디젤기관에서 예열플러그가 단선되는 원인으로 틀린 것은 ?
① 너무 짧은 예열시간
② 규정이상의 과대전류 흐름
③ 기관의 과열상태에서 잦은 예열
④ 예열플러그 설치할 때 조임 불량

해설
예열플러그는 규정이상의 과대전류가 흐를 때 단선된다.

10. 예열장치의 고장원인이 아닌 것은 ?
① 가열시간이 너무 길면 자체 발열에 의해 단선된다.
② 접지가 불량하면 전류의 흐름이 적어 발열이 충분하지 못하다.
③ 규정 이상의 전류가 흐르면 단선되는 고장의 원인이 된다.
④ 예열 릴레이가 회로를 차단하면 예열플러그가 단선된다.

해설
예열 릴레이의 기능은 예열시킬 때에는 예열플러그로만 축전지 전류를 공급하고, 시동할 때에는 기동전동기로만 전류를 공급하는 부품이다.

Answer
05. ③ 06. ② 07. ① 08. ④ 09. ① 10. ④

11. 예열플러그를 빼서 보았더니 심하게 오염되어 있다. 그 원인으로 가장 적합한 것은?
   ① 불완전 연소 또는 노킹
   ② 기관의 과열
   ③ 예열플러그의 용량과다
   ④ 냉각수 부족

   해설 예열플러그가 심하게 오염되는 경우는 불완전 연소 또는 노킹이 발생하였기 때문이다.

12. 글로우 플러그를 설치하지 않아도 되는 연소실은?(단, 전자제어 커먼레일은 제외)
   ① 직접분사실식   ② 와류실식
   ③ 공기실식   ④ 예연소실식

   해설 직접분사실식에서는 시동 보조장치로 흡기다기관에 흡기 가열장치(흡기히터와 히트레인지)를 설치한다.

13. 디젤기관의 연소실방식에서 흡기가열식 예열장치를 사용하는 것은?
   ① 직접분사식   ② 예연소실식
   ③ 와류실식   ④ 공기실식

충전장치

01. 플레밍의 오른손법칙이 적용되어 사용되는 부품은?
   ① 발전기   ② 기동전동기
   ③ 점화코일   ④ 릴레이

   해설 플레밍의 오른손법칙은 발전기의 원리로 사용된다.

02. 자계 속에서 도체를 움직일 때 도체에 발생하는 기전력의 방향을 설명할 수 있는 플레밍의 오른손법칙에서 엄지손가락의 방향은?
   ① 자력선 방향이다.
   ② 전류의 방향이다.
   ③ 역기전압의 방향이다.
   ④ 도체의 운동방향이다.

   해설 플레밍의 오른손법칙에서 엄지손가락의 방향은 도체의 운동방향이다.

03. 「유도 기전력의 방향은 코일 내의 자속의 변화를 방해하려는 방향으로 발생한다.」는 법칙은?
   ① 플레밍의 왼손법칙
   ② 플레밍의 오른손법칙
   ③ 렌츠의 법칙
   ④ 자기유도 법칙

   해설 렌츠의 법칙은 전자유도에 관한 법칙으로 유도 기전력은 코일 내의 자속의 변화를 방해하는 방향으로 발생된다는 법칙이다.

04. 충전장치의 개요에 대한 설명으로 틀린 것은?
   ① 건설기계의 전원을 공급하는 것은 발전기와 축전지이다.
   ② 발전량이 부하량보다 적을 경우에는 축전지가 전원으로 사용된다.
   ③ 축전지는 발전기가 충전시킨다.
   ④ 발전량이 부하량보다 많을 경우에는 축전지의 전원이 사용된다.

11. ① 12. ① 13. ① 01. ① 02. ④ 03. ③ 04. ④

05. 축전지 및 발전기에 대한 설명으로 옳은 것은?
① 시동 전 전원은 발전기이다.
② 시동 후 전원은 배터리이다.
③ 시동 전과 후 모두 전력은 배터리로부터 공급된다.
④ 발전하지 못해도 배터리로만 운행이 가능하다.

해설
기관 시동 전의 전원은 배터리이며, 시동 후의 전원은 발전기이다. 또 발전기가 발전하지 못해도 배터리로만 운행이 가능하다.

06. 건설기계의 충전장치에서 가장 많이 사용하고 있는 발전기는?
① 단상 교류발전기 ② 3상 교류발전기
③ 직류발전기 ④ 와전류 발전기

해설
건설기계에서는 주로 3상 교류발전기를 사용한다.

07. 충전장치에서 발전기는 어떤 축과 연동되어 구동되는가?
① 크랭크축 ② 캠축
③ 추진축 ④ 변속기 입력축

해설
발전기는 크랭크축에 의해 구동된다.

08. 교류(AC)발전기의 특성이 아닌 것은?
① 저속에서도 충전성능이 우수하다.
② 소형 경량이고 출력도 크다.
③ 소모부품이 적고 내구성이 우수하며 고속회전에 견딘다.
④ 전압조정기, 전류조정기, 컷 아웃 릴레이로 구성된다.

해설
교류발전기의 조정기는 전압조정기만을 사용한다.

09. 교류발전기의 설명으로 틀린 것은?
① 철심에 코일을 감아 사용한다.
② 두 개의 슬립링을 사용한다.
③ 전자석을 사용한다.
④ 영구자석을 사용한다.

해설
교류발전기는 스테이터와 로터철심에 코일을 감아 사용하며, 브러시로부터 여자전류를 공급받는 2개의 슬립링이 있고, 전자석을 사용한다.

10. 교류발전기의 설명으로 틀린 것은?
① 타려자 방식의 발전기이다.
② 고정된 스테이터에서 전류가 생성된다.
③ 정류자와 브러시가 정류작용을 한다.
④ 발전기 조정기는 전압조정기만 필요하다.

해설
교류발전기는 실리콘 다이오드로 정류작용을 한다.

11. 교류발전기의 부품이 아닌 것은?
① 다이오드 ② 슬립링
③ 스테이터 코일 ④ 전류 조정기

해설
교류발전기는 스테이터, 로터, 다이오드, 슬립링과 브러시, 엔드 프레임 등으로 되어있다.

12. 교류발전기의 유도전류는 어디에서 발생하는가?
① 로터 ② 전기자
③ 계자코일 ④ 스테이터

해설
교류발전기에 전류를 발생하는 부분은 스테이터(stator)이다.

Answer
05. ④ 06. ② 07. ① 08. ④ 09. ④ 10. ③ 11. ④ 12. ④

13. 교류발전기에서 회전하는 구성품이 아닌 것은?
① 로터 코일   ② 슬립링
③ 브러시   ④ 로터 코어

해설
브러시는 여자 전류를 슬립링으로 공급하며, 엔드 프레임에 고정되어 있다.

14. 교류발전기에서 회전체에 해당하는 것은?
① 스테이터   ② 브러시
③ 엔드프레임 ④ 로터

해설
교류발전기에서 로터(회전체)는 전류가 흐를 때 전자석이 되는 부분이다.

15. AC발전기에서 전류가 흐를 때 전자석이 되는 것은?
① 계자철심   ② 로터
③ 스테이터 철심 ④ 아마추어

16. 충전장치에서 교류발전기는 무엇을 변화시켜 충전출력을 조정하는가?
① 회전속도   ② 로터코일 전류
③ 브러시 위치 ④ 스테이터 전류

17. 교류발전기에서 마모성 부품은 어느 것인가?
① 스테이터 ② 다이오드
③ 슬립링   ④ 엔드프레임

해설
슬립링은 브러시와 접촉되어 회전하므로 마모된다.

18. 교류발전기의 구성부품으로 교류를 직류로 변환하는 구성품은?
① 스테이터   ② 로터
③ 정류기   ④ 콘덴서

19. 교류발전기에서 교류를 직류로 바꾸는 것을 정류라고 하며, 대부분의 교류 발전기에는 정류성능이 우수한 (   )을 이용하여 정류한다. (   )에 맞는 말은?
① 트랜지스터 ② 실리콘 다이오드
③ 사이리스터 ④ 서미스터

20. 교류발전기의 다이오드가 하는 역할은?
① 전류를 조정하고, 교류를 정류한다.
② 전압을 조정하고, 교류를 정류한다.
③ 교류를 정류하고, 역류를 방지한다.
④ 여자전류를 조정하고, 역류를 방지한다.

해설
AC발전기 다이오드의 역할은 교류를 정류하고, 역류를 방지한다.

21. 교류발전기에서 높은 전압으로부터 다이오드를 보호하는 구성품은 어느 것인가?
① 콘덴서   ② 필드코일
③ 정류기   ④ 로터

해설
콘덴서는 교류발전기에서 높은 전압으로부터 다이오드를 보호한다.

22. 교류발전기에 사용되는 반도체인 다이오드를 냉각하기 위한 것은?
① 냉각튜브
② 유체클러치
③ 히트싱크
④ 엔드프레임에 설치된 오일장치

해설
히트싱크는 다이오드를 설치하는 철판이며, 다이오드가 정류를 할 때 다이오드를 냉각시키는 작용을 한다.

Answer
13. ③ 14. ④ 15. ② 16. ② 17. ③ 18. ③ 19. ② 20. ③ 21. ① 22. ③

23. 충전장치에서 축전지 전압이 낮을 때의 원인으로 틀린 것은?
   ① 조정 전압이 낮을 때
   ② 다이오드가 단락되었을 때
   ③ 축전지 케이블 접속이 불량할 때
   ④ 충전회로에 부하가 적을 때

   해설
   충전불량의 원인은 충전회로의 부하가 클 때이다.

24. 건설기계의 발전기가 충전작용을 하지 못하는 경우에 점검사항이 아닌 것은?
   ① 레귤레이터   ② 솔레노이드스위치
   ③ 발전기 구동벨트   ④ 충전회로

   해설
   솔레노이드 스위치는 기동전동기의 전자석 스위치이다.

25. 작동 중인 교류발전기에서 작동 중 소음 발생의 원인으로 가장 거리가 먼 것은?
   ① 베어링이 손상되었다.
   ② 벨트장력이 약하다.
   ③ 고정 볼트가 풀렸다.
   ④ 축전지가 방전되었다.

   해설
   교류발전기가 작동 중일 때 소음이 발생하는 원인은 발전기 베어링의 손상, 구동벨트의 장력이 약화, 고정 볼트 풀림 등이다.

26. 충전장치에서 IC 전압조정기의 장점으로 틀린 것은?
   ① 조정전압 정밀도 향상이 크다.
   ② 내열성이 크며 출력을 증대시킬 수 있다.
   ③ 진동에 의한 전압변동이 크고, 내구성이 우수하다.
   ④ 초소형화가 가능하므로 발전기 내에 설치할 수 있다.

   해설
   IC(집적회로) 전압조정기는 진동에 의한 전압변동이 없고, 내구성이 크다.

27. 운전 중 운전석 계기판에 그림과 같은 등이 갑자기 점등되었다. 무슨 표시인가?

   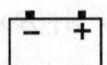

   ① 배터리 완전충전 표시등
   ② 전원차단 경고등
   ③ 전기계통 작동 표시등
   ④ 충전경고등

28. 운전 중 갑자기 계기판에 충전경고등이 점등되었다. 그 현상으로 맞는 것은?
   ① 정상적으로 충전이 되고 있음을 나타낸다.
   ② 충전이 되지 않고 있음을 나타낸다.
   ③ 충전계통에 이상이 없음을 나타낸다.
   ④ 주기적으로 점등되었다가 소등되는 것이다.

   해설
   계기판에 충전경고등이 점등되면 충전이 되지 않고 있음을 나타낸다.

29. 충전경고등 점검은 언제 하는 것이 가장 적당한가?
   ① 기관 가동전과 가동 중
   ② 주간 및 월간점검 시
   ③ 기관 가동 중에만
   ④ 기관 정지 시

   해설
   충전경고등은 기관 가동전과 가동 중 점검한다.

Answer 23. ④ 24. ② 25. ④ 26. ③ 27. ④ 28. ② 29. ①

30. 엔진 정지 상태에서 계기판 전류계의 지침이 정상에서 (−)방향을 지시하고 있다. 그 원인이 아닌 것은?
① 전조등 스위치가 점등위치에서 방전되고 있다.
② 배선에서 누전되고 있다.
③ 엔진 예열장치를 동작시키고 있다.
④ 발전기에서 축전지로 충전되고 있다.

[해설] 발전기에서 축전지로 충전되면 전류계 지침은 (+) 방향을 지시한다.

계기·등화장치 및 에어컨장치

01. 전기회로에 대한 설명 중 틀린 것은?
① 절연불량은 절연물의 균열, 물, 오물 등에 의해 절연이 파괴되는 현상을 말하며, 이때 전류가 차단된다.
② 노출된 전선이 다른 전선과 접촉하는 것을 단락이라 한다.
③ 접촉 불량은 스위치의 접점이 녹거나 단자에 녹이 발생하여 저항 값이 증가하는 것을 말한다.
④ 회로가 절단되거나 커넥터의 결합이 해제되어 회로가 끊어진 상태를 단선이라 한다.

[해설] 절연불량은 절연물의 균열, 물, 오물 등에 의해 절연이 파괴되는 현상이며, 이때 전류가 누전된다.

02. 차량에 사용되는 계기의 장점으로 틀린 것은?
① 구조가 복잡할 것
② 소형이고 경량일 것
③ 지침을 읽기가 쉬울 것
④ 가격이 쌀 것

[해설] 계기의 구비조건은 구조가 간단할 것, 소형이고 경량일 것, 지침을 읽기가 쉬울 것, 가격이 쌀 것

03. 다음 중 광속의 단위는?
① 칸델라 ② 럭스
③ 루멘   ④ 와트

[해설]
• 칸델라 : 광도(빛의 세기)의 단위
• 럭스(룩스) : 조도(빛을 받는 면의 밝기)의 단위
• 루멘 : 광속(빛의 다발)의 단위

04. 배선 회로도에서 표시된 0.85RW의 "R"은 무엇을 나타내는가?
① 단면적
② 바탕색
③ 줄 색
④ 전선의 재료

[해설] 0.85RW
0.85는 전선의 단면적, R은 바탕색, W는 줄 색을 나타낸다.

05. 배선의 색과 기호에서 파랑색(Blue)의 기호는?
① B   ② R
③ L   ④ G

[해설] G(Green, 녹색), L(Blue, 파랑색), B(Black, 검정색), R(Red, 빨강색)

30. ④ 01. ① 02. ① 03. ③ 04. ② 05. ③

06. 전기장치의 배선작업에서 작업 시작 전에 다음 중 가장 먼저 조치하여야 할 사항은?
① 배터리 비중을 측정한다.
② 고압케이블을 제거한다.
③ 점화스위치를 끈다.
④ 접지선을 제거한다.

해설 배선작업 시작하기 전에 먼저 축전지 접지선을 탈착한다.

07. 건설기계의 전조등 성능을 유지하기 위하여 가장 좋은 방법은?
① 단선으로 한다.
② 복선식으로 한다.
③ 축전지와 직결시킨다.
④ 굵은 선으로 갈아 끼운다.

해설 복선식은 접지 쪽에도 전선을 사용하는 것으로 주로 전조등과 같이 큰 전류가 흐르는 회로에서 사용한다.

08. 전조등 형식 중 내부에 불활성가스가 들어 있으며, 광도의 변화가 적은 것은?
① 로우빔식
② 하이빔식
③ 실드빔식
④ 세미 실드빔식

해설 실드빔형 전조등은 반사경에 필라멘트를 붙이고 여기에 렌즈를 녹여 붙인 후 내부에 불활성 가스를 넣어 그 자체가 1개의 전구가 되도록 한 것이며, 필라멘트가 끊어지면 렌즈나 반사경에 이상이 없어도 전조등 전체를 교환하여야 한다.

09. 헤드라이트에서 세미 실드빔 형은?
① 렌즈·반사경 및 전구를 분리하여 교환이 가능한 것
② 렌즈·반사경 및 전구가 일체인 것
③ 렌즈와 반사경은 일체이고, 전구는 교환이 가능한 것
④ 렌즈와 반사경을 분리하여 제작한 것

해설 세미 실드빔형은 렌즈와 반사경은 녹여 붙였으나 전구는 별개로 설치한 것으로 필라멘트가 끊어지면 전구만 교환하면 된다.

10. 전조등 회로의 구성부품으로 틀린 것은?
① 전조등 릴레이
② 전조등 스위치
③ 디머 스위치
④ 플래셔 유닛

해설 전조등 회로는 퓨즈, 라이트 스위치, 디머스위치로 구성된다.

11. 전조등의 구성부품으로 틀린 것은?
① 전구   ② 렌즈
③ 반사경   ④ 플래셔 유닛

해설 전조등은 전구(필라멘트), 렌즈, 반사경으로 되어있다.

12. 전조등의 좌우 램프 간 회로에 대한 설명으로 맞는 것은?
① 직렬 또는 병렬로 되어있다.
② 병렬과 직렬로 되어있다.
③ 병렬로 되어있다.
④ 직렬로 되어있다.

해설 전조등 회로는 병렬로 연결되어 있다.

Answer 06. ④ 07. ② 08. ③ 09. ③ 10. ④ 11. ④ 12. ③

13. 야간작업 시 헤드라이트가 한쪽만 점등되었다. 고장원인으로 가장 거리가 먼 것은?
    ① 헤드라이트 스위치 불량
    ② 전구 접지불량
    ③ 한쪽 회로의 퓨즈 단선
    ④ 전구 불량

    해설
    헤드라이트 스위치가 불량하면 양쪽 모두 점등이 되지 않는다.

14. 방향지시등 전구에 흐르는 전류를 일정한 주기로 단속·점멸하여 램프의 광도를 증감시키는 것은?
    ① 디머 스위치
    ② 플래셔 유닛
    ③ 파일럿 유닛
    ④ 방향지시기 스위치

    해설
    유닛은 방향지시등 전구에 흐르는 전류를 일정한 주기로 단속·점멸하여 램프의 광도를 증감시키는 부품이다.

15. 방향지시등에 대한 설명으로 틀린 것은?
    ① 램프를 점멸시키거나 광도를 증감시킨다.
    ② 전자열선식 플래셔 유닛은 전압에 의한 열선의 차단작용을 이용한 것이다.
    ③ 점멸은 플래셔 유닛을 사용하여 램프에 흐르는 전류를 일정한 주기로 단속 점멸한다.
    ④ 중앙에 있는 전자석과 이 전자석에 의해 끌어 당겨지는 2조의 가동접점으로 구성되어 있다.

    해설
    전자 열선방식 플래셔 유닛은 열에 의한 열선(heat coil)의 신축작용을 이용한 것이다.

16. 한쪽의 방향지시등만 점멸속도가 빠른 원인으로 옳은 것은?
    ① 전조등 배선접촉 불량
    ② 플래셔 유닛 고장
    ③ 한쪽 램프의 단선
    ④ 비상등 스위치 고장

    해설
    한쪽 램프가 단선되면 한쪽의 방향지시등만 점멸속도가 빨라진다.

17. 방향지시등 스위치를 작동할 때 한쪽은 정상이고, 다른 한쪽은 점멸작용이 정상과 다르게(빠르게, 느리게, 작동불량) 작용한다. 고장원인이 아닌 것은?
    ① 전구 1개가 단선되었을 때
    ② 전구를 교체하면서 규정용량의 전구를 사용하지 않았을 때
    ③ 플래셔 유닛이 고장 났을 때
    ④ 한쪽 전구소켓에 녹이 발생하여 전압강하가 있을 때

    해설
    플래셔 유닛이 고장나면 모든 방향지시등이 점멸되지 못한다.

18. 방향지시등이나 제동등의 작동확인은 언제 하는가?
    ① 운행 전   ② 운행 중
    ③ 운행 후   ④ 일몰 직전

13. ① 14. ② 15. ② 16. ③ 17. ③ 18. ①

19. 건설기계의 등화장치 종류 중에서 조명용 등화가 아닌 것은?
① 전조등　　② 안개등
③ 번호등　　④ 후진등

20. 등화장치 설명 중 내용이 잘못된 것은?
① 후진등은 변속기 시프트레버를 후진 위치로 넣으면 점등된다.
② 방향지시등은 방향지시등의 신호가 운전석에서 확인되지 않아도 된다.
③ 번호등은 단독으로 점멸되는 회로가 있어서는 안 된다.
④ 제동등은 브레이크 페달을 밟았을 때 점등된다.

해설 방향지시등의 신호를 운전석에서 확인할 수 있는 파일럿램프가 설치되어 있다.

21. 경음기 스위치를 작동하지 않았는데 경음기가 계속 울리고 있다면 그 원인은?
① 경음기 릴레이의 접점이 융착
② 배터리의 과충전
③ 경음기 접지선이 단선
④ 경음기 전원 공급선이 단선

해설 경음기 릴레이의 접점이 융착되면 경음기 스위치를 작동하지 않아도 경음기가 계속 울린다.

22. 에어컨장치에서 환경보존을 위한 대체물질로 신 냉매가스에 해당되는 것은?
① R-12　　② R-22
③ R-12a　　④ R-134a

해설 에어컨장치에서 사용하는 신 냉매가스는 R-134a이다.

23. 라디에이터 앞쪽에 설치되며, 고온·고압의 기체냉매를 응축시켜 액화상태로 변화시키는 것은?
① 압축기　　② 응축기
③ 건조기　　④ 증발기

해설 응축기(condenser)는 고온·고압의 기체냉매를 냉각에 의해 액체냉매 상태로 변화시킨다.

24. 디젤기관의 전기장치에 없는 것은?
① 스파크플러그
② 글로플러그
③ 축전지
④ 솔레노이드 스위치

Answer 19. ③　20. ②　21. ①　22. ④　23. ②　24. ①

건설기계 섀시

1. 동력전달장치

1.1. 클러치(clutch)
클러치는 기관과 변속기사이에 부착되어 있으며, 동력전달장치로 전달되는 기관의 동력을 연결하거나 차단하는 장치이다.

1.1.1. 클러치의 필요성
① 기관의 동력을 전달 또는 차단하기 위해
② 변속기어를 변속할 때 기관의 동력을 차단하기 위해
③ 기관을 시동할 때 기관을 무부하 상태로 하기 위해
④ 관성운전을 하기 위해

1.1.2. 클러치의 구조
[1] 클러치판(clutch disc : 클러치 디스크)
  ① 기관의 플라이휠과 압력판사이에 끼워져 있으며, 기관의 동력을 변속기 입력 축을 통하여 변속기로 전달하는 마찰판이다.
  ② 비틀림 코일스프링(토션 스프링, 댐퍼 스프링)은 클러치가 작동할 때 충격을 흡수하며, 쿠션스프링은 클러치판의 변형·편 마모 및 파손을 방지한다.

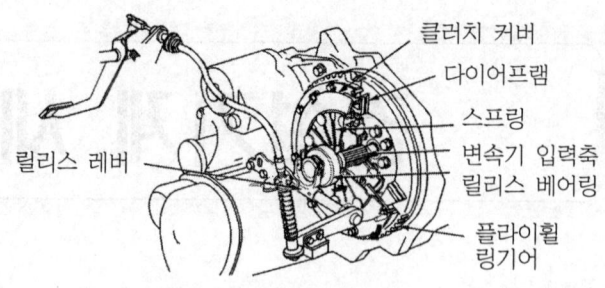

그림 클러치의 구성부품

(1) 클러치 라이닝의 구비조건

① 내열성과 내마멸성이 클 것

② 마찰계수가 알맞을 것

③ 온도에 의한 변화가 적고, 내식성이 클 것

[2] 변속기 입력축(클러치 축)

클러치판이 플라이휠에 압착되었을 때 클러치판이 받은 기관의 동력을 변속기로 전달한다.

[3] 압력판

클러치 스프링의 장력으로 클러치판을 플라이휠에 압착시키며, 클러치 압력판과 플라이휠은 항상 회전하므로 동적 평형이 잘 잡혀 있어야 한다.

1.1.3. 클러치 조작기구

[1] 클러치 페달

(1) 클러치 페달의 구조

① 펜턴트 방식과 플로어 방식이 있으며, 페달 자유간격(유격)은 20~30mm 정도이다.

② 클러치판이 마모될수록 자유간격이 작아져 미끄러지는 현상이 발생한다.

③ 클러치가 완전히 끊긴 상태에서도 발판과 페달과의 간격은 20mm 이상 확보해야 한다.

(2) 클러치 페달의 자유간극(유격)
① 자유간극이 너무 적으면 클러치가 미끄러지며, 이로 인하여 클러치판이 과열되어 손상된다.
② 자유간극이 너무 크면 클러치 차단이 불량하여 변속기의 기어를 변속할 때 소음이 발생하고 기어가 손상된다.
③ 자유간극은 클러치 링키지 로드로 조정한다.

[2] 릴리스 베어링(release bearing)
① 클러치 페달을 밟으면 릴리스 레버를 눌러 클러치를 분리시킨다.
② 종류에는 앵귤러 접속형, 볼 베어링형, 카본형 등이 있다.
③ 영구주유방식(oilless bearing)이므로 솔벤트 등의 세척제 속에 넣고 세척해서는 안 된다.

1.1.4. 클러치 용량
① 클러치가 전달할 수 있는 회전력의 크기이며, 사용 기관 회전력의 1.5~2.5배 정도이다.
② 용량이 너무 크면 클러치가 기관 플라이휠에 접속될 때 기관이 정지되기 쉽다.
③ 용량이 너무 작으면 클러치가 미끄러져 클러치판의 마멸이 촉진된다.

1.2. 변속기(transmission)
1.2.1. 변속기의 필요성
① 회전력을 증대시킨다.
② 기관을 무부하 상태로 한다.
③ 차량을 후진시키기 위하여 필요하다.

1.2.2. 변속기의 구비조건
① 소형·경량이고, 고장이 없을 것
② 조작이 쉽고 신속할 것
③ 단계가 없이 연속적으로 변속이 될 것
④ 전달효율이 좋을 것

1.2.3. 변속기 조작기구
① 기어가 빠지는 것을 방지하기 위해 로킹 볼(locking ball)과 스프링을 둔다.
② 기어의 이중 물림을 방지하는 인터록(inter lock)이 설치되어 있다.

1.3. 자동변속기(automatic transmission)

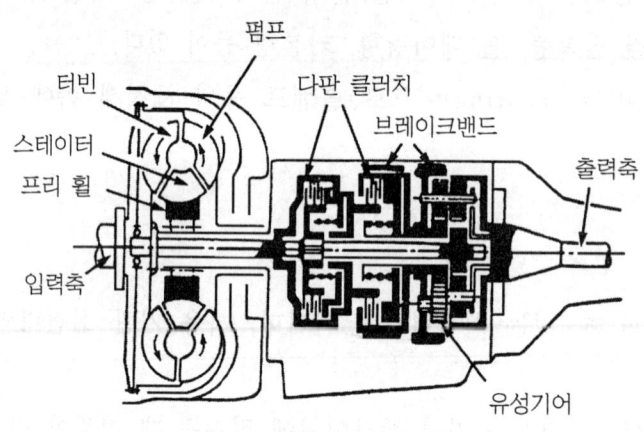

그림 자동변속기의 구조

1.3.1. 유체클러치(fluids clutch)
펌프는 기관의 크랭크축에 설치되고, 터빈은 변속기 입력축에 설치되며, 오일의 맴돌이 흐름(와류)을 방지하기 위하여 가이드 링을 설치한다. 펌프와 터빈의 회전속도가 같을 때 토크 변환율은 약 1 : 1이다.

1.3.2. 토크컨버터(torque converter)

[1] 토크컨버터의 구조
① 펌프(임펠러)는 기관의 크랭크축과 기계적으로 연결되고, 터빈(러너)은 변속기 입력축과 연결되어 펌프, 터빈, 스테이터 등이 상호운동하여 회전력을 변환시킨다.
② 스테이터는 펌프와 터빈사이의 오일 흐름방향을 바꾸어 회전력을 증대시키며, 오일의 충돌에 의한 효율저하 방지를 위하여 가이드 링이 있다.

[2] 토크컨버터의 성능
토크 변환비율은 2~3 : 1이며, 부하가 걸리면 터빈속도는 느려지고, 터빈의 속도가 느릴 때 토크컨버터의 출력이 가장 크다.

[3] 토크컨버터 오일의 구비조건
① 점도가 낮고, 비중이 클 것
② 빙점이 낮고, 비점이 높을 것
③ 착화점이 높고, 유성이 좋을 것
④ 윤활성과 내산성이 클 것

1.3.3. 유성기어 장치
링 기어, 선 기어, 유성기어, 유성기어 캐리어로 되어있다.

1.4. 드라이브라인(drive line)

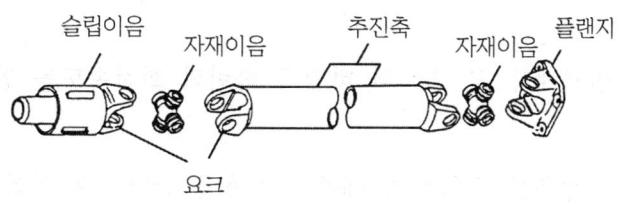

그림 드라이브라인의 구성

1.4.1. 슬립이음(slip joint)

추진축의 길이변화를 주는 부품이다.

1.4.2. 자재이음(유니버설 조인트)

변속기와 종 감속기어사이의 구동각도 변화를 주는 기구. 즉 두 축 간의 충격완화와 각도변화를 융통성 있게 동력을 전달하는 기구이다.

[1] 십자형 자재이음(훅형)
① 십자형 자재이음을 많이 사용하는 이유는 구조가 간단하고, 작동이 확실하며, 큰 동력의 전달이 가능하기 때문이다.
② 십자축 자재이음을 추진축 앞뒤에 두는 이유는 회전 각속도의 변화를 상쇄하기 위함이다.
③ 십자형 자재이음에는 그리스를 급유한다.

1.5. 종 감속기어와 차동기어장치

1.5.1. 종 감속기어(final reduction gear)

종 감속기어는 기관의 동력을 바퀴까지 전달할 때 마지막으로 감속하여 전달한다.

1.5.2. 차동기어장치(differential gear system)

① 차동 사이드기어, 차동 피니언, 피니언 축 및 케이스로 구성되며, 차동 피니언은 차동 사이드기어와 결합되어 있고, 차동 사이드기어는 차축과 스플라인으로 결합되어 있다.
② 타이어형 건설기계가 선회할 때 바깥쪽 바퀴의 회전속도를 안쪽 바퀴보다 빠르게 한다.
③ 커브를 돌 때 선회를 원활하게 해주는 작용을 한다. 즉 선회할 때 좌우 구동바퀴의 회전속도를 다르게 한다.
④ 보통 차동기어장치는 노면의 저항을 작게 받는 구동바퀴에 회전속도가 빠르게 될 수 있다.

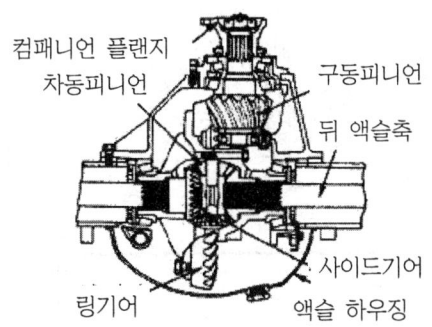

그림 종 감속기어와 차동기어장치의 구성

1.5.3. 액슬축(차축) 지지방식

① 전부동식 : 차량을 하중을 하우징이 모두 받고, 액슬축은 동력만을 전달하는 형식
② 반부동식 : 액슬축에서 1/2, 하우징이 1/2정도의 하중을 지지하는 형식
③ 3/4부동식 : 액슬축이 동력을 전달함과 동시에 차량 하중의 1/4을 지지하는 형식

2 제동장치

2.1. 제동장치의 개요

제동장치는 주행속도를 감속시키거나 정지시키기 위한 장치이며, 독립적으로 작동시킬 수 있는 2계통의 제동장치가 있다. 또 경사로에서 정지된 상태를 유지할 수 있는 구조이다.

2.2. 제동장치의 구비조건

① 작동이 확실하고, 제동효과가 클 것
② 신뢰성과 내구성이 클 것
③ 점검 및 정비가 쉬울 것

2.3. 유압 브레이크(hydraulic brake)

유압 브레이크는 파스칼의 원리를 응용한다.

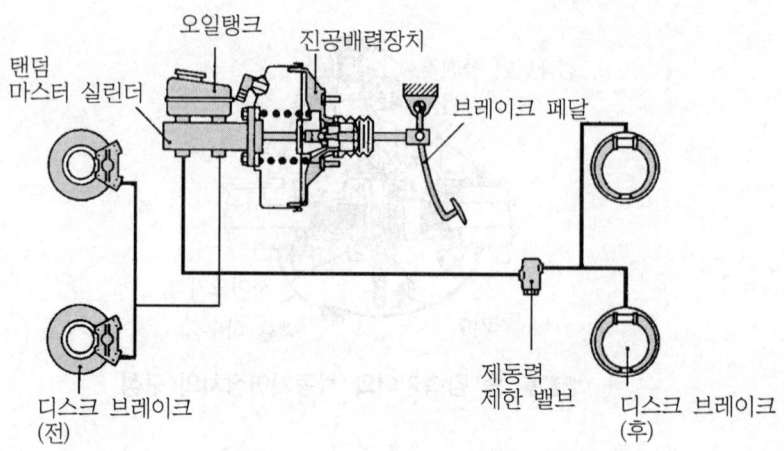

그림 유압 브레이크의 구조

2.3.1. 마스터실린더(master cylinder)

① 브레이크 페달을 밟는 것에 의하여 유압을 발생시키며, 잔압은 마스터실린더 내의 체크밸브에 의해 형성된다.
② 마스터실린더를 조립할 때 부품의 세척은 브레이크액이나 알코올로 한다.

> **REFERENCE 잔압(잔류압력)을 두는 목적**
> - 브레이크 작동지연을 방지한다.
> - 베이퍼록을 방지한다.
> - 브레이크계통 내에 공기가 침입하는 것을 방지한다.
> - 휠 실린더 내에서 오일이 누출되는 것을 방지한다.
>
> ■ 베이퍼 록(vapor lock)
> 브레이크 오일이 비등 기화하여 오일의 전달 작용을 불가능하게 하는 현상이며 그 원인은 다음과 같다.
> - 긴 내리막길에서 과도하게 브레이크를 사용하였다.
> - 라이닝과 드럼의 간극 과소로 끌림에 의해 가열되었다.
> - 브레이크액의 변질에 의해 비점이 저하되었다.
> - 브레이크계통 내의 잔압이 저하하였다.
> - 경사진 내리막길을 내려갈 때 베이퍼록을 방지하려면 기관 브레이크를 사용한다.

2.3.2. 휠 실린더(wheel cylinder)

마스터실린더에서 압송된 유압에 의하여 브레이크슈를 드럼에 압착시킨다.

2.3.3. 브레이크슈(brake shoe)

휠 실린더의 피스톤에 의해 드럼과 접촉하여 제동력을 발생하는 부품이며, 라이닝이 리벳이나 접착제로 부착되어 있다.

2.3.4. 브레이크 드럼(brake drum)

휠 허브에 볼트로 설치되어 바퀴와 함께 회전하며, 브레이크슈와의 마찰로 제동을 발생시킨다. 구비조건은 다음과 같다.
① 내마멸성이 커야 한다.
② 정적·동적 평형이 잡혀 있어야 한다.
③ 가볍고 강도와 강성이 커야 한다.
④ 냉각이 잘되어야 한다.

> **REFERENCE 페이드 현상**
> 브레이크를 연속하여 자주 사용하면 브레이크드럼이 과열되어, 마찰계수가 떨어지고 브레이크가 잘 듣지 않는 것으로 짧은 시간 내에 반복조작이나, 내리막 길을 내려갈 때 브레이크효과가 나빠지는 현상이며, 방지책은 다음과 같다.
> • 브레이크 드럼의 냉각성능을 크게 한다.
> • 온도상승에 따른 마찰계수 변화가 작은 라이닝을 사용한다.
> • 브레이크 드럼의 열팽창률이 적은 형상으로 한다.
> • 브레이크 드럼은 열팽창률이 적은 재질을 사용한다.
> • 페이드 현상이 발생하면 정차시켜 열이 식도록 한다.

2.3.5. 브레이크 오일(브레이크 액)

피마자기름에 알코올 등의 용제를 혼합한 식물성 오일이다.

2.4. 배력 브레이크(servo brake)

① 유압브레이크에서 제동력을 증대시키기 위해 사용한다.

② 기관의 흡입행정에서 발생하는 진공(부압)과 대기압 차이를 이용하는 진공배력 방식(하이드로 백)이 있다.
③ 진공 배력장치(하이드로 백)에 고장이 발생하여도 유압 브레이크로 작동한다.

2.5. 공기브레이크(air brake)

2.5.1. 공기 브레이크의 장점

① 차량 중량에 제한을 받지 않는다.
② 공기가 다소 누출되어도 제동성능이 현저하게 저하되지 않는다.
③ 베이퍼록 발생 염려가 없다.
④ 페달 밟는 양에 따라 제동력이 제어된다(유압방식은 페달 밟는 힘에 의해 제동력이 비례한다).

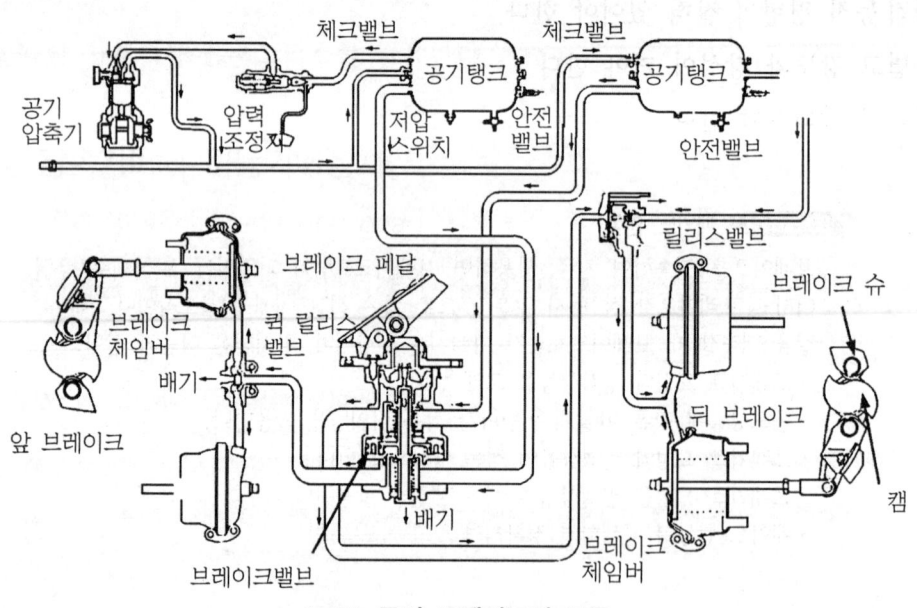

그림 공기 브레이크의 구조

2.5.2. 공기 브레이크의 작동

① 압축공기의 압력을 이용하여 모든 바퀴의 브레이크슈를 드럼에 압착시켜서 제동작용을 한다.
② 브레이크 페달로 밸브를 개폐시켜 공기량으로 제동력을 조절한다.

③ 브레이크슈를 확장시키는 부품은 캠(cam)이다.

3 조향장치(환향장치)

3.1. 조향장치의 개요

3.1.1. 조향장치의 원리

주행 중 진행방향을 바꾸기 위한 장치이며, 원리는 애커먼-장토방식을 사용한다.

3.1.2. 조향장치의 특성

① 조향조작이 경쾌하고 자유로워야 한다.
② 회전반경이 작아서 좁은 곳에서도 방향 변환을 할 수 있어야 한다.
③ 타이어 및 조향장치의 내구성이 커야 한다.
④ 노면으로부터의 충격이나 원심력 등의 영향을 받지 않아야 한다.
⑤ 조향핸들의 회전과 바퀴 선회차이가 크지 않아야 한다.
⑥ 수명이 길고 다루기나 정비하기가 쉬워야 한다.

3.2. 동력 조향장치(power steering system)

3.2.1. 동력 조향장치의 장점

① 굴곡노면에서의 충격을 흡수하여 조향핸들에 전달되는 것을 방지한다.
② 작은 조작력으로 조향조작을 할 수 있다.
③ 조향 기어비를 조작력에 관계없이 선정할 수 있다.
④ 조향핸들의 시미현상을 줄일 수 있다.
⑤ 조향조작이 경쾌하고 신속하다.

3.2.2. 동력 조향장치의 구조

① 유압발생장치(오일펌프 - 동력부분), 유압제어장치(제어밸브 - 제어부분), 작동장치(유압실린더 - 작동부분)로 되어있다.

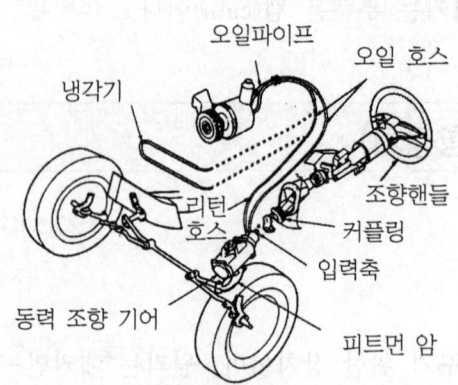

그림 동력조향장치의 구조

② 안전 체크밸브는 동력조향장치가 고장이 났을 때 수동조작이 가능하도록 해 준다.

3.3. 앞바퀴 얼라인먼트(front wheel alignment)

3.3.1. 앞바퀴 얼라인먼트(정렬)의 개요

캠버, 캐스터, 토인, 킹핀 경사각 등이 있으며, 앞바퀴 얼라인먼트의 역할은 다음과 같다.

① 조향핸들의 조작을 확실하게 하고 안전성을 준다.
② 조향핸들에 복원성을 부여한다.
③ 조향핸들의 조작력을 가볍게 한다.
④ 타이어 마멸을 최소로 한다.

3.3.2. 앞바퀴 얼라인먼트 요소의 정의

[1] 캠버(camber)

앞바퀴를 앞에서 보면 바퀴의 윗부분이 아래쪽보다 더 벌어져 있는데 이 벌어진 바퀴의 중심선과 수선사이의 각도를 캠버라 한다. 캠버를 두는 목적은 다음과 같다.

① 조향핸들의 조작을 가볍게 한다.
② 수직방향 하중에 의한 앞 차축의 휨을 방지한다.

[2] 캐스터(caster)

① 앞바퀴를 옆에서 보았을 때 조향축(킹핀)이 수선과 어떤 각도를 두고 설치된다.

② 조향핸들의 복원성 부여 및 조향바퀴에 직진성능을 부여한다.

[3] 토인(toe-in)

앞바퀴를 위에서 아래로 보았을 때 앞쪽이 뒤쪽보다 좁게 되어져 있는 상태이며, 역할은 다음과 같다.

① 조향바퀴를 평행하게 회전시키고, 타이어 이상 마멸을 방지한다.

② 조향바퀴가 옆 방향으로 미끄러지는 것을 방지한다.

③ 조향 링키지 마멸에 따라 토 아웃(toe-out)이 되는 것을 방지한다.

④ 토인은 타이로드의 길이로 조정한다.

4 주행장치

4.1. 휠과 타이어

4.1.1. 공기압에 따른 타이어의 종류

고압 타이어, 저압 타이어, 초저압 타이어가 있다.

4.1.2. 타이어의 구조

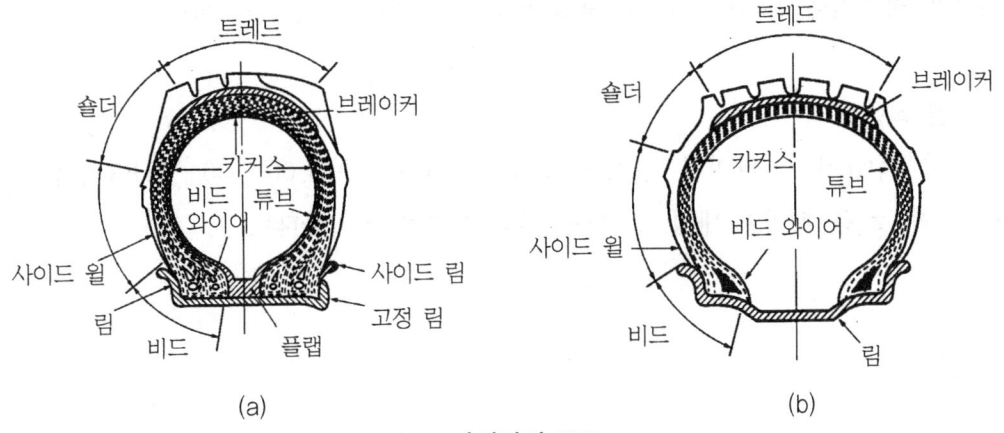

그림 타이어의 구조

[1] 트레드(tread)

타이어가 직접 노면과 접촉되어 마모에 견디고 적은 슬립으로 견인력을 증대시키는 부분이다.

[2] 브레이커(breaker)

몇 겹의 코드 층을 내열성의 고무로 싼 구조로 되어있으며, 트레드와 카커스의 분리를 방지하고 노면에서의 완충작용도 한다.

[3] 카커스(carcass)

타이어의 골격을 이루는 부분이며, 공기압력을 견디어 일정한 체적을 유지하고, 하중이나 충격에 따라 변형하여 완충작용을 한다.

[4] 비드부분(bead section)

타이어가 림과 접촉하는 부분이며, 비드부분이 늘어나는 것을 방지하고 타이어가 림에서 빠지는 것을 방지하기 위해 내부에 몇 줄의 피아노선이 원둘레 방향으로 들어 있다.

4.1.3. 타이어의 호칭치수

[1] 고압 타이어

타이어 바깥지름(inch) × 타이어 폭(inch) - 플라이 수(ply rating)

[2] 저압 타이어

타이어 폭(inch) - 타이어 안지름(inch) - 플라이 수(9.00 - 20 - 14PR에서 9.00은 타이어 폭, 20은 타이어 내경, 14PR은 플라이 수를 의미한다)

4.2. 트랙장치(무한궤도, 크롤러)

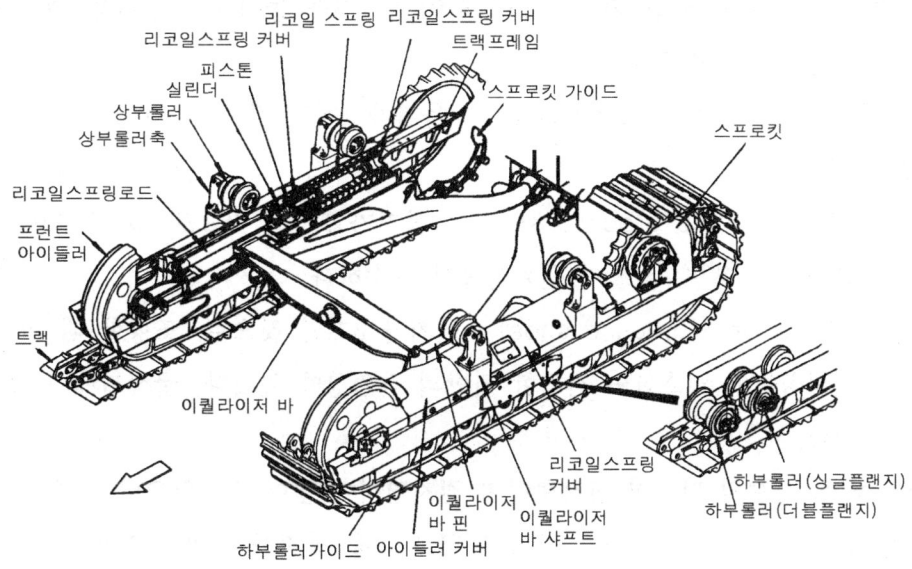

그림 트랙장치의 구조

4.2.1. 트랙(track : 무한궤도, 크롤러)

[1] 트랙의 구조

① 링크·핀·부싱 및 슈 등으로 구성되며, 프런트 아이들러, 상·하부 롤러, 스프로킷에 감겨져 있으며, 스프로킷으로부터 동력을 받아 구동된다.

② 트랙 링크와 핀은 트랙 슈와 슈를 연결하는 부품이며, 트랙 링크의 수가 38조이면 트랙 핀의 부싱도 38조이다.

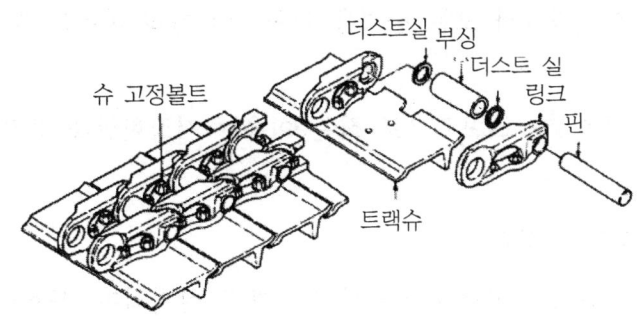

그림 트랙의 구성

[2] 트랙 슈의 종류

트랙 슈의 종류에는 단일돌기 슈, 2중 돌기 슈, 3중 돌기 슈, 습지용 슈, 고무 슈, 암반용 슈, 평활 슈 등이 있다.

① 단일돌기 슈(single groused shoe) : 돌기가 1개인 것으로, 견인력이 크며 중 하중용이다.
② 2중 돌기 슈(double groused shoe) : 돌기가 2개인 것으로, 중 하중에 의한 슈의 굽음을 방지할 수 있으며 선회성능이 우수하다.
③ 3중 돌기 슈(triple groused shoe) : 돌기가 3개인 것으로, 조향할 때 회전저항이 적어 선회성능이 양호하며 견고한 지반의 작업장에 알맞다. 굴삭기에서 많이 사용되고 있다.
④ 습지용 슈 : 슈의 단면이 삼각형이며 집지면적이 넓어 접지압력이 작다.
⑤ 평활 슈 : 도로를 주행할 때 포장노면의 파손을 방지하기 위해 사용한다.
⑥ 스노 슈 : 눈 위를 주행할 때 사용한다.

[3] 마스터 핀

트랙의 분리를 쉽게 하기 위하여 둔 것이다.

4.2.2. 프런트 아이들러(front idler : 전부 유동륜)

트랙의 장력을 조정하면서 트랙의 진행방향을 유도한다.

4.2.3. 리코일 스프링(recoil spring)

① 주행 중 트랙 전방에서 오는 충격을 완화하여 차체 파손을 방지하고 운전을 원활하게 한다.
② 리코일 스프링을 2중 스프링으로 하는 이유는 서징현상을 방지하기 위함이다.

4.2.4. 상부롤러(carrier roller)

① 프런트 아이들러와 스프로킷 사이에 1~2개가 설치되며, 트랙이 밑으로 처지는 것을 방지하고, 트랙의 회전을 바르게 유지한다.

② 상부롤러는 싱글 플랜지형(바깥쪽으로 플랜지가 있는 형식)을 주로 사용한다.

4.2.5. 하부롤러(track roller)

① 트랙 프레임에 3~7개 정도가 설치되며, 건설기계의 전체중량을 지탱하며, 전체중량을 트랙에 균등하게 분배해 주고 트랙의 회전을 바르게 유지한다.
② 하부롤러는 싱글 플랜지형과 더블 플랜지형을 사용하는데 싱글 플랜지형은 반드시 프런트 아이들러와 스프로킷이 있는 쪽에 설치한다.

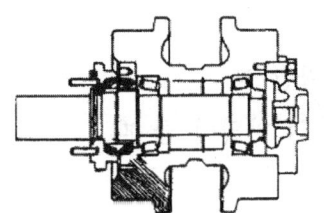 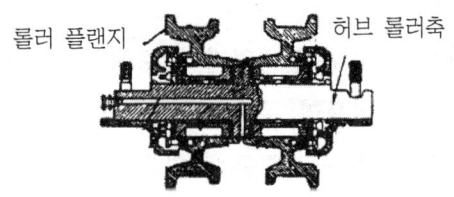

(a) 싱글 플랜지형   (b) 더블 플랜지형

그림 싱글 플랜지형과 더블 플랜지형 롤러

4.2.6. 스프로킷(기동륜)

① 스프로킷은 최종 구동기어로부터 동력을 받아 트랙을 구동한다.
② 스프로킷이 이상 마멸하는 원인은 트랙의 장력과대 즉 트랙이 이완된 경우이다.
③ 스프로킷이 한쪽으로만 마모되는 이유는 롤러 및 아이들러가 직선배열이 아니기 때문이다.

4.2.7. 트랙의 장력

① 트랙장력은 프런트 아이들러와 1번 상부롤러 사이에서 측정한다.
② 장력조정은 트랙 조정용 실린더(장력 실린더)에 그리스를 주입하는 방법과 조정너트를 이용하는 방법이 있다.
③ 트랙의 장력조정은 프런트 아이들러를 전·후진시켜 조정한다.
④ 트랙장력이 너무 팽팽하면 상·하부롤러, 트랙링크, 프런트 아이들러, 구동 스프로킷 등이 조기 마모된다.

⑤ 트랙 장력(유격)을 조정할 때 유의사항은 다음과 같다.
　㉮ 건설기계를 평지에 주차시킨다.
　㉯ 전진하다가 정지시킨다.
　㉰ 정지할 때 브레이크가 있는 경우에는 브레이크를 사용해서는 안 된다.
　㉱ 2~3회 반복 조정하여 양쪽 트랙의 유격을 똑같이 조정하여야 한다.
　㉲ 한쪽 트랙을 들고서 늘어지는 것을 점검한다.
　㉳ 트랙의 유격은 25~40mm 정도이다.

4.2.8. 트랙이 벗겨지는 원인
① 트랙이 너무 이완되었거나 트랙의 정렬이 불량할 때
② 프런트 아이들러, 상·하부 롤러 및 스프로킷의 마멸이 클 때
③ 고속주행 중 급선회를 하였을 때
④ 리코일 스프링의 장력이 부족할 때
⑤ 경사지에서 작업할 때

출제예상문제

동력전달장치

01. 기관과 변속기사이에 설치되어 동력의 차단 및 전달의 기능을 하는 것은?
① 변속기   ② 클러치
③ 추진축   ④ 차축

해설
클러치는 기관과 변속기사이에 부착되어 있으며, 동력전달장치로 전달되는 기관의 동력을 연결하거나 차단하는 장치이다.

02. 클러치의 필요성으로 틀린 것은?
① 전·후진을 위해
② 관성운동을 하기 위해
③ 기어변속 시 기관의 동력을 차단하기 위해
④ 기관시동 시 기관을 무부하 상태로 하기 위해

해설
전·후진을 위해 둔 부품은 변속기이다.

03. 클러치의 구비조건으로 틀린 것은?
① 단속작용이 확실하며 조작이 쉬워야 한다.
② 회전부분의 평형이 좋아야 한다.
③ 방열이 잘되고 과열되지 않아야 한다.
④ 회전부분의 관성력이 커야 한다.

해설
클러치는 회전부분의 관성력이 작아야 한다.

04. 플라이휠과 압력판사이에 설치되어 있으며, 변속기 입력축을 통해 변속기에 동력을 전달하는 것은?
① 압력판   ② 클러치 디스크
③ 릴리스 레버   ④ 릴리스 포크

해설
클러치 디스크(클러치판)는 플라이휠과 압력판사이에 설치되어 있으며 변속기 입력축을 통하여 변속기로 동력을 전달한다.

05. 수동변속기가 장착된 건설기계의 동력전달 장치에서 클러치판은 어떤 축의 스플라인에 끼어져 있는가?
① 추진축   ② 차동 기어장치
③ 크랭크축   ④ 변속기 입력축

해설
클러치판은 변속기 입력축의 스플라인에 끼어져 있다.

06. 클러치 디스크 구조에서 댐퍼 스프링 작용으로 옳은 것은?
① 클러치 작용 시 회전력을 증가시킨다.
② 클러치 디스크의 마멸을 방지한다.
③ 압력판의 마멸을 방지한다.
④ 클러치 작용 시 회전충격을 흡수한다.

해설
댐퍼 스프링은 비틀림 코일스프링 또는 토션 스프링이라고 하며 클러치가 작동할 때 회전충격을 흡수한다.

Answer
01. ② 02. ① 03. ④ 04. ② 05. ④ 06. ④

07. 클러치 디스크의 편 마멸, 변형, 파손 등의 방지를 위해 설치하는 스프링은?
① 쿠션 스프링   ② 댐퍼 스프링
③ 편심 스프링   ④ 압력 스프링

해설 쿠션 스프링은 클러치판의 변형·편마모 및 파손을 방지한다.

08. 클러치 라이닝의 구비조건 중 틀린 것은?
① 내마멸성, 내열성이 적을 것
② 알맞은 마찰계수를 갖출 것
③ 온도에 의한 변화가 적을 것
④ 내식성이 클 것

해설 클러치 라이닝은 내마멸성, 내열성이 클 것

09. 클러치에서 압력판의 역할로 맞는 것은?
① 클러치판을 밀어서 플라이휠에 압착시키는 역할을 한다.
② 제동역할을 위해 설치한다.
③ 릴리스 베어링의 회전을 용이하게 한다.
④ 엔진의 동력을 받아 속도를 조절한다.

해설 클러치의 압력판은 클러치판을 밀어서 플라이휠에 압착시키는 역할을 한다.

10. 기관의 플라이휠과 항상 같이 회전하는 부품은?
① 압력판   ② 릴리스 베어링
③ 클러치 축   ④ 디스크

해설 클러치 압력판과 플라이휠은 항상 같이 회전하므로 동적평형이 잘 잡혀 있어야 한다.

11. 클러치 스프링의 장력이 약하면 일어날 수 있는 현상으로 가장 적합한 것은?
① 유격이 커진다.
② 클러치판이 변형된다.
③ 클러치가 파손된다.
④ 클러치가 미끄러진다.

해설 클러치 스프링의 장력이 약하면 클러치가 미끄러진다.

12. 기계식 변속기의 클러치에서 릴리스 베어링과 릴리스 레버가 분리되어 있을 때로 맞는 것은?
① 클러치가 연결되어 있을 때
② 접촉하면 안 되는 것으로 분리되어 있을 때
③ 클러치가 분리되어 있을 때
④ 클러치가 연결, 분리되어 있을 때

해설 클러치가 연결되어 있을 때 릴리스 베어링과 릴리스 레버는 분리되어 있다.

13. 클러치 페달에 대한 설명으로 틀린 것은?
① 펜턴트식과 플로어식이 있다.
② 페달 자유유격은 일반적으로 20~30mm 정도로 조정한다.
③ 클러치판이 마모될수록 자유유격이 커져서 미끄러지는 현상이 발생한다.
④ 클러치가 완전히 끊긴 상태에서도 발판과 페달과의 간격은 20mm 이상 확보해야 한다.

해설 클러치판이 마모되면 페달의 자유유격이 작아져 미끄러진다.

Answer
07. ①　08. ①　09. ①　10. ①　11. ④　12. ①　13. ③

14. 클러치 페달의 자유간극 조정방법은 ?
  ① 클러치 링키지 로드로 조정
  ② 클러치 베어링을 움직여서 조정
  ③ 클러치 스프링장력으로 조정
  ④ 클러치 페달 리턴스프링 장력으로 조정

  해설) 클러치 페달의 자유간극은 클러치 링키지 로드로 조정한다.

15. 클러치에 대한 설명으로 틀린 것은 ?
  ① 기계식 클러치는 수동식 변속기에 사용된다.
  ② 클러치 용량이 너무 크면 엔진이 정지하거나 동력전달 시 충격이 일어나기 쉽다.
  ③ 엔진 회전력보다 클러치 용량이 적어야 한다.
  ④ 클러치 용량이 너무 적으면 클러치가 미끄러진다.

  해설) 엔진 회전력보다 클러치 용량이 적으면 클러치가 미끄러진다.

16. 클러치의 용량은 엔진 회전력의 몇 배이며 이보다 클 때 나타나는 현상은 ?
  ① 1.5~2.5배 정도이며 클러치가 엔진 플라이휠에서 분리될 때 충격이 오기 쉽다.
  ② 1.5~2.5배 정도이며 클러치가 엔진 플라이휠에 접속될 때 엔진이 정지되기 쉽다.
  ③ 3.5~4.5배 정도이며 압력판이 엔진 플라이휠에 접속될 때 엔진이 정지되기 쉽다.
  ④ 3.5~4.5배 정도이며 압력판이 엔진 플라이휠에서 분리될 때 엔진이 정지되기 쉽다.

  해설) 클러치 용량은 엔진 회전력의 1.5~2.5배 정도이며, 용량이 크면 클러치가 엔진 플라이휠에 접속될 때 엔진이 정지되기 쉽다.

17. 클러치가 미끄러지는 원인과 관계없는 것은 ?
  ① 클러치 면에 오일이 묻었다.
  ② 플라이휠 면이 마모되었다.
  ③ 클러치 페달의 유격이 없다.
  ④ 토션 스프링이 불량하다.

  해설) 토션 스프링이 불량하면 클러치판이 플라이휠 면에 접촉할 때 회전충격이 발생한다.

18. 수동식 변속기가 장착된 건설기계에서 경사로 주행 시 엔진 회전수는 상승하지만 경사로를 오를 수 없을 때 점검방법으로 맞는 것은 ?
  ① 엔진을 수리한다.
  ② 클러치 페달의 유격을 점검한다.
  ③ 릴리스 베어링에 주유한다.
  ④ 변속레버를 조정한다.

  해설) 수동변속기가 장착된 건설기계가 경사로를 주행할 때 엔진 회전수는 상승하지만 경사로를 오르지 못하는 경우는 클러치가 미끄러지고 있으므로 클러치 페달의 유격을 점검한다.

19. 동력전달장치에서 클러치의 고장과 관계없는 것은 ?
  ① 클러치 압력판 스프링 손상
  ② 클러치 면의 마멸
  ③ 플라이휠 링 기어의 마멸
  ④ 릴리스 레버의 조정불량

Answer
14. ① 15. ③ 16. ② 17. ④ 18. ② 19. ③

20. 기계식 변속기가 설치된 건설기계에서 출발 시 진동을 일으키는 원인으로 가장 적합한 것은?
① 릴리스 레버가 마멸되었다.
② 릴리스 레버의 높이가 같지 않다.
③ 페달 리턴스프링이 강하다.
④ 클러치 스프링이 강하다.

> 해설) 릴리스 레버의 높이가 다르면 출발할 때 진동이 발생한다.

21. 클러치 페달을 밟을 때 클러치에서 소음이 나는 원인으로 맞는 것은?
① 디스크 페이싱에 오일이 묻었을 때
② 릴리스 베어링이 윤활부족 및 파손 시
③ 디스크 페이싱 과도한 마모 시
④ 릴리스 레버 높이가 서로 틀릴 경우

> 해설) 릴리스 베어링이 파손되었거나 윤활이 부족하면 클러치 페달을 밟으면 소음이 난다.

22. 변속기의 필요성과 관계가 없는 것은?
① 시동 시 장비를 무부하 상태로 한다.
② 기관의 회전력을 증대시킨다.
③ 장비의 후진 시 필요로 한다.
④ 환향을 빠르게 한다.

> 해설) 변속기는 기관을 시동할 때 무부하 상태로 하고, 회전력을 증가시키며, 역전(후진)을 가능하게 한다.

23. 변속기의 구비조건으로 틀린 것은?
① 전달효율이 적을 것
② 변속조작이 용이할 것
③ 소형, 경량일 것
④ 단계가 없이 연속적인 변속조작이 가능할 것

> 해설) 변속기의 구비조건은 소형이고, 고장이 없을 것, 조작이 쉽고 신속, 정확할 것, 연속적 변속에는 단계가 없을 것, 전달효율이 좋을 것

24. 변속기에서 기어 빠짐을 방지하는 것은?
① 셀렉터
② 인터록 볼
③ 로킹 볼
④ 싱크로나이저 링

> 해설) 수동변속기에서 로킹 볼은 기어가 빠지는 것을 방지한다.

25. 수동변속기가 장착된 건설기계에서 기어의 이중 물림을 방지하는 장치는?
① 인젝션장치
② 인터쿨러 장치
③ 인터록장치
④ 인터널 기어장치

> 해설) 인터록장치는 변속 중 기어가 이중으로 물리는 것을 방지한다.

26. 수동변속기가 장착된 건설기계에서 주행 중 기어가 빠지는 원인이 아닌 것은?
① 기어의 물림이 덜 물렸을 때
② 기어의 마모가 심할 때
③ 클러치의 마모가 심할 때
④ 변속기 록 장치가 불량할 때

> 해설) 클러치의 마모가 심하면 클러치가 미끄러지는 원인이 된다.

Answer ▶▶
20. ② 21. ② 22. ④ 23. ① 24. ③ 25. ③ 26. ③

27. 수동식 변속기가 장착된 건설기계에서 기어의 이상 소음이 발생하는 이유가 아닌 것은?

① 기어 백래시가 과다
② 변속기의 오일부족
③ 변속기 베어링의 마모
④ 웜과 웜기어의 마모

> **해설**
> 변속기에서 소음이 발생하는 원인은 변속기 베어링의 마모, 변속기 기어의 마모, 기어의 백래시 과다, 변속기 오일의 부족 및 점도가 낮아진 경우이다.

28. 수동변속기에서 변속할 때 기어가 끌리는 소음이 발생하는 원인으로 맞는 것은?

① 클러치가 유석이 너무 클 때
② 변속기 출력축의 속도계 구동기어 마모
③ 클러치판의 마모
④ 브레이크 라이닝의 마모

> **해설**
> 클러치 페달의 유격이 크면 변속할 때 기어가 끌리는 소음이 발생한다.

29. 토크컨버터에 대한 설명으로 맞는 것은?

① 구성부품 중 펌프(임펠러)는 변속기 입력축과 기계적으로 연결되어 있다.
② 펌프, 터빈, 스테이터 등이 상호운동하여 회전력을 변환시킨다.
③ 엔진속도가 일정한 상태에서 건설기계의 속도가 줄어들면 토크는 감소한다.
④ 구성품 중 터빈은 기관의 크랭크축과 기계적으로 연결되어 구동된다.

> **해설**
> 토크컨버터는 펌프, 터빈, 스테이터 등이 상호운동하여 회전력을 변환시킨다.

30. 동력전달장치에서 토크컨버터에 대한 설명 중 틀린 것은?

① 조작이 용이하고 엔진에 무리가 없다.
② 기계적인 충격을 흡수하여 엔진의 수명을 연장한다.
③ 부하에 따라 자동적으로 변속한다.
④ 일정 이상의 과부하가 걸리면 엔진이 정지한다.

> **해설**
> 토크컨버터는 일정 이상의 과부하가 걸려도 엔진이 정지하지 않는다.

31. 자동변속기에서 토크컨버터의 설명으로 틀린 것은?

① 토크컨버터의 회전력 변화율은 3~5 : 1이다.
② 오일의 충돌에 의한 효율저하 방지를 위하여 가이드 링이 있다.
③ 마찰클러치에 비해 연료소비율이 더 높다.
④ 펌프, 터빈, 스테이터로 구성되어 있다.

> **해설**
> 토크컨버터의 회전력 변환율은 2~3 : 1이다.

32. 토크컨버터의 동력전달 매체로 맞는 것은?

① 기어   ② 유체
③ 벨트   ④ 클러치판

> **해설**
> 토크컨버터의 동력전달 매체는 유체(오일)이다.

33. 토크컨버터의 기본 구성품이 아닌 것은?

① 펌프   ② 터빈
③ 스테이터   ④ 터보

Answer
27. ④ 28. ① 29. ② 30. ④ 31. ① 32. ② 33. ④

34. 엔진과 직결되어 같은 회전수로 회전하는 토크컨버터의 구성품은?
① 터빈   ② 펌프
③ 스테이터   ④ 변속기 출력축

해설 토크컨버터의 펌프는 기관의 크랭크축에, 터빈은 변속기 입력축과 연결되어 있다.

35. 토크컨버터에서 오일의 흐름방향을 바꾸어 주는 것은?
① 펌프   ② 터빈
③ 변속기축   ④ 스테이터

해설 토크컨버터에서 오일의 흐름방향을 바꾸어 주는 것은 스테이터이다.

36. 토크컨버터에서 회전력이 최대값이 될 때를 무엇이라 하는가?
① 토크 변환비   ② 회전력
③ 스톨포인트   ④ 유체충돌 손실비

해설 스톨포인트란 토크컨버터의 터빈이 회전하지 않을 때 펌프에서 전달되는 회전력으로 펌프의 회전수와 터빈의 회전비율이 0으로 회전력이 최대인 점이다.

37. 토크컨버터의 출력이 가장 큰 경우?(단, 기관속도는 일정함)
① 항상 일정함
② 변환비가 1 : 1일 경우
③ 터빈의 속도가 느릴 때
④ 임펠러의 속도가 느릴 때

38. 건설기계에 부하가 걸릴 때 토크컨버터의 터빈속도는 어떻게 되는가?
① 빨라진다.   ② 느려진다.
③ 일정하다.   ④ 관계없다.

해설 건설기계에 부하가 걸리면 토크컨버터의 터빈속도는 느려진다.

39. 토크변환기에 사용되는 오일의 구비조건으로 틀린 것은?
① 착화점이 낮을 것
② 비중이 클 것
③ 비점이 높을 것
④ 점도가 낮을 것

해설 토크컨버터 오일의 구비조건은 점도가 낮고, 착화점이 높을 것, 빙점이 낮고, 비점이 높을 것, 비중이 크고, 유성이 좋을 것, 윤활성과 내산성이 클 것

40. 자동변속기에서 변속레버에 의해 작동되며, 중립, 전진, 후진, 고속, 저속의 선택에 따라 오일통로를 변환시키는 밸브는?
① 거버너밸브   ② 시프트밸브
③ 매뉴얼밸브   ④ 스로틀밸브

해설 매뉴얼밸브는 변속레버에 의해 작동되며, 중립, 전진, 후진, 고속, 저속의 선택에 따라 오일통로를 변환시킨다.

41. 유성기어장치의 구성요소가 바르게 된 것은?
① 평 기어, 유성기어, 후진기어, 링 기어
② 선 기어, 유성기어, 래크기어, 링 기어
③ 링 기어 스퍼기어, 유성기어 캐리어, 선 기어
④ 선 기어, 유성기어, 유성기어 캐리어, 링 기어

해설 유성기어장치의 주요부품은 선 기어, 유성기어, 링 기어, 유성기어 캐리어이다.

Answer 34. ②　35. ④　36. ③　37. ③　38. ②　39. ①　40. ③　41. ④

42. 자동변속기가 장착된 건설기계의 모든 변속단에서 출력이 떨어질 경우 점검해야 할 항목과 거리가 먼 것은?
① 토크컨버터 고장
② 오일의 부족
③ 엔진고장으로 출력부족
④ 추진축 휨

43. 자동변속기의 메인압력이 떨어지는 이유가 아닌 것은?
① 클러치판 마모
② 오일펌프 내 공기생성
③ 오일필터 막힘
④ 오일부족

> **[해설]** 자동변속기의 메인압력이 떨어지는 이유는 오일펌프 내 공기생성, 오일필터 막힘, 오일 부족 등이다.

44. 자동변속기의 과열원인이 아닌 것은?
① 메인압력이 높다.
② 과부하 운전을 계속하였다.
③ 오일이 규정량보다 많다.
④ 변속기 오일쿨러가 막혔다.

> **[해설]** 자동변속기가 과열되는 원인은 오일이 부족하다.

45. 슬립이음과 자재이음을 설치하는 곳은?
① 드라이브 라인
② 종감속 기어
③ 차동기어
④ 유성기어

> **[해설]** 추진축의 길이변화를 가능하게 해 주는 슬립이음과 추진축의 각도변화를 가능하게 해 주는 자재이음은 드라이브라인에 설치된다.

46. 휠 형식 건설기계의 동력전달장치에서 슬립이음이 변화를 가능하게 하는 것은?
① 축의 길이
② 회전속도
③ 드라이브 각
④ 축의 진동

47. 추진축의 각도변화를 가능하게 하는 이음은?
① 자재이음
② 슬립이음
③ 플랜지 이음
④ 등속이음

> **[해설]** 자재이음(유니버설 조인트)은 변속기와 종 감속기어 사이(추진축)의 구동각도 변화를 가능하게 한다.

48. 유니버설 조인트 중에서 훅형(십자형)조인트가 가장 많이 사용되는 이유가 아닌 것은?
① 구조가 간단하다.
② 급유가 불필요하다.
③ 큰 동력의 전달이 가능하다.
④ 작동이 확실하다.

> **[해설]** 훅형(십자형)조인트를 많이 사용하는 이유는 구조가 간단하고, 작동이 확실하며, 큰 동력의 전달이 가능하기 때문이다. 그리고 훅형 조인트에는 그리스를 급유하여야 한다.

49. 십자축 자재이음을 추진축 앞뒤에 둔 이유를 가장 적합하게 설명한 것은?
① 추진축의 진동을 방지하기 위하여
② 회전 각속도의 변화를 상쇄하기 위하여
③ 추진축의 굽음을 방지하기 위하여
④ 길이의 변화를 다소 가능케 하기 위하여

> **[해설]** 십자축 자재이음은 각도변화를 주는 부품이며, 추진축 앞뒤에 둔 이유는 회전 각속도의 변화를 상쇄하기 위함이다.

42. ④ 43. ① 44. ③ 45. ① 46. ① 47. ① 48. ② 49. ②

50. 타이어식 건설기계의 동력전달장치에서 추진축의 밸런스 웨이트에 대한 설명으로 맞는 것은?
   ① 추진축의 비틀림을 방지한다.
   ② 추진축의 회전수를 높인다.
   ③ 변속조작 시 변속을 용이하게 한다.
   ④ 추진축의 회전 시 진동을 방지한다.

   해설
   밸런스웨이트는 추진축이 회전할 때 진동을 방지한다.

51. 타이어식 건설기계에서 추진축의 스플라인부가 마모되면 어떤 현상이 발생하는가?
   ① 차동기어의 물림이 불량하다.
   ② 클러치 페달의 유격이 크다.
   ③ 가속 시 미끄럼현상이 발생한다.
   ④ 주행 중 소음이 나고 차체에 진동이 있다.

   해설
   추진축의 스플라인부분이 마모되면 주행 중 소음이 나고 차체에 진동이 발생한다.

52. 타이어식 건설기계의 동력전달계통에서 최종적으로 구동력 증가시키는 것은?
   ① 트랙 모터   ② 종감속 기어
   ③ 스프로켓   ④ 변속기

   해설
   종감속 기어는 동력전달계통에서 최종적으로 구동력 증가시킨다.

53. 종감속비에 대한 설명으로 맞지 않는 것은?
   ① 종감속비는 링 기어 잇수를 구동피니언 잇수로 나눈 값이다.
   ② 종감속비가 크면 가속성능이 향상된다.
   ③ 종감속비가 적으면 등판능력이 향상된다.
   ④ 종감속비는 나누어서 떨어지지 않는 값으로 한다.

54. 종감속 기어장치에서 서로 물리고 있는 기어사이의 틈새를 가리키는 것으로 가장 적합한 것은?
   ① 토크   ② 백래시
   ③ 플랭크   ④ 디퍼렌셜

   해설
   백래시란 서로 물리고 있는 기어사이의 틈새이다.

55. 하부추진체가 휠로 되어 있는 건설기계가 커브를 돌 때 선회를 원활하게 해주는 장치는?
   ① 변속기   ② 차동장치
   ③ 최종 구동장치   ④ 트랜스퍼케이스

   해설
   차동장치는 타이어형 건설기계에서 선회할 때 바깥쪽 바퀴의 회전속도를 안쪽 바퀴보다 빠르게 하여 커브를 돌 때 선회를 원활하게 해준다.

56. 동력전달장치에 사용되는 차동기어장치에 대한 설명으로 틀린 것은?
   ① 선회할 때 좌·우 구동바퀴의 회전속도를 다르게 한다.
   ② 선회할 때 바깥쪽 바퀴의 회전속도를 증대시킨다.
   ③ 보통 차동 기어장치는 노면의 저항을 작게 받는 구동바퀴가 더 많이 회전하도록 한다.
   ④ 기관의 회전력을 크게 하여 구동바퀴에 전달한다.

   해설
   기관의 회전력을 크게 하여 구동바퀴로 전달하는 장치는 변속기와 종감속 기어이다.

Answer
50. ④ 51. ④ 52. ② 53. ③ 54. ② 55. ② 56. ④

57. 차축의 스플라인 부는 차동장치의 어느 기어와 결합되어 있는가 ?
① 차동 피니언 기어
② 링 기어
③ 차동사이드 기어
④ 구동 피니언 기어

해설 차축의 스플라인 부는 차동장치의 차동사이드 기어와 결합되어 있다.

58. 액슬축의 종류가 아닌 것은 ?
① 반부동식　　② 3/4부동식
③ 1/2 부동식　④ 전부동식

해설 액슬 축(차축) 지지방식에는 전부동식, 반부동식, 3/4부동식이 있다.

 제동장치

01. 제동장치의 기능을 설명한 것으로 틀린 것은 ?
① 속도를 감속시키거나 정지시키기 위한 장치이다.
② 독립적으로 작동시킬 수 있는 2계통의 제동장치가 있다.
③ 급제동 시 노면으로부터 발생되는 충격을 흡수하는 장치이다.
④ 경사로에서 정지된 상태를 유지할 수 있는 구조이다.

해설 제동장치는 속도를 감속시키거나 정지시키기 위한 장치이며, 독립적으로 작동시킬 수 있는 2계통의 제동장치가 있다. 또 경사로에서 정지된 상태를 유지할 수 있는 구조이다.

02. 타이어식 건설기계에서 유압식 제동장치의 구성부품이 아닌 것은 ?
① 휠 실린더
② 에어 컴프레서
③ 마스터실린더
④ 오일 리저브 탱크

03. 유압브레이크에서 잔압을 유지시키는 것은 ?
① 부스터　　② 실린더
③ 체크밸브　④ 피스톤 스프링

해설 유압브레이크에서 잔압을 유지시키는 것은 체크밸브(첵밸브)이다.

04. 제동장치의 마스터실린더 조립 시 무엇으로 세척하는 것이 좋은가 ?
① 브레이크액
② 석유
③ 솔벤트
④ 경유

해설 마스터실린더를 조립할 때 부품의 세척은 브레이크액이나 알코올로 한다.

05. 내리막길에서 제동장치를 자주사용 시 브레이크 오일이 비등하여 송유압력의 전달 작용이 불가능하게 되는 현상은 ?
① 페이드 현상
② 베이퍼록 현상
③ 사이클링 현상
④ 브레이크 록 현상

해설 베이퍼록은 브레이크 오일이 비등 기화하여 오일의 전달 작용을 불가능하게 하는 현상이다.

Answer ▶▶ 57. ③　58. ③　01. ③　02. ②　03. ③　04. ①　05. ②

06. 타이어식 건설기계의 브레이크 파이프 내에 베이퍼 록이 생기는 원인이다. 관계없는 것은?
   ① 드럼의 과열
   ② 지나친 브레이크 조작
   ③ 잔압의 저하
   ④ 라이닝과 드럼의 간극 과대

   [해설] 라이닝과 드럼의 간극 과소하면 끌림에 의해 베이퍼록이 발생한다.

07. 타이어식 건설기계를 길고 급한 경사 길을 운전할 때 반 브레이크를 사용하면 어떤 현상이 생기는가?
   ① 라이닝은 페이드, 파이프는 스팀록
   ② 라이닝은 페이드, 파이프는 베이퍼록
   ③ 파이프는 스팀록, 라이닝은 베이퍼록
   ④ 파이프는 증기폐쇄, 라이닝은 스팀록

   [해설] 길고 급한 경사 길을 운전할 때 반 브레이크를 사용하면 라이닝에서는 페이드가 발생하고, 파이프에서는 베이퍼록이 발생한다.

08. 긴 내리막길을 내려갈 때 베이퍼록을 방지하려고 하는 좋은 운전방법은?
   ① 변속레버를 중립으로 놓고 브레이크 페달을 밟고 내려간다.
   ② 시동을 끄고 브레이크 페달을 밟고 내려간다.
   ③ 엔진 브레이크를 사용한다.
   ④ 클러치를 끊고 브레이크 페달을 계속 밟고 속도를 조정하면서 내려간다.

   [해설] 경사진 내리막길을 내려갈 때 베이퍼록을 방지하려면 엔진 브레이크를 사용한다.

09. 브레이크 드럼이 갖추어야 할 조건으로 틀린 것은?
   ① 내마멸성이 적어야 한다.
   ② 정적·동적평형이 잡혀 있어야 한다.
   ③ 가볍고 강도와 강성이 커야 한다.
   ④ 냉각이 잘되어야 한다.

   [해설] 브레이크 드럼은 내마멸성이 커야 한다.

10. 타이어식 건설기계에서 브레이크를 연속하여 자주 사용하면 브레이크드럼이 과열되어, 마찰계수가 떨어지며, 브레이크가 잘 듣지 않는 것으로서 짧은 시간 내에 반복조작이나, 내리막길을 내려갈 때 브레이크 효과가 나빠지는 현상은?
   ① 노킹현상
   ② 페이드현상
   ③ 하이드로플래닝 현상
   ④ 채팅 현상

   [해설] 페이드현상 브레이크를 연속하여 자주 사용하면 브레이크드럼이 과열되어, 마찰계수가 떨어지고 브레이크가 잘 듣지 않는 것으로 짧은 시간 내에 반복조작이나, 내리막길을 내려갈 때 브레이크 효과가 나빠지는 현상이다.

11. 제동장치의 페이드현상 방지책으로 틀린 것은?
   ① 드럼의 냉각성능을 크게 한다.
   ② 드럼은 열팽창률이 적은 재질을 사용한다.
   ③ 온도상승에 따른 마찰계수 변화가 큰 라이닝을 사용한다.
   ④ 드럼의 열팽창률이 적은 형상으로 한다.

Answer ▶▶▶
06. ④ 07. ② 08. ③ 09. ① 10. ② 11. ③

12. 운행 중 브레이크에 페이드현상이 발생했을 때 조치방법은?
① 브레이크 페달을 자주 밟아 열을 발생시킨다.
② 운행속도를 조금 올려준다.
③ 운행을 멈추고 열이 식도록 한다.
④ 주차 브레이크를 대신 사용한다.

[해설] 브레이크에 페이드현상이 발생하면 정차시켜 열이 식도록 한다.

13. 진공식 제동 배력장치의 설명 중에서 옳은 것은?
① 진공밸브가 새면 브레이크가 전혀 작동되지 않는다.
② 릴레이밸브의 다이어프램이 파손되면 브레이크가 작동되지 않는다.
③ 릴레이밸브 피스톤 컵이 파손되어도 브레이크는 작동된다.
④ 하이드로릭 피스톤의 체크 볼이 밀착 불량이면 브레이크가 작동되지 않는다.

[해설] 진공 제동 배력장치(하이드로 백)는 흡기다기관 진공과 대기압과의 차를 이용한 것이므로 배력장치에 고장이 발생하여도 일반적인 유압 브레이크로 작동할 수 있도록 되어있다.

14. 브레이크에서 하이드로 백에 관한 설명으로 틀린 것은?
① 대기압과 흡기다기관 부압과의 차를 이용하였다.
② 하이드로 백에 고장이 나면 브레이크가 전혀 작동하지 않는다.
③ 외부에 누출이 없는데도 브레이크 작동이 나빠지는 것은 하이드로 백 고장일 수도 있다.
④ 하이드로백은 브레이크계통에 설치되어 있다.

15. 브레이크가 잘 작동되지 않을 때의 원인으로 가장 거리가 먼 것은?
① 라이닝에 오일이 묻었을 때
② 휠 실린더 오일이 누출되었을 때
③ 브레이크 페달 자유간극이 작을 때
④ 브레이크 드럼의 간극이 클 때

[해설] 브레이크페달의 자유간극이 작으면 급제동되기 쉽다.

16. 유압식 브레이크장치에서 제동페달이 리턴 되지 않는 원인에 해당되는 것은?
① 진공 체크밸브 불량
② 파이프 내의 공기의 침입
③ 브레이크 오일점도가 낮기 때문
④ 마스터실린더의 리턴구멍 막힘

[해설] 마스터실린더의 리턴구멍 막히면 제동이 풀리지 않는다.

17. 드럼 브레이크 구조에서 브레이크 작동 시 조향핸들이 한쪽으로 쏠리는 원인이 아닌 것은?
① 타이어 공기압이 고르지 않다.
② 한쪽 휠 실린더 작동이 불량하다.
③ 브레이크 라이닝 간극이 불량하다.
④ 마스터실린더 체크밸브 작용이 불량하다.

[해설] 브레이크를 작동시킬 때 조향핸들이 한쪽으로 쏠리는 원인은 타이어 공기압이 고르지 않을 때, 한쪽 휠 실린더 작동이 불량할 때, 한쪽 브레이크 라이닝 간극이 불량할 때 등이다.

Answer ▶▶▶
12. ③ 13. ③ 14. ② 15. ③ 16. ④ 17. ④

18. 공기 브레이크의 장점으로 틀린 것은 ?
① 차량중량에 제한을 받지 않는다.
② 베이퍼록 발생이 없다.
③ 페달을 밟는 양에 따라 제동력이 조절된다.
④ 공기가 다소 누출되면 제동성능에 현저한 차이가 있다.

해설
공기브레이크는 페달 밟는 양에 따라 제동력이 제어되며, 차량중량에 제한을 받지 않고, 베이퍼록 발생이 없으며, 공기가 다소 누출되어도 제동성능에 현저한 차이가 없다.

19. 공기 브레이크장치의 구성부품 중 틀린 것은 ?
① 브레이크밸브   ② 마스터실린더
③ 공기탱크   ④ 릴레이밸브

해설
공기 브레이크는 공기압축기, 압력조정기와 언로드 밸브, 공기탱크, 브레이크밸브, 퀵 릴리스밸브, 릴레이밸브, 슬랙 조정기, 브레이크 챔버, 캠, 브레이크슈, 브레이크 드럼으로 구성된다.

20. 공기 브레이크에서 브레이크슈를 직접 작동시키는 것은 ?
① 릴레이밸브   ② 브레이크 페달
③ 캠   ④ 유압

해설
공기 브레이크에서 브레이크슈를 직접 작동시키는 것은 캠이다.

21. 제동장치 중 주브레이크에 속하지 하는 것은 ?
① 유압식 브레이크
② 배력식 브레이크
③ 공기식 브레이크
④ 배기 브레이크

조향장치(환향장치)

01. 다음 중 환향장치가 하는 역할은 ?
① 제동을 쉽게 하는 장치이다.
② 분사압력 증대장치이다.
③ 분사시기를 조절하는 장치이다.
④ 건설기계의 진행방향을 바꾸는 장치이다.

해설
환향(조향)장치는 건설기계의 진행방향을 바꾸는 장치이다.

02. 조향장치의 특성에 관한 설명 중 틀린 것은 ?
① 조향조작이 경쾌하고 자유로워야 한다.
② 회전반경이 되도록 커야 한다.
③ 타이어 및 조향장치의 내구성이 커야 한다.
④ 노면으로부터의 충격이나 원심력 등의 영향을 받지 않아야 한다.

해설
조향장치는 회전반경이 작아서 좁은 곳에서도 방향 변환을 할 수 있을 것

03. 휠 구동식의 건설기계에서 기계식 조향장치에 사용되는 구성부품이 아닌 것은?
① 하이포이드 기어
② 타이로드 엔드
③ 섹터 기어
④ 웜 기어

해설
하이포이드 기어는 종감속 기어에서 사용한다.

Answer
18. ④   19. ②   20. ③   21. ④   01. ④   02. ②   03. ①

04. 동력 조향장치의 장점으로 적합하지 않은 것은?
① 작은 조작력으로 조향조작을 할 수 있다.
② 조향기어비는 조작력에 관계없이 선정할 수 있다.
③ 굴곡노면에서의 충격을 흡수하여 조향핸들에 전달되는 것을 방지한다.
④ 조작이 미숙하면 엔진이 자동으로 정지된다.

해설
조작이 미숙하여도 엔진의 가동이 정지되지 않는다.

05. 타이어식 건설기계의 동력 조향장치 구성을 열거한 것이다. 적당치 않은 것은?
① 유압펌프
② 복동 유압실린더
③ 제어밸브
④ 하이포이드 피니언

해설
유압 발생장치(오일펌프), 유압 제어장치(제어밸브), 작동장치(유압실린더)로 되어있다.

06. 유압식 조향장치의 조향핸들 조작이 무거운 원인으로 틀린 것은?
① 유압이 낮다.
② 오일이 부족하다.
③ 유압계통에 공기가 혼입되었다.
④ 펌프의 회전이 빠르다.

해설
동력 조향핸들의 조작이 무거운 원인은 유압이 낮을 때, 오일이 부족할 때, 유압계통에 공기가 혼입되었을 때, 오일펌프의 회전이 느릴 때, 오일펌프 벨트파손, 오일호스 파손 등이다.

07. 타이어식 건설기계의 조향 휠이 정상보다 돌리기 힘들 때의 원인으로 틀린 것은?
① 파워스티어링 오일부족
② 파워스티어링 오일펌프 벨트파손
③ 파워스티어링 오일호스 파손
④ 파워스티어링 오일에 공기제거

08. 조향핸들의 유격이 커지는 원인과 관계없는 것은?
① 피트먼 암의 헐거움
② 타이어 공기압 과대
③ 조향기어, 링키지 조정불량
④ 앞바퀴 베어링 과대 마모

09. 타이어식 건설기계에서 주행 중 조향핸들이 한쪽으로 쏠리는 원인이 아닌 것은?
① 타이어 공기압 불균일
② 브레이크 라이닝 간극조정 불량
③ 베이퍼록 현상 발생
④ 휠 얼라인먼트 조정불량

해설
베이퍼록현상은 연료장치나 제동장치 등에서 발생하기 쉽다.

10. 주행 중 특정속도에서 조향핸들의 떨림이 발생되는 원인으로 틀린 것은?
① 타이어 좌우 공기압이 틀림
② 타이어 사이즈와 휠 사이즈가 틀림
③ 타이어 휠 밸런스가 맞지 않음
④ 타이어 또는 휠 불량

해설
주행 중 특정속도에서 조향핸들의 떨림이 발생되는 원인은 타이어 사이즈와 휠 사이즈가 틀림, 타이어 휠 밸런스가 맞지 않음, 타이어 또는 휠 불량 때문이다.

Answer
04. ④ 05. ④ 06. ④ 07. ④ 08. ② 09. ③ 10. ①

11. 조향기어 백래시가 클 경우 발생될 수 있는 현상으로 가장 적절한 것은?
    ① 조향각도가 커진다.
    ② 조향핸들의 유격이 커진다.
    ③ 핸들이 한쪽으로 쏠린다.
    ④ 조향핸들의 축 방향 유격이 커진다.

    [해설] 조향기어 백래시가 크면(기어가 마모되면) 조향핸들의 유격이 커진다.

12. 조향기구장치에서 앞 액슬과 조향너클을 연결하는 것은?
    ① 킹핀   ② 타이로드
    ③ 드래그 링크   ④ 스티어링 암

    [해설] 앞 액슬과 조향너클을 연결하는 것을 킹핀이라 한다.

13. 타이어식 건설기계에서 조향바퀴의 얼라인먼트의 요소와 관계없는 것은?
    ① 캠버   ② 부스터
    ③ 토인   ④ 캐스터

    [해설] 조향바퀴 얼라인먼트의 요소에는 캠버, 토인, 캐스터, 킹핀 경사각 등이 있다.

14. 타이어식 건설기계에서 앞바퀴 정렬의 역할과 거리가 먼 것은?
    ① 브레이크의 수명을 길게 한다.
    ② 타이어 마모를 최소로 한다.
    ③ 방향 안정성을 준다.
    ④ 조향핸들의 조작을 작은 힘으로 쉽게 할 수 있다.

15. 앞바퀴 정렬요소 중 캠버의 필요성에 대한 설명으로 거리가 먼 것은?
    ① 앞차축의 휨을 적게 한다.
    ② 조향 휠의 조작을 가볍게 한다.
    ③ 조향 시 바퀴의 복원력이 발생한다.
    ④ 토(Toe)와 관련성이 있다.

    [해설] 캠버는 토(Toe)와 관련성이 있으며, 앞차축의 휨을 적게 하고, 조향 휠(핸들)의 조작을 가볍게 한다.

16. 타이어식 건설기계의 휠 얼라인먼트에서 토인의 필요성이 아닌 것은?
    ① 조향바퀴의 방향성을 준다.
    ② 타이어 이상마멸을 방지한다.
    ③ 조향바퀴를 평행하게 회전시킨다.
    ④ 바퀴가 옆 방향으로 미끄러지는 것을 방지한다.

    [해설] 조향바퀴의 방향성을 주는 요소는 캐스터이다.

17. 타이어식 건설기계에서 조향바퀴의 토인을 조정하는 것은?
    ① 핸들   ② 타이로드
    ③ 웜 기어   ④ 드래그 링크

주행장치

01. 타이어 림에 대한 설명 중 틀린 것은?
    ① 경미한 균열은 용접하여 재사용한다.
    ② 변형 시 교환한다.
    ③ 경미한 균열도 교환한다.
    ④ 손상 또는 마모 시 교환한다.

    [해설] 타이어 림에 경미한 균열이 발생하였더라도 교환하여야 한다.

Answer ▶▶▶ 11. ② 12. ① 13. ② 14. ① 15. ③ 16. ① 17. ② 01. ①

02. 사용압력에 따른 타이어의 분류에 속하지 않는 것은?
① 고압타이어 ② 초고압타이어
③ 저압타이어 ④ 초저압타이어

해설
사용압력에 따른 타이어의 분류에는 고압타이어, 저압타이어, 초저압타이어가 있다.

03. 타이어의 구조에서 직접노면과 접촉되어 마모에 견디고 적은 슬립으로 견인력을 증대시키는 곳의 명칭은?
① 트레드(tread)
② 브레이커(breaker)
③ 카커스(carcass)
④ 비드(bead)

해설
트레드는 타이어가 직접노면과 접촉되어 마모에 견디고 적은 슬립으로 견인력을 증대시키는 곳이다.

04. 타이어에서 몇 겹의 코드층을 내열성의 고무로 싼 구조로 되어있으며, 트레드와 카커스의 분리를 방지하고 노면에서의 완충작용도 하는 부분은?
① 카커스 ② 트레드
③ 비드   ④ 브레이커

해설
브레이커는 몇 겹의 코드 층을 내열성의 고무로 싼 구조로 되어있으며, 트레드와 카커스의 분리를 방지하고 노면에서의 완충작용을 한다.

05. 타이어에서 고무로 피복된 코드를 여러 겹으로 겹친 층에 해당되며 타이어 골격을 이루는 부분은?
① 카커스(carcass)부
② 트레드(tread)부
③ 숄더(should)부
④ 비드(bead)부

해설
카커스부는 고무로 피복된 코드를 여러 겹 겹친 층에 해당되며, 타이어 골격을 이루는 부분이다.

06. 내부에는 고 탄소강의 강선(피아노 선)을 묶으므로 넣고 고무로 피복한 림 상태의 보강 부위로 타이어가 림에 견고하게 고정시키는 역할을 하는 부분은?
① 카커스(carcass)부
② 비드(bead)부
③ 숄더(should)부
④ 트레드(tread)부

해설
비드부는 내부에는 고 탄소강의 강선(피아노 선)을 묶으므로 넣고 고무로 피복한 림 상태의 보강 부위로 타이어가 림에 견고하게 고정시키는 역할을 하는 부분이다.

07. 타이어식 건설기계에 부착된 부품을 확인하였더니 13.00-24-18PR로 명기되어 있었다. 다음 중 어느 것에 해당되는가?
① 유압펌프   ② 엔진 일련번호
③ 타이어 규격 ④ 시동모터 용량

08. 건설기계에 사용되는 저압타이어 호칭치수 표시는?
① 타이어의 외경 – 타이어의 폭 – 플라이 수
② 타이어의 폭 – 타이어의 내경 – 플라이 수
③ 타이어의 폭 – 림의 지름
④ 타이어의 내경 – 타이어의 폭 – 플라이 수

해설
저압타이어 호칭치수는 타이어의 폭-타이어의 내경-플라이 수로 표시한다.

Answer
02. ②　03. ①　04. ④　05. ①　06. ②　07. ③　08. ②

09. 타이어에 11.00-20-12PR 이란 표시 중 "11.00"이 나타내는 것은?
① 타이어 외경을 인치로 표시한 것
② 타이어 폭을 센티미터로 표시한 것
③ 타이어 내경을 인치로 표시한 것
④ 타이어 폭을 인치로 표시한 것

해설
11.00-20-12PR에서 11.00은 타이어 폭(인치), 20은 타이어 내경(인치), 14PR은 플라이 수를 의미한다.

10. 타이어식 건설기계 주행 중 발생할 수도 있는 히트 세퍼레이션 현상에 대한 설명으로 맞는 것은?
① 물에 젖은 노면을 고속으로 달리면 타이어와 노면사이에 수막이 생기는 현상
② 고속으로 주행 중 타이어가 터져버리는 현상
③ 고속주행 시 차체가 좌·우로 밀리는 현상
④ 고속주행할 때 타이어 공기압이 낮아져 타이어가 찌그러지는 현상

해설
히트 세퍼레이션(heat separation) 현상이란 고속으로 주행할 때 열에 의해 타이어의 고무나 코드가 용해 및 분리되어 터지는 현상이다.

11. 하부 구동체(under carriage)에서 건설기계의 중량을 지탱하고 완충작용을 하며, 대각지주가 설치된 것은?
① 트랙   ② 상부롤러
③ 하부롤러   ④ 트랙 프레임

해설
트랙 프레임은 하부 구동체에서 건설기계의 중량을 지탱하고 완충작용을 하며, 대각지주가 설치되어 있다.

12. 무한궤도 건설기계에서 트랙의 구성부품으로 맞는 것은?
① 슈, 조인트, 스프로킷, 핀, 슈 볼트
② 스프로킷, 트랙롤러, 상부롤러, 아이들러
③ 슈, 스프로킷, 하부롤러, 상부롤러, 감속기
④ 슈, 슈볼트, 링크, 부싱, 핀

해설
트랙은 슈, 슈 볼트, 링크, 부싱, 핀 등으로 구성되어있다.

13. 트랙 구성부품을 설명한 것으로 틀린 것은?
① 링크는 핀과 부싱에 의하여 연결되어 상하부 롤러 등이 굴러갈 수 있는 레일을 구성해 주는 부분으로 마멸되었을 때 용접하여 재사용할 수 있다.
② 부싱은 링크의 큰 구멍에 끼워지며 스프로킷 이빨이 부싱을 물고 회전하도록 되어 있으며 마멸되면 용접하여 재사용할 수 있다.
③ 슈는 링크에 4개의 볼트에 의해 고정되며 도저의 전체하중을 지지하고 견인하면서 회전하고 마멸되면 용접하여 재사용할 수 있다.
④ 핀은 부싱 속을 통과하여 링크의 작은 구멍에 끼워진다. 핀과 부싱을 교환할 때는 유압 프레스로 작업하며 약 100톤 정도의 힘이 필요하다. 그리고 무한궤도의 분리를 쉽게 하기 위하여 마스터 핀을 두고 있다.

해설
부싱은 링크의 큰 구멍에 끼워지며 스프로킷 이빨이 부싱을 물고 회전하도록 되어 있으며 마멸되면 용접하여 재사용할 수 없다.

Answer
09. ④ 10. ② 11. ④ 12. ④ 13. ②

14. 트랙장치의 구성부품 중 트랙 슈와 슈를 연결하는 부품은 ?
① 부싱과 캐리어 롤러
② 트랙 링크와 핀
③ 아이들러와 스프로켓
④ 하부롤러와 상부롤러

15. 트랙 링크의 수가 38조라면 트랙 핀의 부싱은 몇 조인가 ?
① 37조　　　② 38조
③ 39조　　　④ 40조

해설　트랙링크의 수가 38조라면 트랙 핀의 부싱은 38조이다.

16. 트랙 슈의 종류가 아닌 것은 ?
① 고무 슈　　② 4중 돌기 슈
③ 3중 돌기 슈　④ 반이중 돌기 슈

해설　트랙 슈의 종류에는 단일돌기 슈, 2중 돌기 슈, 3중 돌기 슈, 습지용 슈, 고무 슈, 암반용 슈, 평활 슈 등이 있다.

17. 도로를 주행할 때 포장노면의 파손을 방지하기 위해 주로 사용하는 트랙 슈는 ?
① 평활 슈　　② 단일돌기 슈
③ 습지용 슈　④ 스노 슈

해설　평활 슈는 도로를 주행할 때 포장노면의 파손을 방지하기 위해 사용한다.

18. 무한궤도 건설기계에서 트랙을 탈거하기 위해서 우선적으로 제거해야 하는 것은?
① 슈　　　　② 마스터 핀
③ 링크　　　④ 부싱

해설　마스터 핀은 트랙의 분리를 쉽게 하기 위하여 둔 것이다.

19. 무한궤도 건설기계에서 프런트 아이들러의 작용에 대한 설명으로 가장 적당한 것은 ?
① 회전력을 발생하여 트랙에 전달한다.
② 트랙의 진로를 조정하면서 주행방향으로 트랙을 유도한다.
③ 구동력을 트랙으로 전달한다.
④ 파손을 방지하고 원활한 운전을 할 수 있도록 하여 준다.

해설　프런트 아이들러(전부 유동륜)는 트랙의 장력을 조정하면서 트랙의 진행방향을 유도한다.

20. 주행 중 트랙 전방에서 오는 충격을 완화하여 차체 파손을 방지하고 운전을 원활하게 해주는 것은 ?
① 트랙 롤러　　② 상부 롤러
③ 리코일 스프링　④ 댐퍼 스프링

해설　리코일 스프링은 무한궤도식 굴삭기의 트랙 전면에서 오는 충격을 완화시키기 위해 설치한다.

21. 무한궤도에 리코일 스프링을 이중 스프링으로 사용하는 이유로 가장 적합한 것은?
① 강한 탄성을 얻기 위하여
② 서징현상을 줄이기 위해서
③ 스프링이 잘 빠지지 않게 하기 위해서
④ 강력한 힘을 축적하기 위해서

해설　리코일 스프링을 2중 스프링으로 하는 이유는 서징현상을 방지하기 위함이다.

14. ②　15. ②　16. ②　17. ①　18. ②　19. ②　20. ③　21. ②

22. 무한궤도형 건설기계에서 리코일 스프링을 분해해야 할 경우는?
   ① 아이들 롤러 파손 시
   ② 트랙 파손 시
   ③ 스프로킷 파손 시
   ④ 스프링이나 샤프트 절손 시

23. 트랙 프레임 위에 한쪽만 지지하거나 양쪽을 지지하는 브래킷에 1~2개가 설치되어 트랙 아이들러와 스프로킷사이에서 트랙이 처지는 것을 방지하는 동시에 트랙의 회전위치를 정확하게 유지하는 역할을 하는 것은?
   ① 브레이스 ② 아우터 스프링
   ③ 스프로킷 ④ 캐리어 롤러

   [해설] 캐리어 롤러(상부롤러)는 트랙 프레임 위에 한쪽만 지지하거나 양쪽을 지지하는 브래킷에 1~2개가 설치되어 트랙 아이들러와 스프로킷 사이에서 트랙이 처지는 것을 방지하는 동시에 트랙의 회전위치를 정확하게 유지한다.

24. 상부롤러에 대한 설명으로 틀린 것은?
   ① 더블 플랜지형을 주로 사용한다.
   ② 트랙이 밑으로 처지는 것을 방지한다.
   ③ 전부 유동륜과 기동륜 사이에 1~2개가 설치된다.
   ④ 트랙의 회전을 바르게 유지한다.

   [해설] 상부롤러는 싱글 플랜지형(바깥쪽으로 플랜지가 있는 형식)을 사용한다.

25. 롤러(roller)에 대한 설명 중 틀린 것은?
   ① 상부롤러는 일반적으로 1~2개가 설치되어 있다.
   ② 상부롤러는 스프로킷과 아이들러 사이에 트랙이 처지는 것을 방지한다.
   ③ 하부롤러는 트랙프레임의 한쪽 아래에 3~7개 설치되어 있다.
   ④ 하부롤러는 트랙의 마모를 방지해 준다.

   [해설] 하부롤러는 건설기계의 전체하중을 지지하고 중량을 트랙에 균등하게 분배해 주며, 트랙의 회전위치를 바르게 유지한다.

26. 무한궤도 건설기계에서 스프로킷에 가까운 쪽의 하부롤러는 어떤 형식을 사용하는가?
   ① 플랫형
   ② 옵셋형
   ③ 싱글 플랜지형
   ④ 더블 플랜지형

   [해설] 하부롤러는 싱글 플랜지형과 더블 플랜지형을 사용하는데 싱글 플랜지형은 반드시 프런트 아이들러와 스프로킷이 있는 쪽에 설치하여야 한다. 싱글 플랜지형과 더블 플랜지형은 하나 건너서 하나씩(교번) 설치한다.

27. 무한궤도 건설기계에서 스프로킷이 한쪽으로만 마모되는 원인으로 가장 적합한 것은?
   ① 트랙장력이 늘어났다.
   ② 트랙링크가 마모되었다.
   ③ 상부롤러가 과다하게 마모되었다.
   ④ 스프로킷 및 아이들러가 직선배열이 아니다.

   [해설] 스프로킷이 한쪽으로만 마모되는 원인은 스프로킷 및 아이들러가 직선배열이 아니기 때문이다.

Answer ▶▶▶
22. ④ 23. ④ 24. ① 25. ④ 26. ③ 27. ④

28. 트랙장력을 조정하는 이유가 아닌 것은?
① 구성부품 수명연장
② 트랙의 이탈방지
③ 스윙모터의 과부하방지
④ 스프로킷 마모방지

29. 무한궤도 건설기계에서 트랙장력을 측정하는 부위로 가장 적합한 것은?
① 아이들러와 스프로킷사이
② 1번 상부롤러와 2번 상부 롤러사이
③ 스프로킷과 1번 상부 롤러사이
④ 아이들러와 1번 상부 롤러사이

해설
트랙장력은 프런트 아이들러와 1번 상부 롤러사이에서 측정한다.

30. 무한궤도 건설기계의 트랙조정 방법은?
① 상부롤러의 이동
② 아이들러의 이동
③ 하부롤러의 이동
④ 스프로킷의 이동

해설
트랙의 장력조정은 프런트 아이들러를 이동시켜 조정한다.

31. 무한궤도 건설기계에서 트랙장력 조정방법으로 맞는 것은?
① 캐리어 롤러의 조정방식으로 한다.
② 트랙 조정용 심(shim)을 끼워서 한다.
③ 트랙 조정용 실린더에 그리스를 주입한다.
④ 하부롤러의 조정방식으로 한다.

해설
트랙장력 조정은 장력실린더에 그리스를 주입하거나 배출시켜 조정한다.

32. 트랙장치의 트랙유격이 너무 커졌을 때 발생하는 현상으로 가장 적합한 것은?
① 주행속도가 빨라진다.
② 슈판 마모가 급격해진다.
③ 주행속도가 아주 느려진다.
④ 트랙이 벗겨지기 쉽다.

해설
트랙유격이 커지면 트랙이 벗겨지기 쉽다.

33. 무한궤도 건설기계에서 트랙의 장력을 너무 팽팽하게 조정했을 때 미치는 영향으로 틀린 것은?
① 트랙링크의 마모
② 프런트 아이들러의 마모
③ 트랙의 이탈
④ 구동 스프로킷의 마모

해설
트랙장력이 너무 팽팽하면 상·하부롤러, 트랙링크, 프런트 아이들러, 구동 스프로킷 등 트랙부품이 조기마모의 원인이 된다.

34. 무한궤도 굴삭기에서 트랙장력이 너무 팽팽하게 조정되었을 때 보기와 같은 부분에서 마모가 촉진되는 부분(기호)을 모두 나열한 항은?

[보기]
a. 트랙 핀의 마모
b. 부싱의 마모
c. 스프로킷 마모
d. 블레이드 마모

① a, c
② a, b, d
③ a, b, c
④ a, b, c, d

28. ③ 29. ④ 30. ② 31. ③ 32. ④ 33. ③ 34. ③

35. 무한궤도 건설기계에서 주행 충격이 클 때 트랙의 조정방법 중 틀린 것은?

① 브레이크가 있는 경우에는 브레이크를 사용해서는 안 된다.
② 장력은 일반적으로 25~40cm이다.
③ 2~3회 반복 조정하여 양쪽 트랙의 유격을 똑같이 조정하여야 한다.
④ 전진하다가 정지시켜야 한다.

> [해설] 트랙유격은 일반적으로 25~40mm 정도이다.

36. 무한궤도 굴삭기에서 트랙이 자주 벗겨지는 원인으로 가장 거리가 먼 것은?

① 유격(긴도)이 규정보다 클 때
② 트랙의 상·하부 롤러가 마모되었을 때
③ 최종 구동기어가 마모되었을 때
④ 트랙의 중심 정렬이 맞지 않았을 때

37. 무한궤도 굴삭기에서 트랙을 분리하여야 할 경우가 아닌 것은?

① 트랙을 교환할 때
② 트랙 상부롤러를 교환할 때
③ 스프로킷을 교환할 때
④ 프런트 아이들러를 교환할 때

> [해설] 트랙을 분리하여야 하는 경우는 트랙을 교환할 때, 스프로킷을 교환할 때, 프런트 아이들러를 교환할 때 등이다.

Answer 35. ② 36. ③ 37. ②

CHAPTER 04 | 굴삭기(excavator)의 구조 및 작업장치

1. 굴삭기의 개요

① 토사굴토 작업, 굴착작업, 도랑파기 작업, 토사상차 작업에 사용되며, 최근에는 암석, 콘크리트, 아스팔트 등의 파괴를 위한 브레이커(breaker)를 부착하기도 한다.
② 굴삭기는 작업 장치, 상부회전체, 하부 주행장치로 구성되어 있다.

> **REFERENCE 타이어형과 무한궤도형의 특징**
> - 타이어형은 장거리 이동이 쉽고, 기동성능이 양호하며, 변속 및 주행속도가 빠르다.
> - 무한궤도형은 접지압력이 낮아 습지, 사지, 기복이 심한 곳에서의 작업이 유리하다.

2. 굴삭기의 주요구조

2.1. 상부회전체

하부 주행장치의 프레임 위에 설치되며, 프레임 위에 스윙 볼 레이스(swing ball race)와 결합되고, 앞쪽에는 붐이 풋핀(foot pin)을 통해 설치되어 있다.

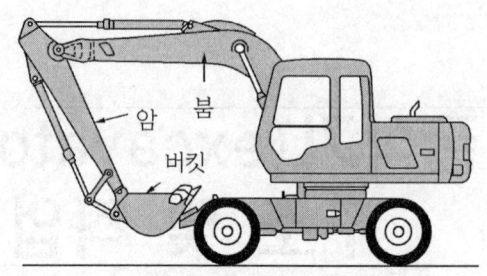

그림 ▶ 굴삭기의 구조

2.2. 작업 장치

굴삭기의 작업 장치는 붐, 암(스틱), 버킷으로 구성되어 있으며, 작업 사이클은 굴착 → 붐 상승 → 스윙 → 적재 → 스윙 → 굴착이다.

2.2.1. 버킷(bucket)

버킷은 굴착한 흙을 담는 장치이며, 용량은 m^3로 표시한다.

2.2.2. 암(디퍼스틱 : arm or dipper stick)

암은 버킷과 붐 사이를 연결하는 장치이다.

2.2.3. 붐(boom)

붐은 암을 지지하는 부분이며, 상부회전체에 풋 핀(foot pin)을 통해 설치된다.

2.3. 선택 작업장치의 종류

2.3.1. 브레이커(breaker)

정(치즐)의 머리 부분에 유압방식 왕복해머로 연속적으로 타격을 가해 암석, 콘크리트 등을 파쇄하는 장치이다.

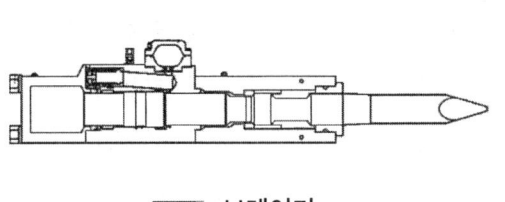
그림 브레이커

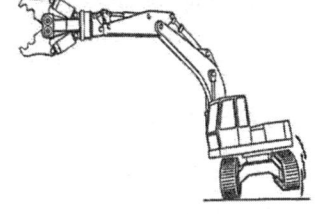
그림 크러셔

2.3.2. 크러셔(crusher)

2개의 집게로 작업 대상물을 집고, 집게를 조여서 암반 및 콘크리트 파쇄작업과 철근 절단작업, 물체를 부수는 장치이다.

2.3.3. 그랩(grab) 또는 그래플(grapple) - 집게

그랩은 유압실린더를 이용하여 2~5개의 집게를 움직여 적입물질을 집는 장치이다.

[1] 오렌지 그랩(orange grab : 오렌지 크램셀)

암반 상·하차, 쓰레기 수거작업을 할 때 사용하며, 고철 등을 집어 상판을 눌러주는 데 사용한다.

[2] 멀티 그랩(multi grab : 다용도 집게)

여러 가지 돌이나 목재 등을 집는데 사용하며, 멀티 그랩은 암에 실린더를 부착하여 사용하므로 구조변경 검사를 시행 후 사용하여야 한다.

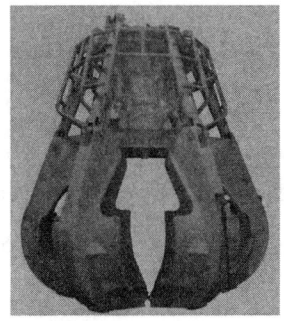
그림 오렌지 그랩

그림 멀티 그랩

2.3.4. 그 밖의 선택 작업장치

① 리퍼(ripper) : 연한 암석의 절삭작업, 아스콘, 콘크리트 제거 등에 사용한다.
② 우드 클램프(wood clamp) : 목재의 상차 및 하차작업에 사용한다.
③ 어스 오거(earth auger) : 유압모터를 이용한 스크루로 구멍을 뚫고 전신주 등을 박는 작업에 사용한다.
④ 트윈 헤더(twin header) : 발파가 불가능 한 지역의 모래, 암석, 석회암 절삭작업(연한 암석지대의 터널 굴삭)을 할 때 사용한다.

2.4. 하부 주행장치

무한궤도형 굴삭기 하부 주행장치의 동력전달 순서는 기관 → 유압펌프 → 제어밸브 → 센터조인트 → 주행모터 → 트랙이다.

2.4.1. 센터 조인트(center joint)

① 상부회전체의 중심부분에 설치되며, 상부회전체의 오일을 하부 주행장치(주행모터)로 공급해 주는 장치이다.
② 상부회전체가 회전하더라도 호스, 파이프 등이 꼬이지 않고 원활히 송유한다.

2.4.2. 주행 모터(track motor)

① 센터조인트로부터 유압을 받아서 작동하며, 감속기어·스프로킷 및 트랙을 회전시켜 주행하도록 한다.
② 주행동력은 유압모터(주행모터)로부터 공급받으며, 무한궤도형 굴삭기의 조향(환향)작용은 유압(주행)모터로 한다.

2.4.3. 무한궤도형 굴삭기의 조향방법

① 피벗 턴(pivot turn) : 주행레버를 1개만 조작하여 선회하는 방법이다.
② 스핀 턴(spin turn) : 주행레버 2개를 동시에 반대방향으로 조작하여 선회하는 방식이다.

2.5. 굴삭기를 트레일러에 상차하는 방법

① 가급적 경사대를 사용한다.
② 경사대는 10~15°정도 경사시키는 것이 좋다.
③ 트레일러로 운반할 때 작업장치를 반드시 뒤쪽으로 한다.
④ 붐을 이용하여 버킷으로 차체를 들어 올려 탑재하는 방법도 이용되지만 전복의 위험이 있어 특히 주의를 요하는 방법이다.

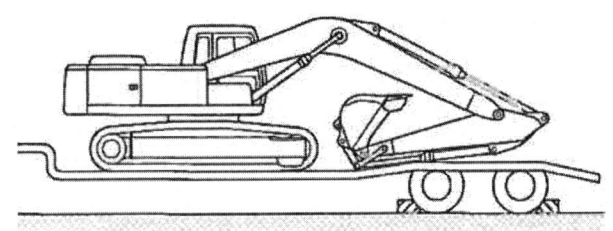

 상차 후 작업장치 정위치

> **REFERENCE**
> 액슬 허브 오일을 교환할 때 오일을 배출시킬 경우에는 플러그를 6시 방향에 주입할 때는 플러그 방향을 9시에 위치시킨다.

출제예상문제

01. 다음 중 굴삭기의 작업용도로 가장 적합한 것은?
① 화물의 기중, 적재 및 적차작업에 사용된다.
② 토목공사에서 터파기, 쌓기, 깎기, 되 메우기 작업에 사용된다.
③ 도로포장 공사에서 지면의 평탄, 다짐작업에 사용된다.
④ 터널공사에서 발파를 위한 천공작업에 사용된다.

해설 굴삭기는 토사 굴토작업, 굴착작업, 도랑파기작업, 쌓기, 깎기, 되메우기, 토사 상차작업에 사용된다.

02. 굴삭기의 주행 형식별 분류에서 접지면적이 크고 접지압력이 작아 사지나 습지와 같이 위험한 지역에서 작업이 가능한 형식으로 적당한 것은?
① 트럭 탑재식 ② 무한궤도식
③ 반 정치식   ④ 타이어식

해설 무한궤도식은 접지면적이 크고 접지압력이 작아 사지나 습지와 같이 위험한 지역에서 작업이 가능하다.

03. 무한궤도 굴삭기의 장점으로 가장 거리가 먼 것은?
① 접지압력이 낮다.
② 노면 상태가 좋지 않은 장소에서 작업이 용이하다.
③ 운송수단 없이 장거리 이동이 가능하다.
④ 습지 및 사지에서 작업이 가능하다.

해설 무한궤도식 굴삭기를 장거리 이동할 경우에는 트레일러로 운반하여야 한다.

04. 무한궤도 굴삭기와 타이어 굴삭기의 운전 특성에 대한 설명한 것으로 틀린 것은?
① 무한궤도식은 습지, 사지에서의 작업이 유리하다.
② 타이어식은 변속 및 주행속도가 빠르다.
③ 무한궤도식은 기복이 심한 곳에서 작업이 불리하다.
④ 타이어식은 장거리 이동이 빠르고, 기동성이 양호하다.

해설 타이어형은 장거리 이동이 쉽고, 기동성이 양호하며, 변속 및 주행속도가 빠르며, 무한궤도형은 접지압력이 낮아 습지, 사지, 기복이 심한 곳에서의 작업이 유리하다.

05. 굴삭기의 3대 주요 구성요소로 가장 적당한 것은?
① 상부회전체, 하부회전체, 중간회전체
② 작업장치, 하부추진체, 중간선회체
③ 작업장치, 상부회전체, 하부추진체
④ 상부 조정장치, 하부 회전장치, 중간 동력장치

해설 굴삭기는 작업장치, 상부회전체, 하부추진체로 구성된다.

Answer 01. ② 02. ② 03. ③ 04. ③ 05. ③

06. 굴삭기에 연결할 수 없는 작업장치는 무엇인가?
① 드래그라인 ② 파일 드라이버
③ 어스 오거 ④ 셔블

해설 굴삭기의 작업장치에 연결하여 사용할 수 있는 작업 장치에는 파일 드라이버, 어스 오거, 셔블, 우드 그래플(그랩), 백호, 리퍼 등이 있다.

07. 굴삭기의 작업장치에 해당되지 않는 것은?
① 브레이커 ② 파일드라이브
③ 힌지드 버킷 ④ 백호(back hoe)

해설 힌지드 버킷은 지게차 작업장치 중의 하나이다.

08. 굴삭기의 작업장치 중 아스팔트, 콘크리트 등을 깰 때 사용되는 것으로 가장 적합한 것은?
① 브레이커 ② 파일 드라이브
③ 마그넷 ④ 드롭 해머

해설 브레이커는 정(치즐)의 머리부분에 유압방식 왕복해머로 연속적으로 타격을 가해 암석, 콘크리트 등을 파쇄 하는 작업 장치이다.

09. 유압모터를 이용한 스크루로 구멍을 뚫고 전신주 등을 박는 작업에 사용되는 굴삭기 작업 장치는?
① 그래플 ② 브레이커
③ 오거 ④ 리퍼

해설 오거(또는 어스 오거)는 유압모터를 이용한 스크루로 구멍을 뚫고 전신주 등을 박는 작업에 사용한다.

10. 굴삭기 작업장치에서 진흙 등의 굴착작업을 할 때 용이한 버킷은?
① 폴립 버킷 ② 이젝터 버킷
③ 포크 버킷 ④ 리퍼 버킷

해설 이젝터 버킷은 진흙 등의 굴착작업을 할 때 용이하다.

11. 굴삭기 작업장치에서 배수로, 농수로 등 도랑 파기작업을 할 때 가장 알맞은 버킷은?
① V형 버킷 ② 리퍼 버킷
③ 폴립버킷 ④ 힌지드 버킷

해설 V형 버킷은 배수로, 농수로 등 도랑 파기작업을 할 때 사용한다.

12. 굴삭기 작업장치에서 굳은 땅, 언 땅, 콘크리트 및 아스팔트 파괴 또는 나무뿌리 뽑기, 발파한 암석 파기 등에 가장 적합한 것은?
① 폴립 버킷 ② 크렘셀
③ 쇼벨 ④ 리퍼

해설 리퍼는 굳은 땅, 언 땅, 콘크리트 및 아스팔트 파괴 또는 나무뿌리 뽑기, 발파한 암석 파기 등에 사용된다.

13. 굴삭기에서 유압실린더를 이용하여 집게를 움직여 통나무를 집어 상차하거나 쌓을 때 사용하는 작업장치는?
① 백호
② 파일 드라이브
③ 우드 그래플(그랩)
④ 브레이커

해설 우드 그래플(그랩)은 유압실린더를 이용하여 집게를 움직여 통나무를 집어 상차하거나 쌓을 때 사용하는 작업장치이다.

Answer 06. ① 07. ③ 08. ① 09. ③ 10. ② 11. ① 12. ④ 13. ③

14. 굴삭기에서 작업장치의 동력전달 순서로 맞는 것은?

① 엔진→제어밸브→유압펌프→실린더
② 유압펌프→엔진→제어밸브→실린더
③ 유압펌프→엔진→실린더→제어밸브
④ 엔진→유압펌프→제어밸브→실린더

해설
굴삭기 작업장치의 동력전달 순서는 엔진→유압펌프→제어밸브→유압 실린더 및 유압모터이다.

15. 굴삭기의 기본 작업 사이클 과정으로 맞는 것은?

① 선회 → 굴착 → 적재 → 선회 → 굴착 → 붐 상승
② 선회 → 적재 → 굴착 → 적재 → 붐 상승 → 선회
③ 굴착 → 적재 → 붐 상승 → 선회 → 굴착 → 선회
④ 굴착 → 붐 상승 → 스윙 → 적재 → 스윙 → 굴착

해설
굴삭기의 작업 사이클은 굴착 → 붐 상승 → 스윙 → 적재 → 스윙 → 굴착순서이다.

16. 굴삭기 버킷용량 표시로 옳은 것은?

① in²
② yd²
③ m²
④ m³

17. 버킷의 굴삭력을 증가시키기 위해 부착하는 것은?

① 보강 판
② 사이드 판
③ 노즈
④ 포인트(투스)

해설
버킷의 굴삭력을 증가시키기 위해 포인트(투스)를 설치한다.

18. 점토, 석탄 등의 굴착작업에 사용하며, 절입성이 좋은 버킷 포인트는?

① 로크형 포인트(lock type point)
② 롤러형 포인트(roller type point)
③ 샤프형 포인트(sharp type point)
④ 슈형 포인트(shoe type point)

해설
버킷 포인트(투스)의 종류
• 샤프형 포인트 : 점토, 석탄 등을 잘나낼 때 사용한다.
• 로크형 포인트 : 암석, 자갈 등을 굴착 및 적재작업에 사용한다.

19. 굴삭기 버킷 포인트(투스)의 사용 및 정비방법으로 옳은 것은?

① 샤프형 포인트는 암석, 자갈 등이 굴착 및 적재작업에 사용한다.
② 로크형 포인트는 점토, 석탄 등을 잘 나낼 때 사용한다.
③ 핀과 고무 등은 가능한 한 그대로 사용한다.
④ 마모상태에 따라 안쪽과 바깥쪽의 포인트를 바꿔 끼워가며 사용한다.

해설
버킷 포인트(투스)는 마모상태에 따라 안쪽과 바깥쪽의 포인트를 바꿔 끼워가며 사용한다.

20. 굴삭기 붐(boom)은 무엇에 의하여 상부 회전체에 연결되어 있는가?

① 테이퍼 핀(taper pin)
② 풋 핀(foot pin)
③ 킹 핀(king pin)
④ 코터 핀(cotter pin)

해설
붐은 풋(푸트) 핀에 의해 상부회전체에 설치된다.

Answer
14. ④ 15. ④ 16. ④ 17. ④ 18. ③ 19. ④ 20. ②

21. 굴삭기의 굴삭작업은 주로 어느 것을 사용하는가?
① 버킷 실린더   ② 암 실린더
③ 붐 실린더   ④ 주행 모터

해설) 굴삭작업을 할 때에는 주로 암(디퍼스틱) 실린더를 사용한다.

22. 굴삭기의 굴삭력이 가장 클 경우는?
① 암과 붐이 일직선상에 있을 때
② 암과 붐이 45°선상을 이루고 있을 때
③ 버킷을 최소 작업반경 위치로 놓았을 때
④ 암과 붐이 직각위치에 있을 때

해설) 암과 붐의 각도가 80~110° 정도일 때 가장 큰 굴삭력을 발휘한다.

23. 굴삭기의 작업장치 연결부(작동부) 니플에 주유하는 것은?
① 그리스   ② 엔진오일
③ 기어오일   ④ 유압유

해설) 작업장치 연결부(작동부)의 니플에는 그리스(G.A.A)를 주유한다.

24. 굴삭기 작업장치 핀 등에 그리스가 주유되었는가를 확인하는 방법으로 옳은 것은?
① 그리스 니플을 분해하여 확인한다.
② 그리스 니플을 깨끗이 청소한 후 확인한다.
③ 그리스 니플의 볼을 눌러 확인한다.
④ 그리스 주유 후 확인할 필요가 없다.

해설) 그리스 주유 확인은 니플의 볼을 눌러 확인한다.

25. 굴삭기의 조종레버 중 굴삭작업과 직접 관계가 없는 것은?
① 버킷 제어레버   ② 붐 제어레버
③ 암(스틱) 제어레버 ④ 스윙 제어레버

해설) 굴삭작업에 직접 관계되는 것은 암(스틱) 제어레버, 붐 제어레버, 버킷 제어레버 등이다.

26. 굴삭작업 시 작업능력이 떨어지는 원인으로 맞는 것은?
① 트랙 슈에 주유가 안 됨
② 아워미터 고장
③ 조향핸들 유격과다
④ 릴리프밸브 조정불량

해설) 릴리프밸브의 조정이 불량하면 굴삭작업을 할 때 능력이 떨어진다.

27. 굴삭기의 붐 제어레버를 계속하여 상승 위치로 당기고 있으면 어느 곳에 가장 큰 손상이 발생하는가?
① 엔진
② 유압펌프
③ 릴리프밸브 및 시트
④ 유압모터

해설) 굴삭기의 붐 제어레버를 계속하여 상승위치로 당기고 있으면 릴리프밸브 및 시트에 가장 큰 손상이 발생한다.

28. 굴삭기 붐의 자연 하강량이 많을 때의 원인이 아닌 것은?
① 유압실린더의 내부누출이 있다.
② 컨트롤밸브의 스풀에서 누출이 많다.
③ 유압실린더 배관이 파손되었다.
④ 유압작동 압력이 과도하게 높다.

Answer ▶▶▶
21. ② 22. ④ 23. ① 24. ③ 25. ④ 26. ④ 27. ③ 28. ④

29. 굴삭기의 붐의 작동이 느린 이유가 아닌 것은?
① 작동유에 이물질 혼입
② 작동유의 압력저하
③ 작동유의 압력과다
④ 작동유의 압력부족

30. 굴삭기의 상부회전체는 어느 것에 의해 하부주행체에 연결되어 있는가?
① 푸트 핀   ② 스윙 볼 레이스
③ 스윙 모터   ④ 주행 모터

> [해설] 굴삭기 상부회전체는 스윙 볼 레이스에 의해 하부주행체와 연결된다.

31. 굴삭기의 상부회전체는 몇 도까지 회전이 가능한가?
① 90°   ② 180°
③ 270°   ④ 360°

> [해설] 굴삭기의 상부회전체는 360° 회전이 가능하다.

32. 굴삭기 스윙(선회) 동작이 원활하게 안 되는 원인으로 틀린 것은?
① 컨트롤밸브 스풀 불량
② 릴리프밸브 설정압력 부족
③ 터닝조인트(Turning joint) 불량
④ 스윙(선회)모터 내부 손상

> [해설] 터닝조인트는 센터조인트라고도 부르며 무한궤도형 굴삭기에서 상부회전체의 작동유를 주행모터로 공급하는 장치이다.

33. 굴삭기 작업 시 안정성을 주고 장비의 밸런스를 잡아주기 위하여 설치한 것은?
① 붐   ② 스틱
③ 버킷   ④ 카운터 웨이트

> [해설] 카운터 웨이트(밸런스 웨이트, 평형추)는 작업할 때 안정성을 주고 굴삭기의 밸런스를 잡아주기 위하여 설치한 것이다. 즉 작업을 할 때 굴삭기의 뒷부분이 들리는 것을 방지한다.

34. 타이어식 굴삭기에서 유압식 동력전달장치 중 변속기를 직접 구동시키는 것은?
① 선회 모터   ② 주행 모터
③ 토크컨버터   ④ 기관

> [해설] 타이어식 굴삭기가 주행할 때 주행모터의 회전력이 입력축을 통해 전달되면 변속기 내의 유성기어 →유성기어 캐리어→출력축을 통해 차축으로 전달된다.

35. 무한궤도형 굴삭기에는 유압모터가 몇 개 설치되어 있는가?
① 1개   ② 2개
③ 3개   ④ 5개

> [해설] 무한궤도형 굴삭기에는 일반적으로 주행 모터 2개와, 스윙 모터 1개가 설치된다.

36. 굴삭기 하부구동체 기구의 구성요소와 관련된 사항이 아닌 것은?
① 트랙 프레임
② 주행용 유압모터
③ 트랙 및 롤러
④ 붐 실린더

37. 무한궤도 굴삭기의 부품이 아닌 것은?
① 유압펌프   ② 오일쿨러
③ 자재이음   ④ 주행 모터

> [해설] 자재이음은 타이어식 건설기계에서 구동각도의 변화를 주는 부품이다.

Answer 29. ③ 30. ② 31. ④ 32. ③ 33. ④ 34. ② 35. ③ 36. ④ 37. ③

38. 무한궤도 굴삭기의 유압식 하부추진체 동력전달 순서로 맞는 것은?

① 기관→컨트롤밸브→센터조인트→유압펌프→주행 모터→트랙
② 기관→컨트롤밸브→센터조인트→주행 모터→유압펌프→트랙
③ 기관→센터조인트→유압펌프→컨트롤밸브→주행 모터→트랙
④ 기관→유압펌프→컨트롤밸브→센터조인트→주행 모터→트랙

해설
무한궤도식 굴삭기의 하부추진체 동력전달순서는 기관→유압펌프→컨트롤밸브→센터조인트→주행 모터→트랙이다.

39. 무한궤도 굴삭기에서 하부주행체 동력전달 순서로 맞는 것은?

① 유압펌프→제어밸브→센터조인트→주행 모터
② 유압펌프→제어밸브→주행 모터→자재이음
③ 유압펌프→센터조인트→제어밸브→주행 모터
④ 유압펌프→센터조인트→주행 모터→자재이음

40. 굴삭기 하부 추진체와 트랙의 점검항목 및 조치사항을 열거한 것 중 틀린 것은?

① 구동 스프로킷의 마멸한계를 초과하면 교환한다.
② 각부 롤러의 이상상태 및 리닝 장치의 기능을 점검한다.
③ 트랙 링크의 장력을 규정 값으로 조정한다.
④ 리코일 스프링의 손상 등 상·하부 롤러 균열 및 마멸 등이 있으면 교환한다.

해설
리닝장치는 모터그레이더에서 회전반경을 줄이기 위해 사용하는 앞바퀴 경사 장치이다.

41. 굴삭기 센터조인트의 기능으로 가장 알맞은 것은?

① 메인펌프에서 공급되는 오일을 하부 유압부품에 공급한다.
② 차체의 중앙 고정 축 주위에 움직이는 암이다.
③ 전·후륜의 중앙에 있는 디퍼렌셜 기어에 오일을 공급한다.
④ 트랙을 구동시켜 주행하도록 한다.

해설
센터조인트는 상부회전체의 회전중심부에 설치되어 있으며, 메인펌프의 유압유를 주행모터로 전달한다. 또 상부회전체가 회전하더라도 호스, 파이프 등이 꼬이지 않고 원활히 공급한다.

42. 크롤러 굴삭기(유압식)의 센터조인트에 관한 설명으로 적합하지 않은 것은?

① 상부회전체의 회전중심부에 설치되어 있다.
② 상부회전체의 오일을 주행모터에 전달한다.
③ 상부회전체가 롤링작용을 할 수 있도록 설치되어 있다.
④ 상부회전체가 회전하더라도 호스, 파이프 등이 꼬이지 않고 원활히 송유하는 기능을 한다.

Answer
38. ④ 39. ① 40. ② 41. ① 42. ③

43. 굴삭기의 상부선회체 작동유를 하부주행체로 전달하는 역할을 하고 상부선회체가 선회 중에 배관이 꼬이지 않게 하는 것은 ?
① 주행 모터   ② 선회 감속장치
③ 센터 조인트 ④ 선회 모터

44. 유압 굴삭기의 주행동력으로 이용되는 것은 ?
① 차동장치   ② 전기모터
③ 유압모터   ④ 변속기 동력

해설) 유압식 굴삭기는 주행동력을 유압모터(주행모터)로부터 공급받는다.

45. 무한궤도 굴삭기 좌·우 트랙에 각각 한 개씩 설치되어 있으며 센터조인트로부터 유압을 받아 조향기능을 하는 구성품은?
① 주행모터   ② 드래그 링크
③ 조향기어 박스 ④ 동력조향 실린더

해설) 주행모터는 무한궤도식 굴삭기 좌·우 트랙에 각각 한 개씩 설치되어 있으며 센터조인트로부터 유압을 받아 조향기능을 한다.

46. 무한궤도 굴삭기의 환향은 무엇에 의하여 작동되는가 ?
① 주행펌프   ② 스티어링 휠
③ 스로틀 레버 ④ 주행 모터

해설) 무한궤도식 굴삭기의 환향(조향)작용은 유압(주행)모터로 한다.

47. 트랙형 굴삭기의 한쪽 주행레버만 조작하여 회전하는 것을 무엇이라 하는가 ?
① 피벗 회전   ② 급회전

③ 스핀회전   ④ 원웨이 회전

해설) 피벗 턴(pivot turn) : 좌·우측의 한쪽 주행레버만 밀거나, 당기면 한쪽 트랙만 전·후진시켜 조향을 하는 방법이다.

48. 무한궤도 굴삭기의 상부회전체가 하부주행체에 대한 역 위치에 있을 때 좌측 주행레버를 당기면 차체가 어떻게 회전되는가 ?
① 좌향 스핀회전   ② 우향 스핀회전
③ 좌향 피벗회전   ④ 우향 피벗회전

해설) 무한궤도 굴삭기의 상부회전체가 하부주행체에 대한 역 위치에 있을 때 좌측 주행레버를 당기면 차체는 좌향 피벗회전을 한다.

49. 굴삭기의 양쪽 주행레버를 조작하여 급회전하는 것을 무슨 회전이라고 하는가?
① 급회전   ② 스핀 회전
③ 피벗 회전   ④ 원웨이 회전

해설) 스핀 턴(spin turn) : 좌·우측 주행레버를 동시에 한쪽 레버를 앞으로 밀고, 한쪽 레버는 당기면 차체중심을 기점으로 급회전이 이루어진다.

50. 무한궤도 굴삭기로 주행 중 회전반경을 가장 적게 할 수 있는 방법은 ?
① 한쪽 주행모터만 구동시킨다.
② 구동하는 주행모터 이외에 다른 모터의 조향 브레이크를 강하게 작동시킨다.
③ 2개의 주행모터를 서로 반대 방향으로 동시에 구동시킨다.
④ 트랙의 폭이 좁은 것으로 교체한다.

해설) 회전반경을 적게 하려면 2개의 주행모터를 서로 반대방향으로 동시에 구동시킨다. 즉 스핀회전을 한다.

Answer
43. ③ 44. ③ 45. ① 46. ④ 47. ① 48. ③ 49. ② 50. ③

51. 굴삭기에서 그리스를 주입하지 않아도 되는 곳은?
① 버킷 핀 ② 링키지
③ 트랙 슈 ④ 선회 베어링

52. 타이어 굴삭기의 주행 전 주의사항으로 틀린 것은?
① 버킷 실린더, 암 실린더를 충분히 눌려 펴서 버킷이 캐리어 상면 높이 위치에 있도록 한다.
② 버킷 레버, 암 레버, 붐 실린더 레버가 움직이지 않도록 잠가둔다.
③ 선회고정 장치는 반드시 풀어 놓는다.
④ 굴삭기에 그리스, 오일, 진흙 등이 묻어 있는지 점검한다.

53. 무한궤도 굴삭기의 주행방법 중 잘못된 것은?
① 가능하면 평탄한 길을 택하여 주행한다.
② 요철이 심한 곳에서는 엔진 회전수를 높여 통과한다.
③ 돌이 주행모터에 부딪치지 않도록 한다.
④ 연약한 땅을 피해서 간다.

54. 크롤러형의 굴삭기 주행운전에서 적합하지 않은 것은?
① 암반을 통과할 때 엔진속도는 고속이어야 한다.
② 주행할 때 버킷의 높이는 30~50cm가 좋다.
③ 가능하면 평탄지면을 택하고, 엔진은 중속이 적합하다.
④ 주행할 때 전부(작업)장치는 전방을 향해야 좋다.

55. 무한궤도형 굴삭기에서 주행 불량 현상의 원인이 아닌 것은?
① 한쪽 주행모터의 브레이크 작동이 불량할 때
② 유압펌프의 토출 유량이 부족할 때
③ 트랙에 오일이 묻었을 때
④ 스프로킷이 손상되었을 때

56. 트랙형 굴삭기의 주행 장치에 브레이크 장치가 없는 이유로 가장 적당한 것은?
① 주속으로 주행하기 때문이다.
② 트랙과 지면의 마찰이 크기 때문이다.
③ 주행제어 레버를 반대로 작용시키면 정지하기 때문이다.
④ 주행제어 레버를 중립으로 하면 주행모터의 작동유 공급 쪽과 복귀 쪽 회로가 차단되기 때문이다.

[해설] 트랙형 굴삭기의 주행 장치에 브레이크 장치가 없는 이유는 주행제어 레버를 중립으로 하면 주행모터의 작동유 공급 쪽과 복귀 쪽 회로가 차단되기 때문이다.

57. 크롤러형 굴삭기가 주행 중 주행방향이 틀려지고 있을 때 그 원인과 가장 관계가 적은 것은?
① 트랙의 균형이 맞지 않았을 때
② 유압계통에 이상이 있을 때
③ 트랙 슈가 약간 마모되었을 때
④ 지면이 불규칙할 때

[해설] 주행방향이 틀려지는 이유는 트랙의 균형(정렬)불량, 센터조인트 작동불량, 유압계통의 불량, 지면의 불규칙 등이다.

Answer
51. ③ 52. ③ 53. ② 54. ① 55. ③ 56. ④ 57. ③

58. 굴삭기 운전 시 작업안전 사항으로 적합하지 않은 것은?
① 스윙하면서 버킷으로 암석을 부딪쳐 파쇄 하는 작업을 하지 않는다.
② 안전한 작업 반경을 초과해서 하중을 이동시킨다.
③ 굴삭하면서 주행하지 않는다.
④ 작업을 중지할 때는 파낸 모서리로부터 장비를 이동시킨다.

59. 굴삭기 운전 중 주의사항으로 가장 거리가 먼 것은?
① 기관을 필요이상 공회전시키지 않는다.
② 급가속, 급브레이크는 장비에 악영향을 주므로 피한다.
③ 커브 주행은 커브에 도달하기 전에 속력을 줄이고, 주의하여 주행한다.
④ 주행 중 이상소음, 냄새 등의 이상을 느낀 경우에는 작업 후 점검한다.

60. 덤프트럭에 상차작업 시 가장 중요한 굴삭기의 위치는?
① 선회거리를 가장 짧게 한다.
② 암 작동거리를 가장 짧게 한다.
③ 버킷 작동거리를 가장 짧게 한다.
④ 붐 작동거리를 가장 짧게 한다.

> [해설] 덤프트럭에 상차작업을 할 때 굴삭기의 선회거리를 가장 짧게 하여야 한다.

61. 굴삭기 작업 시 작업 안전사항으로 틀린 것은?
① 기중작업은 가능한 피하는 것이 좋다.
② 경사지 작업 시 측면절삭을 행하는 것이 좋다.
③ 타이어형 굴삭기로 작업 시 안전을 위하여 아웃트리거를 받치고 작업한다.
④ 한쪽 트랙을 들 때에는 암과 붐 사이의 각도는 90~110°범위로 해서 들어주는 것이 좋다.

> [해설] 경사지에서 작업할 때 측면절삭을 해서는 안 된다.

62. 굴삭기 작업방법 중 틀린 것은?
① 버킷으로 옆으로 밀거나 스윙할 때의 충격력을 이용하지 말 것
② 하강하는 버킷이나 붐의 중력을 이용하여 굴착할 것
③ 굴삭부분을 주의 깊게 관찰하면서 작업할 것
④ 과부하를 받으면 버킷을 지면에 내리고 모든 레버를 중립으로 할 것

63. 굴삭기로 작업할 때 안전한 작업방법에 관한 사항들이다. 가장 적절하지 않은 것은?
① 작업 후에는 암과 버킷 실린더 로드를 최대로 줄이고 버킷을 지면에 내려놓을 것
② 토사를 굴착하면서 스윙하지 말 것
③ 암석을 옮길 때는 버킷으로 밀어내지 말 것
④ 버킷을 들어 올린 채로 브레이크를 걸어두지 말 것

> [해설] 암석을 옮길 때는 버킷으로 밀어내도록 한다.

Answer 58. ② 59. ④ 60. ① 61. ② 62. ② 63. ③

64. 굴삭기 작업 안전수칙에 대한 설명 중 틀린 것은?
   ① 버킷에 무거운 하중이 있을 때는 5~10cm 들어 올려서 장비의 안전을 확인한 후 계속 작업한다.
   ② 버킷이나 하중을 달아 올린 채로 브레이크를 걸어두어서는 안 된다.
   ③ 작업할 때는 버킷 옆에 항상 작업을 보조하기 위한 사람이 위치하도록 한다.
   ④ 운전자는 작업반경의 주위를 파악한 후 스윙, 붐의 작동을 행한다.

65. 굴삭기로 작업할 때 주의사항으로 틀린 것은?
   ① 땅을 깊이 팔 때는 붐의 호스나 버킷 실린더의 호스가 지면에 닿지 않도록 한다.
   ② 암석, 토사 등을 평탄하게 고를 때는 선회관성을 이용하면 능률적이다.
   ③ 암 레버의 조작 시 잠깐 멈췄다가 움직이는 것은 펌프의 토출량이 부족하기 때문이다.
   ④ 작업 시는 실린더의 행정 끝에서 약간 여유를 남기도록 운전한다.

   해설
   암석, 토사 등을 평탄하게 고를 때는 선회관성을 이용하면 스윙모터에 과부하가 걸리기 쉽다.

66. 굴착을 깊게 하여야 하는 작업 시 안전 준수 사항으로 가장 거리가 먼 것은?
   ① 여러 단계로 나누지 않고, 한 번에 굴착한다.
   ② 작업은 가능한 숙련자가 하고, 작업 안전 책임자가 있어야 한다.
   ③ 작업장소의 조명 및 위험요소의 유무 등에 대하여 점검하여야 한다.
   ④ 산소결핍의 위험이 있는 경우는 안전 담당자에게 산소농도 측정 및 기록을 하게 한다.

   해설
   굴착을 깊게 할 때에는 여러 단계로 나누 굴착한다.

67. 굴삭기로 절토 작업 시 안전준수 사항으로 잘못된 것은?
   ① 상부에서 붕괴낙하 위험이 있는 장소에서 작업은 금지한다.
   ② 상·하부 동시작업으로 작업능률을 높인다.
   ③ 굴착 면이 높은 경우에는 계단식으로 굴착한다.
   ④ 부석이나 붕괴되기 쉬운 지반은 적절한 보강을 한다.

   해설
   절토작업을 할 때 상·하부 동시작업을 해서는 안 된다.

68. 굴삭기작업 시 진행방향으로 옳은 것은?
   ① 전진   ② 후진
   ③ 선회   ④ 우방향

   해설
   굴삭기로 작업을 할 때에는 후진시키면서 한다.

69. 건설기계를 트레일러에 상·하차하는 방법 중 틀린 것은?
   ① 언덕을 이용한다.
   ② 기중기를 이용한다.
   ③ 타이어를 이용한다.
   ④ 건설기계 전용 상하차대를 이용한다.

Answer ▶▶
64. ③ 65. ② 66. ① 67. ② 68. ② 69. ③

70. 넓은 홈의 굴착작업 시 알맞은 굴착순서는?

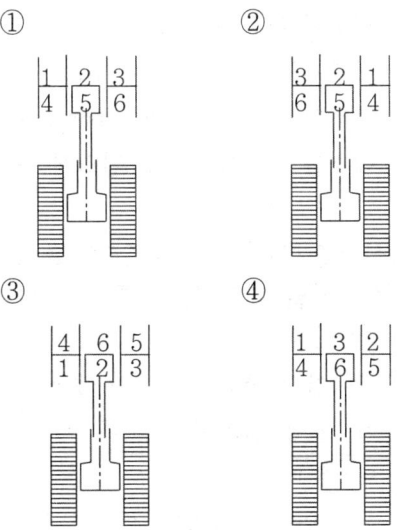

71. 다음 중 효과적인 굴착작업이 아닌 것은?
① 붐과 암의 각도를 80~110°정도로 선정한다.
② 버킷 투스의 끝이 암(디퍼스틱)보다 안쪽으로 향해야 한다.
③ 버킷은 의도한대로 위치하고 붐과 암을 계속 변화시키면서 굴착한다.
④ 굴착한 후 암(디퍼스틱)을 오므리면서 붐은 상승위치로 변화시켜 하역 위치로 스윙한다.

해설 ----
버킷 투스의 끝이 암(디퍼스틱)보다 바깥쪽으로 향해야 한다.

72. 굴삭기작업 중 운전자가 하차 시 주의사항으로 틀린 것은?
① 엔진 정지 후 가속레버를 최대로 당겨 놓는다.
② 타이어식인 경우 경사지에서 정차 시 고임목을 설치한다.
③ 버킷을 땅에 완전히 내린다.
④ 엔진을 정지시킨다.

73. 굴삭기를 트레일러에 상차하는 방법에 대한 것으로 가장 적합하지 않는 것은?
① 가급적 경사대를 사용한다.
② 트레일러로 운반 시 작업 장치를 반드시 앞쪽으로 한다.
③ 경사대는 10~15°정도 경사시키는 것이 좋다.
④ 붐을 이용하여 버킷으로 차체를 들어올려 탑재하는 방법도 이용되지만 전복의 위험이 있어 특히 주의를 요하는 방법이다.

해설 ----
트레일러로 굴삭기를 운반할 때 작업 장치를 반드시 뒤쪽으로 한다.

74. 전부장치가 부착된 굴삭기를 트레일러로 수송할 때 붐이 향하는 방향으로 가장 적합한 것은?
① 앞방향   ② 뒷방향
③ 좌측방향 ④ 우측방향

75. 휠식(wheel type) 굴삭기에서 아워 미터의 역할은?
① 엔진 가동시간을 나타낸다.
② 주행거리를 나타낸다.
③ 오일량을 나타낸다.
④ 작동유량을 나타낸다.

해설 ----
아워미터(시간계)는 엔진의 가동시간을 표시하는 계기이며, 설치목적은 가동시간에 맞추어 예방정비 및 각종 오일교환과 각 부위 주유를 정기적으로 하기 위함이다.

Answer ▶▶▶
70. ④ 71. ② 72. ① 73. ② 74. ② 75. ①

76. 굴삭기에 아워미터(시간계)의 설치목적이 아닌 것은 ?
   ① 가동시간에 맞추어 예방정비를 한다.
   ② 가동시간에 맞추어 오일을 교환한다.
   ③ 각 부위 주유를 정기적으로 하기 위해 설치되어 있다.
   ④ 하차만료 시간을 체크하기 위하여 설치되어 있다.

77. 굴삭기의 작업 중 운전자가 관심을 가져야 할 사항이 아닌 것은 ?
   ① 엔진속도 게이지
   ② 온도 게이지
   ③ 작업속도 게이지
   ④ 장비의 잡음 상태

78. 굴삭기의 일상점검 사항이 아닌 것은 ?
   ① 엔진 오일량   ② 냉각수 누출여부
   ③ 오일쿨러 세척   ④ 유압 오일량

79. 유압 굴삭기의 시동 전에 이뤄져야 하는 외관점검 사항이 아닌 것은 ?
   ① 고압호스 및 파이프 연결부 손상여부
   ② 각종 오일의 누유여부
   ③ 각종 볼트, 너트의 체결상태
   ④ 유압유 탱크의 필터의 오염상태

80. 크롤러형 굴삭기가 진흙에 빠져서, 자력으로는 탈출이 거의 불가능하게 된 상태의 경우 견인방법으로 가장 적당한 것은?
   ① 버킷으로 지면을 걸고 나온다.
   ② 두 대의 굴삭기 버킷을 서로 걸고 견인한다.
   ③ 전부장치로 잭업시킨 후, 후진으로 밀면서 나온다.
   ④ 하부기구 본체에 와이어로프를 걸고 크레인으로 당길 때 굴삭기는 주행 레버를 견인방향으로 밀면서 나온다.

81. 굴삭기를 이용하여 수중작업을 하거나 하천을 건널 때의 안전사항으로 맞지 않는 것은 ?
   ① 타이어식 굴삭기는 액슬 중심점 이상이 물에 잠기지 않도록 주의하면서 도하한다.
   ② 무한궤도 굴삭기는 주행모터의 중심선 이상이 물에 잠기지 않도록 주의하면서 도하한다.
   ③ 타이어식 굴삭기는 블레이드를 앞쪽으로 하고 도하한다.
   ④ 수중작업 후에는 물에 잠겼던 부위에 새로운 그리스를 주입한다.

82. 타이어식 굴삭기의 액슬 허브에 오일을 교환하고자 한다. 오일을 배출시킬 때와 주입할 때의 플러그 위치로 옳은 것은 ?
   ① 배출시킬 때 1시 방향, 주입할 때 : 9시 방향
   ② 배출시킬 때 6시 방향, 주입할 때 : 9시 방향
   ③ 배출시킬 때 3시 방향, 주입할 때 : 9시 방향
   ④ 배출시킬 때 2시 방향, 주입할 때 : 12시 방향

Answer
76. ④ 77. ③ 78. ③ 79. ④ 80. ④ 81. ② 82. ②

05 CHAPTER 건설기계 유압

1. 유압의 개요

1.1. 액체의 성질
① 공기는 압력을 가하면 압축되지만 액체는 압축되지 않는다.
② 액체는 힘과 운동을 전달 할 수 있다.
③ 액체는 힘을 증대시키거나 감소시킬 수도 있다.

1.2. 유압장치의 정의
유압장치는 유압유의 압력에너지(유압)를 이용하여 기계적인 일을 하도록 하는 기계이다.

1.2.1. 파스칼(pascal)의 원리
① 밀폐된 용기 내의 한 부분에 가해진 압력은 액체 내의 모든 부분에 동일한 압력으로 전달된다.
② 정지된 액체의 한 점에 있어서의 압력의 크기는 모든 방향에 대하여 동일하다.
③ 정지된 액체에 접하고 있는 면에 가해진 압력은 그 면에 수직으로 작용한다.

1.2.2. 압력
① 단위면적에 작용하는 힘, 즉 압력= 가해진 힘 ÷ 단면적이며, 단위는 kgf/cm^2, PSI, Pa(kPa, MPa), mmHg, bar, atm, mAq 등을 사용한다.

② 압력에 영향을 주는 요소는 유압유의 유량, 유압유의 점도, 관로(pipe circuit)직경의 크기이다.

1.2.3. 유량
① 단위시간에 이동하는 유압유의 체적. 즉 계통 내에서 이동되는 유압유의 양이다.
② 단위는 GPM(gallon per minute) 또는 LPM(L/min, liter per minute)을 사용한다.

1.3. 유압장치의 장·단점
1.3.1. 유압장치의 장점
① 힘의 전달 및 증폭과 연속적 제어가 용이하다.
② 운동방향을 쉽게 변경할 수 있고, 에너지 축적이 가능하다.
③ 작은 동력원으로 큰 힘을 낼 수 있고, 정확한 위치제어가 가능하다.
④ 무단변속이 가능하고 작동이 원활하다.
⑤ 원격제어가 가능하고, 속도제어가 용이하다.
⑥ 윤활성, 내마멸성, 방청성이 좋다.
⑦ 과부하 방지가 간단하고 정확하다.

1.3.2. 유압장치의 단점
① 유압유 온도의 영향에 따라 정밀한 속도와 제어가 곤란하다.
② 유압유의 온도에 따라서 점도가 변하므로 기계의 속도가 변한다.
③ 회로구성이 어렵고 누설되는 경우가 있다.
④ 유압유는 가연성이 있어 화재에 위험하다.
⑤ 폐유에 의해 주변 환경이 오염될 수 있다.
⑥ 에너지의 손실이 크고, 관로를 연결하는 곳에서 유압유가 누출될 우려가 있다.
⑦ 고압사용으로 인한 위험성 및 이물질에 민감하다.
⑧ 구조가 복잡하므로 고장원인의 발견이 어렵다.

2. 유압유(작동유)

2.1. 유압유의 점도
① 점도는 점성의 정도를 나타내는 척도이며, 유압유의 성질 중 가장 중요하다.
② 유압유의 점도는 온도가 상승하면 저하되고, 온도가 내려가면 높아진다.

2.1.1. 유압유의 점도가 높을 때의 영향
① 유압은 높아지므로 유동저항이 커져 압력손실이 증가한다.
② 내부마찰이 증가하고, 압력이 상승한다.
③ 동력손실이 증가하여 기계효율이 감소한다.
④ 열 발생의 원인이 될 수 있다.

2.1.2. 유압유의 점도가 낮을 때의 영향
① 유압장치(회로) 내의 압력이 저하된다.
② 유압펌프의 효율이 저하된다.
③ 유압 실린더·유압모터 및 제어밸브에서 누출현상이 발생한다.
④ 유압 실린더 및 유압모터의 작동속도가 늦어진다.

유압유에 점도가 서로 다른 2종류의 오일을 혼합하면 열화 현상을 촉진시킨다.

2.2. 유압유의 구비조건
① 인화점 및 발화점이 높고, 내열성이 클 것
② 기포분리 성능(소포성)이 클 것
③ 체적탄성계수 및 점도지수가 클 것
④ 적절한 유동성과 점성을 지니고 있을 것
⑤ 압축성, 밀도, 열팽창계수가 작을 것
⑥ 화학적 안정성이 클 것 즉 산화안정성이 좋을 것

2.3. 유압유 첨가제

산화방지제, 유성향상제, 마모방지제, 소포제(거품 방지제), 유동점 강하제, 점도지수 향상제 등이 있다.

[1] 산화방지제

산의 생성을 억제함과 동시에 금속표면에 부식억제 피막을 형성하여 산화 물질이 금속에 직접 접촉하는 것을 방지한다.

[2] 유성향상제

금속사이의 마찰을 방지하기 위한 방안으로 마찰계수를 저하시키기 위하여 사용한다.

2.4. 유압유에 수분이 미치는 영향

유압유에 수분이 생성되는 주원인은 공기혼입 때문이며, 유압유에 수분이 유입되었을 때의 영향은 다음과 같다.
① 유압유의 산화와 열화를 촉진시키고, 내마모성을 저하시킨다.
② 유압유의 윤활성 및 방청성을 저하시킨다.
③ 수분함유 여부는 가열한 철판 위에 유압유를 떨어뜨려 점검한다.

2.5. 유압유 열화 판정방법

① 점도상태 및 색깔의 변화나 수분, 침전물의 유무로 확인한다.
② 흔들었을 때 생기는 거품이 없어지는 양상을 확인한다.
③ 자극적인 악취유무로 확인(냄새로 확인)한다.
④ 유압유 교환을 판단하는 조건은 점도의 변화, 색깔의 변화, 수분의 함량여부이다.

2.6. 유압유의 온도

유압유의 정상작동 온도범위는 40~80℃ 정도이다.

2.6.1. 유압장치의 열 발생원인
① 유압유의 양이 부족하다.
② 유압유의 점도가 너무 높아 내부마찰이 발생하고 있다.
③ 릴리프밸브가 닫힌 상태로 고장이 발생하여 작동압력이 너무 높다.
④ 유압회로 내에서 캐비테이션(공동현상)이 발생된다.
⑤ 오일냉각기의 냉각핀이 오손되었다.

2.6.2. 유압유가 과열되었을 때의 영향
① 점도저하에 의해 누출되기 쉽고, 열화를 촉진한다.
② 유압장치가 열 변형되기 쉽고, 효율이 저하한다.
③ 유압장치의 작동불량 현상이 발생하고, 유압유의 산화작용을 촉진한다.
④ 기계적인 마모가 발생할 수 있다.

2.7. 유압장치의 이상 현상
2.7.1. 캐비테이션(cavitation)
공동현상이라고도 하며, 유압이 진공에 가까워짐으로서 저압부분에서 기포가 발생하며, 기포가 파괴되어 국부적인 고압이나 소음과 진동이 발생하고, 양정과 효율이 저하되는 현상이다.

[1] 방지방법
① 점도가 알맞은 유압유를 사용한다.
② 흡입구의 양정을 1m 이하로 한다.
③ 유압펌프의 운전속도를 규정 속도이상으로 하지 않는다.
④ 흡입관의 굵기는 유압펌프 본체의 연결구 크기와 같은 것을 사용한다.
⑤ 캐비테이션이 발생하면 일정압력을 유지시켜야 한다.

2.7.2. 서지압력(surge pressure)
① 과도적으로 발생하는 이상 압력의 최댓값이다.

② 유압회로 내의 밸브를 갑자기 닫았을 때, 유압유의 속도에너지가 압력에너지로 변하면서 일시적으로 큰 압력증가가 생기는 현상이다.

2.7.3. 유압 실린더의 숨 돌리기 현상
① 유압유의 공급이 부족할 때 발생한다.
② 피스톤 작동이 불안정하게 된다.
③ 작동시간의 지연이 생긴다.
④ 서지압력이 발생한다.

3 유압장치

유압장치의 기본 구성요소는 유압구동장치(기관 또는 전동기), 유압발생장치(유압펌프), 유압제어장치(유압제어 밸브)이다.

3.1. 오일탱크
3.1.1. 오일탱크의 구조
① 오일탱크는 유압유를 저장하는 장치이며, 주입구 캡, 유면계, 배플(격판), 스트레이너, 드레인 플러그 등으로 되어있다.

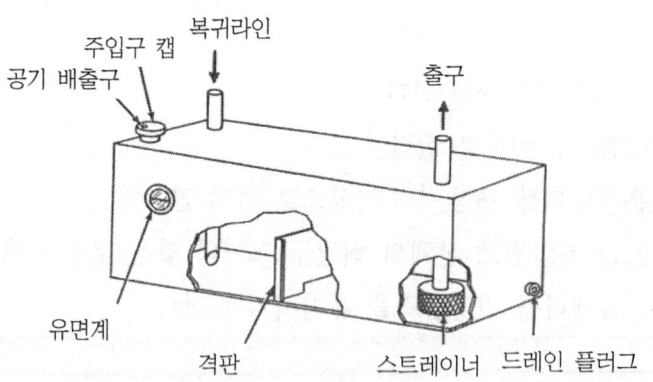

그림 오일탱크의 구조

② 유압펌프의 흡입구멍은 오일탱크 가장 밑면과 어느 정도 공간을 두고 설치하며, 유압펌프 흡입구멍에는 스트레이너를 설치한다.
③ 유압펌프 흡입구멍과 탱크로의 귀환구멍(복귀구멍)사이에는 격판(baffle plate)을 설치한다.
④ 유압펌프 흡입구멍은 탱크로의 귀환구멍(복귀구멍)으로부터 가능한 멀리 떨어진 위치에 설치한다.

3.1.2. 오일탱크의 기능

① 유압장치 내의 필요한 유량을 확보(유압유 저장)한다.
② 격판(배플)에 의한 기포발생 방지 및 제거 및 유압유의 출렁거림을 방지한다.
③ 스트레이너 설치로 회로 내 불순물 혼입을 방지한다.
④ 유압유 중이 이물질을 분리하는 작용을 한다.
⑤ 오일탱크 외벽의 방열에 의한 적정온도를 유지한다.
⑥ 유압유 수명을 연장하는 역할을 한다.

3.1.3. 오일탱크의 구비조건

① 드레인 플러그(배출밸브) 및 유면계를 설치한다.
② 흡입관과 복귀관 사이에 격판(배플)을 설치하여야 한다.
③ 적당한 크기의 주유구 및 스트레이너를 설치한다.
④ 유면은 적정위치 "F(full)"에 가깝게 유지하여야 한다.
⑤ 발생한 열을 방산할 수 있어야 한다.
⑥ 공기 및 수분 등의 이물질을 분리할 수 있어야 한다.
⑦ 유압유에 이물질이 유입되지 않도록 밀폐되어야 한다.
⑧ 오일탱크의 크기는 중력에 의하여 복귀되는 장치 내의 모든 유압유 받아들일 수 있는 크기로 하여야 한다(유압펌프 토출유량의 2~3배가 표준이다).

3.2. 유압펌프

3.2.1. 유압펌프의 개요

① 동력원(내연기관, 전동기 등)로부터의 기계적인 에너지를 이용하여 유압유에 압력에너지를 부여하는 장치이다.
② 동력원과 커플링으로 직결되어 있어 동력원이 회전하는 동안에는 항상 회전하여 오일탱크 내의 유압유를 흡입하여 제어밸브(control valve)로 송유(토출)한다.
③ 종류에는 기어펌프, 베인펌프, 피스톤(플런저)펌프, 나사펌프, 트로코이드 펌프 등이 있다.
④ 정용량형은 토출유량을 변화시키려면 펌프의 회전속도를 바꾸어야 하는 형식이다.
⑤ 가변용량형은 작동 중 유압펌프의 회전속도를 바꾸지 않고도 토출유량을 변환시킬 수 있는 형식이다.

3.2.2. 유압펌프의 종류와 특징

[1] 기어펌프(gear pump)

(1) 기어펌프의 개요

외접기어 펌프와 내접기어 펌프가 있으며, 회전속도에 따라 흐름용량(유량)이 변화하는 정용량형이다.

(2) 기어펌프의 장점

① 흡입성능이 우수해 유압유의 기포발생이 적다.
② 소형이며 구조가 간단해 제작이 용이하다.
③ 가혹한 조건에 잘 견디고, 고속회전이 가능하다.

(3) 기어펌프의 단점

① 수명이 비교적 짧고, 토출유량의 맥동이 커 소음과 진동이 크다.
② 효율이 낮고, 대용량 및 초고압 유압펌프로 하기가 어렵다.

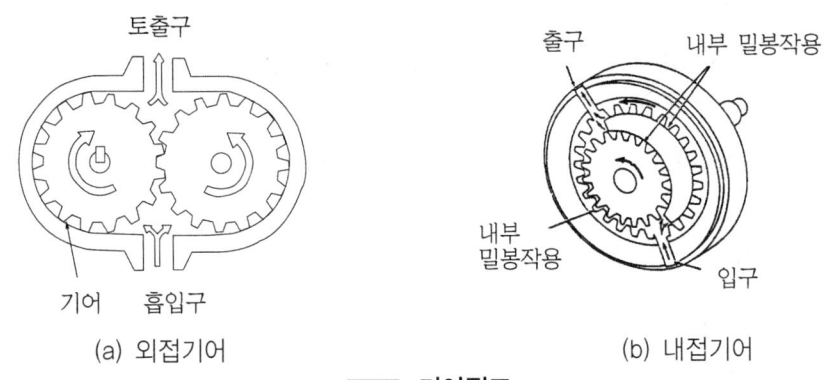

그림 기어펌프

(4) 외접기어 펌프의 폐입(폐쇄)현상

① 토출된 유압유 일부가 입구 쪽으로 귀환하여 토출유량 감소, 축 동력증가 및 케이싱 마모, 기포발생 등의 원인을 유발하는 현상이다.

② 소음과 진동의 원인이 되며, 폐입된 부분의 유압유는 압축이나 팽창을 받는다.

③ 기어 측면에 접하는 펌프 측판(side plate)에 릴리프 홈을 만들어 방지한다.

[2] 베인펌프(vane pump)

(1) 베인펌프의 개요

① 캠링(케이스), 로터(회전자), 베인(날개)으로 구성되고, 정용량형과 가변용량형이 있으며, 회전력(torque)이 안정되어 있다.

② 로터를 회전시키면 베인과 캠링(케이싱)의 내벽과 밀착된 상태가 되므로 기밀을 유지하게 된다.

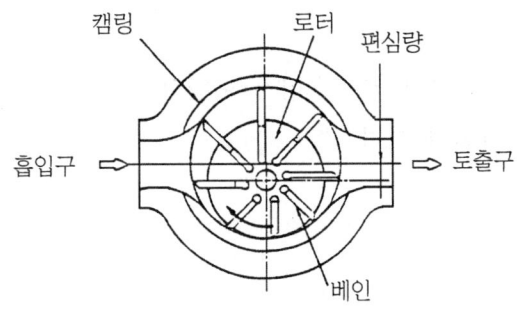

그림 베인펌프

(2) 베인펌프의 장점
　① 구조가 간단하고 성능이 좋으며, 토출압력의 맥동과 소음이 적다.
　② 소형·경량이며, 베인의 마모에 의한 압력저하가 발생하지 않는다.
　③ 수리 및 관리가 쉽고, 수명이 길며 장시간 안정된 성능을 발휘할 수 있다.

(3) 베인펌프의 단점
　① 유압유의 점도에 제한을 받는다.
　② 제작할 때 높은 정밀도가 요구된다.
　③ 유압유의 오염에 주의해야 하며, 흡입 진공도가 허용한도 이하이어야 한다.

[3] 플런저(피스톤)펌프(plunger or piston pump)
(1) 플런저펌프의 개요
　① 구동축이 회전운동을 하면 플런저(피스톤)가 실린더 내를 왕복운동을 하면서 펌프 작용을 한다.
　② 맥동적 출력을 하지만 다른 유압펌프에 비하여 최고압력의 토출이 가능하고, 효율에서도 전체 압력범위가 높다.

(2) 플런저펌프의 장점
　① 플런저(피스톤)가 직선운동을 한다.
　② 축은 회전 또는 왕복운동을 한다.
　③ 가변용량에 적합하다. 즉 토출유량의 변화범위가 크다.

(3) 플런저펌프의 단점
　① 가격이 비싸고, 구조가 복잡하여 수리가 어렵다.
　② 베어링에 가해지는 부하가 크다.

(4) 플런저펌프의 분류
① 액시얼형 플런저펌프(axial type plunger pump) : 플런저를 유압펌프 축과 평행하게 설치하며, 플런저(피스톤)가 경사판에 연결되어 회전한다. 경사판의 기능은 유압펌프의 용량조절이며, 유압펌프 중에서 발생유압이 가장 높다.
② 레이디얼형 플런저펌프(radial type plunger pump) : 플런저가 유압펌프 축에 직각으로 즉 반지름 방향으로 배열되어 있다. 기본 작동은 간단하지만 구조가 복잡하다.

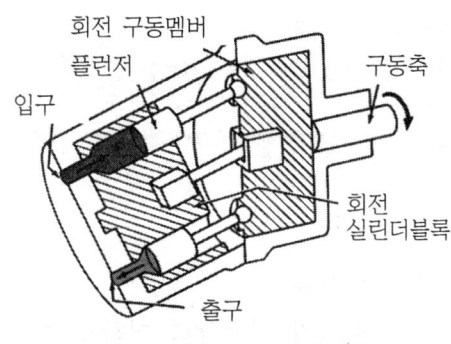

그림 플런저펌프(액시얼형)

3.2.3. 유압펌프의 용량 표시방법
① 주어진 압력과 그 때의 토출유량으로 표시하며, 토출유량이란 유압펌프가 단위시간당 토출하는 유압유의 체적이다.
② 토출유량의 단위는 LPM(L/min)이나 GPM(gallon per minute)을 사용한다.

3.3. 제어밸브(control valve)
유압유의 압력, 유량 또는 방향을 제어하는 밸브의 총칭이다.
① 일의 크기를 결정하는 압력제어 밸브
② 일의 속도를 결정하는 유량제어 밸브
③ 일의 방향을 결정하는 방향제어 밸브

3.3.1. 압력제어밸브
① 유압회로 중 유압을 일정하게 유지하거나 최고압력을 제한하는 밸브이다.

② 종류에는 릴리프밸브, 감압(리듀싱)밸브, 시퀀스밸브, 무부하(언로더)밸브, 카운터 밸런스 밸브 등이 있다.

[1] 릴리프밸브(relief valve)
① 유압펌프 출구와 제어밸브 입구사이 즉, 유압펌프와 방향제어밸브 사이에 설치된다.
② 유압장치 내의 압력을 일정하게 유지하고, 최고압력을 제한하며 회로를 보호하며, 과부하 방지와 유압기기의 보호를 위하여 최고압력을 규제한다.

> **REFERENCE 크랭킹 압력과 채터링**
> • 크랭킹 압력 : 릴리프밸브에서 포핏밸브를 밀어 올려 유압유가 흐르기 시작할 때의 압력이다.
> • 채터링(chattering) : 릴리프밸브의 볼(ball)이 밸브의 시트를 때려 소음을 발생시키는 현상이다.

[2] 감압(리듀싱, reducing valve)밸브
① 회로일부의 압력을 릴리프밸브의 설정압력 이하로 하고 싶을 때 사용한다. 즉 유압회로에서 메인 유압보다 낮은 압력으로 유압 액추에이터를 동작시키고자 할 때 사용한다.
② 상시개방(열림) 상태로 되어 있다가 출구(2차 쪽)의 압력이 감압밸브의 설정압력 보다 높아지면 밸브가 작용하여 유압회로를 닫는다.
③ 입구(1차 쪽)의 주 회로에서 출구(2차 쪽)의 감압회로로 유압유가 흐른다.

[3] 시퀀스밸브(sequence valve)
유압원에서의 주회로부터 유압 실린더 등이 2개 이상의 분기회로를 가질 때, 각 유압 실린더를 일정한 순서로 순차적으로 작동시킨다. 즉 유압 실린더나 모터의 작동순서를 결정한다.

[4] 무부하 밸브(언로드 밸브, unloader valve)
① 유압회로 내의 압력이 설정압력에 도달하면 유압펌프에서 토출된 유압유를 전부 오일탱크로 회송시켜 유압펌프를 무부하로 운전시키는데 사용한다.

② 고압·소용량, 저압·대용량 유압펌프를 조합 운전할 경우 회로 내의 압력이 설정압력에 도달하면 저압 대용량 유압펌프의 토출유량을 오일탱크로 귀환시키는 작용을 한다.
③ 유압장치에서 2개의 유압펌프를 사용할 때 펌프의 전체 송출량을 필요로 하지 않을 경우, 동력의 절감과 유온상승을 방지한다.

[5] 카운터밸런스 밸브(counter balance valve)
체크밸브가 내장되는 밸브이며, 유압회로의 한방향의 흐름에 대해서는 설정된 배압을 생기게 하고, 다른 방향의 흐름은 자유롭게 흐르도록 한다. 즉 중력 및 자체중량에 의한 자유낙하 등을 방지하기 위하여 회로에 배압을 유지한다.

3.3.2. 유량제어밸브

[1] 유량제어밸브의 기능
액추에이터의 운동속도를 조정하기 위하여 사용한다.

[2] 유량제어밸브의 종류
① 교축밸브(throttle valve) : 밸브 내의 통로면적을 외부로부터 바꾸어 유압유의 통로에 저항을 부여하여 유량을 조정한다.
② 오리피스 밸브(orifice valve) : 유압유가 통하는 작은 지름의 구멍으로 비교적 소량의 유량측정 등에 사용된다.
③ 분류밸브(low dividing valve) : 2개 이상의 액추에이터에 동일한 유량을 분배하여 작동속도를 동기시키는 경우에 사용한다.
④ 니들밸브(needle valve) : 밸브보디가 바늘모양으로 되어, 노즐 또는 파이프 속의 유량을 조절한다.
⑤ 속도제어 밸브(speed control valve) : 액추에이터의 작동속도를 제어하기 위하여 사용하며, 가변 교축밸브와 체크밸브를 병렬로 설치하여 유압유를 한쪽 방향으로는 자유흐름으로 하고 반대방향으로는 제어흐름이 되도록 한다.
⑥ 급속 배기밸브(quick exhaust valve) : 입구와 출구, 배기구멍에 3개의 포트가 있는 밸브이다. 입구유량에 비해 배기유량이 매우 크다.

⑦ 스톱밸브(stop valve) : 유압유의 흐름방향과 평행하게 개폐되는 밸브이다.
⑧ 스로틀 체크밸브(throttle check valve) : 한쪽에서의 흐름은 교축이고 반대방향에서의 흐름은 자유롭다.

3.3.3. 방향제어밸브

[1] 방향제어밸브의 기능

유압유의 흐름방향을 변환하며, 유압유의 흐름방향을 한쪽으로만 허용한다. 즉 유압실린더나 유압모터의 작동방향을 바꾸는데 사용한다.

[2] 방향제어밸브의 종류

① 스풀밸브(spool valve) : 액추에이터의 방향전환 밸브이며, 원통형 슬리브 면에 내접하여 축 방향으로 이동하여 유압회로를 개폐하는 형식의 밸브이다. 즉 유압유의 흐름방향을 바꾸기 위해 사용한다.
② 체크밸브(check valve) : 유압회로에서 역류를 방지하고 회로내의 잔류압력을 유지한다. 즉 유압유의 흐름을 한쪽으로만 허용하고 반대방향의 흐름을 제어한다.
③ 셔틀밸브(shuttle valve) : 2개 이상의 입구와 1개의 출구가 설치되어 있으며, 출구가 최고 압력의 입구를 선택하는 기능을 가진 밸브이다.

3.3.4. 디셀러레이션 밸브(deceleration valve)

유압실린더를 행정 최종 단에서 실린더의 작동속도를 감속하여 서서히 정지시키고자 할 때 사용하며, 일반적으로 캠(cam)으로 조작된다.

3.4. 액추에이터(actuator)

① 유압유의 압력 에너지(힘)를 기계적 에너지(일)로 변환시키는 작용을 하는 장치이다.
② 유압펌프를 통하여 송출된 유압 에너지를 직선운동이나 회전운동을 통하여 기계적 일을 하는 장치이며, 종류에는 유압실린더와 유압모터가 있다.

3.4.1. 유압 실린더(hydraulic cylinder)

① 실린더, 피스톤, 피스톤 로드로 구성된 직선 왕복운동을 하는 액추에이터이다.
② 종류에는 단동실린더, 복동 실린더(싱글 로드형과 더블 로드형), 다단실린더, 램형 실린더 등이 있다.
③ 단동 실린더형은 한쪽방향에 대해서만 유효한 일을 하고, 복귀는 중력이나 복귀스프링에 의한다.
④ 복동 실린더형은 피스톤의 양쪽에 유압유를 교대로 공급하여 양방향의 운동을 유압으로 작동시킨다.
⑤ 지지방식에는 푸트형, 플랜지형, 트러니언형, 클레비스형이 있다.
⑥ 쿠션기구는 실린더의 피스톤이 고속으로 왕복운동할 때 행정의 끝에서 피스톤이 커버에 충돌하여 발생하는 충격을 흡수하고, 그 충격력에 의해서 발생하는 유압회로의 악영향이나 유압기기의 손상을 방지하기 위해서 설치한다.

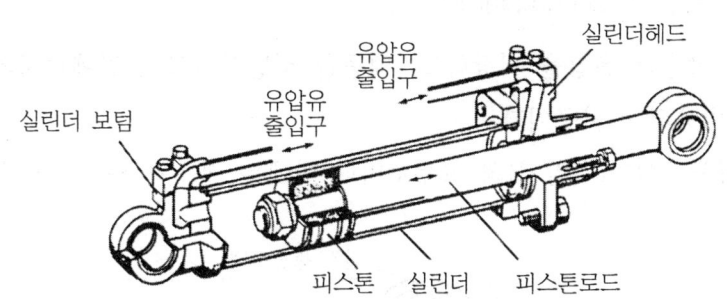

그림 유압실린더의 구조(복동형)

3.4.2. 유압모터(hydraulic motor)

① 유압 에너지에 의해 연속적으로 회전운동하여 기계적인 일을 하는 장치이다.
② 종류에는 기어모터, 베인모터, 플런저모터가 있다.

[1] 유압모터의 장점
① 넓은 범위의 무단변속이 용이하다.
② 소형·경량으로 큰 출력을 낼 수 있다.
③ 자동원격 조작이 가능하고 작동이 신속·정확하다.
④ 정·역회전 변화가 가능하다.

⑤ 구조가 간단하며, 과부하에 대해 안전하다.
⑥ 회전체의 관성이 작아 응답성이 빠르다.
⑦ 회전속도나 방향의 제어가 용이하다.
⑧ 전동모터에 비하여 급속정지가 쉽다.

[2] 유압모터의 단점
① 유압유에 먼지나 공기가 침입하지 않도록 특히 보수에 주의해야 한다.
② 유압유의 점도변화에 의하여 유압모터의 사용에 제약이 있다.
③ 공기와 먼지 등이 침투하면 성능에 영향을 준다.
④ 유압유는 인화하기 쉽다.

3.5. 그 밖의 유압장치

3.5.1. 어큐뮬레이터(축압기, accumulator)

① 유압펌프에서 발생한 유압을 저장하고, 맥동을 소멸시키고 유압에너지의 저장, 충격흡수 등에 이용되는 기구이다.
② 블래더형 어큐뮬레이터(축압기)의 고무주머니 내에는 질소가스를 주입한다.

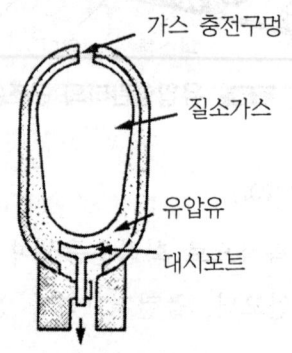

그림 블래더형 어큐뮬레이터의 구조

3.5.2. 오일여과기(oil filter)

① 오일여과기는 금속의 마모된 찌꺼기나 카본 덩어리 등의 이물질을 제거하는 장치이며, 종류에는 흡입여과기, 고압여과기, 저압여과기 등이 있다.

② 스트레이너는 유압펌프의 흡입 쪽에 설치되어 여과작용을 한다.
③ 여과입도가 너무 조밀하면(여과 입도수가 높으면) 공동현상(캐비테이션)이 발생한다.
④ 유압장치의 수명연장을 위한 가장 중요한 요소는 오일 및 오일여과기의 점검 및 교환이다.

3.5.3. 오일 냉각기(oil cooler)

① 유압유의 양은 정상인데 유압장치가 과열하면 가장 먼저 오일냉각기를 점검한다.
② 구비조건은 촉매작용이 없을 것, 오일흐름에 저항이 작을 것, 온도조정이 잘 될 것, 정비 및 청소하기가 편리할 것 등이다.
③ 수냉식 오일 냉각기는 냉각수를 이용하여 유압유 온도를 항상 적정한 온도로 유지하며, 소형으로 냉각능력은 크지만 고장이 발생하면 유압유 중에 물이 혼입될 우려가 있다.

3.5.4. 유압호스

① 플렉시블 호스는 내구성이 강하고 작동 및 움직임이 있는 곳에 사용하기 적합하다.
② 가장 큰 압력에 견딜 수 있는 것은 나선 와이어 블레이드 호스이다.

3.5.5. 오일 실(oil seal)

유압유의 누출을 방지하는 부품이며, 유압유가 누출되면 오일 실(seal)을 점검한다.
① O-링은 유압기기의 고정부위에서 유압유의 누출을 방지하며, 구비조건은 다음과 같다.
　㉮ 탄성이 양호하고, 압축변형이 적을 것
　㉯ 정밀가공 면을 손상시키지 않을 것
　㉰ 내압성과 내열성이 클 것
　㉱ 설치하기가 쉬울 것
　㉲ 피로강도가 크고, 비중이 적을 것

4 유압회로 및 기호

4.1. 유압회로
4.1.1. 유압의 기본회로

유압의 기본회로에는 오픈(개방)회로, 클로즈(밀폐)회로, 병렬회로, 직렬회로, 탠덤회로 등이 있다.

[1] 언로드 회로

일하던 도중에 유압펌프 유량이 필요하지 않게 되었을 때 유압유를 저압으로 탱크에 귀환시킨다.

[2] 속도제어 회로

유압회로에서 유량제어를 통하여 작업속도를 조절하는 방식에는 미터인 회로, 미터 아웃 회로, 블리드 오프 회로, 카운터밸런스 회로 등이 있다.

(1) 미터-인 회로(meter-in circuit)

액추에이터의 입구 쪽 관로에 유량제어밸브를 직렬로 설치하여 작동유의 유량을 제어함으로서 액추에이터의 속도를 제어한다.

(2) 미터-아웃 회로(meter-out circuit)

액추에이터의 출구 쪽 관로에 설치한 유량제어 밸브로 유량을 제어하여 액추에이터 속도를 제어한다.

(3) 블리드 오프 회로

유량제어밸브를 액추에이터와 병렬로 설치하여 유압펌프 토출유량 중 일정한 양을 오일탱크로 되돌리므로 릴리프밸브에서 과잉압력을 줄일 필요가 없는 장점이 있으나 부하변동이 급격한 경우에는 정확한 유량제어가 곤란하다.

4.2. 유압기호

4.2.1. 유압장치의 기호 회로도에 사용되는 유압기호의 표시방법

① 기호에는 흐름의 방향을 표시한다.
② 각 기기의 기호는 정상상태 또는 중립상태를 표시한다.
③ 오해의 위험이 없는 경우에는 기호를 회전하거나 뒤집어도 된다.
④ 기호에는 각 기기의 구조나 작용압력을 표시하지 않는다.
⑤ 기호가 없어도 바르게 이해할 수 있는 경우에는 드레인 관로를 생략해도 된다.

4.2.2. 기호 회로도

[1] 관로 접속의 기호

주 관로	———	통기 관로	
파일럿 관로	- - - - -	출구	
드레인 관로	....	고정 스로틀	
관로의 접속		금속 이음	
플렉시블 관로		기계식의 연결	
관로의 교차		신호 전달로	
탱크에 연결되는 관로			

[2] 유압펌프와 모터의 기호

정용량형 유압펌프		정용량형 유압모터	
가변 용량형 유압펌프		가변 용량형 유압모터	

[3] 실린더 및 압력 제어밸브와 조작방식 기호

단동 실린더 스프링 없음		릴리프밸브	
복동 실린더 싱글로드 형		액압밸브(릴리프) 없음 언로드 붙임	
차동 실린더			

[4] 기타 기호

체크밸브		압력계	
압력 스위치		온도계	
어큐뮬레이터		유압계 순간 지시식	
전동기		흐름의 방향, 유체의 출입구	
유압 동력원		조립 유닛	
필터 배수기 없음		조정 가능한 경우	
냉각기			

4.3. 플러싱

유압장치 내에 슬러지 등이 생겼을 때 이것을 용해하여 장치 내를 깨끗이 하는 작업이다.

유압유(작동유)

01. 액체의 일반적인 성질이 아닌 것은?
① 액체는 힘을 전달할 수 있다.
② 액체는 운동을 전달할 수 있다.
③ 액체는 압축할 수 있다.
④ 액체는 운동방향을 바꿀 수 있다.

[해설] 공기는 압력을 가하면 압축이 되지만, 액체는 압축되지 않는다.

02. 건설기계의 유압장치를 가장 적절히 표현한 것은?
① 오일을 이용하여 전기를 생산하는 것
② 기체를 액체로 전환시키기 위하여 압축하는 것
③ 오일의 연소에너지를 통해 동력을 생산하는 것
④ 오일의 유체에너지를 이용하여 기계적인 일을 하도록 하는 것

[해설] 유압장치란 유체의 압력에너지를 이용하여 기계적인 일을 하도록 하는 것이다.

03. 유압장치의 작동원리는 어느 이론에 바탕을 둔 것인가?
① 파스칼의 원리
② 에너지 보존의 법칙
③ 보일의 원리
④ 열역학 제1법칙

[해설] 건설기계에 사용되는 유압장치는 파스칼의 원리를 이용한다.

04. 파스칼의 원리와 관련된 설명이 아닌 것은?
① 정지 액체에 접하고 있는 면에 가해진 압력은 그 면에 수직으로 작용한다.
② 정지 액체의 한 점에 있어서의 압력의 크기는 전 방향에 대하여 동일하다.
③ 점성이 없는 비압축성 유체에서 압력에너지, 위치에너지, 운동에너지의 합은 같다.
④ 밀폐용기 내의 한 부분에 가해진 압력은 액체 내의 전부분에 같은 압력으로 전달된다.

[해설] **파스칼의 원리**
- 밀폐용기 내의 한 부분에 가해진 압력은 액체 내의 전부분에 같은 압력으로 전달된다.
- 정지 액체의 한 점에 있어서의 압력의 크기는 전 방향에 대하여 동일하다.
- 정지 액체에 접하고 있는 면에 가해진 압력은 그 면에 수직으로 작용한다.

Answer 01. ③ 02. ④ 03. ① 04. ③

05. 압력을 표현한 공식으로 옳은 것은?
① 압력= 힘÷면적　② 압력= 면적×힘
③ 압력= 면적÷힘　④ 압력= 힘-면적

06. 유압계통에서 압력에 영향을 주는 요소로 가장 관계가 적은 것은?
① 유체의 흐름량
② 유체의 점도
③ 관로직경의 크기
④ 관로의 좌·우 방향

> 해설) 압력에 영향을 주는 요소는 유체의 흐름량, 유체의 점도, 관로직경의 크기이다.

07. 보기에서 압력의 단위만 나열한 것은?

[보기]
ㄱ. psi　　ㄴ. kgf/cm²
ㄷ. bar　　ㄹ. N·m

① ㄱ, ㄴ, ㄷ　② ㄱ, ㄴ, ㄹ
③ ㄴ, ㄷ, ㄹ　④ ㄱ, ㄷ, ㄹ

> 해설) 압력의 단위에는 kgf/cm², PSI, atm, Pa(kPa, MPa), mmHg, bar, atm, mAq 등이 있다.

08. 각종 압력을 설명한 것으로 틀린 것은?
① 계기압력: 대기압을 기준으로 한 압력
② 절대압력: 완전진공을 기중으로 한 압력
③ 대기압력: 절대압력과 계기압력을 곱한 압력
④ 진공압력: 대기압 이하의 압력, 즉 (음(-)의 계기압력

> 해설) 대기압이란 공기 무게에 의해 생기는 대기의 압력이다. 760mmHg를 1기압으로 하며, 기상학에서는 밀리바(mb)를 사용한다.

09. 압력 1atm(지구 대기압)과 같지 않은 것은?
① 14.7psi　　② 760mmHg
③ 75kgf·m/s　④ 1013mbar

> 해설) 75kgf·m/s는 마력의 단위이다.

10. 단위시간에 이동하는 유체의 체적을 무엇이라 하는가?
① 토출압　　② 드레인
③ 언더랩　　④ 유량

> 해설) 유량이란 단위시간에 이동하는 체적이며, 단위는 GPM이나 LPM(ℓ/min)을 사용한다.

11. 유압펌프에서 사용되는 GPM의 의미는?
① 계통 내에서 형성되는 압력의 크기
② 복동 실린더의 치수
③ 분당 토출하는 작동유의 양
④ 흐름에 대한 저항

> 해설) GPM(gallon per minute)이란 계통 내에서 이동되는 유체(오일)의 양 즉 분당 토출하는 작동유의 양이다.

12. 유압장치의 장점이 아닌 것은?
① 속도제어가 용이하다.
② 힘의 연속적 제어가 용이하다.
③ 온도의 영향을 많이 받는다.
④ 윤활성, 내마멸성, 방청성이 좋다.

> 해설) 유압장치는 온도의 영향을 많이 받는 단점이 있다. 즉 오일온도가 변하면 속도가 변한다.

Answer 05. ①　06. ④　07. ①　08. ③　09. ③　10. ④　11. ③　12. ③

13. 유압장치의 장점에 속하지 않는 것은?

① 소형으로 큰 힘을 낼 수 있다.
② 정확한 위치제어가 가능하다.
③ 배관이 간단하다.
④ 원격제어가 가능하다.

해설
유압장치는 회로(배관)구성이 어렵고 유압유가 누설될 우려가 있다.

14. 유압장치의 단점에 대한 설명 중 틀린 것은?

① 관로를 연결하는 곳에서 작동유가 누출될 수 있다.
② 고압사용으로 인한 위험성이 존재한다.
③ 작동유 누유로 인해 환경오염을 유발할 수 있다.
④ 전기·전자의 조합으로 자동제어가 곤란하다.

해설
유압장치는 전기·전자의 조합으로 자동제어를 할 수 있는 장점이 있다.

15. 유압장치의 특징 중 가장 거리가 먼 것은?

① 진동이 작고 작동이 원활하다.
② 고장원인 발견이 어렵고 구조가 복잡하다.
③ 에너지의 저장이 불가능하다.
④ 동력의 분배와 집중이 쉽다.

해설
유압장치는 진동이 작고 작동이 원활하며, 동력의 분배와 집중이 쉽고 에너지의 저장이 가능한 장점이 있으며, 고장원인 발견이 어렵고 구조가 복잡한 단점이 있다.

16. 작동유에 대한 설명으로 틀린 것은?

① 점도지수가 낮아야 한다.
② 점도는 압력손실에 영향을 미친다.
③ 마찰부분의 윤활작용 및 냉각작용도 한다.
④ 공기가 혼입되면 유압기기의 성능은 저하된다.

해설
작동유는 마찰부분의 윤활작용 및 냉각작용을 하며, 점도지수가 높아야 하고, 점도가 낮으면 유압이 낮아진다. 또 공기가 혼입되면 유압기기의 성능은 저하된다.

17. 유압유의 점도에 대한 설명으로 틀린 것은?

① 온도가 상승하면 점도는 낮아진다.
② 점성의 정도를 표시하는 값이다.
③ 점도가 낮아지면 유압이 떨어진다.
④ 점성계수를 밀도로 나눈 값이다.

해설
점도는 점성의 정도를 나타내는 척도이며, 온도가 상승하면 점도는 저하되고, 온도가 내려가면 점도는 높아진다. 또 점도가 낮아지면 유압이 낮아지고, 점도가 높으면 유압은 높아진다.

18. 유압유의 점도가 지나치게 높았을 때 나타나는 현상이 아닌 것은?

① 오일누설이 증가한다.
② 유동저항이 커져 압력손실이 증가한다.
③ 동력손실이 증가하여 기계효율이 감소한다.
④ 내부마찰이 증가하고, 압력이 상승한다.

해설
유압유의 점도가 너무 높으면 유압이 높아지며 유압유 누출은 감소한다.

Answer
13. ③ 14. ④ 15. ③ 16. ① 17. ④ 18. ①

19. 유압계통에 사용되는 오일의 점도가 너무 낮을 경우 나타날 수 있는 현상이 아닌 것은?
    ① 시동 저항증가
    ② 유압펌프 효율저하
    ③ 오일 누설증가
    ④ 유압회로 내 압력저하

    해설) 점도가 너무 낮으면 유압펌프의 효율저하, 유압유의 누설증가, 유압계통(회로)내의 압력저하, 유압실린더 및 유압모터의 작동속도가 늦어진다.

20. 작동유가 넓은 온도범위에서 사용되기 위한 조건으로 가장 알맞은 것은?
    ① 산화작용이 양호해야 한다.
    ② 점도지수가 높아야 한다.
    ③ 소포성이 좋아야 한다.
    ④ 유성이 커야 한다.

    해설) 작동유가 넓은 온도범위에서 사용되기 위해서는 점도지수가 높아야 한다.

21. 서로 다른 2종류의 유압유를 혼합하였을 경우에 대한 설명으로 옳은 것은?
    ① 서로 보완 가능한 유압유의 혼합은 권장사항이다.
    ② 열화현상을 촉진시킨다.
    ③ 유압유의 성능이 혼합으로 인해 월등해진다.
    ④ 점도가 달라지나 사용에는 전혀 지장이 없다.

    해설) 서로 다른 2종류의 유압유를 혼합하면 열화현상을 촉진시킨다.

22. 유압유의 주요기능이 아닌 것은?
    ① 열을 흡수한다.
    ② 동력을 전달한다.
    ③ 필요한 요소사이를 밀봉한다.
    ④ 움직이는 기계요소를 마모시킨다.

    해설) 유압유는 열을 흡수하고, 동력을 전달하며, 필요한 요소사이를 밀봉하며, 움직이는 기계요소의 마모를 방지한다.

23. 건설기계 유압장치의 유압유가 갖추어야 할 특성으로 틀린 것은?
    ① 내열성이 작고, 거품이 많을 것
    ② 화학적 안전성 및 윤활성이 클 것
    ③ 고압·고속 운전계통에서 마멸방지성이 높을 것
    ④ 확실한 동력전달을 위하여 비압축성일 것

    해설) 유압유는 내열성이 크고, 거품이 적으며, 소포성 및 기포분리성이 클 것

24. [보기]에서 유압 작동유가 갖추어야 할 조건으로 모두 맞는 것은?

    [보기]
    ㄱ. 압력에 대해 비압축성 일 것
    ㄴ. 밀도가 작을 것
    ㄷ. 열 팽창계수가 작을 것
    ㄹ. 체적 탄성계수가 작을 것
    ㅁ. 점도지수가 낮을 것
    ㅂ. 발화점이 높을 것

    ① ㄱ, ㄴ, ㄷ, ㄹ
    ② ㄴ, ㄷ, ㅁ, ㅂ
    ③ ㄴ, ㄹ, ㅁ, ㅂ
    ④ ㄱ, ㄴ, ㄷ, ㅂ

    해설) 유압유는 체적탄성계수가 크고, 점도지수가 높을 것

Answer
19. ① 20. ② 21. ② 22. ④ 23. ① 24. ④

25. 유압유의 첨가제가 아닌 것은?

① 마모방지제
② 유동점 강하제
③ 산화 방지제
④ 점도지수 방지제

> **해설**
> 유압유 첨가제에는 마모방지제, 점도지수 향상제, 산화방지제, 소포제(기포방지제), 유동점 강하제 등이 있다.

26. 유압유에 사용되는 첨가제 중 산의 생성을 억제함과 동시에 금속의 표면에 부식억제 피막을 형성하여 산화물질이 금속에 직접 접촉하는 것을 방지하는 것은?

① 산화방지제
② 산화촉진제
③ 소포제
④ 방청제

> **해설**
> 산화방지제는 산의 생성을 억제함과 동시에 금속의 표면에 부식억제 피막을 형성하여 산화 물질이 금속에 직접 접촉하는 것을 방지한다.

27. 금속간의 마찰을 방지하기 위한 방안으로 마찰계수를 저하시키기 위하여 사용되는 첨가제는?

① 방청제
② 유성향상제
③ 점도지수 향상제
④ 유동점 강하제

> **해설**
> 유성향상제는 금속간의 마찰을 방지하기 위한 방안으로 마찰계수를 저하시키기 위하여 사용되는 첨가제이다.

28. 난연성 작동유의 종류에 해당하지 않는 것은?

① 석유계 작동유
② 유중수형 작동유
③ 물-글리콜형 작동유
④ 인산 에스텔형 작동유

> **해설**
> 난연성 작동유의 종류에는 인산 에스텔형, 수중유적형(O/W), 유중수적형(W/O), 물-글리콜계 등이 있다.

29. 유압유의 점검사항과 관계없는 것은?

① 점도
② 마멸성
③ 소포성
④ 윤활성

> **해설**
> 유압유의 점검사항은 점도, 내마멸성, 소포성, 윤활성이다.

30. 유압 작동유에 수분이 미치는 영향이 아닌 것은?

① 작동유의 윤활성을 저하시킨다.
② 작동유의 방청성을 저하시킨다.
③ 작동유의 산화와 열화를 촉진시킨다.
④ 작동유의 내마모성을 향상시킨다.

> **해설**
> 작동유에 수분이 혼입되면 윤활성 저하, 방청성 저하, 산화와 열화촉진, 내마모성(유압기기의 마모 촉진)을 저하시킨다.

31. 작동유에 수분이 혼입되었을 때 나타나는 현상이 아닌 것은?

① 윤활능력 저하
② 작동유의 열화 촉진
③ 유압기기의 마모 촉진
④ 오일탱크의 오버플로

> **해설**
> 오일탱크에서 오버플로가 발생하는 경우는 공기가 유입된 경우이다.

25. ④ 26. ① 27. ② 28. ① 29. ② 30. ④ 31. ④

32. 사용 중인 작동유의 수분함유 여부를 현장에서 판정하는 것으로 가장 적합한 방법은?
   ① 오일을 가열한 철판 위에 떨어뜨려 본다.
   ② 오일을 시험관에 담아, 침전물을 확인한다.
   ③ 여과지에 약간(3~4방울)의 오일을 떨어뜨려 본다.
   ④ 오일의 냄새를 맡아본다.

   해설
   작동유의 수분함유 여부 판정방법은 가열한 철판 위에 오일을 떨어뜨려 본다.

33. 유압장치에서 오일에 거품이 생기는 원인으로 가장 거리가 먼 것은?
   ① 오일탱크와 펌프사이에서 공기가 유입될 때
   ② 오일이 부족하여 공기가 일부 흡입되었을 때
   ③ 펌프 축 주위의 흡입측 실(seal)이 손상되었을 때
   ④ 유압유의 점도지수가 클 때

34. 현장에서 오일의 열화를 찾아내는 방법이 아닌 것은?
   ① 색깔의 변화나 수분, 침전물의 유무 확인
   ② 흔들었을 때 생기는 거품이 없어지는 양상확인
   ③ 자극적인 악취유무 확인
   ④ 오일을 가열하였을 때 냉각되는 시간 확인

   해설
   열화를 판정하는 방법은 점도상태, 색깔의 변화나 수분, 침전물의 유무, 자극적인 악취유무(냄새로 확인), 흔들었을 때 생기는 거품이 없어지는 양상 확인

35. 현장에서 오일의 열화를 확인하는 인자가 아닌 것은?
   ① 오일의 점도   ② 오일의 냄새
   ③ 오일의 유동   ④ 오일의 색깔

   해설
   오일의 열화를 확인하는 인자는 오일의 점도, 오일의 냄새, 오일의 색깔 등이다.

36. 유압유의 노화촉진 원인이 아닌 것은?
   ① 유온이 높을 때
   ② 다른 오일이 혼입되었을 때
   ③ 수분이 혼입되었을 때
   ④ 플러싱을 했을 때

   해설
   플러싱이란 유압유가 노화(열화)되었을 때 유압 계통을 세척하는 작업이다.

37. 유압유의 열화를 촉진시키는 가장 직접적인 요인은?
   ① 유압유의 온도상승
   ② 배관에 사용되는 금속의 강도약화
   ③ 공기 중의 습도저하
   ④ 유압펌프의 고속회전

   해설
   유압유의 열화를 촉진시키는 직접적인 요인은 유압유의 온도상승 이다.

38. 유압유 교환을 판단하는 조건이 아닌 것은?
   ① 점도의 변화   ② 색깔의 변화
   ③ 수분의 함량   ④ 유량의 감소

Answer
32. ① 33. ④ 34. ④ 35. ③ 36. ④ 37. ① 38. ④

39. 작동유를 교환하고자 할 때 선택조건으로 가장 적합한 것은?
① 유명 정유회사 제품
② 가장 가격이 비싼 유압 작동유
③ 제작사에서 해당 장비에 추천하는 유압 작동유
④ 시중에서 쉽게 구입할 수 있는 유압 작동유

40. 유압회로에서 작동유의 정상작동 온도에 해당되는 것은?
① 5~10℃ ② 40~80℃
③ 112~115℃ ④ 125~140℃

해설
작동유의 정상작동 온도범위는 40~80℃ 정도이다.

41. 유압유(작동유)의 온도상승 원인에 해당하지 않는 것은?
① 작동유의 점도가 너무 높을 때
② 유압모터 내에서 내부마찰이 발생될 때
③ 유압회로 내의 작동압력이 너무 낮을 때
④ 유압회로 내에서 공동현상이 발생될 때

해설
유압장치의 온도상승의 원인
작동유의 점도가 너무 높을 때, 유압장치 내에서 내부마찰이 발생될 때, 유압회로 내의 작동압력이 너무 높을 때, 유압회로 내에서 캐비테이션이 발생될 때, 릴리프 밸브가 닫힌 상태로 고장일 때, 오일 냉각기의 냉각핀이 오손되었을 때, 작동유가 부족할 때

42. 유압유 온도가 과열되었을 때 유압계통에 미치는 영향으로 틀린 것은?
① 온도변화에 의해 유압기기가 열 변형되기 쉽다.
② 오일의 점도저하에 의해 누유 되기 쉽다.
③ 유압펌프의 효율이 높아진다.
④ 오일의 열화를 촉진한다.

해설
유압유가 과열되면 작동유의 열화촉진, 작동유의 점도의 저하에 의해 누출, 유압장치의 효율저하, 온도변화에 의해 유압기기의 열 변형, 작동유의 산화작용 촉진, 유압장치의 작동불량 발생, 기계적인 마모가 발생

43. 유압유의 온도가 상승할 때 나타날 수 있는 결과가 아닌 것은?
① 오일누설 발생
② 유압펌프 효율저하
③ 점도상승
④ 유압밸브의 기능 저하

해설
유압유의 온도가 상승하면 오일점도 저하, 오일누설 발생, 유압펌프의 효율저하, 작동유의 열화촉진, 유압밸브의 기능저하

44. 유압펌프에서 진동과 소음이 발생하고 양정과 효율이 급격히 저하되며, 날개차 등에 부식을 일으키는 등 펌프의 수명을 단축시키는 것은?
① 펌프의 비속도
② 펌프의 공동현상
③ 펌프의 채터링현상
④ 펌프의 서징현상

해설
공동현상(캐비테이션)은 유압이 진공에 가까워짐으로서 기포가 발생하며, 기포가 파괴되어 국부적인 고압이나 소음과 진동이 발생하고, 양정과 효율이 저하되는 현상이다.

Answer
39. ③ 40. ② 41. ③ 42. ③ 43. ③ 44. ②

45. 유압유 관내에 공기가 혼입되었을 때 일어날 수 있는 현상이 아닌 것은?

① 공동현상
② 기화현상
③ 열화현상
④ 숨 돌리기 현상

> **해설**
> 관로에 공기가 침입하면 실린더 숨 돌리기 현상, 열화촉진, 공동현상 등이 발생한다.

46. 공동(Cavitation)현상이 발생하였을 때의 영향 중 가장 거리가 먼 것은?

① 체적효율이 감소한다.
② 고압부분의 기포가 과포화상태로 된다.
③ 최고압력이 발생하여 급격한 압력파가 일어난다.
④ 유압장치 내부에 국부적인 고압이 발생하여 소음과 진동이 발생된다.

> **해설**
> 공동현상이 발생하면 최고압력이 발생하여 급격한 압력파가 일어나고, 체적효율이 감소하며, 유압장치 내부에 국부적인 고압이 발생하여 소음과 진동이 발생하고, 저압부분의 기포가 과포화상태로 된다.

47. 유압펌프의 흡입구에서 캐비테이션(cavitation)을 방지하기 위한 방법으로 적합하지 않은 것은?

① 오일통로 저항을 적게 한다.
② 흡입관의 굵기를 유압본체의 연결구 크기와 같은 것을 사용한다.
③ 펌프의 운전속도를 규정 속도 이상으로 하지 않는다.
④ 하이드로릭 실린더에 부하가 걸리지 않도록 한다.

48. 유압회로 내에서 공동현상이 발생 시 처리방법으로 가장 적절한 것은?

① 과포화 상태로 만든다.
② 오일의 온도를 높인다.
③ 오일의 압력을 높인다.
④ 일정압력을 유지시킨다.

> **해설**
> 공동현상이 발생하면 일정압력을 유지시킨다.

49. 유압회로 내에서 서지압(surge pressure)이란?

① 과도적으로 발생하는 이상 압력의 최댓값
② 정상적으로 발생하는 압력의 최댓값
③ 정상적으로 발생하는 압력의 최솟값
④ 과도적으로 발생하는 이상 압력의 최솟값

> **해설**
> 서지압이란 유압회로에서 과도하게 발생하는 이상 압력의 최댓값이다.

50. 유압회로 내의 밸브를 갑자기 닫았을 때, 오일의 속도 에너지가 압력 에너지로 변하면서 일시적으로 큰 압력증가가 생기는 현상을 무엇이라 하는가?

① 캐비테이션(cavitation) 현상
② 서지(surge) 현상
③ 채터링(chattering) 현상
④ 에어레이션(aeration) 현상

> **해설**
> 서지현상은 유압회로 내의 밸브를 갑자기 닫았을 때, 오일의 속도에너지가 압력에너지로 변하면서 일시적으로 큰 압력 증가가 생기는 현상이다.

Answer
45. ② 46. ② 47. ④ 48. ④ 49. ① 50. ②

51. 유압 실린더에서 숨 돌리기 현상이 생겼을 때 일어나는 현상이 아닌 것은?
① 작동지연 현상이 생긴다.
② 피스톤 동작이 정지된다.
③ 오일의 공급이 과대해진다.
④ 작동이 불안정하게 된다.

해설 ─────────────
숨 돌리기 현상은 유압유의 공급이 부족할 때 발생한다.

유압장치

01. 유압장치의 기본적인 구성요소가 아닌 것은?
① 유압발생장치   ② 유압 재순환장치
③ 유압제어장치   ④ 유압구동장치

해설 ─────────────
유압장치의 구성요소는 유압 구동장치(엔진 또는 전동기), 유압발생 장치(유압펌프), 유압제어 장치(유압제어 밸브)이다.

02. 유압장치의 구성요소 중 유압발생장치가 아닌 것은?
① 유압펌프
② 엔진 또는 전기모터
③ 오일탱크
④ 유압 실린더

해설 ─────────────
유압 실린더는 유압펌프에서 공급된 유압유에 의해 작동한다.

03. 유압장치의 구성요소가 아닌 것은?
① 제어밸브   ② 오일탱크
③ 유압펌프   ④ 자동변속기

04. 유압탱크의 주요 구성요소가 아닌 것은?
① 유면계   ② 주입구
③ 유압계   ④ 격판(배플)

해설 ─────────────
오일탱크는 유압유 주입구, 스트레이너, 배플(격판), 드레인 플러그, 유면계 등으로 구성되어 있다.

05. 오일탱크 내의 오일량을 표시하는 것은?
① 온도계   ② 유량계
③ 유면계   ④ 유압계

해설 ─────────────
오일탱크 내의 오일량 표시는 유면계로 한다.

06. 오일탱크 내의 오일을 전부 배출시킬 때 사용하는 것은?
① 드레인 플러그   ② 배플
③ 어큐뮬레이터   ④ 리턴라인

해설 ─────────────
오일탱크 내의 오일을 배출시킬 때에는 드레인 플러그를 사용한다.

07. 유압장치의 오일탱크에서 펌프 흡입구의 설치에 대한 설명으로 틀린 것은?
① 펌프 흡입구는 반드시 탱크 가장 밑면에 설치한다.
② 펌프 흡입구에는 스트레이너(오일여과기)를 설치한다.
③ 펌프 흡입구와 탱크로의 귀환구(복귀구)사이에는 격리판(baffle plate)를 설치한다.
④ 펌프 흡입구는 탱크로의 귀환구(복귀구)로부터 될 수 있는 한 멀리 떨어진 위치에 설치한다.

해설 ─────────────
펌프 흡입구는 탱크 밑면과 어느 정도 공간을 두고 설치한다.

Answer 51. ③ 01. ② 02. ④ 03. ④ 04. ③ 05. ③ 06. ① 07. ①

08. 유압유 탱크에 저장되어 있는 오일의 양을 점검할 때의 유압유 온도는?
① 과냉 온도일 때
② 완냉 온도일 때
③ 정상작동 온도일 때
④ 열화온도일 때

> **해설**
> 유압유 탱크의 오일양은 정상작동 온도일 때 점검한다.

09. 오일탱크 관련 설명으로 틀린 것은?
① 유압유 오일을 저장한다.
② 흡입구와 리턴구는 최대한 가까이 설치한다.
③ 탱크 내부에는 격판(배플 플레이트)을 설치한다.
④ 흡입 스트레이너가 설치되어 있다.

> **해설**
> 오일탱크는 유압유를 저장하며, 내부에는 격판과 스트레이너가 설치되어 있다. 또 흡입구와 리턴구(복귀구)는 가능한 한 떨어져 설치하여야 한다.

10. 유압유 탱크의 기능이 아닌 것은?
① 유압회로에 필요한 압력설정
② 유압회로에 필요한 유량확보
③ 격판에 의한 기포분리 및 제거
④ 스트레이너 설치로 회로 내 불순물 혼입방지

11. 유압탱크에 대한 구비조건으로 가장 거리가 먼 것은?
① 적당한 크기의 주유구 및 스트레이너를 설치한다.
② 드레인(배출밸브) 및 유면계를 설치한다.
③ 오일에 이물질이 유입되지 않도록 밀폐되어야 한다.
④ 오일냉각을 위한 쿨러를 설치한다.

> **해설**
> 유압탱크의 크기는 중력에 의하여 복귀되는 장치 내의 모든 오일을 받아들일 수 있는 크기로 한다.

12. 원동기(내연기관, 전동기 등)로부터의 기계적인 에너지를 이용하여 작동유에 유체에너지를 부여해 주는 유압기기는?
① 유압탱크   ② 유압펌프
③ 유압밸브   ④ 유압스위치

13. 건설기계의 유압펌프는 무엇에 의해 구동되는가?
① 엔진의 플라이휠에 의해 구동된다.
② 엔진의 캠축에 의해 구동된다.
③ 전동기에 의해 구동된다.
④ 에어 컴프레서에 의해 구동된다.

> **해설**
> 건설기계의 유압펌프는 엔진의 플라이휠에 의해 구동된다.

14. 유압펌프에 대한 설명으로 가장 거리가 먼 것은?
① 오일을 흡입하여 컨트롤밸브(control valve)로 송유(토출)한다.
② 엔진 또는 전기모터의 동력으로 구동된다.
③ 벨트에 의해서만 구동된다.
④ 동력원이 회전하는 동안에는 항상 회전한다.

> **해설**
> 유압펌프는 동력원과 커플링으로 직결되어 있어 동력원이 회전하는 동안에는 항상 회전하여 오일탱크 내의 유압유를 흡입하여 컨트롤밸브로 송유(토출)한다.

Answer
08. ③ 09. ② 10. ① 11. ④ 12. ② 13. ① 14. ③

15. 유압장치에 사용되는 펌프가 아닌 것은?

① 기어펌프
② 원심펌프
③ 베인펌프
④ 플런저펌프

[해설] 유압펌프의 종류에는 기어펌프, 베인펌프, 피스톤(플런저)펌프, 나사펌프, 트로코이드펌프 등이 있다.

16. 유압기기에서 회전펌프가 아닌 것은?

① 기어펌프　② 피스톤펌프
③ 베인펌프　④ 나사펌프

[해설] 회전펌프에는 기어펌프, 베인펌프, 나사펌프가 있다.

17. 유압펌프 중 토출유량을 변화시킬 수 있는 것은?

① 가변 토출량형
② 고정 토출량형
③ 회전 토출량형
④ 수평 토출량형

[해설] 유압펌프의 회전수가 같을 때 토출유량을 변화시킬 수 있는 형식을 가변 용량형이라 한다.

18. 그림과 같이 2개의 기어와 케이싱으로 구성되어 오일을 토출하는 펌프는?

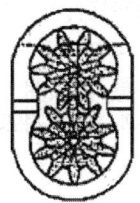

① 내접 기어펌프
② 외접 기어펌프
③ 스크루 기어펌프
④ 트로코이드 기어펌프

19. 기어펌프(gear pump)에 대한 설명으로 모두 맞는 것은?

[보기]
ㄱ. 정용량 펌프이다.
ㄴ. 가변용량 펌프이다.
ㄷ. 제작이 용이하다.
ㄹ. 다른 펌프에 비해 소음이 크다.

① ㄱ, ㄴ, ㄷ　② ㄱ, ㄴ, ㄹ
③ ㄴ, ㄷ, ㄹ　④ ㄱ, ㄷ, ㄹ

[해설] 기어펌프는 회전속도에 따라 유압유의 용량이 변화하는 정용량형이며, 제작이 용이하나 다른 펌프에 비해 소음이 큰 단점이 있다.

20. 기어펌프의 특징이 아닌 것은?

① 구조가 간단하다.
② 유압 작동유의 오염에 비교적 강한 편이다.
③ 플런저 펌프에 비해 효율이 떨어진다.
④ 가변용량형 펌프로 적당하다.

21. 기어펌프의 장·단점이 아닌 것은?

① 소형이며 구조가 간단하다.
② 피스톤 펌프에 비해 흡입력이 나쁘다.
③ 피스톤 펌프에 비해 수명이 짧고 진동 소음이 크다.
④ 초고압에는 사용이 곤란하다.

[해설] 기어펌프는 피스톤(플런저)펌프에 비해 흡입력이 좋다.

22. 외접형 기어펌프에서 보기의 특징이 나타내는 현상은?

> 토출된 유량 일부가 입구 쪽으로 귀환하여 토출량 감소, 축동력 증가 및 케이싱 마모 등의 원인을 유발하는 현상

① 폐입 현상
② 공동현상
③ 숨 돌리기 현상
④ 열화촉진 현상

해설
폐입현상이란 토출된 유량 일부가 입구 쪽으로 귀환하여 토출량 감소, 축 동력증가 및 케이싱 마모, 기포발생 등의 원인을 유발하는 현상이다.

23. 외접형 기어펌프의 폐입현상에 대한 설명으로 틀린 것은?
① 폐입현상은 소음과 진동의 원인이 된다.
② 폐입된 부분의 기름은 압축이나 팽창을 받는다.
③ 보통 기어 측면에 접하는 펌프 측판(side plate)에 릴리프 홈을 만들어 방지한다.
④ 펌프의 압력, 유량, 회전수 등이 주기적으로 변동해서 발생하는 진동현상이다.

해설
폐입된 부분의 유압유는 압축이나 팽창을 받으므로 소음과 진동의 원인이 되며,. 기어 측면에 접하는 펌프 측판에 릴리프 홈을 만들어 방지한다.

24. 기어형식 유압펌프에 폐쇄작용이 생기면 어떤 현상이 생길 수 있는가?
① 기름의 토출
② 기포의 발생
③ 기어진동의 소멸
④ 출력의 증가

25. 날개로 펌핑 동작을 하며, 소음과 진동이 적은 유압펌프는?
① 기어펌프
② 플런저펌프
③ 베인펌프
④ 나사펌프

해설
베인펌프는 원통형 캠링 안에 편심된 로터가 들어 있으며 로터에는 홈이 있고, 그 홈 속에 판 모양의 베인(날개)가 끼워져 자유롭게 작동유가 출입할 수 있도록 되어있다.

26. 베인펌프의 펌핑작용과 관련되는 주요 구성요소만 나열한 것은?
① 배플, 베인, 캠링
② 베인, 캠링, 로터
③ 캠링, 로터, 스풀
④ 로터, 스풀, 배플

27. 베인펌프의 일반적인 특징이 아닌 것은?
① 대용량, 고속 가변형에 적합하지만 수명이 짧다.
② 맥동과 소음이 적다.
③ 간단하고 성능이 좋다.
④ 소형, 경량이다.

해설
베인펌프는 소형, 경량이며, 구조가 간단하고 성능이 좋고, 맥동과 소음이 적으며, 수명이 길다.

Answer
22. ① 23. ④ 24. ② 25. ③ 26. ② 27. ①

28. 기어펌프에 비해 플런저 펌프의 특징이 아닌 것은?
① 효율이 높다.
② 최고 토출압력이 높다.
③ 구조가 복잡하다.
④ 수명이 짧다.

해설
플런저(피스톤)펌프는 최고 토출압력, 평균효율이 높고, 고압 대출력에 적합하며, 수명이 긴 장점이 있으나 구조가 복잡한 단점이 있다.

29. 플런저 유압펌프의 특징이 아닌 것은?
① 구동축이 회전운동을 한다.
② 플런저가 회전운동을 한다.
③ 가변용량형과 정용량형이 있다.
④ 기어펌프에 비해 최고압력이 높다.

해설
플런저펌프는 구동축이 회전운동을 하면 플런저가 왕복운동을 한다. 가변용량형과 정용량형이 있으며, 기어펌프에 비해 최고압력이 높다.

30. 유압펌프에서 경사판의 각을 조정하여 토출유량을 변환시키는 펌프는?
① 기어펌프
② 로터리펌프
③ 베인펌프
④ 플런저펌프

해설
액시얼형 플런저 펌프는 경사판의 각도를 조정하여 토출유량(펌프용량)을 변환시킨다.

31. 피스톤식 유압펌프에서 회전경사판의 기능으로 가장 적합한 것은?
① 펌프압력을 조정
② 펌프출구의 개·폐
③ 펌프용량을 조정
④ 펌프 회전속도를 조정

32. 유압펌프에서 토출압력이 가장 높은 것은?
① 베인펌프
② 기어펌프
③ 액시얼 플런저펌프
④ 레이디얼 플런저펌프

해설
유압펌프의 토출압력이 가장 높은 것은 액시얼 플런저 펌프이다.

33. 유압펌프의 용량을 나타내는 방법은?
① 주어진 압력과 그 때의 오일무게로 표시
② 주어진 속도와 그 때의 토출압력으로 표시
③ 주어진 압력과 그 때의 토출량으로 표시
④ 주어진 속도와 그 때의 점도로 표시

해설
유압펌프의 용량은 주어진 압력과 그 때의 토출량으로 표시한다.

34. 유압펌프의 토출량을 표시하는 단위로 옳은 것은?
① L/min
② kgf·m
③ kgf/cm²
④ kW 또는 PS

해설
유압펌프 토출량의 단위는 L(ℓ)/min(LPM)이나 GPM을 사용한다.

Answer
28. ④ 29. ② 30. ④ 31. ③ 32. ③ 33. ③ 34. ①

35. 유압펌프가 작동 중 소음이 발생할 때의 원인으로 틀린 것은?
① 펌프 축의 편심오차가 크다.
② 펌프 흡입관 접합부로부터 공기가 유입된다.
③ 릴리프밸브 출구에서 오일이 배출되고 있다.
④ 스트레이너가 막혀 흡입용량이 너무 작아졌다.

해설
유압펌프에서 소음이 발생하는 원인
유압유의 양이 부족하거나 공기가 들어 있을 때, 유압유 점도가 너무 높을 때, 스트레이너가 막혀 흡입용량이 작아졌을 때, 유압펌프의 베어링이 마모되었을 때, 유압펌프 흡입관 접합부로부터 공기가 유입될 때, 유압펌프 축의 편심오차가 클 때, 유압펌프의 회전속도가 너무 빠를 때

36. 유압펌프에서 흐름(flow : 유량)에 대해 저항(제한)이 생기면?
① 펌프 회전수의 증가원인이 된다.
② 압력형성의 원인이 된다.
③ 밸브 작동속도의 증가원인이 된다.
④ 오일흐름의 증가원인이 된다.

해설
유압펌프에서 흐름(flow ; 유량)에 대해 저항(제한)이 생기면 압력형성의 원인이 된다.

37. 유압펌프가 오일을 토출하지 않을 때의 원인으로 틀린 것은?
① 오일탱크의 유면이 낮다.
② 흡입관으로 공기가 유입된다.
③ 토출측 배관 체결볼트가 이완되었다.
④ 오일이 부족하다.

해설
유압펌프가 유압유를 토출하지 않을 때의 원인
유압펌프 회전속도가 너무 낮을 때, 흡입관 또는 스트레이너가 막혔을 때, 유압펌프의 회전방향이 반대로 되어 있을 때, 유압펌프 입구에서 공기를 흡입할 때, 유압유의 양이 부족할 때, 유압유의 점도가 너무 높을 때

38. 유압펌프 내의 내부누설은 무엇에 반비례하여 증가하는가?
① 작동유의 오염
② 작동유의 점도
③ 작동유의 압력
④ 작동유의 온도

해설
유압펌프 내의 내부누설은 작동유의 점도에 반비례하여 증가한다.

39. 유압펌프의 작동유 유출여부 점검방법에 해당하지 않는 것은?
① 정상작동 온도로 난기운전을 실시하여 점검하는 것이 좋다.
② 고정 볼트가 풀린 경우에는 추가 조임을 한다.
③ 작동유 유출점검은 운전자가 관심을 가지고 점검하여야 한다.
④ 하우징에 균열이 발생되면 패킹을 교환한다.

해설
하우징에 균열이 발생되면 하우징을 교환하거나 수리한다.

40. 유체의 압력, 유량 또는 방향을 제어하는 밸브의 총칭은?
① 안전밸브   ② 제어밸브
③ 감압밸브   ④ 축압기

Answer
35. ③ 36. ② 37. ③ 38. ② 39. ④ 40. ②

41. 보기에서 유압회로에 사용되는 제어밸브가 모두 나열된 것은?

[보기]
ㄱ. 압력제어밸브   ㄴ. 속도제어밸브
ㄷ. 유량제어밸브   ㄹ. 방향제어밸브

① ㄱ, ㄴ, ㄷ   ② ㄱ, ㄴ, ㄹ
③ ㄴ, ㄷ, ㄹ   ④ ㄱ, ㄷ, ㄹ

해설 제어밸브의 종류에는 일의 크기를 결정하는 압력제어밸브, 일의 속도를 결정하는 유량제어밸브, 일의 방향을 결정하는 방향제어밸브가 있다.

42. 유압유의 압력을 제어하는 밸브가 아닌 것은?

① 릴리프밸브   ② 체크밸브
③ 리듀싱밸브   ④ 시퀀스밸브

해설 압력제어 밸브의 종류에는 릴리프밸브, 리듀싱(감압)밸브, 시퀀스(순차)밸브, 언로드(무부하)밸브, 카운터밸런스밸브 등이 있다.

43. 유압회로 내의 압력이 설정압력에 도달하면 유압펌프에 토출된 오일의 일부 또는 전량을 직접 탱크로 돌려보내 회로의 압력을 설정 값으로 유지하는 밸브는?

① 시퀀스밸브   ② 릴리프밸브
③ 언로드밸브   ④ 체크밸브

해설 릴리프밸브는 유압장치 내의 압력을 일정하게 유지하고, 최고압력을 제한하며 회로를 보호하며, 과부하 방지와 유압기기의 보호를 위하여 최고 압력을 규제한다.

44. 릴리프밸브에서 포핏밸브를 밀어 올려 기름이 흐르기 시작할 때의 압력은?

① 설정압력   ② 허용압력
③ 크랭킹 압력   ④ 전량압력

해설 크랭킹 압력이란 릴리프밸브에서 포핏밸브를 밀어 올려 기름이 흐르기 시작할 때의 압력이다.

45. 릴리프밸브(Relief valve)에서 볼(ball)이 밸브의 시트(seat)를 때려 소음을 발생시키는 현상은?

① 채터링(chattering)현상
② 베이퍼 록(vapor lock) 현상
③ 페이드(fade)현상
④ 노킹(knocking)현상

해설 채터링이란 릴리프밸브에서 스프링장력이 약할 때 볼이 밸브의 시트를 때려 소음을 내는 진동현상이다.

46. 유압장치에서 릴리프밸브가 설치되는 위치는?

① 유압펌프와 오일탱크사이
② 오일여과기와 오일탱크사이
③ 유압펌프와 제어밸브사이
④ 유압실린더와 오일여과기사이

해설 릴리프밸브의 설치위치는 유압펌프 출구와 제어밸브 입구사이이다.

47. 유압으로 작동되는 작업 장치에서 작업 중 힘이 떨어질 때의 원인과 가장 밀접한 밸브는?

① 메인 릴리프밸브
② 체크(check)밸브
③ 방향전환 밸브
④ 메이크업 밸브

해설 유압으로 작동되는 작업 장치에서 작업 중 힘이 떨어지면 메인 릴리프밸브를 점검한다.

Answer 41. ④ 42. ② 43. ② 44. ③ 45. ① 46. ③ 47. ①

48. 압력제어밸브 중 상시 닫혀 있다가 일정 조건이 되면 열려 작동하는 밸브가 아닌 것은?
① 감압밸브
② 무부하밸브
③ 릴리프밸브
④ 시퀀스밸브

해설
감압밸브는 상시개방 상태로 있다가 유압이 설정 압력 이상으로 높아지면 닫힌다.

49. 유압회로에서 어떤 부분회로의 압력을 주회로의 압력보다 저압으로 해서 사용하고자 할 때 사용하는 밸브는?
① 릴리프밸브
② 리듀싱밸브
③ 체크밸브
④ 카운터밸런스밸브

해설
감압(리듀싱)밸브는 회로일부의 압력을 릴리프밸브의 설정압력(메인 유압) 이하로 하고 싶을 때 사용하며 입구(1차 쪽)의 주 회로에서 출구(2차 쪽)의 감압회로로 유압유가 흐른다. 상시개방(열림)상태로 있다가 출구(2차 쪽)의 압력이 감압밸브의 설정압력보다 높아지면 밸브가 작용하여 유압회로를 닫는다.

50. 감압(리듀싱)밸브에 대한 설명으로 틀린 것은?
① 상시 폐쇄상태로 되어있다.
② 입구(1차 쪽)의 주 회로에서 출구(2차 쪽)의 감압회로로 유압유가 흐른다.
③ 유압장치에서 회로일부의 압력을 릴리프밸브의 설정압력 이하로 하고 싶을 때 사용한다.
④ 출구(2차 쪽)의 압력이 감압밸브의 설정압력보다 높아지면 밸브가 작용하여 유로를 닫는다.

51. 순차작동 밸브라고도 하며, 각 유압 실린더를 일정한 순서로 순차 작동시키고자 할 때 사용하는 것은?
① 릴리프밸브
② 감압밸브
③ 시퀀스밸브
④ 언로드밸브

해설
시퀀스밸브는 2개 이상의 분기회로에서 유압 실린더나 모터의 작동순서를 결정한다.

52. 2개 이상의 분기회로를 갖는 회로 내에서 작동순서를 회로의 압력 등에 의하여 제어하는 밸브는?
① 체크밸브   ② 시퀀스밸브
③ 한계밸브   ④ 서보밸브

53. 유압회로 내의 압력이 설정압력에 도달하면 펌프에서 토출된 오일을 전부 탱크로 회송시켜 펌프를 무부하로 운전시키는데 사용하는 밸브는?
① 체크밸브(check valve)
② 시퀀스밸브(sequence valve)
③ 언로드밸브(unloader valve)
④ 카운터밸런스 밸브(count balance valve)

해설
언로드(무부하)밸브는 유압회로 내의 압력이 설정압력에 도달하면 펌프에서 토출된 오일을 전부 탱크로 회송시켜 펌프를 무부하로 운전시키는데 사용한다.

Answer ▶▶▶
48. ①   49. ②   50. ①   51. ③   52. ②   53. ③

54. 고압·소용량, 저압·대용량 펌프를 조합 운전할 경우 회로 내의 압력이 설정압력에 도달하면 저압 대용량 펌프의 토출량을 기름 탱크로 귀환시키는데 사용하는 밸브는?

① 무부하밸브
② 카운터밸런스 밸브
③ 체크밸브
④ 시퀀스밸브

해설 ---
무부하밸브는 고압·소용량, 저압·대용량 펌프를 조합 운전할 경우 회로 내의 압력이 설정압력에 도달하면 저압 대용량 펌프의 토출량을 기름 탱크로 귀환시키는 작용을 하며, 동력의 절감과 유온상승을 방지한다.

55. 체크밸브가 내장되는 밸브로서 유압회로의 한방향의 흐름에 대해서는 설정된 배압을 생기게 하고, 다른 방향의 흐름은 자유롭게 흐르도록 한 밸브는?

① 셔틀밸브
② 언로더밸브
③ 슬로 리턴밸브
④ 카운터 밸런스밸브

해설 ---
카운터밸런스밸브는 체크밸브가 내장되는 밸브로서 유압회로의 한방향의 흐름에 대해서는 설정된 배압을 생기게 하고, 다른 방향의 흐름은 자유롭게 흐르도록 한다.

56. 유압 실린더 등의 중력에 의한 자유낙하를 방지하기 위해 배압을 유지하는 압력제어 밸브는?

① 감압밸브
② 시퀀스밸브
③ 언로드밸브
④ 카운터 밸런스밸브

해설 ---
카운터 밸런스밸브는 유압실린더 등이 중력 및 자체중량에 의한 자유낙하를 방지하기 위해 배압을 유지한다.

57. 유압장치에서 작동체의 속도를 바꿔주는 밸브는?

① 압력제어 밸브　② 유량제어 밸브
③ 방향제어 밸브　④ 체크밸브

해설 ---
유량제어 밸브는 작동체(유압 실린더, 유압모터)의 작동속도를 바꾸어준다.

58. 유압기기의 작동속도를 높이기 위해 무엇을 변화시켜야 하는가?

① 유압모터의 크기를 작게 한다.
② 유압펌프의 토출압력을 높인다.
③ 유압모터의 압력을 높인다.
④ 유압펌프의 토출유량을 증가시킨다.

해설 ---
유압기기의 작동속도를 높이려면 유압펌프의 토출유량을 증가시킨다.

59. 유압장치에서 유량제어밸브가 아닌 것은?

① 교축밸브　② 분류밸브
③ 유량조정밸브　④ 릴리프밸브

60. 내경이 작은 파이프에서 미세한 유량을 조정하는 밸브는?

① 압력보상 밸브　② 니들밸브
③ 바이패스 밸브　④ 스로틀밸브

해설 ---
니들밸브(needle valve)는 내경이 작은 파이프에서 미세한 유량을 조절하는 밸브이다.

Answer ▶▶▶
54. ①　55. ④　56. ④　57. ②　58. ④　59. ④　60. ②

61. 유압장치에서 방향제어밸브 설명으로 틀린 것은?
① 유체의 흐름방향을 변환한다.
② 액추에이터의 속도를 제어한다.
③ 유체의 흐름방향을 한쪽으로만 허용한다.
④ 유압실린더나 유압모터의 작동방향을 바꾸는데 사용된다.

62. 유압장치에서 방향제어밸브에 해당하는 것은?
① 셔틀밸브   ② 릴리프밸브
③ 시퀀스밸브 ④ 언로더밸브

> **해설**
> 방향제어 밸브의 종류에는 스풀밸브, 체크밸브, 셔틀밸브 등이 있다.

63. 유압 작동기의 방향을 전환시키는 밸브에 사용되는 형식 중 원통형 슬리브 면에 내접하여 축 방향으로 이동하면서 유로를 개폐하는 형식은?
① 스풀형식
② 포핏형식
③ 베인형식
④ 카운터밸런스 밸브 형식

> **해설**
> 스풀밸브는 원통형 슬리브 면에 내접하여 축 방향으로 이동하여 유로를 개폐하여 유압유의 흐름방향을 바꾸는 기능을 한다.

64. 유압 컨트롤밸브 내에 스풀형식의 밸브 기능은?
① 축압기의 압력을 바꾸기 위해
② 펌프의 회전방향을 바꾸기 위해
③ 오일의 흐름방향을 바꾸기 위해
④ 계통 내의 압력을 상승시키기 위해

65. 건설기계에서 작동유를 한 방향으로는 흐르게 하고 반대방향으로는 흐르지 않게 하기 위해 사용하는 밸브는?
① 릴리프밸브   ② 무부하 밸브
③ 체크밸브   ④ 감압밸브

> **해설**
> 체크밸브(check valve)는 역류를 방지하고, 회로 내의 잔류압력을 유지시키며, 오일의 흐름이 한쪽 방향으로만(역류방지) 가능하게 한다.

66. 유압회로 내에 잔압을 설정해 두는 이유로 가장 적합한 것은?
① 제동 해제방지   ② 유로 파손방지
③ 오일 산화방지   ④ 작동 지연방지

> **해설**
> 유압회로 내에 잔압(잔류압력)을 설정해 두는 이유는 작동지연을 방지하기 위함이다.

67. 방향제어 밸브를 동작시키는 방식이 아닌 것은?
① 수동식   ② 전자식
③ 스프링식   ④ 유압 파일럿식

> **해설**
> 방향제어밸브를 동작시키는 방식에는 수동식, 전자식, 유압 파일럿식 등이 있다.

68. 방향제어 밸브에서 내부 누유에 영향을 미치는 요소가 아닌 것은?
① 관로의 유량
② 밸브간극의 크기
③ 밸브 양단의 압력차
④ 유압유의 점도

> **해설**
> 방향제어 밸브의 내부 누유에 영향을 미치는 요소는 밸브간극의 크기, 밸브 양단의 압력차이, 유압유의 점도 등이다.

Answer
61. ② 62. ① 63. ① 64. ③ 65. ③ 66. ④ 67. ③ 68. ①

69. 방향전환밸브 포트의 구성요소가 아닌 것은?

① 유로의 연결포트 수
② 작동방향 수
③ 작동위치 수
④ 감압위치 수

해설
방향전환밸브 포트의 구성요소는 유로의 연결포트 수, 작동방향 수, 작동위치 수이다.

70. 방향전환 밸브 중 4포트 3위치 밸브에 대한 설명으로 틀린 것은?

① 직선형 스풀밸브이다.
② 스풀의 전환위치가 3개이다.
③ 밸브와 주배관이 접속하는 접속구는 3개이다.
④ 중립위치를 제외한 양끝 위치에서 4포트 2위치

해설
밸브와 주배관이 접속하는 접속구는 4개이다.

71. 일반적으로 캠(cam)으로 조작되는 유압밸브로써 액추에이터의 속도를 서서히 감속시키는 밸브는?

① 디셀러레이션 밸브
② 카운터밸런스 밸브
③ 방향제어밸브
④ 프레필 밸브

해설
디셀러레이션밸브는 캠(cam)으로 조작되는 유압밸브이며 액추에이터의 속도를 서서히 감속시킬 때 사용한다.

72. 유압실린더의 행정 최종 단에서 실린더의 속도를 감속하여 서서히 정지시키고자 할 때 사용되는 밸브는?

① 프레필 밸브
② 디콤프레션 밸브
③ 디셀러레이션 밸브
④ 셔틀 밸브

73. 유압장치에 사용되는 밸브부품의 세척유로 가장 적절한 것은?

① 엔진오일   ② 물
③ 경유   ④ 합성세제

해설
밸브부품은 솔벤트나 경유로 세척한다.

74. 유압펌프에서 발생된 유체 에너지를 이용하여 직선운동이나 회전운동을 하는 유압기기는?

① 오일쿨러
② 제어밸브
③ 액추에이터
④ 어큐뮬레이터

해설
액추에이터는 유압펌프에서 발생된 유압(유체)에너지를 기계적 에너지(직선운동이나 회전운동)로 바꾸는 장치이다.

75. 유압모터와 유압실린더의 설명으로 맞는 것은?

① 모터는 회전운동, 실린더는 직선운동을 한다.
② 둘 다 왕복운동을 한다.
③ 둘 다 회전운동을 한다.
④ 모터는 직선운동, 실린더는 회전운동을 한다.

69. ④ 70. ③ 71. ① 72. ③ 73. ③ 74. ③ 75. ①

76. 유압장치에서 액추에이터의 종류에 속하지 않는 것은?
① 감압밸브 ② 유압실린더
③ 유압모터 ④ 플런저 모터

> 해설) 액추에이터에는 직선운동을 하는 유압 실린더와 회전운동을 하는 유압모터가 있다.

77. 유압실린더의 주요 구성품이 아닌 것은?
① 피스톤 로드 ② 피스톤
③ 실린더 ④ 커넥팅로드

78. 유압실린더의 종류에 해당하지 않는 것은?
① 단동 실린더
② 복동 실린더
③ 다단 실린더
④ 회전 실린더

> 해설) 유압실린더의 종류에는 단동실린더, 복동 실린더(싱글로드형과 더블로드형), 다단 실린더, 램형 실린더 등이 있다.

79. 유압실린더 중 피스톤의 양쪽에 유압유를 교대로 공급하여 양방향의 운동을 유압으로 작동시키는 형식은?
① 단동식 ② 복동식
③ 다동식 ④ 편동식

> 해설) 유압실린더의 종류
> • 단동식 : 한쪽 방향에 대해서만 유효한 일을 하고, 복귀는 중력이나 복귀스프링에 의한다.
> • 복동식 : 유압 실린더 피스톤의 양쪽에 유압유를 교대로 공급하여 양방향의 운동을 유압으로 작동시킨다.

80. 유압 실린더의 지지방식이 아닌 것은?

① 유니언형 ② 푸트형
③ 트러니언형 ④ 플랜지형

> 해설) 유압실린더 지지방식에는 플랜지형, 트러니언형, 클레비스형, 푸트형이 있다.

81. 유압 실린더에서 피스톤행정이 끝날 때 발생하는 충격을 흡수하기 위해 설치하는 장치는?
① 쿠션기구
② 압력보상 장치
③ 서보밸브
④ 스로틀밸브

> 해설) 쿠션기구는 유압실린더에서 피스톤 행정이 끝날 때 발생하는 충격을 흡수하기 위해 설치하는 장치이다.

82. 보기 중 유압실린더에서 발생되는 피스톤 자연하강 현상(cylinder drift)의 발생 원인으로 모두 맞는 것은?

[보기]
ㄱ. 작동압력이 높은 때
ㄴ. 실린더 내부 마모
ㄷ. 컨트롤 밸브의 스풀 마모
ㄹ. 릴리프 밸브의 불량

① ㄱ, ㄴ, ㄷ ② ㄱ, ㄴ, ㄹ
③ ㄴ, ㄷ, ㄹ ④ ㄱ, ㄷ, ㄹ

> 해설) 실린더의 과도한 자연 낙하현상은 작동압력이 낮을 때 발생한다.

Answer ▶▶
76. ① 77. ④ 78. ④ 79. ② 80. ① 81. ① 82. ③

83. 유압실린더의 움직임이 느리거나 불규칙할 때의 원인이 아닌 것은?
① 피스톤 링이 마모되었다.
② 유압유의 점도가 너무 높다.
③ 회로 내에 공기가 혼입되고 있다.
④ 체크밸브의 방향이 반대로 설치되어 있다.

해설
유압실린더의 움직임이 느리거나 불규칙 한 원인은 피스톤 링이 마모되었을 때, 유압유의 점도가 너무 높을 때, 회로 내에 공기가 혼입되고 있을 때이다.

84. 유압실린더를 교환하였을 경우 조치해야 할 작업으로 가장 거리가 먼 것은?
① 오일필터 교환
② 공기빼기 작업
③ 누유점검
④ 시운전하여 작동상태 점검

해설
액추에이터(작업 장치)를 교환하였으면 기관을 시동하여 공회전 시킨 후 작동상태의 점검, 공기빼기 작업, 누유점검, 오일보충을 한다.

85. 유압장치에서 작동유압 에너지에 의해 연속적으로 회전운동 함으로서 기계적인 일을 하는 것은?
① 유압모터   ② 유압 실린더
③ 유압제어 밸브 ④ 유압탱크

해설
유압모터는 유압 에너지에 의해 연속적으로 회전운동 함으로서 기계적인 일을 하는 장치이다.

86. 유압모터의 회전력이 변화하는 것에 영향을 미치는 것은?
① 유압유 압력   ② 유량
③ 유압유 점도   ④ 유압유 온도

해설
유압모터의 회전력 변화에 영향을 미치는 것은 유압유 압력이다.

87. 유압모터를 선택할 때 고려사항과 가장 거리가 먼 것은?
① 동력   ② 부하
③ 효율   ④ 점도

88. 유압모터의 종류에 포함되지 않는 것은?
① 기어형   ② 베인형
③ 플런저형   ④ 터빈형

89. 유압모터의 장점이 아닌 것은?
① 관성력이 크며, 소음이 크다.
② 전동모터에 비하여 급속정지가 쉽다.
③ 광범위한 무단변속을 얻을 수 있다.
④ 작동이 신속·정확하다.

해설
유압모터는 관성력이 적고, 전동모터에 비하여 급속정지가 쉬우며, 광범위한 무단변속을 얻을 수 있고, 작동이 신속·정확하다.

90. 유압모터의 특징 중 거리가 가장 먼 것은?
① 무단변속이 가능하다.
② 속도나 방향의 제어가 용이하다.
③ 작동유의 점도변화에 의하여 유압모터의 사용에 제약이 있다.
④ 작동유가 인화되기 어렵다.

해설
유압모터는 무단변속이 가능하고, 속도나 방향의 제어가 용이한 장점이 있으나 작동유의 점도변화에 의하여 유압모터의 사용에 제약이 따르고, 작동유가 인화되기 쉬운 단점이 있다.

91. 유압장치에서 기어모터의 장점이 아닌 것은?
① 가격이 싸다.
② 구조가 간단하다.
③ 소음과 진동이 작다.
④ 먼지나 이물질이 많은 곳에서도 사용이 가능하다.

해설
기어모터는 토크변동이 크고, 효율이 낮으며, 소음과 진동이 큰 단점이 있다.

92. 플런저가 구동축의 직각방향으로 설치되어 있는 유압모터는?
① 캠형 플런저 모터
② 액시얼형 플런저 모터
③ 블래더형 플런저 모터
④ 레이디얼형 플런저 모터

해설
레이디얼형 플런저 모터는 플런저가 구동축의 직각방향으로 설치되어 있다.

93. 유압모터의 회전속도가 느리다. 그 원인과 관계없는 것은?
① 설정압력이 규정압력보다 낮다.
② 유량이 규정량보다 부족하다.
③ 유압 밸런스 밸브가 불량하다.
④ 유압모터 하우징 고정 볼트를 토크렌치로 조였다.

해설
유압모터의 회전속도가 느린 원인은 각 작동부의 마모 또는 파손, 유압유의 유입량 부족, 유압유의 내부누설, 설정압력이 규정압력보다 낮을 때, 유압 밸런스 밸브의 불량 등이다.

94. 유압모터와 연결된 감속기의 오일수준을 점검할 때의 유의사항으로 틀린 것은?

① 오일이 정상온도일 때 오일수준을 점검해야 한다.
② 오일량은 영하(-)의 온도상태에서 가득 채워야 한다.
③ 오일수준을 점검하기 전에 항상 오일수준 게이지 주변을 깨끗하게 청소한다.
④ 오일량이 너무 적으면 모터 유닛이 올바르게 작동하지 않거나 손상될 수 있으므로 오일량은 항상 정량유지가 필요하다.

95. 유압펌프에서 발생한 유압을 저장하고 맥동을 제거시키는 것은?
① 어큐뮬레이터
② 언로딩밸브
③ 릴리프밸브
④ 스트레이너

해설
축압기(어큐뮬레이터)는 유압펌프에서 발생한 유압을 저장하고, 맥동을 소멸시키는 장치이다.

96. 축압기(어큐뮬레이터)의 기능과 관계가 없는 것은?
① 충격압력 흡수
② 유압 에너지 축적
③ 릴리프밸브 제어
④ 유압펌프 맥동흡수

해설
어큐뮬레이터(축압기)의 용도는 압력보상, 체적변화 보상, 유압 에너지 축적, 유압회로 보호, 맥동감쇠, 충격압력 흡수, 일정압력 유지, 보조 동력원으로 사용 등이다.

Answer ▶▶▶
91. ③ 92. ④ 93. ④ 94. ② 95. ① 96. ③

97. 축압기의 종류 중 가스-오일식이 아닌 것은?
① 스프링 하중식(Spring loaded type)
② 피스톤식(piston type)
③ 다이어프램식(diaphragm type)
④ 블래더식(bladder type)

98. 기체-오일식 어큐뮬레이터에 가장 많이 사용되는 가스는?
① 산소　　　　② 질소
③ 아세틸렌　　④ 이산화탄소

> **해설**
> 가스형 축압기에는 질소가스를 주입한다.

99. 유압장치에서 금속가루 또는 불순물을 제거하기 위해 사용되는 부품으로 짝지어진 것은?
① 여과기와 어큐뮬레이터
② 스크레이퍼와 필터
③ 필터와 스트레이너
④ 어큐뮬레이터와 스트레이너

100. 유압유에 포함된 불순물을 제거하기 위해 유압펌프 흡입관에 설치하는 것은?
① 부스터
② 스트레이너
③ 공기청정기
④ 어큐뮬레이터

> **해설**
> 스트레이너(strainer)는 유압펌프의 흡입관에 설치하는 여과기이다.

101. 유압기기 속에 혼입되어 있는 불순물을 제거하기 위해 사용되는 것은?
① 스트레이너　　② 패킹
③ 배수기　　　　④ 릴리프 밸브

102. 유압장치에서 오일여과기에 걸러지는 오염물질의 발생 원인으로 가장 거리가 먼 것은?
① 유압장치의 조립과정에서 먼지 및 이물질 혼입
② 작동중인 기관의 내부 마찰에 의하여 생긴 금속가루 혼입
③ 유압장치를 수리하기 위하여 해체하였을 때 외부로부터 이물질 혼입
④ 유압유를 장기간 사용함에 있어 고온·고압 하에서 산화생성물이 생김

103. 오일필터의 여과입도가 너무 조밀하였을 때 가장 발생하기 쉬운 현상은?
① 오일누출 현상
② 공동현상
③ 맥동 현상
④ 블로바이 현상

> **해설**
> 필터의 여과입도 너무 조밀하면(필터의 눈이 작으면) 오일공급 불충분으로 공동현상(캐비테이션)이 발생한다.

104. 유압장치의 수명연장을 위해 가장 중요한 요소는?
① 오일탱크의 세척
② 오일냉각기의 점검 및 세척
③ 오일펌프의 교환
④ 오일필터의 점검 및 교환

> **해설**
> 유압장치의 수명연장을 위한 가장 중요한 요소는 오일 및 오일필터의 점검 및 교환이다.

Answer
97. ①　98. ②　99. ③　100. ②　101. ①　102. ②　103. ②　104. ④

105. 건설기계 유압회로에서 유압유 온도를 알맞게 유지하기 위해 오일을 냉각하는 부품은?
    ① 어큐뮬레이터   ② 오일 쿨러
    ③ 방향제어밸브   ④ 유압밸브

106. 유압장치에서 오일쿨러(oil cooler)의 구비조건으로 틀린 것은?
    ① 촉매작용이 없을 것
    ② 오일 흐름에 저항이 클 것
    ③ 온도조정이 잘 될 것
    ④ 정비 및 청소하기가 편리할 것

    【해설】 오일 쿨러는 오일 흐름저항이 작아야 한다.

107. 수냉식 오일냉각기(oil cooler)에 대한 설명으로 틀린 것은?
    ① 소형으로 냉각능력이 크다.
    ② 고장 시 오일 중에 물이 혼입될 우려가 있다.
    ③ 대기온도나 냉각수 온도 이하의 냉각이 용이하다.
    ④ 유온을 항상 적정한 온도로 유지하기 위하여 사용된다.

    【해설】 수냉식 오일 냉각기는 유압유 온도를 항상 적정한 온도로 유지하기 위하여 사용하며, 소형으로 냉각능력은 크지만 고장이 발생하면 유압유 중에 물이 혼입될 우려가 있다.

108. 유압장치에서 내구성이 강하고 작동 및 움직임이 있는 곳에 사용하기 적합한 호스는?
    ① 플렉시블 호스   ② 구리 파이프
    ③ PVC호스   ④ 강 파이프

    【해설】 플렉시블 호스는 내구성이 강하고 작동 및 움직임이 있는 곳에 사용하기 적합하다.

109. 유압호스 중 가장 큰 압력에 견딜 수 있는 형식은?
    ① 고무형식
    ② 나선 와이어 블레이드 형식
    ③ 와이어리스 고무 블레이드 형식
    ④ 직물 블레이드 형식

    【해설】 유압장치에 사용하는 유압호스로 가장 큰 압력에 견딜 수 있는 것은 나선 와이어 블레이드 형식이다.

110. 유압 건설기계의 고압호스가 자주 파열되는 원인으로 가장 적합한 것은?
    ① 유압펌프의 고속회전
    ② 오일의 점도저하
    ③ 릴리프밸브의 설정압력 불량
    ④ 유압모터의 고속회전

    【해설】 릴리프밸브의 설정압력 높으면 고압호스가 자주 파열된다.

111. 유압회로에서 호스의 노화현상이 아닌 것은?
    ① 호스의 표면에 갈라짐이 발생한 경우
    ② 코킹부분에서 오일이 누유되는 경우
    ③ 액추에이터의 작동이 원활하지 않을 경우
    ④ 정상적인 압력상태에서 호스가 파손될 경우

    【해설】 호스의 노화현상은 호스의 표면에 갈라짐(crack)이 발생한 경우, 호스의 탄성이 거의 없는 상태로 굳어 있는 경우, 정상적인 압력상태에서 호스가 파손될 경우, 코킹부분에서 오일이 누유 되는 경우

Answer
105. ②   106. ②   107. ③   108. ①   109. ②   110. ③   111. ③

112. 유압장치 운전 중 갑작스럽게 유압배관에서 오일이 분출되기 시작하였을 때 가장 먼저 운전자가 취해야 할 조치는?

① 작업 장치를 지면에 내리고 시동을 정지한다.
② 작업을 멈추고 배터리 선을 분리한다.
③ 오일이 분출되는 호스를 분리하고 플러그를 막는다.
④ 유압회로 내의 잔압을 제거한다.

해설 ----
유압배관에서 오일이 분출되기 시작하면 가장 먼저 작업 장치를 지면에 내리고 기관 시동을 정지한다.

113. 유압 작동부에서 오일이 새고 있을 때 일반적으로 먼저 점검하여야 하는 것은?

① 밸브(valve)
② 기어(gear)
③ 플런저(plunger)
④ 실(seal)

해설 ----
유압 작동부분에서 오일이 누유되면 가장 먼저 실(seal)을 점검한다.

114. 유압장치에 사용되는 오일 실(seal)의 종류 중 O-링이 갖추어야 할 조건은?

① 체결력이 작을 것
② 압축변형이 적을 것
③ 작동 시 마모가 클 것
④ 오일의 입·출입이 가능할 것

해설 ----
O-링은 탄성이 양호하고, 압축변형이 적어야 한다.

115. 유압장치에서 피스톤 로드에 있는 먼지 또는 오염물질 등이 실린더 내로 혼입되는 것을 방지하는 것은?

① 필터(filter)
② 더스트 실(dust seal)
③ 밸브(valve)
④ 실린더 커버(cylinder cover)

해설 ----
더스트 실은 피스톤 로드에 있는 먼지 또는 오염물질 등이 실린더 내로 혼입되는 것을 방지한다.

116. 유압계통에서 오일누설 시의 점검사항이 아닌 것은?

① 오일의 윤활성
② 실(seal)의 마모
③ 실(seal)의 파손
④ 펌프 고정 볼트의 이완

해설 ----
유압유가 누설되면 실(seal)의 마모, 실(seal)의 파손, 유압펌프 고정 볼트의 이완 등을 점검한다.

117. 유압계통을 수리할 때마다 항상 교환해야 하는 것은?

① 샤프트 실(shaft seals)
② 커플링(couplings)
③ 밸브스풀(valve spools)
④ 터미널 피팅(terminal fitting)

Answer ≫
112. ① 113. ④ 114. ② 115. ② 116. ① 117. ①

유압회로 및 기호

01. 유압회로의 설명으로 맞는 것은 ?
① 유압회로에서 릴리프밸브는 압력제어 밸브이다.
② 유압회로의 동력 발생부에는 공기와 혼합하는 장치가 설치되어 있다.
③ 유압회로에서 릴리프밸브는 닫혀 있으며, 규정압력 이하의 오일압력이 오일탱크로 회송된다.
④ 회로 내 압력이 규정 이상일 때는 공기를 혼입하여 압력을 조절한다.

02. 작업 중에 유압펌프로부터 토출유량이 필요하지 않게 되었을 때, 토출유를 탱크에 저압으로 귀환시키는 회로는 ?
① 시퀀스 회로
② 어큐뮬레이터 회로
③ 블리드 오프 회로
④ 언로드 회로

> 해설 ----
> 언로드 회로는 작업 중에 유압펌프 유량이 필요하지 않게 되었을 때 오일을 저압으로 탱크에 귀환시킨다.

03. 유압회로에서 유량제어를 통하여 작업속도를 조절하는 방식에 속하지 않는 것은?
① 미터 인(meter in)방식
② 미터 아웃(meter out)방식
③ 블리드 오프(bleed off)방식
④ 블리드 온(bleed on)방식

> 해설 ----
> 속도제어 회로에는 미터 인 방식, 미터 아웃 방식, 블리드 오프 방식이 있다.

04. 액추에이터의 입구 쪽 관로에 유량제어 밸브를 직렬로 설치하여 작동유의 유량을 제어함으로서 액추에이터의 속도를 제어하는 회로는 ?
① 시스템 회로(system circuit)
② 블리드 오프 회로(bleed-off circuit)
③ 미터 인 회로(meter-in circuit)
④ 미터 아웃 회로(meter-out circuit)

> 해설 ----
> 미터 인 회로는 유압 액추에이터의 입력 쪽에 유량제어 밸브를 직렬로 연결하여 액추에이터로 유입되는 유량을 제어하여 액추에이터의 속도를 제어한다.

05. 유압실린더의 속도를 제어하는 블리드 오프(bleed off)회로에 대한 설명으로 틀린 것은 ?
① 펌프 토출량 중 일정한 양을 탱크로 되돌린다.
② 릴리프 밸브에서 과잉압력을 줄일 필요가 없다.
③ 유량제어 밸브를 실린더와 직렬로 설치한다.
④ 부하변동이 급격한 경우에는 정확한 유량제어가 곤란하다.

> 해설 ----
> 블리드 오프 회로는 유량제어 밸브를 실린더와 병렬로 연결하여 실린더의 속도를 제어한다.

Answer ▶
01. ① 02. ④ 03. ④ 04. ③ 05. ③

06. 유압장치의 기호 회로도에 사용되는 유압기호의 표시방법으로 적합하지 않은 것은?

① 기호에는 흐름의 방향을 표시한다.
② 각 기기의 기호는 정상상태 또는 중립상태를 표시한다.
③ 기호는 어떠한 경우에도 회전하여서는 안 된다.
④ 기호에는 각 기기의 구조나 작용압력을 표시하지 않는다.

해설
유압 기호는 오해의 위험이 없는 경우에는 기호를 회전하거나 뒤집어도 된다.

07. 유압장치에서 가장 많이 사용되는 유압 회로도는?

① 조합 회로도
② 그림 회로도
③ 단면 회로도
④ 기호 회로도

해설
일반적으로 많이 사용하는 유압 회로도는 기호 회로도이다.

08. 공·유압 기호 중 그림이 나타내는 것은?

① 유압동력원   ② 공기압 동력원
③ 전동기   ④ 원동기

09. 공·유압 기호 중 그림이 나타내는 것은?

① 밸브
② 공기압
③ 유압
④ 전기

10. 그림의 유압기호는 무엇을 표시하는가?

① 공기유압변환기
② 증압기
③ 촉매컨버터
④ 어큐뮬레이터

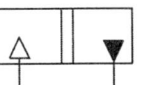

11. 그림의 유압기호가 나타내는 것은?

① 유압밸브
② 차단밸브
③ 오일탱크
④ 유압실린더

12. 유압장치에서 기름 탱크(밀폐형)의 기호 표시로 맞는 것은?

①    ②

③   ④

13. 다음 유압 도면기호의 명칭은?

① 스트레이너
② 유압모터
③ 유압펌프
④ 압력계

Answer
06. ③   07. ④   08. ①   09. ③   10. ①   11. ③   12. ①   13. ③

14. 정용량형 유압펌프의 기호는 ?

① 　②

③ 　④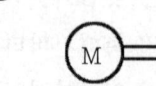

15. 유압장치에서 가변용량형 유압펌프의 기호는 ?

① 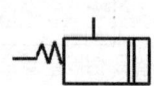　②

③ 　④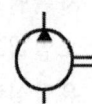

16. 그림과 같은 유압기호에 해당하는 밸브는 ?

① 체크밸브
② 카운터밸런스 밸브
③ 릴리프 밸브
④ 리듀싱 밸브

17. 다음 유압기호가 나타내는 것은 ?

① 릴리프 밸브
② 감압밸브
③ 순차밸브
④ 무부하 밸브

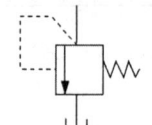

18. 체크밸브를 나타낸 것은 ?

① 　②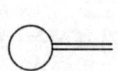

③ 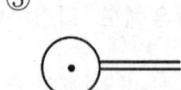　④

19. 그림의 유압기호는 무엇을 표시하는가 ?

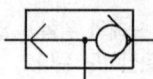

① 스톱밸브
② 무부하 밸브
③ 고압 우선형 셔틀밸브
④ 저압 우선형 셔틀밸브

20. 단동 실린더의 기호 표시로 맞는 것은 ?

① 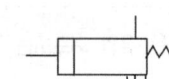　②

③ 　④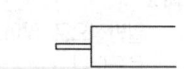

21. 그림과 같은 실린더의 명칭은 ?

① 단동 실린더　② 단동 다단실린더
③ 복동 실린더　④ 복동 다단실린더

Answer ▶▶▶

14. ①　15. ③　16. ③　17. ④　18. ①　19. ③　20. ④　21. ③

22. 복동 실린더 양 로드형을 나타내는 유압 기호는 ?

① 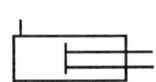   ②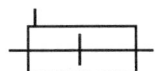

③ 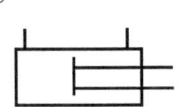   ④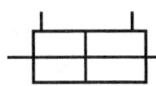

23. 그림의 유압기호는 무엇을 표시하는가 ?

① 가변 유압모터
② 유압펌프
③ 사면 토출밸브
④ 가변 흡입밸브

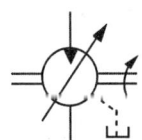

24. 그림의 유압기호는 무엇을 표시하는가 ?

① 복동 가변식 전자 액추에이터
② 회전형 전기 액추에이터
③ 단동 가변식 전자 액추에이터
④ 직접 파일럿 조작 액추에이터

25. 방향전환 밸브의 조작방식에서 단동 솔레노이드 기호는 ?

① 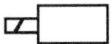   ②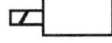

③ 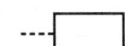   ④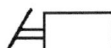

|해설|
①항은 솔레노이드 조작방식, ②항은 간접 조작방식, ③항은 레버 조작방식, ④항은 기계 조작방식

26. 그림의 공·유압기호는 무엇을 표시하는가 ?

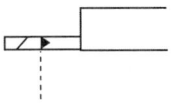

① 전자·공기압 파일럿
② 전자·유압 파일럿
③ 유압 2단 파일럿
④ 유압가변 파일럿

27. 유압·공기압 도면기호 중 그림이 나타내는 것은 ?

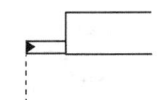

① 유압 파일럿(외부)
② 공기압 파일럿(외부)
③ 유압 파일럿(내부)
④ 공기압 파일럿(내부)

28. 그림의 유압기호는 무엇을 표시하는가 ?

① 유압실린더
② 어큐뮬레이터
③ 오일탱크
④ 유압실린더 로드

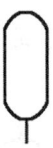

Answer
22. ④　23. ①　24. ②　25. ①　26. ②　27. ①　28. ②

29. 유압 도면기호에서 여과기의 기호 표시는?

① 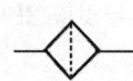 ②

③ 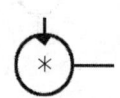 ④

30. 그림의 유압기호에서 "A" 부분이 나타내는 것은?

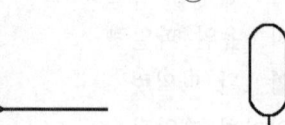

① 오일냉각기
② 스트레이너
③ 가변용량 유압펌프
④ 가변용량 유압모터

31. 다음 중 유압 압력계의 기호는?

①   ②

③ 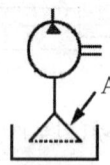 ④

32. 그림에서 드레인 배출기의 기호 표시로 맞는 것은?

①   ②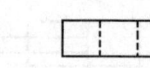

③ 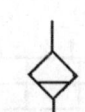 ④

33. 유압 도면기호에서 압력스위치를 나타내는 것은?

①   ②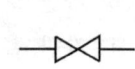

③  ④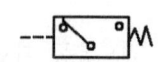

유압장치 점검

01. 유압회로에서 소음이 나는 원인으로 가장 거리가 먼 것은?
① 유량증가
② 채터링 현상
③ 캐비테이션 현상
④ 회로 내의 공기혼입

Answer》》 29. ① 30. ② 31. ④ 32. ③ 33. ④ 01. ①

02. 유압유의 압력이 상승하지 않을 때의 원인을 점검하는 것으로 가장 거리가 먼 것은?
① 유압펌프의 토출량 점검
② 유압회로의 누유상태 점검
③ 릴리프 밸브의 작동상태 점검
④ 유압펌프 설치 고정 볼트의 강도점검

03. 건설기계작업 중 유압회로 내의 유압이 상승되지 않을 때의 점검사항으로 적합하지 않은 것은?
① 오일탱크의 오일량 점검
② 오일이 누출되었는지 점검
③ 펌프로부터 유압이 발생되는지 점검
④ 자기탐상법에 의한 작업장치의 균열 점검

[해설]
갑자기 유압상승이 되지 않을 경우에는 유압펌프로부터 유압이 발생되는지 점검, 오일탱크의 오일량 점검, 릴리프밸브의 고장인지 점검, 오일이 누출되었는지 점검

04. 오일의 압력이 낮아지는 원인과 가장 거리가 먼 것은?
① 유압펌프의 성능이 불량할 때
② 오일의 점도가 높아졌을 때
③ 오일의 점도가 낮아졌을 때
④ 계통 내에서 누설이 있을 때

05. 유압장치의 일상점검 사항이 아닌 것은?
① 유압탱크의 유량점검
② 오일누설 여부 점검
③ 소음 및 호스 누유여부 점검
④ 릴리프밸브 작동점검

06. 건설기계 점검사항 중 설명이 가리키는 것은?

[보기]
분해·정비를 하는 것이 아니라, 눈으로 관찰하거나, 작동음을 들어보고 손의 감촉 등 점검사항을 기록하여 전날까지의 상태를 비교하여 이상 유무를 판단한다.

① 검사점검   ② 분기점검
③ 정기점검   ④ 일상점검

07. 건설기계의 유압장치 취급방법으로 적합하지 않은 것은?
① 유압장치는 워밍업 후 작업하는 것이 좋다.
② 유압유는 1주에 한 번, 소량씩 보충한다.
③ 작동유에 이물질이 포함되지 않도록 관리·취급하여야 한다.
④ 작동유가 부족하지 않은지 점검하여야 한다.

08. 유압장치 취급방법 중 가장 옳지 않은 것은?
① 가동 중 이상 음이 발생되면 즉시 작업을 중지한다.
② 종류가 다른 오일이라도 부족하면 보충할 수 있다.
③ 추운 날씨에는 충분한 준비 운전 후 작업한다.
④ 오일량이 부족하지 않도록 점검 보충한다.

[해설]
작동유가 부족할 때 종류가 다른(점도) 작동유를 보충하면 열화가 일어난다.

Answer ▶ 02. ④ 03. ④ 04. ② 05. ④ 06. ④ 07. ② 08. ②

09. 유압장치의 주된 고장원인이 되는 것과 가장 거리가 먼 것은?
   ① 과부하 및 과열로 인하여
   ② 공기, 물, 이물질 혼입에 의하여
   ③ 기기의 기계적 고장으로 인하여
   ④ 덥거나 추운 날씨에 사용함으로 인하여

10. 유압회로 내에 기포가 발생할 때 일어날 수 있는 현상과 가장 거리가 먼 것은?
   ① 작동유의 누설저하
   ② 소음증가
   ③ 공동현상 발생
   ④ 액추에이터의 작동불량

   해설) 유압회로 내에 기포가 생기면 공동현상 발생, 오일탱크의 오버플로, 소음증가, 액추에이터의 작동불량 등이 발생한다.

11. 건설기계에서 유압 구성부품을 분해하기 전에 내부압력을 제거하려면 어떻게 하는 것이 좋은가?
   ① 압력밸브를 밀어 준다.
   ② 고정너트를 서서히 푼다.
   ③ 엔진정지 후 조정레버를 모든 방향으로 작동하여 압력을 제거한다.
   ④ 엔진정지 후 개방하면 된다.

   해설) 유압 구성부품을 분해하기 전에 내부압력을 제거하려면 엔진정지 후 조정레버를 모든 방향으로 작동한다.

12. 유압장치의 계통 내에 슬러지 등이 생겼을 때 이것을 용해하여 깨끗이 하는 작업은?
   ① 서징   ② 코킹
   ③ 플러싱   ④ 트램핑

   해설) 플러싱이란 유압계통의 오일장치 내에 슬러지 등이 생겼을 때 이것을 용해하여 장치 내를 깨끗이 하는 작업이다.

Answer ▶▶▶ 09. ④ 10. ① 11. ③ 12. ③

건설기계 관리법규 및 도로교통법

1. 건설기계관리법

1.1. 목적 및 정의

① 건설기계의 등록·검사·형식승인 및 건설기계사업과 건설기계조종사면허 등에 관한 사항을 정하여 건설기계를 효율적으로 관리하고 건설기계의 안전도를 확보하여 건설공사의 기계화를 촉진함을 목적으로 한다.
② 건설기계란 건설공사에 사용할 수 있는 기계로서 대통령령이 정하는 것이며, 종류는 27종이 있다.
③ 건설기계 형식이란 구조·규격 및 성능 등에 관하여 일정하게 정한 것이다.

1.2. 건설기계의 범위

건설기계 명	범 위
1. 불도저	무한궤도 또는 타이어식인 것
2. 굴삭기	무한궤도 또는 타이어식으로 굴삭장치를 가진 자체중량 1톤 이상인 것
3. 로더	무한궤도 또는 타이어식으로 적재 장치를 가진 자체중량 2톤 이상인 것. 다만, 차체 굴절식 조향장치가 있는 자체중량 4톤 미만의 것은 제외한다.
4. 지게차	타이어식으로 들어 올림 장치와 조종석을 가진 것. 다만, 전동식으로 솔리드 타이어를 부착한 것 중 도로(도로교통법 제2조제1호에 따른 도로를 말함)가 아닌 장소에서만 운행하는 것은 제외한다.

건설기계 명	범 위
5. 스크레이퍼	흙·모래의 굴삭 및 운반 장치를 가진 자주식인 것
6. 덤프트럭	적재용량 12톤 이상인 것. 다만, 적재용량 12톤 이상 20톤 미만의 것으로 화물운송에 사용하기 위하여 자동차관리법에 의한 자동차로 등록된 것을 제외한다.
7. 기중기	무한궤도 또는 타이어식으로 강재의 지주 및 선회장치를 가진 것. 다만, 궤도(레일)식인 것을 제외한다.
8. 모터그레이더	정지장치를 가진 자주식인 것
9. 롤러	•조종석과 전압장치를 가진 자주식인 것 •피견인 진동식인 것
10. 노상안정기	노상안정장치를 가진 자주식인 것
11. 콘크리트 뱃칭 플랜트	골재저장통·계량장치 및 혼합장치를 가진 것으로서 원동기를 가진 이동식인 것
12. 콘크리트피니셔	정리 및 사상 장치를 가진 것으로 원동기를 가진 것
13. 콘크리트살포기	정리 장치를 가진 것으로 원동기를 가진 것
14. 콘크리트믹서트럭	혼합장치를 가진 자주식인 것(재료의 투입·배출을 위한 보조장치가 부착된 것을 포함한다)
15. 콘크리트펌프	콘크리트 배송능력이 매시간당 5m^3 이상으로 원동기를 가진 이동식과 트럭적재식인 것
16. 아스팔트믹싱플랜트	골재공급 장치·건조가열장치·혼합장치·아스팔트 공급 장치를 가진 것으로 원동기를 가진 이동식인 것
17. 아스팔트피니셔	정리 및 사상 장치를 가진 것으로 원동기를 가진 것
18. 아스팔트살포기	아스팔트살포장치를 가진 자주식인 것
19. 골재살포기	골재살포장치를 가진 자주식인 것
20. 쇄석기	20킬로와트 이상의 원동기를 가진 이동식인 것
21. 공기압축기	공기토출량이 매분 당 2.83m^3(매 cm^2당 7kg 기준) 이상의 이동식인 것
22. 천공기	천공장치를 가진 자주식인 것
23. 항타 및 항발기	원동기를 가진 것으로 해머 또는 뽑는 장치의 중량이 0.5톤 이상인 것
24. 자갈채취기	자갈채취 장치를 가진 것으로 원동기를 가진 것
25. 준설선	펌프식·버킷식·디퍼식 또는 그래브식으로 비자항식인 것
26. 특수건설기계	1부터 25까지의 규정 및 27에 따른 건설기계와 유사한 구조 및 기능을 가진 기계류로서 국토교통부장관이 따로 정하는 것
27. 타워크레인	수직타워의 상부에 위치한 지브를 선회시켜 중량물을 상하, 전후 또는 좌우로 이동시킬 수 있는 것으로서 원동기 또는 전동기를 가진 것. 다만, 산업집적활성화 및 공장설립에 관한 법률 제16조에 따라 공장등록 대장에 등록된 것은 제외한다.

1.3. 건설기계사업의 분류

건설기계사업에는 대여업, 정비업, 매매업, 폐기업 등이 있으며, 사업을 영위하고자 하는 자는 시·도지사에게 등록하여야 한다.

1.4. 건설기계의 신규 등록

1.4.1. 건설기계를 등록할 때 필요한 서류

① 건설기계의 출처를 증명하는 서류
  ㉮ 건설기계 제작증(국내에서 제작한 건설기계의 경우에 한한다)
  ㉯ 수입면장(수입한 건설기계의 경우에 한한다)
  ㉰ 매수증서(관청으로부터 매수한 건설기계의 경우에 한한다)
② 건설기계의 소유자임을 증명하는 서류
③ 건설기계 제원표
④ 자동차손해배상보장법에 따른 보험 또는 공제의 가입을 증명하는 서류

1.4.2. 건설기계 등록신청

① 등록신청은 건설기계를 취득한 날부터 2개월(60일) 이내에 소유자의 주소지 또는 사용본거지를 관할하는 시·도지사에게 하여야 한다.
② 전시·사변 기타 이에 준하는 국가비상사태 하에 있어서는 5일 이내에 하여야 한다.

1.5. 등록사항 변경신고

① 건설기계 등록사항에 변경이 있을 때(전시·사변 기타 이에 준하는 비상사태 및 상속 시의 경우는 제외)에는 등록사항의 변경신고를 변경이 있는 날부터 30일 이내에 하여야 한다.
② 건설기계 등록지가 다른 시·도로 변경되었을 경우 등록이전 신고를 하여야 하며, 등록이전신고 대상은 소유자 변경, 소유자의 주소지 변경, 건설기계의 사용본거지 변경이다.

③ 건설기계를 산(매수 한)사람이 등록사항변경(소유권 이전)신고를 하지 않아 등록사항 변경신고를 독촉하였으나 이를 이행하지 않을 경우 매도한 사람이 직접 소유권 이전신고를 한다.

1.6. 건설기계의 등록말소 사유

1.6.1. 건설기계 등록의 말소사유

① 거짓이나 그 밖의 부정한 방법으로 등록을 한 경우
② 건설기계가 천재지변 또는 이에 준하는 사고 등으로 사용할 수 없게 되거나 멸실된 경우
③ 건설기계의 차대(車臺)가 등록 시의 차대와 다른 경우
④ 건설기계가 건설기계 안전기준에 적합하지 아니하게 된 경우
⑤ 최고(催告)를 받고 지정된 기한까지 정기검사를 받지 아니한 경우
⑥ 건설기계를 수출하는 경우
⑦ 건설기계를 도난당한 경우
⑧ 건설기계를 폐기한 경우
⑨ 구조적 제작 결함 등으로 건설기계를 제작자 또는 판매자에게 반품한 때
⑩ 건설기계를 교육·연구 목적으로 사용하는 경우

1.6.2. 등록말소 기간

① 건설기계의 소유자는 해당하는 사유가 발생한 경우에는 30일 이내에, 건설기계를 도난당한 경우에는 2개월 이내에 시·도지사에게 등록말소를 신청하여야 하며, 건설기계를 수출하는 경우에는 수출 전까지 등록말소를 신청하여야 한다.
② 시·도지사는 등록을 말소하려는 경우에는 미리 그 뜻을 건설기계의 소유자 및 이해관계인에게 알려야 하며, 통지 후 1개월(저당권이 등록된 경우에는 3개월)이 지난 후가 아니면 이를 말소할 수 없다.

1.7. 건설기계 조종사면허

건설기계를 조종할 때에는 건설기계관리법 외에 도로상을 운행할 때에는 도로교통법 중 일부를 적용 받는다.

1.7.1. 건설기계 조종사면허

① 건설기계 조종사면허를 받으려는 사람은 국가기술자격법에 따른 해당분야의 기술자격을 취득하고 국·공립병원, 시·도지사가 지정하는 의료기관의 적성검사에 합격하여야 한다.
② 건설기계 조종사면허는 국토교통부령으로 정하는 바에 따라 건설기계의 종류별로 받아야 한다.
③ 건설기계를 조종하려는 사람은 시·도지사에게 건설기계 조종사면허를 받아야 한다.
④ 건설기계 조종사면허증의 발급, 적성검사의 기준, 그 밖에 건설기계 조종사면허에 필요한 사항은 국토교통부령으로 정한다.
⑤ 해당 건설기계 조종의 국가기술자격소지자가 건설기계 조종사면허를 받지 않고 건설기계를 조종하면 무면허이다.
⑥ 건설기계 조종사면허가 정지 또는 취소된 경우에는 그 사유가 발생한 날로부터 10일 이내에 주소지를 관할하는 시·도지사에게 그 면허증을 반납하여야 한다.
⑦ 특수건설기계 조종은 국토교통부장관이 지정하는 면허를 소지하여야 한다.

1.7.2. 건설기계 조종사면허의 결격사유

① 18세 미만인 사람
② 정신병자, 정신쇠약자, 뇌전증 환자
③ 앞을 보지 못하는 사람, 듣지 못하는 사람
④ 국토교통부령이 정하는 장애인
⑤ 마약, 대마, 향정신성 의약품 또는 알코올 중독자
⑥ 건설기계 조종사면허가 취소된 날부터 1년이 경과되지 아니한 자

⑦ 허위 기타 부정한 방법으로 면허를 받아 취소된 날로부터 2년이 경과되지 아니한 자
⑧ 건설기계 조종사면허의 효력정지 기간 중에 건설기계를 조종하여 취소되어 2년이 경과되지 아니한 자

1.7.3. 기재사항 변경신고

건설기계조종사는 성명, 주민등록번호 및 국적의 변경이 있는 경우에는 그 사실이 발생한 날부터 30일 이내(군복무·국외거주·수형·질병 기타 부득이한 사유가 있는 경우에는 그 사유가 종료된 날부터 30일 이내)에 기재사항변경신고서를 주소지를 관할하는 시·도지사에게 제출하여야 한다.

1.7.4. 건설기계조종사면허의 종류

면허의 종류	조종할 수 있는 건설기계
1. 불도저	불도저
2. 5톤 미만의 불도저 (소형 건설기계면허)	5톤 미만의 불도저
3. 굴삭기	굴삭기
4. 3톤 미만 굴삭기 (소형 건설기계면허)	3톤 미만 굴삭기
5. 로더	로더
6. 3톤 미만 로더 (소형 건설기계면허)	3톤 미만 로더
7. 5톤 미만 로더 (소형 건설기계면허)	5톤 미만 로더
8. 지게차	지게차
9. 3톤 미만 지게차 (소형 건설기계면허)	3톤 미만 지게차
10. 기중기	기중기
11. 롤러	롤러, 모터그레이더, 스크레이퍼, 아스팔트 피니셔, 콘크리트 피니셔, 콘크리트 살포기 및 골재 살포기
12. 이동식 콘크리트펌프 (소형 건설기계면허)	이동식 콘크리트펌프
13. 쇄석기(소형건설기계면허)	쇄석기, 아스팔트믹싱플랜트 및 콘크리트 뱃칭 플랜트

면허의 종류	조종할 수 있는 건설기계
14. 공기압축기 (소형 건설기계면허)	공기압축기
15. 천공기	천공기(타이어식, 무한궤도식 및 굴진식을 포함한다. 다만, 트럭적재식은 제외), 항타 및 항발기
16. 5톤 미만 천공기 (소형 건설기계면허)	5톤 미만의 천공기(트럭적재식은 제외)
17. 준설선(소형건설기계면허)	준설선 및 자갈채취기
18. 타워 크레인	타워 크레인
19. 3톤 미만 타워 크레인	3톤 미만의 타워 크레인

※. 특수건설기계에 대한 조종사면허의 종류는 운전면허를 받아 조종하여야 하는 특수건설기계를 제외하고는 위 면허 중에서 국토교통부장관이 지정하는 것으로 한다.

1.7.5. 자동차 제1종 대형면허로 조종할 수 있는 건설기계

덤프트럭, 아스팔트살포기, 노상안정기, 콘크리트믹서트럭, 콘크리트펌프, 천공기(트럭적재식을 말한다), 특수건설기계 중 국토교통부장관이 지정하는 건설기계이다.

1.7.6. 소형 건설기계면허

[1] 소형 건설기계의 면허종류

5톤 미만의 불도저, 3톤 미만의 굴삭기, 3톤 미만의 로더, 5톤 미만의 로더, 3톤 미만의 지게차, 이동식 콘크리트펌프, 쇄석기, 공기압축기, 5톤 미만의 천공기(트럭적재식은 제외), 준설선, 3톤 미만의 타워크레인

[2] 소형 건설기계 교육이수 시간

① 3톤 미만 굴삭기, 지게차, 로더의 교육시간은 이론 6시간, 조종실습 6시간이다.
② 5톤 미만 불도저, 로더, 이동식 콘크리트 펌프의 교육시간은 이론 6시간, 조종실습 12시간이다.
③ 공기압축기, 쇄석기 및 준설선에 대한 교육 이수시간은 이론 8시간, 실습 12시간이다.

1.7.7. 건설기계 조종사면허를 반납하여야 하는 사유

① 건설기계 면허가 취소된 때
② 건설기계 면허의 효력이 정지된 때
③ 면허증의 재교부를 받은 후 잃어버린 면허증을 발견한 때

1.7.8. 건설기계 면허 적성검사 기준

① 두 눈을 동시에 뜨고 잰 시력이 0.7 이상일 것(교정시력을 포함한다)
② 두 눈의 시력이 각각 0.3 이상일 것(교정시력을 포함한다)
③ 55dB(보청기를 사용하는 사람은 40dB)의 소리를 들을 수 있고, 언어 분별력이 80% 이상일 것
④ 시각은 150도 이상일 것
⑤ 마약·알코올 중독의 사유에 해당되지 아니할 것

1.8. 등록번호표

1.8.1. 등록번호표에 표시되는 사항

① 등록번호표에는 기종, 등록관청, 등록번호, 용도 등이 표시된다.
② 덤프트럭, 콘크리트믹서트럭, 콘크리트 펌프, 타워크레인의 번호표 규격은 가로 600mm, 세로 280mm이고, 그 밖의 건설기계 번호표 규격은 가로 400mm, 세로 220mm이다. 덤프트럭, 아스팔트살포기, 노상안정기, 콘크리트믹서트럭, 콘크리트펌프, 천공기(트럭적재식)의 번호표 재질은 알루미늄이다.

1.8.2. 등록번호표의 색칠

① 자가용 : 녹색 판에 백색문자
② 영업용 : 주황색 판에 백색문자
③ 관용 : 백색 판에 흑색문자
④ 임시운행 번호표 : 흰색 페인트 판에 검은색 문자

1.8.3. 건설기계 등록번호

① 자가용 : 1001-4999

② 영업용 : 5001-8999

③ 관용 : 9001-9999

1.8.4. 건설기계 기종별 기호 표시

01 : 불도저	02 : 굴삭기	03 : 로더
04 : 지게차	05 : 스크레이퍼	06 : 덤프트럭
07 : 기중기	08 : 모터그레이더	09 : 롤러
10 : 노상안정기	11 : 콘크리트 배칭 플랜트	
12 : 콘크리트 피니셔	13 : 콘크리트 살포기	
14 : 콘크리트 믹서 트럭	15 : 콘크리트 펌프	
16 : 아스팔트 믹싱 플랜트	17 : 아스팔트 피니셔	
18 : 아스파트 살포기	19 : 골재살포기	20 : 쇄석기
21 : 공기압축기	22 : 천공기	
23 : 항타 및 항발기	24 : 사리채취기	25 : 준설선
26 : 특수 건설기계	27 : 타워크레인	

1.9. 건설기계 임시운행

1.9.1. 임시운행 기간

① 임시운행 기간은 15일 이내로 한다.

② 신개발 건설기계를 시험·연구의 목적으로 운행하는 경우에는 3년 이내로 한다.

1.9.2. 임시운행 허가사유

① 등록신청을 하기 위하여 건설기계를 등록지로 운행하는 경우

② 신규 등록검사 및 확인검사를 받기 위하여 건설기계를 검사장소로 운행하는 경우

③ 수출을 하기 위하여 건설기계를 선적지로 운행하는 경우

④ 신개발 건설기계를 시험·연구의 목적으로 운행하는 경우

⑤ 판매 또는 전시를 위하여 건설기계를 일시적으로 운행하는 경우

1.10. 건설기계 검사

건설기계의 정기검사를 실시하는 검사업무 대행기관은 대한건설기계 안전관리원이다.

1.10.1. 건설기계 검사의 종류

[1] 신규등록검사

건설기계를 신규로 등록할 때 실시하는 검사

[2] 정기검사

건설공사용 건설기계로서 3년의 범위에서 국토교통부령으로 정하는 검사유효기간이 끝난 후에 계속하여 운행하려는 경우에 실시하는 검사와 대기환경보전법 및 소음·진동관리법에 따른 운행차의 정기검사

[3] 구조변경 검사

건설기계의 주요구조를 변경 또는 개조한 때 실시하는 검사

[4] 수시검사

성능이 불량하거나 사고가 자주 발생하는 건설기계의 안전성 등을 점검하기 위하여 수시로 실시하는 검사와 건설기계 소유자의 신청을 받아 실시하는 검사

1.10.2. 정기검사 신청기간 및 검사기간 산정

① 정기검사를 받고자하는 자는 검사유효기간 만료일 전후 각각 30일 이내에 신청한다.
② 건설기계 정기검사 신청기간 내에 정기검사를 받은 경우, 다음 정기검사 유효기간의 산정은 종전 검사유효기간 만료일의 다음날부터 기산한다.
③ 정기검사 유효기간을 1개월 경과한 후에 정기검사를 받은 경우, 다음 정기검사 유효기간 산정 기산일은 검사를 받은 날의 다음 날부터이다

1.10.3. 정기검사 연기신청기간

① 천재지변, 건설기계의 도난, 사고발생, 압류, 1개월 이상에 걸친 정비 그 밖의 부득이 한 사유로 검사신청기간 내에 검사를 신청할 수 없는 경우에는 검사신청기간 만료일까지 검사연기신청서에 연기사유를 증명할 수 있는 서류를 첨부하여 시·도지사에게 제출하여야 한다.
② 검사연기신청을 하였으나 불허통지를 받은 자는 검사신청기간 만료일로부터 10일 이내 검사를 신청하여야 한다.

1.10.4. 정기검사 최고

정기검사를 받지 아니한 건설기계의 소유자에 대하여는 정기검사의 유효기간이 만료된 날부터 3개월 이내에 국토교통부령이 정하는 바에 따라 10일 이내의 기한을 정하여 정기검사를 받을 것을 최고하여야 한다.

1.10.5. 검사소에서 검사를 받아야 하는 건설기계

덤프트럭, 콘크리트믹서트럭, 콘크리트펌프(트럭적재식), 아스팔트살포기, 트럭지게차(국토교통부장관이 정하는 특수건설기계인 트럭지게차를 말한다)

1.10.6. 당해 건설기계가 위치한 장소에서 검사하는(출장검사) 경우

① 도서지역에 있는 경우
② 자체중량이 40톤을 초과하거나 축중이 10톤을 초과하는 경우
③ 너비가 2.5m를 초과하는 경우
④ 최고속도가 시간당 35킬로미터 미만인 경우

1.10.7. 건설기계 정기검사 유효기간

기 종	구 분	검사유효기간
1. 굴삭기	타이어식	1년
2. 로더	타이어식	2년
3. 지게차	1톤 이상	2년
4. 덤프트럭	-	1년
5. 기중기	타이어식, 트럭적재식	1년
6. 모터그레이더	-	2년
7. 콘크리트믹서트럭	-	1년
8. 콘크리트펌프	트럭적재식	1년
9. 아스팔트살포기	-	1년
10. 천공기	트럭적재식	2년
11. 타워크레인	-	6개월
12. 그 밖의 건설기계	-	3년

※. 신규등록일(수입된 중고건설기계의 경우에는 제작연도의 12월 31일)부터 20년 이상 경과된 경우 검사유효기간은 1년으로 한다.

1.10.8. 정비명령

정비명령은 검사에 불합격한 해당 건설기계 소유자에게 하며, 정비명령 기간은 6개월 이내 이다.

1.11. 건설기계 구조변경

1.11.1. 건설기계의 구조변경을 할 수 없는 경우

① 건설기계의 기종변경
② 육상작업용 건설기계의 규격을 증가시키기 위한 구조변경
③ 육상작업용 건설기계의 적재함 용량을 증가시키기 위한 구조변경

1.11.2. 건설기계의 구조변경 범위

① 원동기의 형식변경

② 동력전달장치의 형식변경
③ 제동장치의 형식변경
④ 주행장치의 형식변경
⑤ 유압장치의 형식변경
⑥ 조종장치의 형식변경
⑦ 조향장치의 형식변경
⑧ 작업장치의 형식변경. 다만, 가공작업을 수반하지 아니하고 작업장치를 선택 부착하는 경우에는 작업장치의 형식변경으로 보지 아니한다.
⑨ 건설기계의 길이·너비·높이 등의 변경
⑩ 수상작업용 건설기계의 선체의 형식변경

1.11.3. 건설기계 구조변경

① 건설기계정비 업소에서 구조 또는 장치의 변경작업을 한다.
② 구조변경검사를 받고자 하는 자는 주요구조를 변경 또는 개조한 날부터 20일 이내(타워크레인의 주요구조부를 변경 또는 개조하는 경우에는 변경 또는 개조 후 검사에 소요되는 기간 전)에 건설기계구조변경 검사신청서에 다음 각 호의 서류를 첨부하여 시·도지사에게 제출하여야 한다.
㉮ 변경 전·후의 주요제원대비표
㉯ 변경 전·후의 건설기계의 외관도(외관의 변경이 있는 경우에 한한다)
㉰ 변경한 부분의 도면
㉱ 선박안전기술공단 또는 선급법인이 발행한 안전도검사증명서(수상작업용 건설기계에 한한다)
㉲ 건설기계를 제작하거나 조립하는 자 또는 건설기계정비업자의 등록을 한 자가 발행하는 구조변경사실을 증명하는 서류

1.12. 건설기계 사후관리

① 건설기계를 판매한 날부터 12개월 동안 무상으로 건설기계의 정비 및 정비에 필요한 부품을 공급하여야 한다.

② 사후관리 기간 내 일지라도 취급설명서에 따라 관리하지 아니함으로 인하여 발생한 고장 또는 하자는 유상으로 정비하거나 부품을 공급할 수 있다.
③ 사후관리 기간 내 일지라도 정기적으로 교체하여야 하는 부품 또는 소모성 부품에 대하여는 유상으로 공급할 수 있다.
④ 12개월 이내에 건설기계의 주행거리가 20,000km(원동기 및 차동장치의 경우에는 40,000km)를 초과하거나 가동시간이 2,000시간을 초과한 때에는 12개월이 경과한 것으로 본다.

1.13. 건설기계 조종사면허 취소사유

1.13.1. 면허취소 사유

① 거짓이나 그 밖의 부정한 방법으로 건설기계 조종사면허를 받은 경우
② 건설기계조종사의 효력정지 기간 중 건설기계를 조종한 경우
③ 건설기계 조종사면허의 결격사유에 해당하게 된 경우
　㉮ 건설기계 조종 상의 위험과 장해를 일으킬 수 있는 정신질환자 또는 뇌전증환자
　㉯ 앞을 보지 못하는 사람, 듣지 못하는 사람, 그 밖에 국토교통부령으로 정하는 장애인
　㉰ 건설기계 조종 상의 위험과 장해를 일으킬 수 있는 마약·대마·향정신성 의약품 또는 알코올중독자
　㉱ 건설기계 조종사면허가 취소된 날로부터 1년(거짓이나 그 밖의 부정한 방법으로 건설기계 조종사면허를 받은 경우와 건설기계 조종사면허의 효력정지 기간 중에 건설기계를 조종 사유로 취소된 경우에는 2년)이 지나지 아니하였거나 건설기계 조종사면허의 효력정지 처분기간 중에 있는 사람
④ 건설기계의 조종 중 고의 또는 과실로 중대한 사고를 일으킨 경우
　㉮ 고의로 인명피해(사망·중상·경상 등)를 입힌 경우
　㉯ 과실로 3명 이상을 사망하게 한 경우
　㉰ 과실로 7명 이상에게 중상을 입힌 경우
　㉱ 과실로 19명 이상에게 경상을 입힌 경우

⑤ 건설기계면허증을 다른 사람에게 빌려 준 경우
⑥ 술에 취한 상태에서 건설기계를 조종하다가 사고로 사람을 죽게 하거나 다치게 한 경우
⑦ 술에 만취한 상태(혈중 알코올 농도 0.1% 이상)에서 건설기계를 조종한 경우
⑧ 2회 이상 술에 취한 상태에서 건설기계를 조종하여 면허효력정지를 받은 사실이 있는 사람이 다시 술에 취한 상태에서 건설기계를 조종한 경우
⑨ 약물(마약·대마·향정신성 의약품 및 유해화학물질에 따른 환각물질)을 투여한 상태에서 건설기계를 조종한 경우

1.13.2. 면허정지 사유

① 인명피해를 입힌 경우
  ㉮ 사망 1명마다 : 면허효력정지 45일
  ㉯ 중상 1명마다 : 면허효력정지 15일
  ㉰ 경상 1명마다 : 면허효력정지 5일
② 재산피해 : 피해금액 50만원마다 면허효력정지 1일(90일을 넘지 못함)
③ 건설기계 조종 중 고의 또는 과실로 가스공급시설을 손괴하거나 가스공급시설의 기능에 장애를 입혀 가스의 공급을 방해한 경우 : 면허효력정지 180일
④ 술에 취한 상태(혈중 알코올 농도 0.05% 이상 0.1% 미만)에서 건설기계를 조종한 경우 : 면허효력정지 60일

1.14. 벌칙

1.14.1. 2년 이하의 징역 또는 2천만 원 이하의 벌금

① 등록되지 아니한 건설기계를 사용하거나 운행한 자
② 등록이 말소된 건설기계를 사용하거나 운행한 자
③ 시·도지사의 지정을 받지 아니하고 등록번호표를 제작하거나 등록번호를 새긴 자
④ 제작결함의 시정에 따른 시정명령을 이행하지 아니한 자
⑤ 등록을 하지 아니하고 건설기계사업을 하거나 거짓으로 등록을 한 자

⑥ 등록이 취소되거나 사업의 전부 또는 일부가 정지된 건설기계사업자로서 계속하여 건설기계사업을 한 자

1.14.2. 1년 이하의 징역 또는 1천만 원 이하의 벌금
① 매매용 건설기계를 운행하거나 사용한 자
② 폐기인수 사실을 증명하는 서류의 발급을 거부하거나 거짓으로 발급한 자
③ 폐기요청을 받은 건설기계를 폐기하지 아니하거나 등록번호표를 폐기하지 아니한 자
④ 건설기계 조종사면허를 받지 아니하고 건설기계를 조종한 자
⑤ 건설기계 조종사면허를 거짓이나 그 밖의 부정한 방법으로 받은 자
⑥ 소형 건설기계의 조종에 관한 교육과정의 이수에 관한 증빙서류를 거짓으로 발급한 자
⑦ 건설기계 조종사면허가 취소되거나 건설기계 조종사면허의 효력정지처분을 받은 후에도 건설기계를 계속하여 조종한 자
⑧ 건설기계를 도로나 타인의 토지에 버려둔 자

1.14.3. 100만 원 이하의 벌금
① 등록번호를 지워 없애거나 그 식별을 곤란하게 한 자
② 구조변경검사 또는 수시검사를 받지 아니한 자
③ 정비명령을 이행하지 아니한 자
④ 형식승인, 형식변경승인 또는 확인검사를 받지 아니하고 건설기계의 제작등을 한 자
⑤ 사후관리에 관한 명령을 이행하지 아니한 자

1.15. 특별표지판 부착대상 건설기계
① 길이가 16.7m 이상인 경우
② 너비가 2.5m 이상인 경우
③ 최소 회전반경이 12m 이상인 경우

④ 높이가 4m 이상인 경우
⑤ 총중량이 40톤 이상인 경우
⑥ 축하중이 10톤 이상인 경우

1.16. 건설기계의 좌석안전띠 및 조명장치

1.16.1. 안전띠

① 30km/h 이상의 속도를 낼 수 있는 타이어식 건설기계에는 좌석안전띠를 설치해야 한다.
② 안전띠는 사용자가 쉽게 잠그고 풀 수 있는 구조이어야 한다.
③ 안전띠는 「산업표준화법」 제15조에 따라 인증을 받은 제품이어야 한다.

1.16.2. 조명장치

최고속도 15km/h 미만 타이어식 건설기계에 갖추어야 하는 조명장치는 전조등, 후부반사기, 제동등이다.

2 도로교통법

2.1. 용어의 정의

① 도로에서 일어나는 교통상의 모든 위험과 장해를 방지하고 제거하여 안전하고 원활한 교통을 확보함을 목적으로 한다.
② 도로의 분류
　㉮ 도로법에 따른 도로
　㉯ 유료도로법에 따른 유료도로
　㉰ 농어촌도로 정비법에 따른 농어촌도로
　㉱ 그 밖에 현실적으로 불특정 다수의 사람 또는 차마(車馬)가 통행할 수 있도록 공개된 장소로서 안전하고 원활한 교통을 확보할 필요가 있는 장소
③ 횡단보도란 보행자가 도로를 횡단할 수 있도록 안전표지로 표시한 도로의 부분을 말한다.

④ 자동차전용도로란 자동차만 다닐 수 있도록 설치된 도로를 말한다.
⑤ 고속도로란 자동차의 고속 운행에만 사용하기 위하여 지정된 도로를 말한다.
⑥ 서행이란 위험을 느끼고 즉시 정지할 수 있는 느린 속도로 운행하는 것이며, 서행하여야 할 장소는 비탈길의 고갯마루 부근, 도로가 구부러진 부분, 가파른 비탈길의 내리막이다.
⑦ 안전지대라 함은 도로를 횡단하는 보행자나 통행하는 차마의 안전을 위하여 안전표지 등으로 표시된 도로의 부분을 말한다.
⑧ 안전거리란 모든 차의 운전자는 같은 방향으로 가고 있는 앞차의 뒤를 따를 때에는 앞차가 갑자기 정지하게 되는 경우에 그 앞차와의 충돌을 피할 수 있는 필요한 거리를 확보하도록 되어 있는 거리를 말한다.

2.2. 안전표지의 종류

종류에는 주의표지, 규제표지, 지시표지, 보조표지, 노면표시 등이 있다.

2.3. 신호 또는 지시에 따를 의무

① 신호기나 안전표지가 표시하는 신호 또는 지시와 교통정리를 위한 경찰공무원 등의 신호나 지시가 다른 때에는 경찰공무원 등의 신호 또는 지시에 따라야 한다.
② 신호기가 표시하는 신호의 종류와 신호의 뜻

구 분	신호의 종류	신호의 뜻
차량 신호등	녹색의 등화 (원형등화)	• 차마는 직진 또는 우회전할 수 있다. • 비보호좌회전표지 또는 비보호좌회전표시가 있는 곳에서는 좌회전할 수 있다.
	황색의 등화 (원형등화)	• 차마는 정지선이 있거나 횡단보도가 있을 때에는 그 직전이나 교차로의 직전에 정지하여야 하며, 이미 교차로에 차마의 일부라도 진입한 경우에는 신속히 교차로 밖으로 진행하여야 한다. • 차마는 우회전할 수 있고 우회전하는 경우에는 보행자의 횡단을 방해하지 못한다.
	적색의 등화 (원형등화)	차마는 정지선, 횡단보도 및 교차로의 직전에서 정지하여야 한다. 다만, 신호에 따라 진행하는 다른 차마의 교통을 방해하지 아니하고 우회전할 수 있다.

구 분	신호의 종류	신호의 뜻
차량 신호등	황색등화의 점멸 (원형등화)	차마는 다른 교통 또는 안전표지의 표시에 주의하면서 진행할 수 있다.
	적색등화의 점멸 (원형등화)	차마는 정지선이나 횡단보도가 있는 때에는 그 직전이나 교차로의 직전에 일시정지한 후 다른 교통에 주의하면서 진행할 수 있다.
	녹색화살표의 등화 (화살표등화)	차마는 화살표방향으로 진행할 수 있다.
	황색화살표의 등화 (화살표등화)	화살표시 방향으로 진행하려는 차마는 정지선이 있거나 횡단보도가 있을 때에는 그 직전이나 교차로의 직전에 정지하여야 하며, 이미 교차로에 차마의 일부라도 진입한 경우에는 신속히 교차로 밖으로 진행하여야 한다.
	적색화살표의 등화 (화살표등화)	화살표시 방향으로 진행하려는 차마는 정지선, 횡단보도 및 교차로의 직전에서 정지하여야 한다.
	황색화살표등화의 점멸(화살표등화)	차마는 다른 교통 또는 안전표지의 표시에 주의하면서 화살표시 방향으로 진행할 수 있다.
	적색화살표등화의 점멸(화살표등화)	차마는 정지선이나 횡단보도가 있을 때에는 그 직전이나 교차로의 직전에 일시정지한 후 다른 교통에 주의하면서 화살표시 방향으로 진행할 수 있다.
	녹색화살표의 등화 (하향)(사각형등화)	차마는 화살표로 지정한 차로로 진행할 수 있다.
	적색×표 표시 등화 (사각형등화)	차마는 ×표가 있는 차로로 진행할 수 없다.
	적색×표 표시 등화의 점멸 (사각형등화)	차마는 ×표가 있는 차로로 진입할 수 없고, 이미 차로의 일부라도 진입한 경우에는 신속히 그 차로 밖으로 진로를 변경하여야 한다.

2.4. 이상 기후일 경우의 운행속도

도로의 상태	감속운행속도
① 비가 내려 노면에 습기가 있는 때 ② 눈이 20mm 미만 쌓인 때	최고속도의 20/100
① 폭우·폭설·안개 등으로 가시거리가 100m 이내인 때 ② 노면이 얼어붙는 때 ③ 눈이 20mm 이상 쌓인 때	최고속도의 50/100

2.5. 앞지르기 금지
2.5.1. 앞지르기 금지
① 앞차의 좌측에 다른 차가 앞차와 나란히 가고 있을 때
② 앞차가 다른 차를 앞지르고 있거나 앞지르고자 할 때
③ 앞차가 좌측으로 방향을 바꾸기 위하여 진로 변경하는 경우 및 반대 방향에서 오는 차의 진행을 방해하게 될 때

2.5.2. 앞지르지 금지장소
교차로, 도로의 구부러진 곳, 비탈길의 고갯마루 부근, 가파른 비탈길의 내리막, 터널 안, 다리 위 등이다.

> **REFERENCE** 차마 서로 간의 통행 우선순위
> 긴급자동차 → 긴급자동차 외의 자동차 → 원동기장치자전거 → 자동차 및 원동기장치자전거 외의 차마

2.6. 정차 및 주차금지
2.6.1. 주·정차 금지장소
① 화재경보기로부터 3m 지점
② 교차로의 가장자리 또는 도로의 모퉁이로부터 5m 이내의 곳
③ 횡단보도로부터 10m 이내의 곳
④ 버스여객 자동차의 정류소를 표시하는 기둥이나 판 또는 선이 설치된 곳으로부터 10m 이내의 곳
⑤ 건널목의 가장자리로부터 10m 이내의 곳
⑥ 안전지대가 설치된 도로에서 그 안전지대의 사방으로부터 각각 10m 이내의 곳

2.6.2. 주차금지 장소
① 소방용 기계기구가 설치된 곳으로부터 5m 이내의 곳
② 소방용 방화물통으로부터 5m 이내의 곳

③ 소화전 또는 소화용 방화물통의 흡수구나 흡수관을 넣는 구멍으로부터 5m 이내의 곳
④ 도로공사 중인 경우 공사구역의 양쪽 가장자리로부터 5m 이내
⑤ 터널 안 및 다리 위

> **REFERENCE**
> - 모든 고속도로에서 건설기계의 최고속도는 80km/h, 최저속도는 50km/h이다.
> - 지정·고시한 노선 또는 구간의 고속도로에서 건설기계의 최고속도는 90km/h 이내, 최저속도는 50km/h이다

2.7. 교통사고 발생 후 벌점
① 사망 1명마다 90점(사고발생으로부터 72시간 내에 사망한 때)
② 중상 1명마다 15점(3주 이상의 치료를 요하는 의사의 진단이 있는 사고)
③ 경상 1명마다 5점(3주 미만 5일 이상의 치료를 요하는 의사의 진단이 있는 사고)
④ 부상신고 1명마다 2점(5일 미만의 치료를 요하는 의사의 진단이 있는 사고)

2.8. 운전 중 휴대전화 사용이 가능한 경우
① 자동차 등이 정지해 있는 경우
② 긴급자동차를 운전하는 경우
③ 각종 범죄 및 재해신고 등 긴급을 요하는 경우
④ 안전운전에 지장을 주지 않는 장치로 대통령령이 정하는 장치를 이용하는 경우

3 도로명주소법

3.1. 목적
이 법은 도로명 주소, 국가기초구역 및 국가지점번호의 표기·관리·활용과 도로명주소의 부여·사용·관리 등에 관한 사항을 규정함으로써 국민의 생활안전과 편의를 도모하고 물류비 절감 등 국가경쟁력 강화에 이바지함을 목적으로 한다.

3.2. 정의

① 도로명 주소 : 법에 따라 부여된 도로명, 건물번호 및 상세주소(상세주소가 있는 경우만 해당한다)에 의하여 표기하는 주소를 말한다.

② 건물 등 : 건축법에 따른 건축물과 현실적으로 30일 이상 거주나 정착된 활동에 이용되는 인공구조물 및 자연적으로 형성된 구조물을 말한다.

③ 도로명 주소사업 : 도로와 건물 등에 도로명 및 건물번호를 부여하고 관련 시설 등을 설치·유지관리·활용하는 사업을 말한다.

④ 도로구간 : 도로명을 부여하기 위하여 설정하는 도로의 시작지점과 끝지점 사이를 말한다.

 ㉮ 종속구간 : 다음의 어느 하나에 해당하는 구간으로서 별도의 도로구간으로 설정하지 않고 그 구간에 접해 있는 주된 도로구간에 포함시킨 구간을 말한다.

  ㉠ 막다른 구간

  ㉡ 2개의 도로를 연결하는 구간

⑤ 도로명 : 도로명주소를 부여하기 위하여 도로구간마다 부여한 이름을 말한다.

 ㉮ 유사 도로명 : 어떤 도로명을 공동으로 사용하는 도로명 전체를 말한다.

 ㉯ 동일 도로명 : 도로구간이 서로 연결되어 있으면서 그 이름이 같은 도로명을 말한다.

 ㉰ 임시 도로명 주소 : 신축이 계획된 건물등에 임시로 부여하는 도로명주소를 말한다.

⑥ 기초번호 : 도로구간의 시작지점부터 끝지점까지 일정한 간격으로 부여된 번호를 말한다.

 ㉮ 기초번호방식 도로명 : 길에 그 길의 시작지점이 분기(分岐)되는 도로구간의 도로명, 길이 분기되는 지점의 기초번호 및 "번길"이라는 단어를 차례로 붙여 부여한 도로명을 말한다.

 ㉯ 일련번호방식 도로명 : 길에 그 길의 시작지점이 분기되는 도로구간의 도로명, 길이 분기되는 지점의 일련번호(도로구간에 일정한 간격 없이 체계적인 순서에 따라 부여된 번호) 및 "길"이라는 단어를 차례로 붙여 부여한 도로명을 말한다.

⑦ 건물번호 : 건물 등(둘 이상의 건물 등이 현실적으로 하나의 집단을 형성하고 있는 경우에는 그 건물 등의 전체)마다 부여된 번호를 말한다.
⑧ 상세주소 : 공동주택 등의 경우로서 건축물대장에 적혀 있는 동(棟)번호, 호(號)수 또는 층수를 말하며, 다만 공동주택이 아닌 건물 등이 다음에 해당하는 경우에도 이를 상세주소로 본다.
　㉮ 건축물대장에 등록된 동·층·호를 세분하여 도로명주소대장에 등록한 경우
　㉯ 건축물대장에 등록되지 아니한 동·층·호를 도로명주소대장에 등록한 경우
⑨ 도로명 주소기본도 : 도면과 지적공부(地籍公簿)를 활용하여 도로명 및 건물번호 등이나 그 밖의 자료를 포함하여 작성한 도면을 말한다.
⑩ 도로명 주소안내도 : 도로명주소기본도를 이용하여 도로명주소를 안내할 목적으로 작성한 지도를 말한다.
⑪ 도로명 주소시설 : 법에 따라 설치된 도로명판[지주(支柱) 등 그 부속물을 포함한다. 기초번호판, 건물번호판, 도로명 주소안내판(지역안내판을 포함), 전산자료, 전산시설 및 그 밖에 이와 관련된 부속 시설물을 말한다.
⑫ 도로명 주소안내시설 : 도로명판, 건물번호판, 지역안내판 및 기초번호판을 말한다.
⑬ 국가기초구역 : 도로명주소를 기반으로 국토를 읍·면·동의 면적보다 작게 일정한 경계를 정하여 나눈 구역을 말한다(기초구역이라 한다).
⑭ 구역번호 : 기초구역마다 부여한 번호를 말한다.
⑮ 국가지점번호 : 국토 및 이와 인접한 해양을 격자형으로 일정하게 구획한 지점마다 부여한 번호(문자와 아라비아숫자 포함)를 말한다(지점번호라 한다).

3.3. 도로명주소의 구성 및 표기방법 등

① 도로명 주소는 다음의 순서에 따라 표기한다.
　㉮ 특별시·광역시·특별자치 시·도·특별자치도(시·도라 한다)의 이름
　㉯ 시·군·자치구[「제주특별자치도 설치 및 국제자유도시 조성을 위한 특별법」에 따른 행정시를 포함한다. 시·군·구라 한다]의 이름
　㉰ 행정구(자치구가 아닌 구를 말한다)·읍·면의 이름
　㉱ 도로명

㉮ 건물번호

㉯ 상세주소(상세주소가 있는 경우에만 표기한다)

㉰ 참고 항목 : 도로명주소의 끝 부분에 괄호를 하고 그 괄호 안에 다음의 구분에 따른 사항을 표기할 수 있다.

　㉠ 특별시·광역시·특별자치시와 시(행정시 포함)의 동(洞) 지역에 있는 공동주택이 아닌 건물등 : 법정동(法定洞)의 이름

　㉡ 특별시·광역시·특별자치시와 시(행정시 포함)의 동(洞) 지역에 있는 공동주택 : 법정동의 이름과 건축물대장에 적혀 있는 공동주택의 이름. 이 경우 법정동의 이름과 공동주택의 이름 사이에는 쉼표를 넣어 표기한다.

　㉢ 읍·면 지역에 있는 공동주택: 건축물대장에 적혀 있는 공동주택의 이름

② 건물번호는 아라비아 숫자로 표기하며, 건물 등이 지하에 있는 경우에는 건물번호 앞에 "지하"를 붙여서 표기하며 단, 규정한 사항 외에 건물번호의 구성에 필요한 사항은 행정안전부령으로 정한다.

③ 상세주소는 동(棟)번호, 층(層)수, 호(號)수의 순서로 표기한다. 다만, 호수에 층수의 의미가 포함된 경우에는 층수를 표기하지 않을 수 있다.

④ 건물번호와 상세주소를 구분하기 위하여 건물번호와 상세주소 사이에 쉼표를 넣어 표기한다.

3.4. 도로구간의 설정 대상

도로별 구분기준은 다음과 같다. 다만, 자동차전용도로 및 고속도로에 대해서는 행정안전부장관이 달리 정할 수 있다.

① 대로 : 도로의 폭이 40m 이상이거나 왕복 8차로 이상인 도로

② 로 : 도로의 폭이 12m 이상 40m 미만이거나 왕복 2차로 이상 8차로 미만인 도로

③ 길 : 대로와 로 외의 도로

3.5. 도로구간의 설정·변경·폐지기준 등

3.5.1. 도로구간을 설정할 때 정하여야 할 사항

① 도로구간의 시작지점 및 끝지점

② 도로구간의 중심선(도로 폭의 중심을 시작지점부터 끝지점까지 연결한 선을 말한다)
③ 도로구간의 관할 행정구역(시·도 및 시·군·구를 말한다)

3.5.2. 도로구간의 설정·변경 기준
① 도로의 폭·방향·교통흐름 등 도로의 특성을 고려할 것
② 도로구간의 시작지점 및 끝지점은 다음의 기준을 따를 것
  ㉮ 강·하천·바다 등의 땅 모양과 땅 위 물체, 시·군·구의 경계를 고려할 것. 다만, 길의 경우에는 그 길과 연결되는 도로 중 그 지역의 중심이 되는 도로를 시작지점이나 끝지점으로 할 수 있다.
  ㉯ 시작지점부터 끝지점까지 도로가 연결되어 있을 것
  ㉰ 서쪽과 동쪽을 잇는 도로는 서쪽을 시작지점으로, 동쪽을 끝지점으로 설정하고, 남쪽과 북쪽을 잇는 도로는 남쪽을 시작지점으로, 북쪽을 끝지점으로 설정할 것. 다만, 시작시점이 연장될 가능성이 있는 경우 등 행정안전부령으로 정하는 경우에는 달리 정할 수 있다.
③ 도로의 연속성을 유지하면서 최대한 길게 설정할 것. 다만, 길에 붙이는 도로명에 숫자나 방위를 나타내는 단어가 들어갈 때에는 달리 정할 수 있다.
④ 교차로인 경우 외에는 다른 도로구간과 겹치지 않을 것
⑤ 가급적 직선에 가까울 것
⑥ 일시적인 도로가 아닐 것
⑦ 자동차전용도로 및 고속도로에 대해서는 행정안전부장관이 정하는 바에 따라 기준과 다르게 도로구간을 설정·변경할 수 있다.

3.5.3. 도로구간을 폐지할 때 요건
① 도로구간에 속하는 도로 전체가 폐지되어 사실상 도로로 사용되고 있지 않을 것
② 도로구간의 도로명을 도로명주소로 이용하는 건물 등이 없을 것

3.6. 도로표지

3.6.1. 2방향 도로명 표지

[1] T자형 교차로

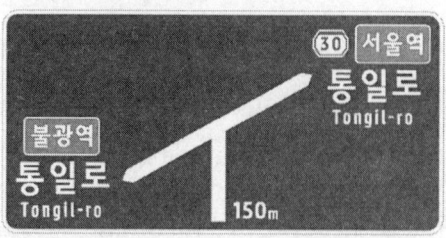 

[2] Y자형 교차로

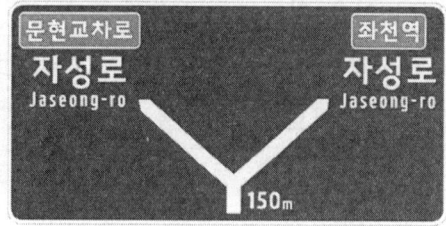 

[3] ㅏ형 교차로

3.6.2. 3방향 도로명 표지

그림 같은 길   그림 다른 길

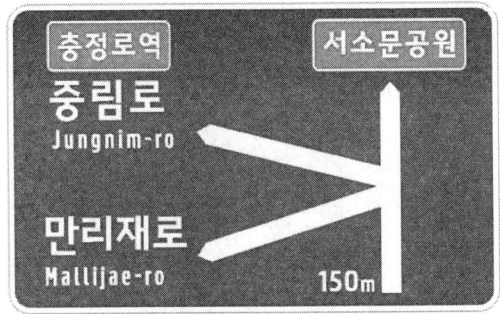

그림 K자형 교차로

그림 고가차도 교차로

그림 지하차도 교차로

3.6.3. 다방향 도로명 표지

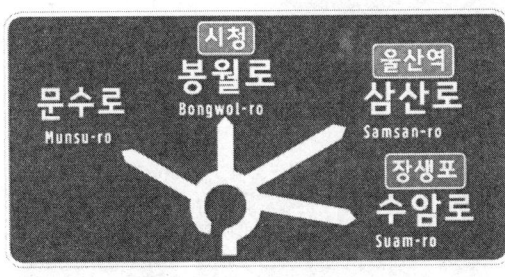

그림 회전 교차로

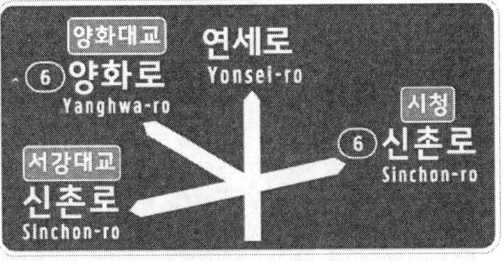

그림 다지형 교차로

3.6.4. 노선입구 예고표지

3.6.5. 차로지정표지

[1] 2차로

[2] 3차로

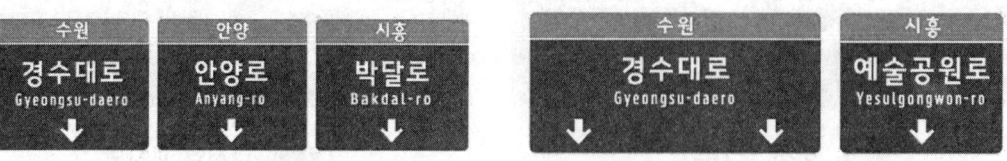

출제예상문제

 건설기계관리법규

01. 건설기계관리법의 입법목적에 해당되지 않는 것은?
① 건설기계의 효율적인 관리를 하기 위함
② 건설기계 안전도 확보를 위함
③ 건설기계의 규제 및 통제를 하기 위함
④ 건설공사의 기계화를 촉진함

해설
건설기계관리법의 목적은 건설기계의 등록·검사·형식승인 및 건설기계사업과 건설기계 조종사면허 등에 관한 사항을 정하여 건설기계를 효율적으로 관리하고 건설기계의 안전도를 확보하여 건설공사의 기계화를 촉진함을 목적으로 한다.

02. 건설기계관리법령상 건설기계의 정의를 가장 올바르게 한 것은?
① 건설공사에 사용할 수 있는 기계로서 대통령령이 정하는 것을 말한다.
② 건설현장에서 운행하는 장비로서 대통령령이 정하는 것을 말한다.
③ 건설공사에 사용할 수 있는 기계로서 국토교통부령이 정하는 것을 말한다.
④ 건설현장에서 운행하는 장비로서 국토교통부령이 정하는 것을 말한다.

해설
건설기계라 함은 건설공사에 사용할 수 있는 기계로서 대통령령으로 정한 것이다.

03. 건설기계관리법에서 정의한 건설기계 형식을 가장 옳은 것은?
① 엔진구조 및 성능을 말한다.
② 형식 및 규격을 말한다.
③ 성능 및 용량을 말한다.
④ 구조·규격 및 성능 등에 관하여 일정하게 정한 것을 말한다.

해설
건설기계 형식이란 구조·규격 및 성능 등에 관하여 일정하게 정한 것이다.

04. 건설기계관리법령상 건설기계의 총 종류 수는?
① 16종(15종 및 특수건설기계)
② 21종(20종 및 특수건설기계)
③ 27종(26종 및 특수건설기계)
④ 30종(27종 및 특수건설기계)

해설
건설기계관리법상 건설기계의 종류는 27종(26종 및 특수건설기계)이다.

05. 건설기계 범위에 해당되지 않는 것은?
① 준설선
② 3톤 지게차
③ 항타 및 항발기
④ 자체중량 1톤 미만의 굴삭기

해설
굴삭기는 무한궤도 또는 타이어식으로 굴삭장치를 가진 자체중량 1톤 이상인 것

Answer ▶▶▶
01. ③ 02. ① 03. ④ 04. ③ 05. ④

06. 건설기계의 범위에 속하지 않는 것은?
① 공기 토출량이 매분 당 $2.83m^3$ 이상의 이동식인 공기압축기
② 노상안정장치를 가진 자주식인 노상안정기
③ 정지장치를 가진 자주식인 모터그레이더
④ 전동식 솔리드타이어를 부착한 것 중 도로가 아닌 장소에서만 운행하는 지게차

> [해설] 지게차의 건설기계 범위는 타이어식으로 들어 올림 장치를 가진 것. 다만, 전동식으로 솔리드타이어를 부착한 것을 제외한다.

07. 건설기계관리법상 건설기계의 등록신청은 누구에게 하여야 하는가?
① 사용본거지를 관할하는 읍·면장
② 사용본거지를 관할하는 시·도지사
③ 사용본거지를 관할하는 검사대행장
④ 사용본거지를 관할하는 경찰서장

> [해설] 건설기계 등록신청은 소유자의 주소지 또는 건설기계 사용 본거지를 관할하는 시·도지사에게 한다.

08. 건설기계관리법상 건설기계의 소유자는 건설기계를 취득한 날부터 얼마 이내에 건설기계 등록신청을 해야 하는가?
① 2개월 이내   ② 3개월 이내
③ 6개월 이내   ④ 1년 이내

> [해설] 건설기계 등록신청은 건설기계를 취득한 날로부터 2개월(60일) 이내 하여야 한다.

09. 건설기계 등록신청 시 첨부하지 않아도 되는 서류는?
① 호적등본
② 건설기계 소유자임을 증명하는 서류
③ 건설기계제작증
④ 건설기계제원표

10. 건설기계의 수급조절을 위하여 필요한 경우 건설기계 수급조절위원회의 심의를 거친 후 사업용 건설기계의 등록을 2년 이내의 범위에서 일정기간 제한할 수 있다. 건설기계 수급계획을 마련할 때 반영하는 사항과 가장 거리가 먼 것은?
① 건설 경기(景氣)의 동향과 전망
② 건설기계대여 시장의 동향과 전망
③ 건설기계의 등록 및 가동률 추이
④ 건설기계수출 시장의 추세

> [해설] 건설기계 수급계획을 마련할 때 반영하는 사항은 건설경기(景氣)의 동향과 전망, 건설기계의 등록 및 가동률 추이, 건설기계대여 시장의 동향 및 전망, 그 밖에 대통령령으로 정하는 사항으로서 건설기계 수급계획 수립에 필요한 사항

11. 건설기계의 등록 전에 임시운행 사유에 해당되지 않는 것은?
① 장비 구입 전 이상 유무를 확인하기 위해 1일간 예비운행을 하는 경우
② 등록신청을 하기 위하여 건설기계를 등록지로 운행하는 경우
③ 수출을 하기 위하여 건설기계를 선적지로 운행하는 경우
④ 신개발 건설기계를 시험·연구의 목적으로 운행하는 경우

Answer 06. ④ 07. ② 08. ① 09. ① 10. ④ 11. ①

12. 신개발 건설기계의 시험·연구목적 운행을 제외한 건설기계의 임시운행 기간은 며칠 이내인가 ?
① 5일　　② 10일
③ 15일　　④ 20일

> 해설
> 신개발 건설기계의 시험·연구목적 운행을 제외한 건설기계의 임시운행 기간은 15일 이내이다.

13. 건설기계의 소유자는 건설기계등록사항에 변경이 있을 때(전시·사변 기타 이에 준하는 비상사태 및 상속 시의 경우는 제외)에는 등록사항의 변경신고를 변경이 있는 날부터 며칠이내에 하여야 하는가?
① 10일　　② 15일
③ 20일　　④ 30일

> 해설
> 건설기계의 소유자는 건설기계 등록사항에 변경이 있으면 그 변경이 있는 날부터 30일 이내에 등록을 한 시·도지사에게 제출하여야 한다.

14. 건설기계 소유자는 등록한 주소지가 다른 시·도로 변경된 경우 어떤 신고를 해야 하는가 ?
① 등록사항 변경신고를 하여야 한다.
② 등록이전신고를 하여야 한다.
③ 건설기계소재지 변동신고를 한다.
④ 등록지의 변경 시에는 아무 신고도 하지 않는다.

15. 건설기계 등록사항의 변경 또는 등록이전신고 대상이 아닌 것은 ?
① 소유자 변경
② 소유자의 주소지 변경
③ 건설기계 소재지 변동
④ 건설기계의 사용본거지 변경

16. 건설기계에서 등록의 갱정은 어느 때 하는가 ?
① 등록을 행한 후에 그 등록에 관하여 착오 또는 누락이 있음을 발견한 때
② 등록을 행한 후에 소유권이 이전되었을 때
③ 등록을 행한 후에 등록지가 이전되었을 때
④ 등록을 행한 후에 소재지가 변동되었을 때

> 해설
> 등록의 갱정은 등록을 행한 후에 그 등록에 관하여 착오 또는 누락이 있음을 발견한 때 한다.

17. 건설기계 등록이 말소되는 사유에 해당하지 않은 것은 ?
① 건설기계를 폐기한 때
② 건설기계의 구조변경을 했을 때
③ 건설기계가 멸실되었을 때
④ 건설기계를 수출할 때

18. 건설기계 등록말소 신청서의 첨부서류가 아닌 것은 ?
① 건설기계 등록증
② 건설기계 검사증
③ 건설기계 운행증
④ 건설기계의 멸실, 도난 등 말소사유를 확인할 수 있는 서류

> 해설
> 등록말소 신청서의 첨부서류는 건설기계 등록증, 건설기계 검사증, 건설기계의 멸실, 도난 등 말소사유를 확인할 수 있는 서류 등이다.

Answer
12. ③　13. ④　14. ②　15. ③　16. ①　17. ②　18. ③

19. 건설기계 소유자는 건설기계를 도난당한 날로 부터 얼마 이내에 등록말소를 신청해야 하는가?

① 30일 이내　② 2개월 이내
③ 3개월 이내　④ 6개월 이내

해설
건설기계를 도난당한 경우에는 도난당한 날부터 2개월 이내에 등록말소를 신청하여야 한다.

20. 시·도지사가 저당권이 등록된 건설기계를 말소할 때 미리 그 뜻을 건설기계의 소유자 및 이해관계인에게 통보한 후 몇 개월이 지나지 않으면 등록을 말소할 수 없는가?

① 3개월　② 1개월
③ 12개월　④ 6개월

해설
시·도지사가 저당권이 등록된 건설기계를 말소할 때 미리 그 뜻을 건설기계의 소유자 및 이해관계인에게 통보한 후 3개월이 지나지 않으면 등록을 말소할 수 없다.

21. 건설기계 등록을 말소한 때에는 등록번호표를 며칠 이내에 시·도지사에게 반납하여야 하는가?

① 10일　② 15일
③ 20일　④ 30일

해설
건설기계 등록번호표는 10일 이내에 시·도지사에게 반납하여야 한다.

22. 시·도지사는 건설기계 등록원부를 건설기계의 등록을 말소한 날부터 몇 년간 보존하여야 하는가?

① 1년　② 3년
③ 5년　④ 10년

해설
건설기계 등록원부는 건설기계의 등록을 말소한 날부터 10년간 보존하여야 한다.

23. 건설기계관리법령상 건설기계 사업의 종류가 아닌 것은?

① 건설기계매매업　② 건설기계대여업
③ 건설기계폐기업　④ 건설기계제작업

해설
건설기계사업의 종류에는 매매업, 대여업, 폐기업, 정비업이 있다.

24. 건설기계사업을 영위하고자 하는 자는 누구에게 등록하여야 하는가?

① 시·도지사
② 전문 건설기계정비업자
③ 국토교통부장관
④ 건설기계 폐기업자

해설
건설기계사업을 영위하고자 하는 자는 시·도지사에게 등록하여야 한다.

25. 건설기계 매매업의 등록을 하고자 하는 지의 구비시류로 맞는 깃은?

① 건설기계 매매업 등록필증
② 건설기계보험증서
③ 건설기계등록증
④ 5천만 원 이상의 하자보증금예치증서 또는 보증보험증서

해설
매매업의 등록을 하고자 하는 자의 구비서류
• 사무실의 소유권 또는 사용권이 있음을 증명하는 서류
• 주기장소재지를 관할하는 시장·군수·구청장이 발급한 주기장시설보유 확인서
• 5천만 원 이상의 하자보증금예치증서 또는 보증보험증서

19. ②　20. ①　21. ①　22. ④　23. ④　24. ①　25. ④

26. 건설기계대여업의 등록 시 필요 없는 서류는?
① 주기장시설보유확인서
② 건설기계 소유사실을 증명하는 서류
③ 사무실의 소유권 또는 사용권이 있음을 증명하는 서류
④ 모든 종업원의 신원증명서

27. 건설기계를 조종할 때 적용받는 법령에 대한 설명으로 가장 적합한 것은?
① 건설기계 관리법에 대한 적용만 받는다.
② 건설기계 관리법 외에 도로상을 운행할 때에는 도로교통법 중 일부를 적용 받는다.
③ 건설기계 관리법 및 자동차 관리법의 전체 적용을 받는다.
④ 도로교통법에 대한 적용만 받는다.

해설
건설기계를 조종할 때에는 건설기계 관리법 외에 도로상을 운행할 때에는 도로교통법 중 일부를 적용 받는다.

28. 건설기계 조종사면허에 관한 사항으로 틀린 것은?
① 자동차운전면허로 운전할 수 있는 건설기계도 있다.
② 면허를 받고자 하는 자는 국·공립병원, 시·도지사가 지정하는 의료기관의 적성검사에 합격하여야 한다.
③ 특수건설기계 조종은 국토교통부장관이 지정하는 면허를 소지하여야 한다.
④ 특수건설기계 조종은 특수조종면허를 받아야 한다.

29. 건설기계 조종사면허에 관한 설명으로 옳은 것은?
① 기중기면허를 소지하면 굴삭기도 조종할 수 있다.
② 건설기계 조종사면허는 국토교통부장관이 발급한다.
③ 콘크리트믹서트럭을 조종하고자 하는 자는 자동차 제1종 대형면허를 받아야 한다.
④ 기중기로 도로를 주행하고자 할 때는 자동차 제1종 대형면허를 받아야 한다.

30. 건설기계 조종사면허에 대한 설명 중 틀린 것은?
① 건설기계를 조종하려는 사람은 시·도지사에게 건설기계 조종사면허를 받아야 한다.
② 건설기계 조종사면허는 국토교통부령으로 정하는 바에 따라 건설기계의 종류별로 받아야 한다.
③ 건설기계 조종사면허를 받으려는 사람은 국가기술자격법에 따른 해당 분야의 기술자격을 취득하고 적성검사에 합격하여야 한다.
④ 건설기계 조종사면허증의 발급, 적성검사의 기준, 그 밖에 건설기계조종사면허에 필요한 사항은 대통령령으로 정한다.

해설
건설기계 조종사면허증의 발급, 적성검사의 기준, 그 밖에 건설기계 조종사면허에 필요한 사항은 국토교통부령으로 정한다.

Answer
26. ④ 27. ② 28. ④ 29. ③ 30. ④

31. 건설기계 조종사면허의 결격사유에 해당 되지 않는 것은 ?
① 18세 미만인 사람
② 정신질환자 또는 뇌전증환자
③ 마약·대마·향정신성의약품 또는 알코올 중독자
④ 파산자로서 복권되지 않은 사람

32. 건설기계 조종사면허증 발급신청 시 첨부하는 서류와 가장 거리가 먼 것은 ?
① 신체검사서
② 국가기술자격수첩
③ 주민등록표 등본
④ 소형 건설기계 조종교육 이수증

33. 건설기계관리법상 건설기계조종사는 성명·주민등록번호 및 국적의 변경이 있는 경우, 그 사실이 발생한 날부터 며칠 이내에 기재사항 변경신고서를 제출하여야 하는가 ?
① 15일   ② 20일
③ 25일   ④ 30일

해설 성명, 주민등록번호 및 국적의 변경이 있는 경우에는 그 사실이 발생한 날부터 30일 이내 주소지를 관할하는 시·도지사에게 제출하여야 한다.

34. 도로교통법상 규정한 운전면허를 받아 조종할 수 있는 건설기계가 아닌 것은?
① 타워크레인   ② 덤프트럭
③ 콘크리트펌프   ④ 콘크리트믹서트럭

해설 제1종 대형 운전면허로 조종할 수 있는 건설기계는 덤프트럭, 아스팔트 살포기, 노상 안정기, 콘크리트 믹서트럭, 콘크리트 펌프, 트럭적재식 천공기 등이다.

35. 건설기계관리법상 소형 건설기계에 포함되지 않는 것은 ?
① 3톤 미만의 굴삭기
② 5톤 미만의 불도저
③ 천공기
④ 공기압축기

해설 소형 건설기계의 종류에는 3톤 미만의 굴삭기, 3톤 미만의 로더, 3톤 미만의 지게차, 5톤 미만의 로더, 5톤 미만의 불도저, 콘크리트펌프(이동식으로 한정.) 5톤 미만의 천공기(트럭적재식은 제외), 공기압축기, 쇄석기 및 준설선, 3톤 미만의 타워크레인

36. 해당 건설기계 운전의 국가기술자격소지자가 건설기계 조종 시 면허를 받지 않고 건설기계를 조종할 경우는 ?
① 무면허이다.
② 사고 발생 시에만 무면허이다.
③ 도로주행만 하지 않으면 괜찮다.
④ 면허를 가진 것으로 본다.

해설 건설기계 운전의 국가기술자격소지자가 건설기계 조종할 때 면허를 받지 않고 건설기계를 조종할 경우는 무면허이다.

37. 건설기계 조종사의 적성검사에 대한 설명으로 옳은 것은 ?
① 적성검사는 60세까지만 실시한다.
② 적성검사는 수시 실시한다.
③ 적성검사는 2년마다 실시한다.
④ 적성검사에 합격하여야 면허 취득이 가능하다.

해설 건설기계 조종사면허를 받으려는 사람은 「국가기술자격법」에 따른 해당 분야의 기술자격을 취득하고 적성검사에 합격하여야 한다.

Answer ▶ 31. ④ 32. ③ 33. ④ 34. ① 35. ③ 36. ① 37. ④

38. 건설기계 조종사의 면허 적성검사 기준으로 틀린 것은?

① 두 눈의 시력이 각각 0.3 이상
② 두 눈을 동시에 뜨고 측정한 시력이 0.7 이상
③ 시각은 150도 이상
④ 청력은 10dB의 소리를 들을 수 있을 것

해설
청력은 55dB(보청기를 사용하는 사람은 40dB)의 소리를 들을 수 있고, 언어분별력이 80% 이상일 것

39. 건설기계관리법령상 건설기계조종사 면허취소 또는 효력정지를 시킬 수 있는 지는?

① 대통령　　　② 경찰서장
③ 시·도지사　④ 국토교통부장관

40. 건설기계 조종사면허를 취소하거나 정지시킬 수 있는 사유에 해당하지 않는 것은?

① 면허증을 타인에게 대여한 때
② 조종 중 과실로 중대한 사고를 일으킨 때
③ 면허를 부정한 방법으로 취득하였음이 밝혀졌을 때
④ 여행을 목적으로 1개월 이상 해외로 출국하였을 때

41. 건설기계조종사 면허증의 반납사유에 해당하지 않는 것은?

① 면허가 취소된 때
② 면허의 효력이 정지된 때
③ 건설기계조종을 하지 않을 때
④ 면허증의 재교부를 받은 후 잃어버린 면허증을 발견한 때

42. 건설기계 조종사면허가 취소되었을 경우 그 사유가 발생한 날 부터 며칠 이내에 면허증을 반납하여야 하는가?

① 7일 이내　　② 10일 이내
③ 14일 이내　④ 30일 이내

해설
건설기계 조종사면허가 취소되었을 경우 그 사유가 발생한 날로부터 10일 이내에 면허증을 반납해야 한다.

43. 시·도지사로부터 등록번호표제작통지 등에 관한 통지서를 받은 건설기계소유자는 받은 날로부터 며칠 이내에 등록번호표 제작자에게 제작 신청을 하여야 하는가?

① 3일　　　　② 10일
③ 20일　　　④ 30일

해설
시·도지사로부터 등록번호표 제작통지를 받은 건설기계 소유자는 3일 이내에 등록번호표 제작자에게 제작신청을 하여야 한다.

44. 건설기계 등록번호표에 표시되지 않는 것은?

① 기종　　　　② 등록번호
③ 등록관청　　④ 장비 연식

해설
건설기계 등록번호표에는 기종, 등록관청, 등록번호, 용도 등이 표시된다.

Answer
38. ④　39. ③　40. ④　41. ③　42. ②　43. ①　44. ④

45. 건설기계등록번호표에 대한 설명으로 틀린 것은?

① 모든 번호표의 규격은 동일하다.
② 재질은 철판 또는 알루미늄 판이 사용된다.
③ 굴삭기일 경우 기종별 기호표시는 02로 한다.
④ 번호표에 표시되는 문자 및 외곽선은 1.5mm 튀어나와야 한다.

해설
덤프트럭, 콘크리트믹서트럭, 콘크리트 펌프, 타워크레인의 번호표 규격은 가로 600mm, 세로 280mm이고, 그 밖의 건설기계 번호표 규격은 가로 400mm, 세로 220mm이다. 덤프트럭, 아스팔트살포기, 노상안정기, 콘크리트믹서트럭, 콘크리트 펌프, 천공기(트럭적재식)의 번호표 재질은 알루미늄이다.

46. 건설기계등록번호표의 색칠 기준으로 틀린 것은?

① 자가용 – 녹색 판에 흰색문자
② 영업용 – 주황색 판에 흰색문자
③ 관용 – 흰색 판에 검은색 문자
④ 수입용 – 적색 판에 흰색문자

해설
등록번호표의 색칠기준
• 자가용 건설기계 : 녹색 판에 흰색문자
• 영업용 건설기계 : 주황색 판에 흰색문자
• 관용 건설기계 : 백색 판에 검은색 문자
• 임시운행 번호표 : 흰색 페인트 판에 검은색 문자

47. 건설기계 등록번호표 중 관용에 해당하는 것은?

① 5001~8999   ② 6001~8999
③ 9001~9999   ④ 1001~4999

해설
• 자가용 : 1001~4999
• 영업용 : 5001~8999
• 관용 : 9001~9999

48. 건설기계의 기종별 기호 표시방법으로 틀린 것은?

① 01 : 쇄석기   ② 02 : 굴삭기
③ 03 : 로더   ④ 22 : 천공기

49. 건설기계 등록번호표가 02-6543인 것은?

① 로더-영업용   ② 굴삭기-영업용
③ 지게차-자가용 ④ 덤프트럭-관용

50. 건설기계등록번호표의 봉인이 떨어졌을 경우에 조치방법으로 올바른 것은?

① 운전자가 즉시 수리한다.
② 관할 시·도지사에게 봉인을 신청한다.
③ 관할 검사소에 봉인을 신청한다.
④ 가까운 카센터에서 신속하게 봉인한다.

해설
건설기계등록번호표의 봉인이 떨어졌을 경우에는 관할 시·도지사에게 봉인을 신청한다.

51. 우리나라에서 건설기계에 대한 정기검사를 실시하는 검사업무 대행기관은?

① 대한건설기계 안전관리원
② 자동차 정비업협회
③ 건설기계 정비업협회
④ 건설기계협회

해설
건설기계의 정기검사를 실시하는 검사업무 대행기관은 대한건설기계 안전관리원이다.

Answer
45. ① 46. ④ 47. ③ 48. ① 49. ② 50. ② 51. ①

52. 건설기계관리법령상 건설기계 검사의 종류가 아닌 것은?
① 구조변경검사　② 임시검사
③ 수시검사　　　④ 신규 등록검사

> 해설
> 검사의 종류에는 신규 등록검사, 정기검사, 구조변경검사, 수시검사가 있다.

53. 등록지를 관할하는 검사대행자가 시행할 수 없는 것은?
① 정기검사　　　② 신규등록검사
③ 수시검사　　　④ 정비명령

> 해설
> 정비명령은 검사에 불합격 하였을 때 시·도지사가 하는 명령이다.

54. 건설기계관리법령상 건설기계를 검사유효기간이 끝난 후에 계속 운행하고자 할 때는 어느 검사를 받아야 하는가?
① 신규등록검사　② 계속검사
③ 수시검사　　　④ 정기검사

> 해설
> 정기검사는 건설기계를 검사유효기간이 끝 난 후에 계속 운행하고자 할 때 받아야 하는 검사

55. 성능이 불량하거나 사고가 자주 발생하는 건설기계의 안전성 등을 점검하기 위하여 실시하는 검사는?
① 예비검사　　　② 구조변경검사
③ 수시검사　　　④ 정기검사

> 해설
> 수시검사는 성능이 불량하거나 사고가 자주 발생하는 건설기계의 안전성 등을 점검하기 위하여 수시로 실시하는 검사와 건설기계 소유자의 신청을 받아 실시하는 검사

56. 건설기계의 수시검사대상이 아닌 것은?
① 소유자가 수시검사를 신청한 건설기계
② 사고가 자주 발생하는 건설기계
③ 성능이 불량한 건설기계
④ 구조를 변경한 건설기계

57. 정기 검사대상 건설기계의 정기검사 신청기간으로 옳은 것은?
① 건설기계의 정기검사 유효기간 만료일 전후 45일 이내에 신청한다.
② 건설기계의 정기검사 유효기간 만료일 전 90일 이내에 신청한다.
③ 건설기계의 정기검사 유효기간 만료일 전후 각각 30일 이내에 신청한다.
④ 건설기계의 정기검사 유효기간 만료일 후 60일 이내에 신청한다.

> 해설
> 정기 검사대상 건설기계의 정기검사 신청기간은 건설기계의 정기검사 유효기간 만료일 전후 각각 30일 이내에 신청한다.

58. 건설기계의 정기검사 신청기간 내에 정기검사를 받은 경우 정기검사 유효기간 시작 일을 바르게 설명한 것은?
① 유효기간에 관계없이 검사를 받은 다음 날부터
② 유효기간 내에 검사를 받은 것은 유효기간 만료일부터
③ 유효기간 내에 검사를 받은 것은 종전 검사유효기간 만료일 다음 날부터
④ 유효기간에 관계없이 검사를 받은 날부터

> 해설
> 정기검사 신청기간 내에 정기검사를 받은 경우 다음 정기검사 유효기간의 산정은 종전 검사유효기간 만료일의 다음날부터 기산한다.

Answer ▶▶▶
52. ②　53. ④　54. ④　55. ③　56. ④　57. ③　58. ③

59. 정기검사 신청을 받은 검사대행자는 며칠 이내에 검사일시 및 장소를 신청인에게 통지하여야 하는가?

① 20일　　② 15일
③ 5일　　　④ 3일

해설) 정기검사 신청을 받은 검사대행자는 5일 이내에 검사일시 및 장소를 신청인에게 통지하여야 한다.

60. 정기검사 유효기간을 1개월 경과한 후에 정기검사를 받은 경우 다음 정기검사 유효기간 산정 기산일은?

① 검사를 받은 날의 다음 날부터
② 검사를 신청한 날부터
③ 종전검사 유효기간 만료일의 다음 날부터
④ 종전검사 신청기간 만료일의 다음 날부터

해설) 정기검사 유효기간을 1개월 경과한 후에 정기검사를 받은 경우 다음 정기검사 유효기간 산정 기산일은 검사를 받은 날의 다음 날부터이다.

61. 건설기계의 검사를 연장 받을 수 있는 기간을 잘못 설명한 것은?

① 해외임대를 위하여 일시 반출된 경우 : 반출기간 이내
② 압류된 건설기계의 경우 : 압류기간 이내
③ 건설기계 대여업을 휴지한 경우 : 사업의 개시신고를 하는 때까지
④ 장기간 수리가 필요한 경우 : 소유자가 원하는 기간

62. 건설기계의 정기검사 연기사유에 해당되지 않는 것은?

① 7일 이내의 건설기계정비
② 건설기계의 도난
③ 건설기계의 사고발생
④ 천재지변

해설) 정기검사 연기사유는 천재지변, 건설기계의 도난, 사고발생, 압류, 1월 이상에 걸친 정비, 그 밖의 부득이 한 사유로 검사신청기간 내에 검사를 신청할 수 없는 경우

63. 시·도지사는 정기검사를 받지 아니한 건설기계의 소유자에게 유효기간이 끝난 날부터 (㉠) 이내에 국토교통부령으로 정하는 바에 따라 (㉡) 이내의 기한을 정하여 정기검사를 받을 것을 최고하여야 한다. (㉠), (㉡)안에 들어갈 말은?

① ㉠ 1개월, ㉡ 3일
② ㉠ 3개월, ㉡ 10일
③ ㉠ 6개월, ㉡ 30일
④ ㉠ 12개월, ㉡ 60일

해설) 시·도지사는 정기검사를 받지 아니한 건설기계의 소유자에게 유효기간이 끝난 날부터 3개월 이내에 국토교통부령으로 정하는 바에 따라 10일 이내의 기한을 정하여 정기검사를 받을 것을 최고하여야 한다.

64. 검사소 이외의 장소에서 출장검사를 받을 수 있는 건설기계에 해당하는 것은?

① 덤프트럭
② 콘크리트믹서트럭
③ 아스팔트살포기
④ 지게차

해설) 검사소에서 검사를 받아야 하는 건설기계는 덤프트럭, 콘크리트믹서트럭, 트럭적재식 콘크리트펌프, 아스팔트살포기 등이다.

Answer ▶▶▶ 59. ③　60. ①　61. ④　62. ①　62. ①　63. ②　64. ④

65. 건설기계의 출장검사가 허용되는 경우가 아닌 것은?

① 도서지역에 있는 건설기계
② 너비가 2.0m를 초과하는 건설기계
③ 최고속도가 시간당 35km 미만인 건설기계
④ 자체중량이 40톤을 초과하거나 축중이 10톤을 초과하는 건설기계

해설 출장검사를 받을 수 있는 경우는 도서지역에 있는 경우, 자체중량이 40ton 이상 또는 축중이 10ton 이상인 경우, 너비가 2.5m 이상인 경우, 최고속도가 시간당 35km 미만인 경우

66. 타이어식 굴삭기의 정기검사 유효기간으로 옳은 것은?

① 1년　② 2년
③ 3년　④ 4년

해설 타이어식 굴삭기의 정기검사 유효기간은 1년이다.

67. 1톤 이상 지게차의 정기검사 유효기간은?

① 6월　② 1년
③ 2년　④ 3년

해설 1톤 이상 지게차의 정기검사 유효기간은 2년이다.

68. 건설기계관리법령상 정기검사 유효기간이 3년인 건설기계는?

① 덤프트럭
② 콘크리트믹서트럭
③ 트럭적재식 콘크리트펌프
④ 무한궤도식 굴삭기

해설 무한궤도식 굴삭기의 정기검사 유효기간은 3년이

69. 건설기계의 정기검사 유효기간이 1년이 되는 것은 신규등록일로 부터 몇 년 이상 경과되었을 때인가?

① 5년　② 10년
③ 15년　④ 20년

해설 건설기계의 정기검사 유효기간이 1년이 되는 것은 신규등록일로 부터 20년 이상 경과되었을 때이다.

70. 보기의 (　)안에 알맞은 것은?

[보기]
건설기계소유자가 부득이한 사유로 검사신청기간 내에 검사를 받을 수 없는 경우에는 건사연기사유 증명서류를 시·도지사에게 제출하여야 한다. 검사연기를 허가받으면 검사유효기간은 (　)월 이내로 연장된다.

① 1　② 2
③ 3　④ 6

해설 정기검사를 연기하는 경우 그 연장기간은 6개월 이내로 한다.

71. 건설기계의 정비명령은 누구에게 하여야 하는가?

① 해당 건설기계 운전자
② 해당 건설기계 검사업자
③ 해당 건설기계 정비업자
④ 해당 건설기계 소유자

해설 정비명령은 검사에 불합격한 해당 건설기계 소유자에게 한다.

Answer　65. ②　66. ①　67. ③　68. ④　69. ④　70. ④　71. ④

72. 정기검사에 불합격한 건설기계의 정비명령 기간으로 옳은 것은 ?
   ① 3개월 이내   ② 4개월 이내
   ③ 5개월 이내   ④ 6개월 이내

   해설 ----------------------------------
   정비명령 기간은 6개월 이내이다.

73. 건설기계의 제동장치에 대한 정기검사를 면제 받고자 하는 경우 첨부하여야 하는 서류는 ?
   ① 건설기계 매매업 신고서
   ② 건설기계 대여업 신고서
   ③ 건설기계 제동장치 정비확인서
   ④ 건설기계 폐기업 신고서

74. 건설기계의 제동장치에 대한 정기검사를 면제받기 위한 건설기계 제동장치 정비확인서를 발행 받을 수 있는 곳은 ?
   ① 건설기계 대여회사
   ② 건설기계 정비업자
   ③ 건설기계 부품업자
   ④ 건설기계 매매업자

75. 건설기계관리법령상 건설기계의 구조를 변경할 수 있는 범위에 해당되는 것은 ?
   ① 원동기의 형식변경
   ② 건설기계의 기종변경
   ③ 육상작업용 건설기계의 규격을 증가시키기 위한 구조변경
   ④ 육상작업용 건설기계의 적재함 용량을 증가시키기 위한 구조변경

   해설 ----------------------------------
   건설기계의 구조변경을 할 수 없는 범위
   • 건설기계의 기종변경
   • 육상작업용 건설기계의 규격을 증가시키기 위한 구조변경
   • 육상작업용 건설기계의 적재함 용량을 증가시키기 위한 구조변경

76. 건설기계의 구조변경 가능범위에 속하지 않는 것은 ?
   ① 수상작업용 건설기계의 선체의 형식 변경
   ② 적재함 용량증가를 위한 변경
   ③ 건설기계의 길이, 너비, 높이 변경
   ④ 조종 장치의 형식변경

77. 건설기계관리법령상 건설기계의 구조변경검사 신청은 주요구조를 변경 또는 개조한 날부터 며칠이내에 하여야 하는가?
   ① 5일 이내
   ② 15일 이내
   ③ 20일 이내
   ④ 30일 이내

   해설 ----------------------------------
   구조변경검사는 주요구조를 변경 또는 개조한 날부터 20일 이내에 신청하여야 한다.

78. 건설기계관리법령상 건설기계정비업의 등록구분으로 옳은 것은 ?
   ① 종합 건설기계정비업, 부분 건설기계정비업, 전문 건설기계정비업
   ② 종합 건설기계정비업, 단종 건설기계정비업, 전문 건설기계정비업
   ③ 부분 건설기계정비업, 전문 건설기계정비업, 개별 건설기계정비업
   ④ 부분 건설기계정비업, 단종 건설기계정비업, 전문 건설기계정비업

Answer ▶▶▶
72. ④ 73. ③ 74. ② 75. ① 76. ② 77. ③ 78. ①

79. 부분 건설기계정비업의 사업범위로 적당한 것은?
① 프레임 조정, 롤러, 링크, 트랙 슈의 재생을 제외한 차체
② 원동기부의 완전분해 정비
③ 차체부의 완전분해 정비
④ 실린더헤드의 탈착정비

80. 반드시 건설기계 정비업체에서 정비하여야 하는 것은?
① 오일의 보충
② 배터리의 교환
③ 창유리의 교환
④ 엔진 탈·부착 정비

81. 건설기계소유자가 정비 업소에 건설기계 정비를 의뢰한 후 정비업자로부터 정비완료통보를 받고 며칠이내에 찾아가지 않을 때 보관·관리비용을 지불하는가?
① 5일 ② 10일
③ 15일 ④ 20일

해설
건설기계소유자가 정비 업소에 건설기계정비를 의뢰한 후 정비업자로부터 정비완료 통보를 받고 5일 이내에 찾아가지 않을 때 보관·관리비용을 지불하여야 한다.

82. 건설기계의 형식승인은 누가 하는가?
① 국토교통부장관
② 시·도지사
③ 시장·군수 또는 구청장
④ 고용노동부장관

83. 건설기계의 형식에 관한 승인을 얻거나 그 형식을 신고한 자의 사후관리 사항으로 틀린 것은?
① 건설기계를 판매한 날부터 12개월 동안 무상으로 건설기계의 정비 및 정비에 필요한 부품을 공급하여야 한다.
② 사후관리 기간 내 일지라도 취급설명서에 따라 관리하지 아니함으로 인하여 발생한 고장 또는 하자는 유상으로 정비하거나 부품을 공급할 수 있다.
③ 사후관리 기간 내 일지라도 정기적으로 교체하여야 하는 부품 또는 소모성 부품에 대하여는 유상으로 공급할 수 있다.
④ 주행거리가 2만 킬로미터를 초과하거나 가동시간이 2천 시간을 초과하여도 12개월 이내면 무상으로 사후관리하여야 한다.

해설
12개월 이내에 건설기계의 주행거리가 20,000km(원동기 및 차동장치의 경우에는 40,000km)를 초과하거나 가동시간이 2,000시간을 초과한 때에는 12개월이 경과한 것으로 본다.

84. 건설기계조종사의 면허취소 사유에 해당되는 것은?
① 고의로 인명피해를 입힌 때
② 과실로 1명 이상을 사망하게 한때
③ 과실로 3명 이상에게 중상을 입힌 때
④ 과실로 10명 이상에게 경상을 입힌 때

해설
면허취소 사유는 고의로 인명피해를 입힌 때, 과실로 3명 이상을 사망하게 한때, 과실로 7명 이상에게 중상을 입힌 때, 과실로 19명 이상에게 경상을 입힌 때

Answer
79. ① 80. ④ 81. ① 82. ① 83. ④ 84. ①

85. 건설기계 조종사면허의 취소사유가 아닌 것은?
① 부정한 방법으로 건설기계조종사 면허를 받은 때
② 술에 만취한 상태(혈중 알코올농도 0.1% 이상)에서 건설기계를 조종한 때
③ 건설기계 조종 중 과실로 2명의 사망자가 발생한 때
④ 약물(마약, 대마 등의 환각물질)을 투여한 상태에서 건설기계를 조종한 때

86. 건설기계의 조종 중 과실로 7명 이상에게 중상을 입힌 때 면허치분 기준은?
① 면허 취소
② 면허 효력정지 30일
③ 면허 효력정지 60일
④ 면허 효력정지 90일

87. 건설기계조종사 면허정치처분 기간 중 건설기계를 조종한 경우의 정지처분 내용은?
① 면허 취소
② 면허효력정지 60일
③ 면허효력정지 30일
④ 면허효력정지 20일

88. 건설기계운전 면허의 효력정지 사유가 발생한 경우, 건설기계관리법상 효력정지 기간으로 옳은 것은?
① 1년 이내　　② 6월 이내
③ 5년 이내　　④ 3년 이내

해설
면허의 효력정지 사유가 발생한 경우 효력정지 기간은 1년 이내이다.

89. 건설기계의 조종 중 고의 또는 과실로 가스공급시설을 손괴할 경우 조종사면허의 처분기준은?
① 면허효력정지 10일
② 면허효력정지 15일
③ 면허효력정지 25일
④ 면허효력정지 180일

해설
건설기계를 조종 중에 고의 또는 과실로 가스공급시설을 손괴한 경우 면허효력정지 180일이다.

90. 건설기계의 조종 중 과실로 사망 1명의 인명피해를 입힌 때 조종사면허 처분기준은?
① 면허취소
② 면허효력정지 60일
③ 면허효력정지 45일
④ 면허효력정지 30일

해설
인명 피해에 따른 면허정지 기간
・사망 1명마다 : 면허효력정지 45일
・중상 1명마다 : 면허효력정지 15일
・경상 1명마다 : 면허효력정지 5일

91. 건설기계관리법상 건설기계 운전자의 과실로 경상 6명의 인명피해를 입혔을 때 처분기준은?
① 면허효력정지 10일
② 면허효력정지 20일
③ 면허효력정지 30일
④ 면허효력정지 60일

해설
경상 1명마다 면허효력정지 기간이 5일이므로 5일×6= 30일

Answer
85. ③　86. ①　87. ①　88. ①　89. ④　90. ③　91. ③

92. 과실로 중상 1명의 인명피해를 입힌 건설기계를 조종한 자의 처분기준은?

① 면허효력정지 30일
② 면허효력정지 60일
③ 면허 취소
④ 면허효력정지 15일

93. 음주상태(혈중 알코올농도 0.05% 이상 0.1% 미만)에서 건설기계를 조종한 자에 대한 면허효력정지 처분기준은?

① 20일   ② 30일
③ 40일   ④ 60일

해설
술에 취한 상태(혈중 알코올농도 0.05% 이상 0.1% 미만)에서 건설기계를 조종한 경우 면허효력정지 60일이다.

94. 등록되지 아니한 건설기계를 사용하거나 운행한 자에 대한 벌칙은?

① 50원 이하의 벌금
② 100원 이하의 벌금
③ 1년 이하의 징역 또는 100원 이하의 벌금
④ 2년 이하의 징역 또는 2천만 원 이하의 벌금

해설
미등록 건설기계를 사용하거나 운행하면 2년 이하의 징역 또는 2천만 원 이하의 벌금

95. 건설기계조종사면허를 받지 아니하고 건설기계를 조종한 자에 대한 벌칙 기준은?

① 2년 이하의 징역 또는 1천만 원 이하의 벌금
② 1년 이하의 징역 또는 1천만 원 이하의 벌금
③ 200만 원 이하의 벌금
④ 100만 원 이하의 벌금

해설
건설기계조종사면허를 받지 아니하고 건설기계를 조종한 자의 벌칙은 1년 이하의 징역 또는 1,000만 원 이하의 벌금

96. 건설기계조종사면허가 취소되거나 정지처분을 받은 후 건설기계를 계속 조종한 자에 대한 벌칙으로 옳은 것은?

① 2년 이하의 징역 또는 1000만 원 이하의 벌금
② 1년 이하의 징역 또는 1000만 원 이하의 벌금
③ 200만 원 이하의 벌금
④ 100만 원 이하의 벌금

해설
건설기계 조종사면허가 취소되거나 정지처분을 받은 후 건설기계를 계속 조종한 자에 대한 벌칙은 1년 이하의 징역 또는 1000만 원 이하의 벌금

97. 건설기계관리법령상 건설기계의 소유자가 건설기계를 도로나 타인의 토지에 계속 버려두어 방치한 자에 대해 적용하는 벌칙은?

① 1000만 원 이하의 벌금
② 2000만 원 이하의 벌금
③ 1년 이하의 징역 또는 1천만 원 이하의 벌금
④ 2년 이하의 징역 또는 2천만 원 이하의 벌금

해설
건설기계를 도로나 타인의 토지에 계속 버려두어 방치한 자에 대해 적용하는 벌칙은 1년 이하의 징역 또는 1천만 원 이하의 벌금

Answer ▶▶▶
92. ④   93. ④   94. ④   95. ②   96. ②   97. ③

98. 폐기요청을 받은 건설기계를 폐기하지 아니하거나 등록번호표를 폐기하지 아니한 자에 대한 벌칙은 ?
   ① 2년 이하의 징역 또는 2천만 원 이하의 벌금
   ② 1년 이하의 징역 또는 1천만 원 이하의 벌금
   ③ 2백만 원 이하의 벌금
   ④ 1백만 원 이하의 벌금

   해설
   폐기요청을 받은 건설기계를 폐기하지 아니하거나 등록번호표를 폐기하지 아니한 자에 대한 벌칙은 1년 이하의 징역 또는 1천만 원 이하의 벌금

99. 건설기계간리법령상 구조변경검사를 받지 아니한 자에 대한 처벌은 ?
   ① 100만 원 이하의 벌금
   ② 150만 원 이하의 벌금
   ③ 200만 원 이하의 벌금
   ④ 250만 원 이하의 벌금

   해설
   구조변경검사 또는 수시검사를 받지 아니한 자의 벌칙은 100만 원 이하의 벌금

100. 건설기계관리법상 건설기계 정비명령을 이해하지 아니한 자의 벌금은 ?
   ① 5만 원 이하
   ② 10만 원 이하
   ③ 50만 원 이하
   ④ 100만 원 이하

   해설
   정비명령을 이행하지 아니한 자의 벌칙은 100만 원 이하의 벌금

101. 건설기계 등록번호표를 가리거나 훼손하여 알아보기 곤란하게 한 자 또는 그러한 건설기계를 운행한 자에게 부과하는 과태료로 옳은 것은 ?
   ① 50만원 이하
   ② 100만원 이하
   ③ 300만원 이하
   ④ 1000만원 이하

   해설
   등록번호표를 가리거나 훼손하여 알아보기 곤란하게 한 자 또는 그러한 건설기계를 운행한 자의 벌칙은 100만 원 이하의 과태료

102. 건설기계관리법령상 국토교통부령으로 정하는 바에 따라 등록번호표를 부착 및 봉인하지 않은 건설기계를 운행하여서는 아니 된다. 이를 1차 위반했을 경우의 과태료는 ?(단, 임시번호표를 부착한 경우는 제외한다.)
   ① 5만 원   ② 10만 원
   ③ 50만 원   ④ 100만 원

   해설
   등록번호표를 부착 및 봉인하지 않은 건설기계를 운행하여 이를 1차 위반한 자의 벌칙은 100만 원 이하의 과태료

103. 건설기계를 주택가 주변에 세워 두어 교통소통을 방해하거나 소음 등으로 주민의 생활환경을 침해한 자에 대한 벌칙은 ?
   ① 200만원 이하의 벌금
   ② 100만원 이하의 벌금
   ③ 100만원 이하의 과태료
   ④ 50만원 이하의 과태료

   해설
   건설기계 소유자 또는 점유자의 금지행위를 위반하여 건설기계를 세워 둔 자의 벌칙은 50만 원 이하의 과태료

Answer 98. ② 99. ① 100. ④ 101. ② 102. ④ 103. ④

104. 정기검사 신청기간 만료일부터 30일을 초과하여 건설기계 정기검사를 받은 경우의 과태료는 얼마인가?

① 1만원   ② 2만원
③ 3만원   ④ 5만원

해설
정기검사 신청기간 만료일부터 30일을 초과하여 건설기계 정기검사를 받은 경우의 과태료는 2만원이다.

105. 과태료처분에 대하여 불복이 있는 자는 그 처분의 고지를 받은 날로부터 며칠 이내에 이의를 제기하여야 하는가?

① 5일   ② 10일
③ 20일   ④ 30일

해설
과태료처분에 대하여 불복이 있는 자는 그 처분의 고지를 받은 날로부터 30일 이내에 이의를 제기하여야 한다.

106. 건설기계 조종사 면허의 취소·정지 처분 기준 중 "경상"의 인명 피해를 구분하는 판단 기준으로 가장 옳은 것은?

① 경상 : 1주 미만의 가료를 요하는 진단이 있을 때
② 경상 : 2주 이하의 가료를 요하는 진단이 있을 때
③ 경상 : 3주 미만의 가료를 요하는 진단이 있을 때
④ 경상 : 4주 이하의 가료를 요하는 진단이 있을 때

107. 대형 건설기계에 적용해야 될 내용으로 맞지 않는 것은?

① 당해 건설기계의 식별이 쉽도록 전후 범퍼에 특별도색을 하여야 한다.
② 최고속도가 35km/h 이상인 경우에는 부착하지 않아도 된다.
③ 운전석 내부의 보기 쉬운 곳에 경고표지판을 부착하여야 한다.
④ 총중량 30톤, 축중 10톤 미만인 건설기계는 특별표지판 부착대상이 아니다.

해설
대형건설기계에 적용해야 내용은 ①, ③, ④항 이외에 최고속도가 35km/h 미만인 경우에는 부착하지 않아도 된다.

108. 대형건설기계의 특별표지 중 경고표지판 부착 위치는?

① 작업인부가 쉽게 볼 수 있는 곳
② 조종실 내부의 조종사가 보기 쉬운 곳
③ 교통경찰이 쉽게 볼 수 있는 곳
④ 특별 번호판 옆

해설
경고표지판은 조종실 내부의 조종사가 보기 쉬운 곳에 부착한다.

109. 건설기계관리법령상 특별 표지판을 부착하여야 할 건설기계의 범위에 해당하지 않는 것은?

① 높이가 4m를 초과하는 건설기계
② 길이가 10m를 초과하는 건설기계
③ 총중량이 40톤을 초과하는 건설기계
④ 최소회전반경이 12m를 초과하는 건설기계

해설
특별표지판 부착대상 건설기계는 길이가 16.7m 이상인 경우, 너비가 2.5m 이상인 경우, 최소회전반경이 12m 이상인 경우, 높이가 4m 이상인 경우, 총중량이 40톤 이상인 경우, 축하중이 10톤 이상인 경우

Answer 104. ② 105. ④ 106. ③ 107. ② 108. ② 109. ②

110. 타이어식 굴삭기의 최고속도가 최소 몇 km/h 이상일 경우에 조종석 안전띠를 갖추어야 하는가?
① 30km/h ② 40km/h
③ 50km/h ④ 60km/h

해설) 최고속도가 최소 30km/h 이상일 경우에 조종석 안전띠를 갖추어야 한다.

111. 건설기계관리법에 따라 최고 주행속도 15km/h 미만의 타이어식 건설기계가 필히 갖추어야 할 조명장치가 아닌 것은?
① 전조등
② 후부반사기
③ 비상점멸 표시등
④ 제동등

해설) 최고속도 15km/h 미만 타이어식 건설기계에 갖추어야 하는 조명장치는 전조등, 후부반사기, 제동등이다.

112. 건설기계관리법령상 자동차손해배상보장법에 따른 자동차보험에 반드시 가입하여야 하는 건설기계가 아닌 것은?
① 타이어식 지게차
② 타이어식 굴삭기
③ 타이어식 기중기
④ 덤프트럭

113. 건설기계 운전중량 산정 시 조종사 1명의 체중으로 맞는 것은?
① 50kg ② 55kg
③ 60kg ④ 65kg

해설) 운전중량을 산정할 때 조종사 1명의 체중은 65kg으로 한다.

 도로교통법

01. 도로교통법의 제정목적을 바르게 나타낸 것은?
① 도로 운송사업의 발전과 운전자들의 권익보호
② 도로상의 교통사고로 인한 신속한 피해회복과 편익증진
③ 건설기계의 제작, 등록, 판매, 관리 등의 안전 확보
④ 도로에서 일어나는 교통상의 모든 위험과 장해를 방지하고 제거하여 안전하고 원활한 교통을 확보

해설) 도로교통법의 제정목적은 도로에서 일어나는 교통상의 모든 위험과 장해를 방지하고 제거하여 안전하고 원활한 교통을 확보함을 목적으로 한다.

02. 도로교통법상 도로에 해당되지 않는 것은?
① 해상 도로법에 의한 항로
② 차마의 통행을 위한 도로
③ 유료도로법에 의한 유료도로
④ 도로법에 의한 도로

03. 자동차전용도로의 정의로 가장 적합한 것은?
① 자동차만 다닐 수 있도록 설치된 도로
② 보도와 차도의 구분이 없는 도로
③ 보도와 차도의 구분이 있는 도로
④ 자동차 고속주행의 교통에만 이용되는 도로

Answer ▶▶▶
110. ① 111. ③ 112. ① 113. ④ 01. ④ 02. ① 03. ①

04. 도로교통법에서 안전지대의 정의에 관한 설명으로 옳은 것은?
① 버스정류장 표지가 있는 장소
② 자동차가 주차할 수 있도록 설치된 장소
③ 도로를 횡단하는 보행자나 통행하는 차마의 안전을 위하여 안전표지 등으로 표시된 도로의 부분
④ 사고가 잦은 장소에 보행자의 안전을 위하여 설치한 장소

해설
안전지대라 함은 도로를 횡단하는 보행자나 통행하는 차마의 안전을 위하여 안전표지 등으로 표시된 도로의 부분이다.

05. 도로교통법상 정차의 정의에 해당하는 것은?
① 차가 10분을 초과하여 정지
② 운전자가 5분을 초과하지 않고 차를 정지시키는 것으로 주차 외의 정지 상태
③ 차가 화물을 싣기 위하여 계속 정지
④ 운전자가 식사하기 위하여 차고에 세워둔 것

해설
정차란 운전자가 5분을 초과하지 아니하고 차를 정지시키는 것으로서 주차 외의 정지 상태이다.

06. 도로교통법상 건설기계를 운전하여 도로를 주행할 때 서행에 대한 정의로 옳은 것은?
① 매시 60km 미만의 속도로 주행하는 것을 말한다.
② 운전자가 차를 즉시 정지시킬 수 있는 느린 속도로 진행하는 것을 말한다.
③ 정지거리 10m 이내에서 정지할 수 있는 경우를 말한다.
④ 매시 20km 이내로 주행하는 것을 말한다.

해설
서행이란 운전자가 차를 즉시 정지시킬 수 있는 정도의 느린 속도로 진행하는 것을 말한다.

07. 도로교통법상 안전거리 확보 정의로 맞는 것은?
① 주행 중 앞차가 급제동할 수 있는 거리
② 우측 가장자리로 피하여 진로를 양보할 수 있는 거리
③ 주행 중 앞차가 급정지하였을 때 앞차와 충돌을 피할 수 있는 거리
④ 주행 중 급정지하여 진로를 양보할 수 있는 거리

해설
안전거리란 앞차와의 안전거리는 앞차가 갑자기 정지하였을 때 충돌을 피할 수 있는 필요한 거리이다.

08. 도로교통법상 차로에 대한 설명으로 틀린 것은?
① 차로는 횡단보도나 교차로에는 설치할 수 없다.
② 차로의 너비는 원칙적으로 3미터 이상으로 하여야 한다.
③ 일반적인 차로(일방통행도로 제외)의 순위는 도로의 중앙선 쪽에 있는 차로부터 1차로로 한다.
④ 차로의 너비보다 넓은 건설기계는 별도의 신청절차가 필요 없이 경찰청에 전화로 통보만 하면 운행할 수 있다.

Answer
04. ③   05. ②   06. ②   07. ③   08. ④

09. 도로교통법령상 교통안전 표지의 종류를 올바르게 나열한 것은?
① 교통안전표지는 주의, 규제, 지시, 안내, 교통표지로 되어있다.
② 교통안전표지는 주의, 규제, 지시, 보조, 노면표시로 되어있다.
③ 교통안전표지는 주의, 규제, 지시, 안내, 보조표지로 되어있다.
④ 교통안전표지는 주의, 규제, 안내, 보조, 통행표지로 되어있다.

|해설|
안전표지의 종류에는 주의표지, 규제표지, 지시표지, 보조표지, 노면표시

10. 그림과 같은 교통안전표지의 뜻은?

① 좌합류 도로가 있음을 알리는 것
② 좌로 굽은 도로가 있음을 알리는 것
③ 우합류 도로가 있음을 알리는 것
④ 철길건널목이 있음을 알리는 것

11. 그림과 같은 교통안전표지의 뜻은?

① 좌합류 도로가 있음을 알리는 것
② 철길건널목이 있음을 알리는 것
③ 회전형교차로가 있음을 알리는 것
④ 좌로 계속 굽은 도로가 있음을 알리는 것

12. 그림의 교통안전표지로 맞는 것은?

① 우로 이중 굽은 도로
② 좌우로 이중 굽은 도로
③ 좌로 굽은 도로
④ 회전형 교차로

13. 그림의 교통안전표지는?

① 좌·우회전 표지
② 좌·우회전 금지표지
③ 양측방 일방 통행표지
④ 양측방 통행 금지표지

14. 다음 그림과 같은 교통표지의 설명으로 맞는 것은?

① 좌로 일방통행 표지이다.
② 우로 일반통행 표지이다.
③ 일단정지 표지이다.
④ 진입금지 표지이다.

15. 그림과 같은 교통표지의 설명으로 맞는 것은?
① 유턴금지표지
② 횡단금지표지
③ 좌회전 표지
④ 회전표지

Answer
09. ② 10. ③ 11. ③ 12. ② 13. ① 14. ④ 15. ①

16. 그림과 같은 교통표지의 설명으로 맞는 것은?

① 차 중량제한 표지
② 차 높이 제한표지
③ 차 적재량 제한표지
④ 차 폭 제한표지

17. 다음 그림의 교통안전표지는 무엇인가?

① 차간거리 최저 50m이다.
② 차간거리 최고 50m이다.
③ 최저속도 제한표지이다.
④ 최고속도 제한표지이다.

18. 다음 교통안전표지에 대한 설명으로 맞는 것은?

① 최고중량 제한표시
② 차간거리 최저 30m 제한표지
③ 최고시속 30킬로미터 속도제한 표시
④ 최저시속 30킬로미터 속도제한 표시

19. 신호등에 녹색 등화 시 차마의 통행방법으로 틀린 것은?

① 차마는 다른 교통에 방해되지 않을 때에 천천히 우회전할 수 있다.
② 차마는 직진할 수 있다.
③ 차마는 비보호 좌회전 표시가 있는 곳에서는 언제든지 좌회전을 할 수 있다.
④ 차마는 좌회전을 하여서는 아니된다.

해설
비보호 좌회전 표시지역에서는 녹색등화에서만 좌회전을 할 수 있다.

20. 정지선이나 횡단보도 및 교차로 직전에서 정지하여야 할 신호의 종류로 옳은 것은?

① 녹색 및 황색등화
② 황색등화의 점멸
③ 황색 및 적색등화
④ 녹색 및 적색등화

해설
황색 및 적색등화에서는 정지선이나 횡단보도 및 교차로 직전에서 정지하여야 한다.

21. 좌회전을 하기 위하여 교차로에 진입되어 있을 때 황색등화로 바뀌면 어떻게 하여야 하는가?

① 정지하여 정지선으로 후진한다.
② 그 자리에 정지하여야 한다.
③ 신속히 좌회전하여 교차로 밖으로 진행한다.
④ 좌회전을 중단하고 횡단보도 앞 정지선까지 후진하여야 한다.

22. 교차로에서 적색등화 시 진행할 수 있는 경우는?

① 경찰공무원의 진행신호에 따를 때
② 교통이 한산한 야간운행 시
③ 보행자가 없을 때
④ 앞차를 따라 진행할 때

Answer ▶▶▶
16. ① 17. ④ 18. ④ 19. ③ 20. ③ 21. ③ 22. ①

23. 다른 교통 또는 안전표지의 표시에 주의하면서 진행할 수 있는 신호로 가장 적합한 것은?
① 적색 X표 표시의 등화
② 황색등화 점멸
③ 적색의 등화
④ 녹색 화살표시의 등화

해설
황색등화 점멸은 다른 교통에 주의하며 방해되지 않게 진행할 수 있는 신호이다.

24. 도로교통법상 교통안전시설이나 교통정리요원의 신호가 서로 다른 경우에 우선시 되어야 하는 신호는?
① 신호등의 신호
② 안전표시의 지시
③ 경찰공무원의 수신호
④ 경비업체 관계자의 수신호

25. 다음 (   )안에 들어갈 알맞은 말은?

> "도로를 통행하는 차마의 운전자는 교통안전시설이 표시하는 신호 또는 지시와 교통정리를 위한 경찰공무원 등의 신호 또는 지시가 다른 경우에는 (A)의 (B)에 따라야 한다.

① A-운전자, B-판단
② A-교통안전시설, B-신호 또는 지시
③ A-경찰공무원, B-신호 또는 지시
④ A-교통신호, B-신호

26. 고속도로를 제외한 도로에서 위험을 방지하고 교통의 안전과 원활한 소통을 확보하기 위하여 필요 시 구역 또는 구간을 지정하여 자동차의 속도를 제한할 수 있는 자는?
① 경찰서장
② 국토교통부장관
③ 지방경찰청장
④ 도로교통 공단 이사장

해설
지방경찰청장은 도로에서 위험을 방지하고 교통의 안전과 원활한 소통을 확보하기 위하여 필요하다고 인정하는 때에 구역 또는 구간을 지정하여 자동차의 속도를 제한할 수 있다.

27. 도로교통법상 폭우·폭설·안개 등으로 가시거리가 100m 이내일 때 최고속도의 감속으로 옳은 것은?
① 20%
② 50%
③ 60%
④ 80%

해설
최고속도의 50%를 감속하여 운행하여야 할 경우는 노면이 얼어붙은 때, 폭우·폭설·안개 등으로 가시거리가 100m 이내일 때, 눈이 20mm 이상 쌓인 때

28. 도로교통법상 모든 차의 운전자가 반드시 서행하여야 하는 장소에 해당하지 않는 것은?
① 도로가 구부러진 부분
② 비탈길 고갯마루 부근
③ 편도 2차로 이상의 다리 위
④ 가파른 비탈길의 내리막

해설
서행하여야 할 장소
• 교통정리를 하고 있지 아니하는 교차로
• 도로가 구부러진 부근
• 비탈길의 고갯마루 부근
• 가파른 비탈길의 내리막
• 지방경찰청장이 안전표지로 지정한 곳

Answer 23. ② 24. ③ 25. ③ 26. ③ 27. ② 28. ③

29. 도로교통법에서 안전운행을 위해 차속을 제한하고 있는데 악천후 시 최고 속도의 100분의 50으로 감속 운행하여야 할 경우가 아닌 것은?

① 노면이 얼어붙은 때
② 폭우, 폭설, 안개 등으로 가시거리가 100m 이내인 때
③ 비가 내려 노면이 젖어 있을 때
④ 눈이 20mm 이상 쌓인 때

30. 가장 안전한 앞지르기 방법은?

① 좌·우측으로 앞지르기 하면 된다.
② 앞차의 속도와 관계없이 앞지르기를 한다.
③ 반드시 경음기를 울려야 한다.
④ 반대방향의 교통, 전방의 교통 및 후방에 주의를 하고 앞차의 속도에 따라 안전하게 한다.

31. 앞지르기를 할 수 없는 경우에 해당되는 것은?

① 앞차의 좌측에 다른 차가 나란히 진행하고 있을 때
② 앞차가 우측으로 진로를 변경하고 있을 때
③ 앞차가 그 앞차와의 안전거리를 확보하고 있을 때
④ 앞차가 양보신호를 할 때

32. 앞지르기 금지장소가 아닌 것은?

① 터널 안, 앞지르기 금지표지 설치장소
② 버스 정류장부근, 주차금지 구역
③ 경사로의 정상부근, 급경사로의 내리막
④ 교차로, 다리 위, 도로의 구부러진 곳

|해설|
앞지르기 금지장소는 교차로, 다리 위, 도로의 구부러진 곳, 터널 내, 경사로의 정상부근, 급경사로의 내리막, 앞지르기 금지표지 설치장소

33. 도로교통법에서는 교차로, 터널 안, 다리 위 등을 앞지르기 금지장소로 규정하고 있다. 그 외 앞지르기 금지장소를 다음 [보기]에서 모두 고르면?

[보기]
A. 도로의 구부러진 곳
B. 비탈길의 고갯마루 부근
C. 가파른 비탈길의 내리막

① A   ② A, B
③ B, C   ④ A, B, C

34. 도로교통법에 따라 뒤차에게 앞지르기를 시키려는 때 적절한 신호방법은?

① 오른팔 또는 왼팔을 차체의 왼쪽 또는 오른쪽 밖으로 수평으로 펴서 손을 앞, 뒤로 흔들 것
② 팔을 차체 밖으로 내어 45도 밑으로 펴서 손바닥을 뒤로 향하게 하여 그 팔을 앞, 뒤로 흔들거나 후진등을 켤 것
③ 팔을 차체 밖으로 내어 45도 밑으로 펴거나 제동등을 켤 것
④ 양팔을 모두 차체의 밖으로 내어 크게 흔들 것

|해설|
뒤차에게 앞지르기를 시키려는 때에는 오른팔 또는 왼팔을 차체의 왼쪽 또는 오른쪽 밖으로 수평으로 펴서 손을 앞, 뒤로 흔들 것

Answer
29. ③ 30. ④ 31. ① 32. ② 33. ④ 34. ①

35. 차마가 도로의 중앙이나 좌측부분을 통행할 수 있는 경우는 도로 우측부분의 폭이 몇 m에 미달하는 도로에서 앞지르기를 할 때인가?

① 2m　　　② 3m
③ 5m　　　④ 6m

해설
차마가 도로의 중앙이나 좌측부분을 통행할 수 있는 경우는 도로 우측부분의 폭이 6m에 미달하는 도로에서 앞지르기를 할 때이다.

36. 차로의 순위(일방통행도로는 제외)는?

① 도로의 중앙 좌측으로부터 1차로로 한다.
② 도로의 중앙선으로부터 1차로로 한다.
③ 도로의 우측으로부터 1차로로 한다.
④ 도로의 좌측으로부터 1차로로 한다.

해설
차로의 순위는 도로의 중앙선으로부터 1차로로 한다.

37. 편도 4차로의 일반도로에서 굴삭기와 지게차는 어느 차로로 통행해야 하는가?

① 1차로　　　② 2차로
③ 1차로 또는 2차로　④ 4차로

38. 편도 4차로 일반도로에서 4차로가 버스전용차로일 때, 건설기계는 어느 차로로 통행하여야 하는가?

① 2차로　　　② 3차로
③ 4차로　　　④ 한가한 차로

39. 도로의 중앙을 통행할 수 있는 행렬로 옳은 것은?

① 학생의 대열
② 말·소를 몰고 가는 사람
③ 사회적으로 중요한 행사에 따른 시가행진
④ 군부대의 행렬

40. 도로교통 관련법상 차마의 통행을 구분하기 위한 중앙선에 대한 설명으로 옳은 것은?

① 백색실선 또는 황색점선으로 되어있다.
② 백색실선 또는 백색점선으로 되어있다.
③ 황색실선 또는 황색점선으로 되어있다.
④ 황색실선 또는 백색점선으로 되어있다.

해설
노면표시의 중앙선은 황색의 실선 및 점선으로 되어있다.

41. 교통안전표지 중 노면표지에서 차마가 일시 정지해야 하는 표시로 옳은 것은?

① 황색실선으로 표시한다.
② 백색점선으로 표시한다.
③ 황색점선으로 표시한다.
④ 백색실선으로 표시한다.

42. 편도 1차로인 도로에서 중앙선이 황색실선인 경우의 앞지르기 방법으로 맞는 것은?

① 절대로 안 된다.
② 아무데서나 할 수 있다.
③ 앞차가 있을 때만 할 수 있다.
④ 반대 차로에 차량통행이 없을 때 할 수 있다.

35. ④　36. ②　37. ④　38. ②　39. ③　40. ③　41. ④　42. ①

43. 교통정리가 행하여지고 있지 않은 교차로에서 차량이 동시에 교차로에 진입한 때의 우선순위로 옳은 것은?
   ① 소형 차량이 우선한다.
   ② 우측도로의 차가 우선한다.
   ③ 좌측도로의 차가 우선한다.
   ④ 중량이 큰 차량이 우선한다.

   해설
   교통정리가 행하여지고 있지 않은 교차로에서 차량이 동시에 교차로에 진입한 때에는 우측도로의 차가 우선한다.

44. 신호등이 없는 교차로에 좌회전하려는 버스와 그 교차로에 진입하여 직진하고 있는 건설기계가 있을 때 어느 차가 우선권이 있는가?
   ① 직진하고 있는 건설기계가 우선
   ② 좌회전하려는 버스가 우선
   ③ 사람이 많이 탄 차가 우선
   ④ 형편에 따라서 우선순위가 정해짐

45. 편도 4차로의 경우 교차로 30m 전방에서 우회전을 하려면 몇 차로로 진입통행 해야 하는가?
   ① 2차로와 3차로로 통행한다.
   ② 1차로와 2차로로 통행한다.
   ③ 1차로로 통행한다.
   ④ 4차로로 통행한다.

46. 일방통행으로 된 도로가 아닌 교차로 또는 그 부근에서 긴급자동차가 접근하였을 때 운전자가 취해야 할 방법으로 옳은 것은?
   ① 교차로의 우측 가장자리에 일시 정지하여 진로를 양보한다.
   ② 교차로를 피하여 도로의 우측 가장자리에 일시 정지한다.
   ③ 서행하면서 앞지르기 하라는 신호를 한다.
   ④ 그대로 진행방향으로 진행을 계속한다.

   해설
   교차로 또는 그 부근에서 긴급자동차가 접근하였을 때에는 교차로를 피하여 도로의 우측 가장자리에 일시 정지한다.

47. 교차로 통행방법 설명 중 틀린 것은?
   ① 교차로 내는 차선이 없으므로 진행방향을 임의로 바꿀 수 있다.
   ② 좌회전할 때에는 교차로 중심 안쪽으로 서행한다.
   ③ 교차로에서 직진하려는 차는 이미 교차로에 진입하여 좌회전하고 있는 차의 진로를 방해할 수 없다.
   ④ 교차로에서 우회전할 때에는 서행하여야 한다.

48. 교차로에서 직진하고자 신호대기 중에 있는 차가 진행신호를 받고 가장 안전하게 통행하는 방법은?
   ① 진행권리가 부여 되었으므로 좌우의 진행 차량에는 구애 받지 않는다.
   ② 직진이 최우선이므로 진행 신호에 무조건 따른다.
   ③ 신호와 동시에 출발하면 된다.
   ④ 좌우를 살피며 계속 보행 중인 보행자와 진행하는 교통의 흐름에 유의하여 진행한다.

Answer
43. ② 44. ① 45. ④ 46. ② 47. ① 48. ④

49. 건설기계를 운전하여 교차로에서 우회전을 하려고 할 때 가장 적합한 것은?
   ① 우회전은 신호가 필요 없으며, 보행자를 피하기 위해 빠른 속도로 진행한다.
   ② 신호를 행하면서 서행으로 주행하여야 하며, 교통신호에 따라 횡단하는 보행자의 통행을 방해하여서는 아니된다.
   ③ 우회전은 언제 어느 곳에서나 할 수 있다.
   ④ 우회전 신호를 행하면서 빠르게 우회진한다.

   해설) 교차로에서 우회전을 하려고 할 때에는 신호를 행하면서 서행으로 주행하여야 하며, 교통신호에 따라 횡단하는 보행자의 통행을 방해하여서는 아니된다.

50. 도로교통법령상 보도와 차도가 구분된 도로에 중앙선이 설치되어 있는 경우 차마의 통행방법으로 옳은 것은?(단, 도로의 파손 등 특별한 사유는 없다.)
   ① 중앙선 좌측   ② 중앙선 우측
   ③ 보도   ④ 보도의 좌측

   해설) 보도와 차도가 구분된 도로에 중앙선이 설치되어 있는 경우 차마는 중앙선 우측으로 통행하여야 한다.

51. 차마의 통행방법으로 도로의 중앙이나 좌측부분을 통행할 수 있는 경우로 가장 적합한 것은?
   ① 교통신호가 자주 바뀌어 통행에 불편을 느낄 때
   ② 과속 방지턱이 있어 통행에 불편할 때
   ③ 차량의 혼잡으로 교통소통이 원활하지 않을 때
   ④ 도로의 파손, 도로공사 또는 우측부분을 통행할 수 없을 때

   해설) 도로의 파손, 도로공사 또는 우측부분을 통행할 수 없을 때에는 도로의 중앙이나 좌측부분을 통행할 수 있다.

52. 도로에서는 차로별 통행구분에 따라 통행하여야 한다. 위반이 아닌 경우는?
   ① 왕복 4차선 도로에서 중앙선을 넘어 앞지르기를 하는 행위
   ② 두 개의 차로를 걸쳐서 운행하는 행위
   ③ 일방통행도로에서 중앙이나 좌측부분을 통행하는 행위
   ④ 여러 차로를 연속적으로 가로 지르는 행위

53. 진로변경을 해서는 안 되는 경우는?
   ① 안전표지(진로변경 제한선)가 설치되어 있을 때
   ② 시속 50킬로미터 이상으로 주행할 때
   ③ 교통이 복잡한 도로일 때
   ④ 3차로의 도로일 때

   해설) 노면표시의 진로변경 제한선은 백색 실선이며, 진로변경을 할 수 없다.

54. 노면표시 중 진로변경 제한선에 대한 설명으로 맞는 것은?
   ① 황색점선은 진로변경을 할 수 없다.
   ② 백색점선은 진로변경을 할 수 없다.
   ③ 황색실선은 진로변경을 할 수 있다.
   ④ 백색실선은 진로변경을 할 수 없다.

Answer 49. ② 50. ② 51. ④ 52. ③ 53. ① 54. ④

55. 진로를 변경하고자 할 때 운전자가 지켜야 할 사항으로 틀린 것은?
① 신호는 행위가 끝날 때까지 계속하여야 한다.
② 방향지시기로 신호를 한다.
③ 손이나 등화로도 신호를 할 수 있다.
④ 제한속도에 관계없이 최단시간 내에 진로변경을 하여야 한다.

56. 주행 중 진로를 변경하고자 할 때 운전자가 지켜야할 사항으로 틀린 것은?
① 후사경 등으로 주위의 교통상황을 확인한다.
② 신호를 주어 뒤차에게 알린다.
③ 진로를 변경할 때에는 뒤차에 주의할 필요가 없다.
④ 뒤에서 따라오는 차보다 느린 속도로 가려는 경우에는 도로의 우측 가장자리로 피하여 진로를 양보하여야 한다.

57. 도로교통법상에서 운전자가 주행방향 변경 시 신호를 하는 방법으로 틀린 것은?
① 방향전환, 횡단, 유턴, 정지 또는 후진 시 신호를 하여야 한다.
② 신호의 시기 및 방법은 운전자가 편리한 대로 한다.
③ 진로변경 시에는 손이나 등화로서 신호 할 수 있다.
④ 진로변경의 행위가 끝날 때까지 신호를 하여야 한다.

58. 운전자가 진행방향을 변경하려고 할 때 신호를 하여야 할 시기로 옳은 것은? (단, 고속도로 제외)
① 변경하려고 하는 지점의 3m 전에서
② 변경하려고 하는 지점의 10m 전에서
③ 변경하려고 하는 지점의 30m 전에서
④ 특별히 정하여져 있지 않고, 운전자 임의대로

해설 -------------------------
진행방향을 변경하려고 할 때 신호를 하여야 할 시기는 변경하려고 하는 지점의 30m 전 이다.

59. 차마가 길가의 건물이나 주차장 등에서 도로에 들어가고자 하는 때의 올바른 통행방법은?
① 서행하면서 진행한다.
② 일시정지 후 안전을 확인하면서 서행한다.
③ 경음기를 사용하면서 통과한다.
④ 보행자가 있는 경우는 빨리 통과한다.

해설 -------------------------
차마가 주차장 등에서 나올 때 보도를 통과하는 경우에는 일시정지 후 안전을 확인하면서 통과한다.

60. 차마가 도로 이외의 장소에 출입하기 위하여 보도를 횡단하려고 할 때 가장 적절한 통행방법은?
① 보행자가 없으면 빨리 주행한다.
② 보행자가 있어도 차마가 우선 출입한다.
③ 보행자 유무에 구애받지 않는다.
④ 보도 직전에서 일시 정지하여 보행자의 통행을 방해하지 말아야 한다.

55. ④ 56. ③ 57. ② 58. ③ 59. ② 60. ④

61. 차로가 설치되지 아니한 좁은 도로에서 보행자의 옆을 지나는 경우 가장 올바른 방법은?
① 보행자 옆을 속도 감속 없이 빨리 주행한다.
② 경음기를 울리면서 주행한다.
③ 안전거리를 두고 서행한다.
④ 보행자가 멈춰 있을 때는 서행하지 않아도 된다.

62. 동일방향으로 주행하고 있는 전·후 차 간의 안전운전 방법으로 틀린 것은?
① 뒤차는 앞차가 급정지할 때 충돌을 피할 수 있는 필요한 안전거리를 유지한다.
② 뒤에서 따라오는 차량의 속도보다 느린 속도로 진행하려고 할 때에는 진로를 양보한다.
③ 앞차가 다른 차를 앞지르고 있을 때에는 더욱 빠른 속도로 앞지른다.
④ 앞차는 부득이한 경우를 제외하고는 급정지·급 감속을 하여서는 안 된다.

63. 신호등이 없는 철길건널목 통과방법 중 옳은 것은?
① 차단기가 올라가 있으면 그대로 통과해도 된다.
② 반드시 일시정지를 한 후 안전을 확인하고 통과한다.
③ 신호등이 진행신호일 경우에도 반드시 일시정지를 하여야 한다.
④ 일시정지를 하지 않아도 좌우를 살피면서 서행으로 통과하면 된다.

64. 일시정지를 하지 않고도 철길건널목을 통과할 수 있는 경우는?
① 차단기가 내려져 있을 때
② 경보기가 울리지 않을 때
③ 앞차가 진행하고 있을 때
④ 신호등이 진행신호 표시일 때

해설
일시정지를 하지 않고도 철길건널목을 통과할 수 있는 경우는 신호등이 진행신호 표시이거나 간수가 진행신호를 하고 있을 때이다.

65. 도로 교통법상 보행자 보호에 대한 설명으로 맞는 것은?
① 모든 차의 운전자는 보행자가 횡단보도를 통행하고 있을 때에는 그 횡단보도를 통과 후 일시정지 하여 보행자의 횡단을 방해하거나 위험을 주어서는 아니 된다.
② 모든 차의 운전자는 보행자가 횡단보도를 통행하고 있을 때에는 신속히 횡단하도록 한다.
③ 모든 차의 운전자는 보행자가 횡단보도를 통행하고 있을 때에는 그 횡단보도에 정지하여 보행자가 통과 후 진행하도록 한다.
④ 모든 차의 운전자는 보행자가 횡단보도를 통행하고 있을 때에는 그 횡단보도 앞에서 일시 정지하여 보행자의 횡단을 방해하거나 위험을 주어서는 아니 된다.

Answer
61. ③ 62. ③ 63. ② 64. ④ 65. ④

66. 철길건널목 안에서 차가 고장이 나서 운행할 수 없게 된 경우 운전자의 조치사항과 가장 거리가 먼 것은?

① 철도공무 중인 직원이나 경찰공무원에게 즉시 알려 차를 이동하기 위한 필요한 조치를 한다.
② 차를 즉시 건널목 밖으로 이동시킨다.
③ 승객을 하차시켜 즉시 대피시킨다.
④ 현장을 그대로 보존하고 경찰관서로 가서 고장신고를 한다.

67. 보기에서 도로교통법상 어린이보호와 관련하여 위험성이 큰 놀이기구로 정하여 운전자가 특별히 주의하여야 할 놀이기구로 지정한 것을 모두 조합한 것은?

[보기]
ㄱ. 킥보드   ㄴ. 롤러스케이트
ㄷ. 인라인스케이트   ㄹ. 스케이트보드
ㅁ. 스노보드

① ㄱ, ㄴ
② ㄱ, ㄴ, ㄷ, ㄹ
③ ㄱ, ㄴ, ㄷ
④ ㄱ, ㄴ, ㄷ, ㄹ, ㅁ

68. 다음 중 통행의 우선순위가 맞는 것은?

① 긴급자동차 → 일반 자동차 → 원동기장치 자전거
② 긴급자동차 → 원동기장치 자전거 → 승용자동차
③ 건설기계 → 원동기장치 자전거 → 승합자동차
④ 승합자동차 → 원동기장치 자전거 → 긴급자동차

[해설] 통행운선 순위는 긴급자동차 → 긴급자동차 외의 자동차 → 원동기장치자전거 → 자동차 및 원동기장치자전거 외의 차마

69. 승차 또는 적재의 방법과 제한에서 운행상의 안전기준을 넘어서 승차 및 적재가 가능한 경우는?

① 도착지를 관할하는 경찰서장의 허가를 받은 때
② 출발지를 관할하는 경찰서장의 허가를 받은 때
③ 관할 시·군수의 허가를 받은 때
④ 동·읍·면장의 허가를 받는 때

[해설] 승차인원 적재중량에 관하여 안전기준을 넘어서 운행하고자 하는 경우 출발지를 관할하는 경찰서장의 허가를 받아야 한다.

70. 출발지 관할 경찰서장이 안전기준을 초과하여 운행할 수 있도록 허가하는 사항에 해당되지 않는 것은?

① 적재중량   ② 운행속도
③ 승차인원   ④ 적재용량

[해설] 안전기준을 초과하여 운행할 수 있도록 허가하는 사항은 적재중량, 승차인원, 적재용량이다.

71. 도로에서 정차를 하고자 할 때의 방법으로 옳은 것은?

① 차체의 전단부가 도로 중앙을 향하도록 비스듬히 정차한다.
② 진행방향의 반대방향으로 정차한다.
③ 차도의 우측 가장자리에 정차한다.
④ 일방통행로에서 좌측 가장자리에 정차한다.

Answer

66. ④　67. ②　68. ①　69. ②　70. ②　71. ③

72. 안전기준을 초과하는 화물의 적재허가를 받은 자는 그 길이 또는 폭의 양끝에 몇 cm 이상의 빨간 헝겊으로 된 표지를 달아야 하는가?

① 너비 : 15cm, 길이 : 30cm
② 너비 : 20cm, 길이 : 40cm
③ 너비 : 30cm, 길이 : 50cm
④ 너비 : 60cm, 길이 : 90cm

해설 안전기준을 초과하는 화물의 적재허가를 받은 자는 그 길이 또는 폭의 양끝에 너비 30cm, 길이 50cm 이상의 빨간 헝겊으로 된 표지를 달아야 한다.

73. 버스정류장 표지판으로부터 몇 m 이내에 정차 및 주차를 해서는 안 되는가?

① 3m   ② 5m
③ 8m   ④ 10m

해설 버스여객 자동차의 정류소를 표시하는 기둥이나 판 또는 선이 설치된 곳으로부터 10m 이내의 곳

74. 횡단보도로부터 몇 m 이내에 정차 및 주차를 해서는 안 되는가?

① 3m   ② 5m
③ 8m   ④ 10m

해설 횡단보도로부터 10m 이내의 곳

75. 주차 및 정차금지 장소는 건널목의 가장자리로부터 몇 m 이내인 곳인가?

① 50m   ② 10m
③ 30m   ④ 40m

해설 건널목의 가장자리로부터 10m 이내의 곳

76. 도로교통법상 도로의 모퉁이로부터 몇 m 이내의 장소에 정차하여서는 안 되는가?

① 2m   ② 3m
③ 5m   ④ 10m

해설 교차로의 가장자리 또는 도로의 모퉁이로부터 5m 이내의 곳

77. 도로교통법에 따라 소방용 기계기구가 설치된 곳, 소방용 방화물통, 소화전 또는 소화용 방화물통의 흡수구나 흡수관으로부터 (   ) 이내의 지점에 주차하여서는 아니 된다. (   )안에 들어갈 거리는?

① 10m   ② 7m
③ 5m   ④ 3m

해설 도로교통법에 따라 소방용 기계기구가 설치된 곳, 소방용 방화물통, 소화전 또는 소화용 방화물통의 흡수구나 흡수관으로부터 5m 이내의 지점에 주차하여서는 안 된다.

78. 5m 이내에 주차만 금지된 장소로 옳은 것은?

① 소방용 기계·기구가 설치된 곳
② 소방용 방화물통이 설치된 곳
③ 소화용 방화물통의 흡수구나 흡수관이 설치된 곳
④ 도로공사 구역의 양쪽 가장자리

해설 도로공사 구역의 양쪽 가장자리로부터 5m 이내의 곳은 정차는 할 수 있으나 주차는 금지되어 있다.

Answer 72. ③ 73. ④ 75. ② 76. ③ 77. ③ 78. ④

79. 야간에 자동차를 도로에 정차 또는 주차하였을 때 등화조작으로 가장 적절한 것은?
① 전조등을 켜야 한다.
② 방향지시등을 켜야 한다.
③ 실내등을 켜야 한다.
④ 미등 및 차폭등을 켜야 한다.

80. 밤에 도로에서 차를 운행하거나 일시 정지할 때 켜야 할 등화는?
① 전조등, 안개등과 번호등
② 전조등, 차폭등과 미등
③ 전조등, 실내등과 미등
④ 전조등, 제동등과 번호등

81. 밤에 도로에서 차를 운행하는 경우 등의 등화로 틀린 것은?
① 견인되는 차 : 미등, 차폭등 및 번호등
② 원동기장치자전거 : 전조등 및 미등
③ 자동차 : 자동차안전기준에서 정하는 전조등, 차폭등, 미등
④ 자동차등 외의 모든 차 : 지방경찰청장이 정하여 고시하는 등화

[해설] 자동차는 안전기준에서 정하는 전조등, 차폭등, 미등, 번호등과 실내 조명등(실내 조명등은 승합자동차와 여객자동차 운송 사업용 승용자동차만 해당)을 켜야 한다.

82. 도로교통법령에 따라 도로를 통행하는 자동차가 야간에 켜야 하는 등화의 구분 중 견인되는 차가 켜야 할 등화는?
① 전조등, 차폭등, 미등
② 미등, 차폭등, 번호등
③ 전조등, 미등, 번호등
④ 전조등, 미등

[해설] 야간에 견인되는 자동차가 켜야 할 등화는 차폭등, 미등, 번호등이다.

83. 야간에 차가 서로 마주보고 진행하는 경우의 등화조작방법 중 맞는 것은?
① 전조등, 보호등, 실내 조명등을 조작한다.
② 전조등을 켜고 보조등을 끈다.
③ 전조등 불빛을 하향으로 한다.
④ 전조등 불빛을 상향으로 한다.

84. 야간에 화물자동차를 도로에서 운행하는 경우 등의 등화로 옳은 것은?
① 주차등
② 방향지시등 또는 비상등
③ 안개등과 미등
④ 전조등·차폭등·미등·번호등

85. 도로교통법상에서 정의된 긴급자동차가 아닌 것은?
① 응급전신·전화 수리공사에 사용되는 자동차
② 긴급한 경찰업무수행에 사용되는 자동차
③ 위독한 환자의 수혈을 위한 혈액운송 차량
④ 학생운송 전용 버스

Answer
79. ④ 80. ② 81. ③ 82. ② 83. ③ 84. ④ 85. ④

86. 도로주행의 일반적인 주의사항으로 틀린 것은 ?
   ① 시력이 저하될 수 있으므로 터널 진입 전 헤드라이트를 켜고 주행한다.
   ② 고속주행 시 급 핸들조작, 급브레이크는 옆으로 미끄러지거나 전복될 수 있다.
   ③ 야간 운전은 주간보다 주의력이 양호하며, 속도감이 민감하여 과속 우려가 없다.
   ④ 비 오는 날 고속주행은 수막현상이 생겨 제동효과가 감소된다.

   해설) 야간 운전은 주간보다 주의력이 산만하며, 속도감이 둔감하여 과속 우려가 있다.

87. 고속도로를 운행 중 일 때 안전운전상 준수사항으로 가장 적합한 것은 ?
   ① 정기점검을 실시 후 운행하여야 한다.
   ② 연료량을 점검하여야 한다.
   ③ 월간 정비점검을 하여야 한다.
   ④ 모든 승차자는 좌석 안전띠를 매도록 하여야 한다.

88. 4차로 이상 고속도로에서 건설기계의 법정 최고속도는 시속 몇 km인가 ?(단, 경찰청장이 일부 구간에 대하여 제한속도를 상향 지정한 경우는 제외한다.)
   ① 50   ② 60
   ③ 100   ④ 80

   해설) 고속도로에서의 건설기계 제한속도
   • 모든 고속도로에서 건설기계의 최고속도는 매시 80km, 최저속도는 매시 50km이다.
   • 지정·고시한 노선 또는 구간의 고속도로에서 건설기계의 최고속도는 매시 90km 이내, 최저속도는 매시 50km이다.

89. 경찰청장이 최고속도를 지정·고시한 노선 또는 구간의 고속도로에서 건설기계 법정 최고속도는 매시 몇 km 인가 ?
   ① 100   ② 90
   ③ 80   ④ 60

90. 도로교통법상 4차로 이상 고속도로에서 건설기계의 최저속도는 ?
   ① 30km/h   ② 40km/h
   ③ 50km/h   ④ 60km/h

   해설) 고속도로에서 건설기계의 최저속도는 50km/h이다.

91. 운전자 준수사항에 대한 설명 중 틀린 것은 ?
   ① 고인 물을 튀게 하여 다른 사람에게 피해를 주어서는 안 된다.
   ② 과로, 질병, 약물의 중독 상태에서 운전하여서는 안 된다.
   ③ 운전석으로부터 떠날 때에는 원동기의 시동을 끄지 말아야 한다.
   ④ 보행자가 안전지대에 있는 때에는 서행하여야 한다.

92. 도로운행시의 건설기계의 축하중 및 총중량 제한은 ?
   ① 윤하중 5톤 초과, 총중량 20톤 초과
   ② 축하중 10톤 초과, 총중량 20톤 초과
   ③ 축하중 10톤 초과, 총중량 40톤 초과
   ④ 윤하중 10톤 초과, 총중량 10톤 초과

   해설) 도로를 운행할 때 건설기계의 축하중 및 총중량 제한은 축하중 10톤 초과, 총중량 40톤 초과이다.

Answer ▶▶▶ 86. ③ 87. ④ 88. ④ 89. ② 90. ③ 91. ③ 92. ③

93. 피견인차의 설명으로 가장 옳은 것은?
① 자동차로 볼 수 없다.
② 자동차의 일부로 본다.
③ 화물자동차이다.
④ 소형자동차이다.

94. 자동차의 승차정원에 대한 내용으로 맞는 것은?
① 등록증에 기재된 인원
② 화물자동차 4명
③ 승용자동차 4명
④ 운전자를 제외한 나머지 인원

95. 다음 중 도로교통법을 위반한 경우는?
① 밤에 교통이 빈번한 도로에서 전조등을 계속 하향했다.
② 낮에 어두운 터널 속을 통과할 때 전조등을 켰다.
③ 소방용 방화물통으로부터 10m 지점에 주차하였다.
④ 노면이 얼어붙은 곳에서 최고속도의 20/100을 줄인 속도로 운행하였다.

[해설] 노면이 얼어붙은 곳에서는 최고속도의 50/100을 줄인 속도로 운행하여야 한다.

96. 차로가 설치된 도로에서 통행방법 위반으로 옳은 것은?
① 택시가 건설기계를 앞지르기를 하였다.
② 차로를 따라 통행하였다.
③ 경찰관의 지시에 따라 중앙 좌측으로 진행하였다.
④ 두 개의 차로에 걸쳐 운행하였다.

97. 도로교통법에 위반이 되는 행위는?
① 철길건널목 바로 전에 일시 정지하였다.
② 야간에 차가 서로 마주보고 진행할 때 전조등의 광도를 감하였다.
③ 다리 위에서 앞지르기를 하였다.
④ 주간에 방향을 전환할 때 방향지시등을 켰다.

98. 도로교통법상 과태료를 부과할 수 있는 대상자는?
① 운전자가 현장에 없는 주·정차 위반 차의 고용주
② 무면허 운전을 한 운전자와 그 차의 사용자
③ 교통사고를 야기하고 손해배상을 하지 않은 운전자
④ 술에 취한 운전자로 하여금 운전하게 한 버스회사 사장

99. 횡단보도에서의 보행자 보호의무 위반 시 받는 처분으로 옳은 것은?
① 면허취소   ② 즉심회부
③ 통고처분   ④ 형사입건

100. 범칙금 납부통고서를 받은 사람은 며칠 이내에 경찰청장이 지정하는 곳에 납부하여야 하는가?(단, 천재지변이나 그 밖의 부득이한 사유가 있는 경우는 제외한다.)
① 5일   ② 10일
③ 15일   ④ 30일

[해설] 범칙금 납부통고서를 받은 사람은 10일 이내에 경찰청장이 지정하는 곳에 납부하여야 한다.

Answer
93. ② 94. ① 95. ④ 96. ④ 97. ③ 98. ① 99. ③ 100. ②

101. 도로교통법에 의한 통고처분의 수령을 거부하거나 범칙금을 기간 안에 납부치 못한 자는 어떻게 처리되는가?
① 면허의 효력이 정지된다.
② 면허증이 취소된다.
③ 연기신청을 한다.
④ 즉결 심판에 회부된다.

102. 도로교통법상 교통사고에 해당되지 않는 것은?
① 도로운전 중 언덕길에서 추락하여 부상한 사고
② 차고에서 적재하던 화물이 선락하여 사람이 부상한 사고
③ 주행 중 브레이크 고장으로 도로변의 전주를 충돌한 사고
④ 도로주행 중에 화물이 추락하여 사람이 부상한 사고

103. 교통사고 발생 후 벌점기준으로 틀린 것은?
① 중상 1명마다 30점
② 사망 1명마다 90점
③ 경상 1명마다 5점
④ 부상신고 1명마다 2점

해설
교통사고 발생 후 벌점
• 사망 1명마다 90점(사고발생으로부터 72시간 내에 사망한 때)
• 중상 1명마다 15점(3주 이상의 치료를 요하는 의사의 진단이 있는 사고)
• 경상 1명마다 5점(3주미만 5일 이상의 치료를 요하는 의사의 진단이 있는 사고)
• 부상신고 1명마다 2점(5일 미만의 치료를 요하는 의사의 진단이 있는 사고)

104. 운전면허 취소·정지처분에 해당되는 것은?
① 운전 중 중앙선 침범을 하였을 때
② 운전 중 신호위반을 하였을 때
③ 운전 중 과속운전을 하였을 때
④ 운전 중 고의로 교통사고를 일으킨 때

105. 1년 간 벌점에 대한 누산점수가 최소 몇 점 이상이면 운전면허가 취소되는가?
① 271   ② 190
③ 121   ④ 201

해설
1년 간 벌점에 누산점수가 최소 121점 이상이면 운전면허가 취소된다.

106. 도로교통법상 술에 취한 상태의 기준으로 옳은 것은?
① 혈중 알코올농도 0.01% 이상
② 혈중 알코올농도 0.02% 이상
③ 혈중 알코올농도 0.05% 이상
④ 혈중 알코올농도 0.1% 이상

해설
도로교통법령상 술에 취한 상태의 기준은 혈중 알코올농도가 0.05% 이상인 경우이다.

107. 술에 만취한 상태(혈중 알코올 농도 0.1% 이상)에서 건설기계를 조종한 자에 대한 면허의 취소·정지처분 내용은?
① 면허취소
② 면허효력정지 60일
③ 면허효력정지 50일
④ 면허효력 정지 70일

Answer
101. ④ 102. ② 103. ① 104. ④ 105. ③ 106. ③ 107. ①

108. 술에 취한 상태로 타이어식 건설기계를 도로에서 운전하였을 경우 벌금은 ?
   ① 500만 원 이하의 벌금
   ② 200만 원 이하의 벌금
   ③ 100만 원 이하의 벌금
   ④ 300만 원 이하의 벌금

109. 교통사고 시 사상자가 발생하였을 때, 도로교통법령상 운전자가 즉시 취하여야 할 조치사항 중 가장 옳은 것은 ?
   ① 즉시정차 → 신고 → 위해방지
   ② 즉시정차 → 사상자 구호 → 신고
   ③ 즉시정차 → 위해방지 → 신고
   ④ 증인확보 → 정차 → 사상자 구호

   [해설] 교통사고로 인하여 사상자가 발생하였을 때 운전자가 취하여야 할 조치사항은 즉시정차 → 사상자 구호 → 신고이다.

110. 교통사고가 발생하였을 때 운전자가 가장 먼저 취해야 할 조차로 적절한 것은?
   ① 즉시 보험회사에 신고한다.
   ② 모범운전자에게 신고한다.
   ③ 즉시 피해자 가족에게 알린다.
   ④ 즉시 사상자를 구호하고 경찰에 연락한다.

111. 교통사고로서 중상의 기준에 해당하는 것은 ?
   ① 1주 이상의 치료를 요하는 부상
   ② 2주 이상의 치료를 요하는 부상
   ③ 3주 이상의 치료를 요하는 부상
   ④ 4주 이상의 치료를 요하는 부상

   [해설] 경상은 3주 미만의 치료를 요하는 부상이고, 중상은 3주 이상의 치료를 요하는 부상이다.

112. 도로교통법에 따르면 운전자는 자동차 등의 운전 중에는 휴대용 전화를 원칙적으로 사용할 수 없다. 예외적으로 휴대용 전화사용이 가능한 경우로 틀린 것은 ?
   ① 자동차 등이 정지하고 있는 경우
   ② 저속 건설기계를 운전하는 경우
   ③ 긴급 자동차를 운전하는 경우
   ④ 각종 범죄 및 재해 신고 등 긴급한 필요가 있는 경우

   [해설] 운전 중 휴대전화 사용이 가능한 경우는 자동차 등이 정지해 있는 경우, 긴급자동차를 운전하는 경우, 각종 범죄 및 재해신고 등 긴급을 요하는 경우, 안전운전에 지장을 주지 않는 장치로 대통령령이 정하는 장치를 이용하는 경우

113. 도로교통법령상 총중량 2000kg 미만인 자동차를 총중량이 그의 3배 이상인 자동차로 견인할 때의 속도는 ?(단, 견인하는 차량이 견인자동차가 아닌 경우이다)
   ① 매시 30km 이내
   ② 매시 50km 이내
   ③ 매시 80km 이내
   ④ 매시 100km 이내

   [해설] 총중량 2000kg 미달인 자동차를 그의 3배 이상의 총중량 자동차로 견인할 때의 속도는 매시 30km이내이다.

Answer: 108. ① 109. ② 110. ④ 111. ③ 112. ② 113. ①

도로명주소법

01. 다음 중 지하차도 교차로를 나타내는 표지는 ?

① 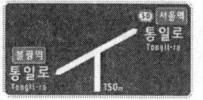 ②

③  ④

02. 다음 도로 표지가 나타내는 것은 ?

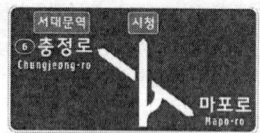

① T자형 교차로
② Y자형 교차로
③ 다방향 도로명 표지
④ 고가차도 교차로

03. 다음 도로 표지가 나타내는 것은 ?

① 3차로 지정표지
② 2차로 지정표지
③ 다방향 도로명 표지
④ 노선입구 예고표지

04. 다음 중 회전교차로를 나타내는 표지는 ?

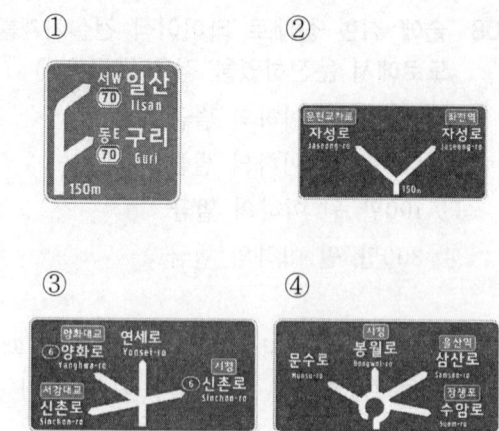

05. 다음 도로 표지가 나타내는 것은 ?

① 노선입구 예고표지
② 2차로 지정표지
③ 고가차도 교차로
④ 다방향 도로명 표지

06. 아래그림과 같은 2방향표지 설치장소로 맞는 것은 ?

① 입체교차로·갈림길·녹지대 등에 설치한다.
② 일방통행구간에 설치한다.
③ 현수식으로 설치한다.
④ 지하도나 고가도로의 입구 오른쪽 분기점에 설치한다.

Answer ▶▶▶

01. ③   02. ④   03. ①   04. ④   05. ①   06. ①

07. 다음 그림과 같이 1차 출구 예고표지(3방향)은 첫 번째 출구감속차로의 시점으로부터 각각 전방 몇 km 지점에 설치하는가?

① 3km ② 2km
③ 1km ④ 5km

08. 도로표지의 판독성과 시인성을 확보하기 위하여 도시지역에서는 도로표지 전방 최소 몇 미터 이내의 가로수 등 장애물을 제거하여야 하며 새로이 식재해서도 안 되는가?

① 70m ② 100m
③ 50m ④ 40m

09. 도로명주소법 목적을 바르게 나타낸 것은?

① 법에 따라 부여된 도로명, 건물번호 및 상세주소에 의하여 표기하는 주소를 말한다.
② 도로명주소를 부여하기 위하여 도로구간마다 부여한 이름을 말한다.
③ 도로명주소, 국가기초구역 및 국가지점번호의 표기·관리·활용과 도로명주소의 부여·사용·관리 등에 관한 사항을 규정함이다.
④ 법에 따라 부여된 도로명, 건물번호 및 상세주소(상세주소가 있는 경우만 해당한다)에 의하여 표기하는 주소를 말한다.

10. 도로명 주소에 대하여 바르게 나타낸 것은?

① 도로명을 부여하기 위하여 설정하는 도로의 시작지점과 끝 지점 사이를 말한다.
② 도로와 건물 등에 도로명 및 건물번호를 부여하고 관련시설 등을 설치·유지관리·활용하는 사업을 말한다.
③ 건축법에 따른 건축물과 현실적으로 30일 이상 거주나 정착된 활동에 이용되는 인공구조물 및 자연적으로 형성된 구조물을 말한다.
④ 법에 따라 부여된 도로명, 건물번호 및 상세주소(상세주소가 있는 경우만 해당한다)에 의하여 표기하는 주소를 말한다.

11. 도로별 구분기준 중 "대로"는 왕복 8차로 이상이거나 도로의 폭이 몇m 이상이어야 하는가?

① 12m ② 40m
③ 50m ④ 100m

12. 도로명 중 도로구간이 서로 연결되어 있으면서 그 이름이 같은 도로명을 말하는 것은?

① 유사 도로명 ② 임시 도로명
③ 동일 도로명 ④ 기타 도로명

07. ② 08. ④ 09. ③ 10. ④ 11. ② 12. ③

13. 도로구간의 시작지점 및 끝 지점 기준으로 틀린 것은?
① 강·하천·바다 등의 땅 모양과 땅 위 물체, 시·군·구의 경계를 고려할 것
② 시작지점부터 끝 지점까지 도로가 연결되어 있을 것
③ 서쪽과 동쪽을 잇는 도로는 서쪽을 시작지점으로
④ 남쪽과 북쪽을 잇는 도로는 북쪽을 시작지점으로

14. 도로구간을 설정할 때 정하여야 할 사항 중 틀린 것은?
① 도로구간의 중심선과 끝 지점
② 도로구간의 시작지점 및 끝 지점
③ 도로구간의 중심선
④ 도로구간의 관할 행정구역

Answer
13. ④ 14. ①

안전관리

1. 산업안전일반

1.1. 산업안전의 개요

① 안전제일의 이념은 인명보호 즉 인간존중이다.
② 위험요인을 발견하는 방법은 안전점검이며, 일상점검, 수시점검, 정기점검, 특별점검이 있다.
③ 재해가 자주 발생하는 주원인 : 고용의 불안정, 작업 자체의 위험성, 안전기술 부족 때문이며, 사고의 직접적인 원인은 불안전한 행동 및 상태이다.
④ 안전의 3요소 : 관리적 요소, 기술적 요소, 교육적 요소이다.
⑤ 재해예방의 4원칙 : 예방가능의 원칙, 손실우연의 원칙, 원인연계의 원칙, 대책선정의 원칙이다.
⑥ 사고발생이 많이 일어나는 순서 : 불안전 행위 → 불안전 조건 → 불가항력이다.
⑦ 사고예방원리 5단계 순서 : 조직 → 사실의 발견 → 평가분석 → 시정책의 선정 → 시정책의 적용이다.
⑧ 연쇄반응 이론의 발생순서 : 사회적환경과 선천적 결함 → 개인적 결함 → 불안전한 행동 → 사고 → 재해이다.
⑨ 재해율
  ㉮ 도수율 : 안전사고 발생 빈도로 근로시간 100만 시간당 발생하는 사고건수 즉 (재해건수/연근로시간수) × 1,000,000
  ㉯ 강도율 : 안전사고의 강도로 근로시간 1,000시간당의 재해에 의한 노동손실 일수이다.

㉰ 연천인율 : 1년 동안 1,000명의 근로자가 작업할 때 발생하는 사상자의 비율 즉 (재해자 수/평균근로자 수)×1000

1.2. 산업재해
① 재해란 사고의 결과로 인하여 인간이 입는 인명피해와 재산상의 손실이다.
② 산업재해란 근로자가 업무에 관계되는 건설물·설비·원재료·가스·증기·분진 등에 의하거나 작업 또는 그 밖의 업무로 인하여 사망 또는 부상하거나 질병에 걸리게 되는 것을 말한다.
③ 산업재해 부상의 종류
    ㉮ 무상해란 응급처치 이하의 상처로 작업에 종사하면서 치료를 받는 상해정도이다.
    ㉯ 응급조치 상해란 1일 미만의 치료를 받고 다음부터 정상작업에 임할 수 있는 정도의 상해이다.
    ㉰ 경상해란 부상으로 1일 이상 14일 이하의 노동 상실을 가져온 상해정도이다.
    ㉱ 중상해란 부상으로 2주 이상의 노동손실을 가져온 상해정도이다.
④ 재해가 발생하였을 때 조치순서는 운전정지 → 피해자 구조 → 응급처치 → 2차 재해방지이다.

1.3. 방호장치의 종류

[1] 격리형 방호장치
  작업점 외에 직접 사람이 접촉하여 말려들거나 다칠 위험이 있는 장소를 덮어씌우는 방호장치 방법이다.

[2] 완전 차단형 방호조치
  어떠한 방향에서도 위험장소까지 도달할 수 없도록 완전히 차단하는 것이다.

[3] 덮개형 방호조치
  V-벨트나 평 벨트 또는 기어가 회전하면서 접선방향으로 물려 들어가는 장소에 많이 설치한다.

[4] 위치 제한형 방호장치

  위험을 초래할 가능성이 있는 기계에서 작업자나 직접 그 기계와 관련되어 있는 조작자의 신체부위가 위험한계 밖에 있도록 의도적으로 기계의 조작 장치를 기계에서 일정거리이상 떨어지게 설치해 놓고, 조작하는 두 손 중에서 어느 하나가 떨어져도 기계의 동작을 멈춰지게 하는 장치이다.

[5] 접근 반응형 방호장치

  작업자의 신체부위가 위험한계 또는 그 인접한 거리로 들어오면 이를 감지하여 그 즉시 동작하던 기계를 정지시키거나 스위치가 꺼지도록 하는 방호법이다.

1.4. 안전장치를 선정할 때 고려할 사항

① 안전장치의 사용에 따라 방호가 완전할 것
② 강도와 기능 면에서 신뢰도가 클 것
③ 위험부분에는 방호장치가 설치되어 있을 것
④ 작업하기에 불편하지 않는 구조일 것
⑤ 정기점검을 할 경우 이외에는 조정할 필요가 없을 것
⑥ 안전장치를 제거하거나 기능의 정지를 하지 못하도록 할 것

1.5. 작업복

① 작업장에서 안전모, 작업화, 작업복을 착용하도록 하는 이유는 작업자의 안전을 위함이다.
② 작업에 따라 보호구 및 그 밖의 물건을 착용할 수 있어야 한다.
③ 소매나 바지자락이 조여질 수 있어야 한다.
④ 화기사용 직장에서는 방염성, 불연성의 것을 사용하도록 한다.
⑤ 작업복은 몸에 맞고 동작이 편하도록 제작한다.
⑥ 상의의 끝이나 바지자락 등이 기계에 말려 들어갈 위험이 없도록 한다.
⑦ 옷소매는 되도록 폭이 좁게 된 것이나, 단추가 달린 것은 되도록 피한다.

1.6. 안전·보건표지의 종류

[1] 금지표지
바탕은 흰색, 기본모형은 빨간색, 관련부호 및 그림은 검정색으로 되어 있다.

출입금지	보행금지	차량통행금지	사용금지
탑승금지	금연	화기금지	물체이동금지

[2] 경고표지
노란색 바탕에 기본모형은 검은색, 관련부호와 그림은 검정색이다.

인화성 물질 경고	산화성 물질 경고	폭발성 물질 경고	급성독성물질 경고	부식성 물질 경고
방사성 물질 경고	고압전기 경고	매달린 물체경고	낙하물 경고	고온경고
저온경고	몸균형 상실 경고	레이저광선 경고	발암성·변이원성·생식독성·전신독성·호흡기 과민성 물질 경고	위험장소 경고

[3] 지시표지
청색 원형바탕에 백색으로 보호구사용을 지시한다.

보안경 착용	방독마스크 착용	방진마스크 착용	보안면 착용	안전모 착용
귀마개 착용	안전화 착용	안전장갑 착용	안전복 착용	

[4] 안내표지

녹색바탕에 백색으로 안내대상을 지시한다.

녹십자표지	응급구호표지	들것	세안장치
비상구 기구	비상구	좌측 비상구	우측 비상구

1.7. 안전·보건표지의 색채와 용도

① 빨간색 : 위험, 방화(금지, 고압선, 폭발물, 화학류, 화재방지에 관계되는 물체에 표시)

② 청색 : 조심, 금지(수리, 조절 및 검사 중인 그 밖의 장비의 작동을 방지하기 위해 표시)

③ 흑색 및 백색 : 통로표시, 방향지시 및 안내표시

④ 보라색 : 방사능의 위험을 경고하기 위한 표시

⑤ 녹색 : 안전, 구급(안전에 직접 관련된 설비와 구급용 치료 설비를 식별하기 위해 표시)

⑥ 노란색 : 주의(충돌, 추락, 전도 및 그 밖의 비슷한 사고의 방지를 위해 물리적 위험성을 표시)

⑦ 오렌지색(주황색) : 기계의 위험경고(기계 또는 전기설비의 위험위치를 식별하고 기계의 방호조치를 제거함으로서 노출되는 위험성을 인식하기 위해 표시)

1.8. 화재의 분류

1.8.1. 화재

① 화재는 어떤 물질이 산소와 결합하여 연소하면서 열을 방출시키는 산화반응이다.
② 화재가 발생하기 위해서는 가연성 물질, 산소, 점화원이 반드시 필요하다.

1.8.2. 화재예방 조치

① 가연성 물질을 인화 장소에 두지 않는다.
② 유류취급 장소에는 소화기나 모래를 준비한다.
③ 흡연은 정해진 장소에서만 한다.
④ 화기는 정해진 장소에서만 취급한다.
⑤ 인화성 액체의 취급은 폭발한계의 범위를 초과한 농도로 한다.
⑥ 배관 또는 기기에서 가연성 증기의 누출여부를 철저히 점검한다.
⑦ 방화 장치는 위급상황에 대비하여 눈에 잘 띄는 곳에 설치한다.

1.8.3. 소화설비

① 물 분무 소화설비 : 연소물의 온도를 인화점 이하로 냉각시키는 효과가 있다.
② 분말 소화설비 : 미세한 분말 소화제를 화염에 방사시켜 진화시킨다.
③ 포말 소화설비 : 외통용기에 탄산수소나트륨, 내통용기에 황산알루미늄을 물에 용해하여 충전하고, 사용할 때는 양쪽 용기의 약제가 화합되어 탄산가스가 발생하며, 거품을 발생시켜 방사하는 것이며 A, B급 화재에 적합하나, 전기화재에는 사용을 해서는 안 된다.
④ 이산화탄소 소화설비 : 질식작용에 의해 화염을 진화시킨다.

1.8.4. 화재분류

① A급 화재 : 나무, 석탄 등 연소 후 재를 남기는 일반적인 화재

② B급 화재 : 휘발유, 벤젠 등 유류화재
③ C급 화재 : 전기화재
④ D급 화재 : 금속화재

1.8.5. 소화방법

① A급 화재 : 초기에는 포말소화기, 감화액, 분말소화기를 사용하여 진화하고, 불길이 확산되면 물을 사용한다.
② B급 화재 : 포말소화기, 이산화탄소 소화기, 분말소화기를 사용한다.
③ C급 화재 : 이산화탄소 소화기, 할론가스, 분말소화기를 사용하며, 포말소화기를 사용해서는 안 된다.
④ D급 화재 : D급 화재는 금속나트륨 등의 화재로서 일반적으로 건조사를 이용한 질식효과로 소화한다.
⑤ 소화기를 사용하여 소화작업을 할 경우에는 바람을 등지고 위쪽에서 아래쪽을 향해 실시한다.

2. 기계·기기 및 공구에 관한 사항

2.1. 수공구 안전사항

2.1.1. 수공구 사용에서 안전사고 원인

① 수공구의 사용방법이 미숙하다.
② 수공구의 성능을 잘 알지 못하고 선택하였다.
③ 힘에 맞지 않는 공구를 사용하였다.
④ 사용공구의 점검·정비를 잘하지 않았다.

2.1.2. 수공구를 사용할 때 일반적 유의사항

① 수공구를 사용하기 전에 이상 유무를 확인한다.
② 작업자는 필요한 보호구를 착용한다.
③ 용도 이외의 수공구는 사용하지 않는다.

④ 사용 전에 공구에 묻은 기름 등은 닦아낸다.
⑤ 수공구 사용 후에는 정해진 장소에 보관한다.
⑥ 작업대 위에서 떨어지지 않게 안전한 곳에 둔다.
⑦ 예리한 공구 등을 주머니에 넣고 작업을 하여서는 안 된다.
⑧ 공구를 던져서 전달해서는 안 된다.

2.1.3. 렌치를 사용할 때 주의사항

① 볼트 및 너트에 맞는 것을 사용한다. 즉 볼트 및 너트머리 크기와 같은 조(jaw)의 렌치를 사용한다.
② 볼트 및 너트에 렌치를 깊이 물린다.
③ 렌치를 몸 안쪽으로 잡아 당겨 움직이도록 한다.
④ 렌치에 큰 힘의 전달을 크게 하기 위하여 파이프 등을 끼워서 사용해서는 안 된다.
⑤ 렌치를 해머로 두들겨서 사용하지 않는다.
⑥ 높거나 좁은 장소에서는 몸을 안전하게 한 후 작업한다.
⑦ 렌치를 해머대용으로 사용하지 않는다.
⑧ 복스 렌치를 오픈엔드렌치(스패너)보다 많이 사용하는 이유는 볼트와 너트 주위를 완전히 싸게 되어있어 사용 중에 미끄러지지 않기 때문이다.

2.1.4. 소켓렌치

① 임펙트용 및 수(手)작업용으로 많이 사용한다.
② 큰 힘으로 조일 때 사용한다.
③ 오픈엔드렌치와 규격이 동일하다.
④ 사용 중 잘 미끄러지지 않는다.

2.1.5. 토크렌치

① 볼트·너트 등을 조일 때 조이는 힘을 측정하기(조임력을 규정 값에 정확히 맞도록)위하여 사용한다.

② 오른손은 렌치 끝을 잡고 돌리며, 왼손은 지지점을 누르고 눈은 게이지 눈금을 확인한다.

2.1.6. 드라이버(driver) 사용방법
① 스크루 드라이버의 크기는 손잡이를 제외한 길이로 표시한다.
② 날 끝의 홈의 폭과 길이가 같은 것을 사용한다.
③ 작은 크기의 부품이라도 경우 바이스(vise)에 고정시키고 작업한다.
④ 전기작업을 할 때에는 절연된 손잡이를 사용한다.
⑤ 드라이버에 압력을 가하지 말아야 한다.
⑥ 정 대용으로 드라이버를 사용해서는 안 된다.
⑦ 자루가 쪼개졌거나 허술한 드라이버는 사용하지 않는다.
⑧ 드라이버의 끝을 항상 양호하게 관리하여야 한다.
⑨ 드라이버의 날 끝은 수평이어야 한다.

2.1.7. 해머작업을 할 때 주의사항
① 해머로 녹슨 것을 때릴 때에는 반드시 보안경을 쓴다.
② 기름이 묻은 손이나 장갑을 끼고 작업하지 않는다.
③ 해머는 작게 시작하여 차차 큰 행정으로 작업한다.
④ 해머 대용으로 다른 것을 사용하지 않는다.
⑤ 타격면은 평탄하고, 손잡이는 튼튼한 것을 사용한다.
⑥ 사용 중에 자루 등을 자주 조사한다.
⑦ 타격 가공하려는 것을 보면서 작업한다.
⑧ 해머를 휘두르기 전에 반드시 주위를 살핀다.
⑨ 좁은 곳에서는 해머작업을 해지 않는다.

2.2. 드릴작업을 할 때의 주의사항
① 구멍을 거의 뚫었을 때 일감 자체가 회전하기 쉽다.
② 드릴의 탈·부착은 회전이 멈춘 다음 행한다.

③ 공작물은 단단히 고정시켜 따라 돌지 않게 한다.

④ 드릴 끝이 가공물을 관통여부를 손으로 확인해서는 안 된다.

⑤ 드릴작업은 장갑을 끼고 작업해서는 안 된다.

⑥ 작업 중 쇳가루를 입으로 불어서는 안 된다.

⑦ 드릴작업을 하고자 할 때 재료 밑의 받침은 나무판을 이용한다.

2.3. 그라인더(연삭숫돌)작업을 할 때 주의사항

① 숫돌차와 받침대 사이의 표준간격은 2~3mm 정도가 좋다.

② 반드시 보호안경을 착용하여야 한다.

③ 안전커버를 떼고서 작업해서는 안 된다.

④ 숫돌작업은 측면에 서서 숫돌의 정면을 이용하여 연삭한다.

⑤ 숫돌차의 회전은 규정이상 빠르게 회전시켜서는 안 된다.

⑥ 숫돌차를 고정하기 전에 균열이 있는지 확인한다.

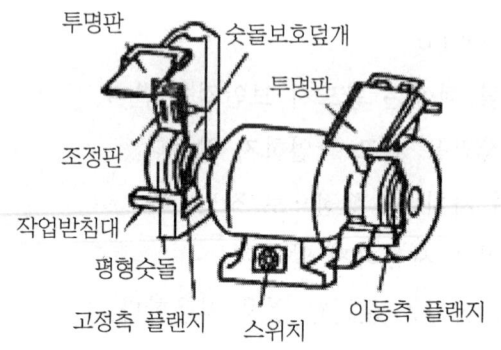

그림 그라인더

2.4. 산소-아세틸렌가스 용접

2.4.1. 산소용접 작업을 할 때의 주의사항

① 반드시 소화기를 준비한다.

② 아세틸렌밸브를 열어 점화한 후 산소밸브를 연다.

③ 점화는 성냥불로 직접하지 않는다.

④ 역화가 발생하면 토치의 산소밸브를 먼저 닫고 아세틸렌밸브를 닫는다.

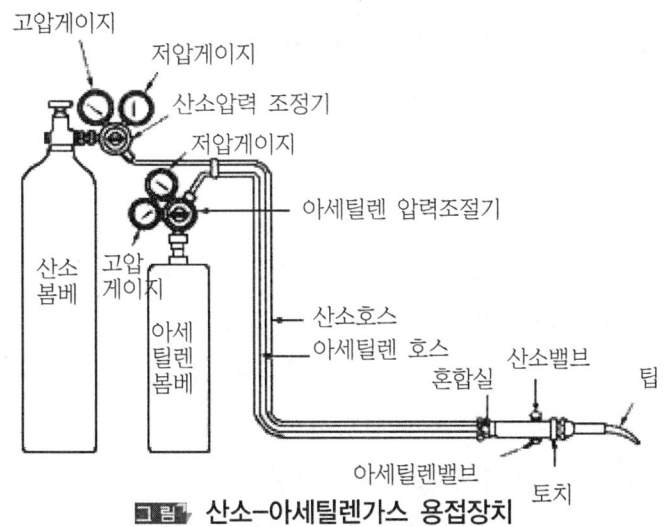

그림 산소-아세틸렌가스 용접장치

⑤ 산소 통의 메인밸브가 얼었을 때 40~60℃ 이하의 물로 녹인다.
⑥ 산소는 산소병에 35℃에서 150기압으로 압축 충전한다.
⑥ 산소병(봄베)은 40℃ 이하 온도에서 보관한다.

3 작업상의 안전

3.1. 작업장의 안전수칙
① 공구에 기름이 묻은 경우에는 닦아내고 사용한다.
② 작업복과 안전장구는 반드시 착용한다.
③ 각종기계를 불필요하게 공회전 시키지 않는다.
④ 기계의 청소나 손질은 운전을 정지시킨 후 실시한다.
⑤ 항상 청결하게 유지한다.
⑥ 작업대 사이 또는 기계사이의 통로는 안전을 위한 너비가 필요하다.
⑦ 공장바닥에 물이나 폐유가 떨어진 경우에는 즉시 닦도록 한다.
⑧ 전원 콘센트 및 스위치 등에 물을 뿌리지 않는다.
⑨ 작업 중 입은 부상은 즉시 응급조치를 하고 보고한다.
⑩ 밀폐된 실내에서는 시동을 걸지 않는다.

⑪ 통로나 마룻바닥에 공구나 부품을 방치하지 않는다.
⑫ 기름걸레나 인화물질은 철제 상자에 보관한다.

3.2. 운반작업을 할 때 안전사항

① 힘센 사람과 약한 사람과의 균형을 잡는다.
② 가능한 이동식 크레인 또는 호이스트 및 체인블록을 이용한다.
③ 약간씩 이동하는 것은 지렛대를 이용할 수도 있다.
④ 명령과 지시는 한 사람이 하도록 하고, 양손으로는 물건을 받친다.
⑤ 앞쪽에 있는 사람이 부하를 적게 담당한다.
⑥ 긴 화물은 같은 쪽의 어깨에 올려서 운반한다.
⑦ 중량물을 들어 올릴 때는 체인블록이나 호이스트를 이용한다.
⑧ 드럼통과 LPG 봄베는 굴려서 운반해서는 안 된다.
⑨ 무리한 몸가짐으로 물건을 들지 않는다.
⑩ 정밀한 물건을 쌓을 때는 상자에 넣도록 한다.
⑪ 약하고 가벼운 것은 위에 무거운 것을 밑에 쌓는다.

3.3. 벨트에 관한 안전사항

① 재해가 가장 많이 발생하는 것이 벨트이다.
② 벨트를 걸거나 벗길 때에는 정지한 상태에서 실시한다.
③ 벨트의 회전을 정지할 때에 손으로 잡아서는 안 된다.
④ 벨트의 적당한 장력을 유지하도록 한다.
⑤ 고무벨트에는 오일이 묻지 않도록 한다.
⑥ 벨트의 이음쇠는 돌기가 없는 구조로 한다.
⑦ 벨트가 풀리에 감겨 돌아가는 부분은 커버나 덮개를 설치한다.

4 ▶ 가스배관의 손상방지

4.1. LNG와 LPG의 차이점
① LNG(액화천연가스, 도시가스)는 주성분이 메탄이며, 공기보다 가벼워 누출되면 위로 올라가며, 특성은 다음과 같다.
　㉮ 배관을 통하여 각 가정에 공급되는 가스이다.
　㉯ 공기와 혼합되어 폭발범위에 이르면 점화원에 의하여 폭발한다.
　㉰ 가연성으로서 폭발의 위험성이 있다.
　㉱ 원래 무색·무취이나 부취제를 첨가한다.
　㉲ 천연고무에 대한 용해성은 없다.
② LPG(액화석유가스)는 주성분이 프로판과 부탄이며, 공기보다 무거워 누출되면 바닥에 가라앉는다.

4.2. 가스배관의 외면에 표시하여야 하는 사항
가스배관의 외면에는 사용가스 명, 최고 사용압력, 가스흐름 방향 등을 표시하여야 한다.

4.3. 가스배관의 분류
① 가스배관의 종류에는 본관, 공급관, 내관 등이 있다.
② 본관 : 도시가스 제조 사업소의 부지 경계에서 정압기까지 이르는 배관이다.
③ 공급관 : 정압기에서 가스사용자가 구분하여 소유하거나 점유하는 건축물의 외벽에 설치하는 계량기의 전단 밸브까지 이르는 배관이다.

4.4. 가스배관과의 이격거리 및 매설깊이
① 상수도관등 다른 배관을 도시가스배관 주위에 매설할 때 도시가스배관 외면과 다른 배관과의 최소 이격거리는 30cm 이상이다.
② 가스배관과의 수평거리 2m 이내에서 파일박기를 하고자 할 때 시험굴착을 통하여 가스배관의 위치를 확인해야 한다.

③ 항타기(파일 드라이버)는 부득이한 경우를 제외하고 가스배관의 수평거리를 최소한 2m 이상 이격하여 설치한다.
④ 가스배관과 수평거리 30cm 이내에서는 파일박기를 할 수 없다.
⑤ 도시가스 배관을 공동주택 부지 내에서는 매설할 때 깊이는 0.6m 이상의 이어야 한다.
⑥ 폭 4m 이상 8m 미만인 도로에 일반 도시가스배관을 매설할 때 지면과 배관 상부와의 최소 이격 거리는 1.0m 이상이다.
⑦ 도로 폭이 8m 이상의 큰 도로에서 장애물 등이 없을 경우 일반 도시가스배관의 최소 매설 깊이는 1.2m 이상이다.
⑧ 폭 8m 이상의 도로에서 중압의 도시가스 배관을 매설시 규정심도는 최소 1.2m 이상이다.
⑨ 가스도매사업자의 배관을 시가지의 도로노면 밑에 매설하는 경우 노면으로부터 배관외면까지의 깊이는 1.5m 이상이다.

4.5. 가스배관 및 보호포의 색상
① 가스배관 및 보호포의 색상은 저압인 경우에는 황색이다.
① 중압 이상인 경우에는 적색이다.

4.6. 도시가스 압력에 의한 분류
① 저압 : 0.1MPa(메가 파스칼) 미만
② 중압 : 0.1MPa 이상 1MPa 미만
③ 고압 : 1MPa이상

4.7. 인력으로 굴착하여야 하는 범위
가스배관의 주위를 굴착하고자 할 때에는 가스배관의 좌우 1m 이내의 부분은 인력으로 굴착하여야 한다.

4.8. 라인마크

① 직경이 9cm 정도인 원형으로 된 동(구리)합금이나 황동주물로 되어있다.
② 분기점에는 T형 화살표가 표시되어 있다.
③ 직선구간에는 배관 길이 50m마다 1개 이상 설치되어 있다.
④ 도시가스라고 표기되어 있으며 화살표가 있다.

그림 라인마크

4.9. 도로 굴착자가 굴착공사 전에 이행할 사항

① 도면에 표시된 가스배관과 기타 저장물 매설유무를 조사하여야 한다.
② 조사된 자료로 시험 굴착위치 및 굴착개소 등을 정하여 가스배관 매설위치를 확인하여야 한다.
③ 도시가스 사업자와 일정을 협의하여 시험굴착 계획을 수립하여야 한다.
④ 위치 표시용 페인트와 표지판 및 황색 깃발 등을 준비하여야 한다.

4.10. 도시가스 매설배관 표지판의 설치기준

① 표지판의 가로치수는 200mm, 세로치수는 150mm 이상의 직사각형이다.
② 포장 도로 및 공동주택 부지 내의 도로에 라인마크(line mark)와 함께 설치해서는 안 된다.
③ 황색바탕에 검정색 글씨로 도시가스 배관임을 알리고 연락처 등을 표시한다.
④ 설치간격은 500m마다 1개 이상이다.

5 ▶ 전기시설물 작업시 주의사항

5.1. 전선로 부근에서 작업할 때 주의사항
① 전선은 바람에 의해 흔들리게 되므로 이격거리를 증가시켜 작업한다.
② 전선이 바람에 흔들리는 정도는 바람이 강할수록 많이 흔들린다.
③ 전선은 철탑 또는 전주에서 멀어질수록 많이 흔들린다.
④ 전선로 주변에서 작업을 할 때에는 붐이 전선에 근접되지 않도록 주의하여야 한다.

5.2. 전선로와의 안전 이격거리
① 전압이 높을수록 이격거리를 크게 한다.
② 1개 틀의 애자 수가 많을수록 이격거리를 크게 한다.
③ 전선이 굵을수록 이격거리를 크게 한다.
④ 전압에 따른 건설기계의 이격거리

구 분	전 압	이격거리	
저·고압	100V, 200V	2m	
	6,600V	2m	
특별 고압	22,000V	3m	고압전선으로부터 최소 3m 이상 떨어져 있어야 하며, 50,000V 이상인 경우 매 1,000V당 1m씩 떨어져야 한다.
	66,000V	4m	
	154,000V	5m	
	275,000V	7m	
	500,000V	11m	

5.3. 예측할 수 있는 전압
① 전선로의 위험정도는 애자의 개수 판단한다.
② 콘크리트 전주에 변압기가 설치된 경우 예측할 수 있는 전압은 22,900V이다.

③ 한 줄에 애자 수가 3개일 때 예측 가능한 전압은 22,900V이다.
④ 한 줄에 애자 수가 10개인 경우 예측 가능한 전압은 154,000V이다.
⑤ 한 줄에 애자 수가 20개인 경우 예측 가능한 전압은 345,000V이다.

5.4. 감전재해의 대표적인 발생형태

① 누전상태의 전기기기에 인체가 접촉되는 경우
② 고압 전력선에 안전거리 이내로 접근한 경우
③ 전선이나 전기기기의 노출된 충전 부위의 양단간에 인체가 접촉되는 경우
④ 전기기기의 충전부위와 대지사이에 인체가 접촉되는 경우

5.5. 고압 전력케이블을 지중에 매설하는 방법

5.5.1. 직매식(직접매설 방식)

전력케이블을 직접 지중에 매설하는 방법이며, 트러프(trough, 홈통)를 사용하여 케이블을 보호하고, 모래를 채운 후 뚜껑을 덮고 되 메우기를 한다.

5.5.2. 관로식

합성수지관, 강관, 흄관 등 파이프(pipe)를 이용하여 관로를 구성한 후 케이블을 부설하는 방식이며, 일정거리의 관로 양끝에는 맨홀을 설치하여 케이블을 설치하고 접속한다.

5.5.3. 전력구식

터널(tunnel)과 같이 위쪽이 막힌 구조물을 이용하는 방식이며, 내부 벽 쪽에 케이블을 부설하고, 유지보수를 위한 작업원의 통행이 가능한 크기로 한다.

Chapter 07 · 안전관리

출제예상문제

 산업안전일반

01. 다음 중 안전의 제일 이념에 해당하는 것은?
① 품질향상 　② 재산보호
③ 인간존중 　④ 생산성 향상

해설 안전제일의 이념은 인간존중 즉 인명보호이다.

02. 산업재해를 예방하기 위한 재해예방 4원칙으로 적당치 못한 것은?
① 대량생산의 원칙
② 예방가능의 원칙
③ 원인계기의 원칙
④ 대책선정의 원칙

해설 재해예방의 4원칙에는 예방가능의 원칙, 손실우연의 원칙, 원인계기의 원칙, 대책선정의 원칙이 있다.

03. 하인리히가 말한 안전의 3요소에 속하지 않는 것은?
① 교육적 요소
② 자본적 요소
③ 기술적 요소
④ 관리적 요소

해설 안전의 3요소에는 관리적 요소, 기술적 요소, 교육적 요소가 있다.

04. 하인리히의 사고예방원리 5단계를 순서대로 나열한 것은?
① 조직, 사실의 발견, 평가분석, 시정책의 선정, 시정책의 적용
② 시정책의 적용, 조직, 사실의 발견, 평가분석, 시정책의 선정
③ 사실의 발견, 평가분석, 시정책의 선정, 시정책의 적용, 조직
④ 시정책의 선정, 시정책의 적용, 조직, 사실의 발견, 평가분석

해설 하인리히의 사고예방원리 5단계 순서는 조직 → 사실의 발견 → 평가분석 → 시정책의 선정 → 시정책의 적용이다.

05. 재해발생 과정에서 하인리히의 연쇄반응 이론의 발생순서로 맞는 것은?
① 사회적환경과 선천적 결함 → 개인적 결함→불안전한 행동→사고→재해
② 개인적 결함 → 사회적환경과 선천적 결함→사고→불안전한 행동→재해
③ 불안전한 행동→사회적환경과 선천적 결함→개인적 결함→사고→재해
④ 사회적환경과 선천적 결함 → 개인적 결함→재해→불안전한 행동→사고

해설 연쇄반응 이론의 발생순서
사회적환경과 선천적 결함 → 개인적 결함 → 불안전한 행동 → 사고 → 재해

Answer 01. ③　02. ①　03. ②　04. ①　05. ①

06. 인간공학적 안전설정으로 페일세이프에 관한 설명 중 가장 적절한 것은?
① 안전도 검사방법을 말한다.
② 안전통제의 실패로 인하여 원상복귀가 가장 쉬운 사고의 결과를 말한다.
③ 안전사고 예방을 할 수 없는 물리적 불안전 조건과 불안전 인간의 행동을 말한다.
④ 인간 또는 기계에 과오나 동작상의 실패가 있어도 안전사고를 발생시키지 않도록 하는 통제책을 말한다.

해설) 페일세이프란 인간 또는 기계에 과오나 동작상의 실패가 있어도 안전사고를 발생시키지 않도록 하는 통제방책이다.

07. 연 100만 근로시간 당 몇 건의 재해가 발생했는가의 재해율 산출을 무엇이라 하는가?
① 연천인율   ② 도수율
③ 강도율   ④ 천인율

해설) 도수율
안전사고 발생 빈도로 근로시간 100만 시간당 발생하는 사고건수 즉 (재해건수/연근로시간수)× 1,000,000

08. 근로자 1000명 당 1년간에 발생하는 재해자 수를 나타낸 것은?
① 도수율   ② 강도율
③ 연천인율   ④ 사고율

해설) 연천인율
1년 동안 1,000명의 근로자가 작업할 때 발생하는 사상자의 비율 즉 (재해자 수/평균근로자 수)×1000

09. 사고의 결과로 인하여 인간이 입는 인명피해와 재산상의 손실을 무엇이라 하는가?
① 재해   ② 안전
③ 사고   ④ 부상

해설) 재해란 사고의 결과로 인하여 인간이 입는 인명피해와 재산상의 손실이다.

10. 산업안전보건법상 산업재해의 정의로 옳은 것은?
① 고의로 물적 시설을 파손한 것을 말한다.
② 운전 중 본인의 부주의로 교통사고가 발생된 것을 말한다.
③ 일상 활동에서 발생하는 사고로서 인적 피해에 해당하는 부분을 말한다.
④ 근로자가 업무에 관계되는 건설물・설비・원재료・가스・증기・분진 등에 의하거나 작업 또는 그 밖의 업무로 인하여 사망 또는 부상하거나 질병에 걸리게 되는 것을 말한다.

11. 안전 관리상 인력운반으로 중량물을 운반하거나 들어 올릴 때 발생할 수 있는 재해와 가장 거리가 먼 것은?
① 낙하
② 협착(압상)
③ 단전(정전)
④ 충돌

해설) 인력운반으로 중량물을 운반하거나 들어 올릴 때 발생할 수 있는 재해에는 낙하, 협착(압상), 충돌 등이 있다.

Answer ▶▶▶ 06. ④ 07. ② 08. ③ 09. ① 10. ④ 11. ③

12. 재해 유형에서 중량물을 들어 올리거나 내릴 때 손 또는 발이 취급 중량물과 물체에 끼어 발생하는 것은?

① 전도　　② 낙하
③ 감전　　④ 협착

> **[해설]**
> 협착(압상)이란 취급하는 중량물과 지면, 건축물 등에 끼어 발생하는 재해이다.

13. 산업재해의 분류에서 사람이 평면상으로 넘어졌을 때(미끄러짐 포함)를 말하는 것은?

① 낙하　　② 충돌
③ 전도　　④ 추락

> **[해설]**
> 전도란 사람이 평면상으로 넘어졌을 때(미끄러짐 포함)이다.

14. ILO(국제노동기구)의 구분에 의한 근로불능 상해의 종류 중 응급조치 상해는 며칠간 치료를 받은 다음부터 정상작업에 임할 수 있는 정도의 상해를 의미하는가?

① 1일 미만　　② 3~5일
③ 10일 미만　　④ 2주 미만

> **[해설]**
> 응급조치 상해란 1일 미만의 치료를 받고 다음부터 정상작업에 임할 수 있는 정도의 상해이다.

15. 산업재해의 통상적인 분류 중 통계적 분류에 대한 설명으로 틀린 것은?

① 사망 : 업무로 인해서 목숨을 잃게 되는 경우
② 중경상 : 부상으로 인하여 30일 이상의 노동 상실을 가져온 상해정도
③ 경상해 : 부상으로 1일 이상 14일 이하의 노동 상실을 가져온 상해정도
④ 무상해 사고 : 응급처치 이하의 상처로 작업에 종사하면서 치료를 받는 상해정도

16. 산업재해 부상의 종류별 구분에서 경상해란?

① 부상으로 1일 이상 14일 이하의 노동 손실을 가져온 상해정도
② 응급처치 이하의 상처로 작업에 종사하면서 치료를 받는 상해정도
③ 부상으로 인하여 2주 이상의 노동 손실을 가져온 상해정도
④ 업무상 목숨을 잃게 되는 경우

> **[해설]**
> **경상해**
> 부상으로 1일 이상 14일 이하의 노동손실을 가져온 상해정도

17. 안전사고와 부상의 종류에서 재해의 분류상 중상해는?

① 부상으로 1주 이상의 노동손실을 가져온 상해정도
② 부상으로 2주 이상의 노동손실을 가져온 상해정도
③ 부상으로 3주 이상의 노동손실을 가져온 상해정도
④ 부상으로 4주 이상의 노동손실을 가져온 상해정도

> **[해설]**
> **중상해**
> 부상으로 2주 이상의 노동손실을 가져온 상해정도

Answer
12. ④　13. ③　14. ①　15. ②　16. ①　17. ②

18. 산업안전에서 근로자가 안전하게 작업을 할 수 있는 세부작업 행동지침을 무엇이라고 하는가?
    ① 안전수칙   ② 안전표지
    ③ 작업지시   ④ 작업수칙

    해설
    안전수칙이란 근로자가 안전하게 작업을 할 수 있는 세부작업 행동지침이다.

19. 다음 중 재해발생 원인이 아닌 것은?
    ① 잘못된 작업방법
    ② 관리감독 소홀
    ③ 방호장치의 기능제거
    ④ 작업 장치 회전반경 내 출입금지

20. 사고를 많이 발생시키는 원인 순서로 나열한 것은?
    ① 불안전행위 〉 불가항력 〉 불안전조건
    ② 불안전조건 〉 불안전행위 〉 불가항력
    ③ 불안전행위 〉 불안전조건 〉 불가항력
    ④ 불가항력 〉 불안전조건 〉 불안전행위

    해설
    사고를 많이 발생시키는 원인 순서는 불안전행위 〉 불안전조건 〉 불가항력이다.

21. 불안전한 조명, 불안전한 환경, 방호장치의 결함으로 인하여 오는 산업재해 요인은?
    ① 지적요인
    ② 물적 요인
    ③ 신체적 요인
    ④ 정신적 요인

    해설
    물적 요인이란 불안전한 조명, 불안전한 환경, 방호장치의 결함 등으로 인하여 발생하는 산업재해이다.

22. 사고의 직접원인으로 가장 적합한 것은?
    ① 유전적인 요소
    ② 성격결함
    ③ 사회적 환경요인
    ④ 불안전한 행동 및 상태

    해설
    사고의 직접원인은 작업자의 불안전한 행동 및 상태(가장 많은 부분을 차지 함), 기계배치의 결함, 불량공구 사용, 작업조명의 불량 때문이다.

23. 불안전한 행동으로 인하여 오는 산업재해가 아닌 것은?
    ① 불안전한 자세
    ② 안전구의 미착용
    ③ 방호장치의 결함
    ④ 안전장치의 기능제거

24. 산업재해 원인은 직접원인과 간접원인으로 구분되는데 다음 직접원인 중에서 불안전한 행동에 해당되지 않는 것은?
    ① 허가 없이 장치를 운전
    ② 불충분한 경보시스템
    ③ 결함 있는 장치를 사용
    ④ 개인 보호구 미사용

25. 재해의 원인 중 생리적인 원인에 해당되는 것은?
    ① 작업자의 피로
    ② 작업복의 부적당
    ③ 안전장치의 불량
    ④ 안전수칙의 미 준수

    해설
    생리적인 원인은 작업자의 피로이다.

Answer
18. ①   19. ④   20. ③   21. ②   22. ④   23. ③   24. ②   25. ①

26. 현장에서 작업자가 작업 안전상 꼭 알아두어야 할 사항은?
   ① 장비의 가격
   ② 종업원의 작업환경
   ③ 종업원의 기술정도
   ④ 안전규칙 및 수칙

27. 안전교육의 목적으로 맞지 않는 것은?
   ① 능률적인 표준작업을 숙달시킨다.
   ② 소비절약 능력을 배양한다.
   ③ 작업에 대한 주의심을 파악할 수 있게 한다.
   ④ 위험에 대처하는 능력을 기른다.

28. 산업공장에서 재해의 발생을 줄이기 위한 방법으로 틀린 것은?
   ① 폐기물은 정해진 위치에 모아둔다.
   ② 공구는 소정의 장소에 보관한다.
   ③ 소화기 근처에 물건을 적재한다.
   ④ 통로나 창문 등에 물건을 세워 놓아서는 안 된다.

29. 안전수칙을 지킴으로 발생될 수 있는 효과로 가장 거리가 먼 것은?
   ① 기업의 신뢰도를 높여준다.
   ② 기업의 이직률이 감소된다.
   ③ 기업의 투자경비가 늘어난다.
   ④ 상하 동료 간의 인간관계가 개선된다.

30. 작업환경 개선방법으로 가장 거리가 먼 것은?
   ① 채광을 좋게 한다.
   ② 조명을 밝게 한다.
   ③ 부품을 신품으로 모두 교환한다.
   ④ 소음을 줄인다.

31. 산업재해 조사의 목적에 대한 설명으로 가장 적절한 것은?
   ① 적절한 예방대책을 수립하기 위하여
   ② 작업능률 향상과 근로기강 확립을 위하여
   ③ 재해발생에 대한 통계를 작성하기 위하여
   ④ 재해를 유발한 자의 책임을 추궁하기 위하여

32. 일반적인 재해 조사방법으로 적절하지 않은 것은?
   ① 현장의 물리적 흔적을 수집한다.
   ② 재해조사는 사고 종결 후에 실시한다.
   ③ 재해현장은 사진 등으로 촬영하여 보관하고 기록한다.
   ④ 목격자, 현장 책임자 등 많은 사람들에게 사고 시의 상황을 듣는다.

33. 안전을 위하여 눈으로 보고 손으로 가리키고, 입으로 복창하여 귀로 듣고, 머리로 종합적인 판단을 하는 지적확인의 특성은?
   ① 의식을 강화한다.
   ② 지식수준을 높인다.
   ③ 안전태도를 형성한다.
   ④ 육체적 기능 수준을 높인다.

해설
안전을 위하여 눈으로 보고 손으로 가리키고, 입으로 복창하여 귀로 듣고, 머리로 종합적인 판단을 하는 지적확인의 특성은 의식강화이다.

Answer ▶▶▶
26. ④ 27. ② 28. ③ 29. ③ 30. ③ 31. ① 32. ② 33. ①

34. 산업재해 방지대책을 수립하기 위하여 위험요인을 발견하는 방법으로 가장 적합한 것은?
   ① 안전점검
   ② 재해사후 조치
   ③ 경영층 참여와 안전조직 진단
   ④ 안전대책 회의

35. 점검주기에 따른 안전점검의 종류에 해당되지 않는 것은?
   ① 수시점검   ② 정기점검
   ③ 특별점검   ④ 구조점검

36. 작업장에서 일상적인 안전점검의 가장 주된 목적은?
   ① 시설 및 장비의 설계 상태를 점검한다.
   ② 안전작업 표준의 적합여부를 점검한다.
   ③ 위험을 사전에 발견하여 시정한다.
   ④ 관련법에 적합 여부를 점검하는데 있다.

   해설
   안전점검의 주목적은 위험을 사전에 발견하여 시정하기 위함이다.

37. 작업장 안전을 위해 작업장의 시설을 정기적으로 안전점검을 하여야 하는데 그 대상이 아닌 것은?
   ① 설비의 노후화 속도가 빠른 것
   ② 노후화의 결과로 위험성이 큰 것
   ③ 작업자가 출퇴근 시 사용하는 것
   ④ 변조에 현저한 위험을 수반하는 것

38. 작업점 외에 직접 사람이 접촉하여 말려들거나 다칠 위험이 있는 장소를 덮어씌우는 방호장치는?
   ① 격리형 방호장치
   ② 위치 제한형 방호장치
   ③ 포집형 방호장치
   ④ 접근 거부형 방호장치

   해설
   격리형 방호장치
   작업점 외에 직접 사람이 접촉하여 말려들거나 다칠 위험이 있는 장소를 덮어씌우는 방호장치 방법이다.

39. V벨트나 평벨트 또는 기어가 회전하면서 접선방향으로 물리는 장소에 설치되는 방호장치는?
   ① 위치제한 방호장치
   ② 접근 반응형 방호장치
   ③ 덮개형 방호장치
   ④ 격리형 방호장치

   해설
   덮개형 방호조치
   V벨트나 평벨트 또는 기어가 회전하면서 접선방향으로 물려 들어가는 장소에 많이 설치한다.

40. 작업자의 신체부위가 위험한계 또는 그 인접한 거리로 들어오면 이를 감지하여 그 즉시 동작하던 기계를 정지시키거나 스위치가 꺼지도록 하는 방호 장치법은?
   ① 격리형 방호장치
   ② 위치 제한형 방호장치
   ③ 접근 반응형 방호장치
   ④ 포집형 방호장치

   해설
   접근 반응형 방호장치
   작업자의 신체부위가 위험한계 또는 그 인접한 거리로 들어오면 이를 감지하여 그 즉시 동작하던 기계를 정지시키거나 스위치가 꺼지도록 하는 방호법이다.

Answer
34. ① 35. ④ 36. ③ 37. ③ 38. ① 39. ③ 40. ③

41. 위험기계·기구에 설치하는 방호장치가 아닌 것은?
① 하중측정 장치
② 급정지장치
③ 역화 방지장치
④ 자동전격 방지장치

42. 양중기에 해당되지 않는 것은?
① 곤돌라　② 크레인
③ 리프트　④ 지게차

43. 리프트(lift)의 방호장치가 아닌 것은?
① 해지장치　② 출입문 인터록
③ 권과 방지장치　④ 과부하 방지장치

44. 동력기계장치의 표준 방호덮개 설치목적이 아닌 것은?
① 동력전달장치와 신체의 접촉방지
② 주유나 검사의 편리성
③ 방음이나 집진
④ 가공물 등의 낙하에 의한 위험방지

45. 방호장치 및 방호조치에 대한 설명으로 틀린 것은?
① 충전회로 인근에서 차량, 기계장치 등의 작업이 있는 경우 충전부로부터 3m 이상 이격시킨다.
② 지반붕괴의 위험이 있는 경우 흙막이 지보공 및 방호망을 설치해야 한다.
③ 발파작업 시 피난장소는 좌우측을 견고하게 방호한다.
④ 직접 접촉이 가능한 벨트에는 덮개를 설치해야 한다.

46. 일반적인 보호구의 구비조건으로 맞지 않는 것은?
① 착용이 간편할 것
② 햇볕에 잘 열화 될 것
③ 재료의 품질이 양호할 것
④ 위험유해 요소에 대한 방호성능이 충분할 것

47. 올바른 보호구 선택방법으로 가장 적합하지 않은 것은?
① 잘 맞는지 확인하여야 한다.
② 사용목적에 적합하여야 한다.
③ 사용방법이 간편하고 손질이 쉬워야 한다.
④ 품질보다는 식별기능 여부를 우선해야 한다.

48. 보호구를 선택할 때의 유의사항으로 틀린 것은?
① 작업행동에 방해되지 않을 것
② 사용목적에 구애받지 않을 것
③ 보호구 성능기준에 적합하고 보호성능이 보장될 것
④ 착용이 용이하고 크기 등 사용자에게 편리할 것

49. 보호구의 구비조건으로 가장 거리가 먼 것은?
① 착용이 복잡할 것
② 유해 위험요소에 대한 방호성능이 충분할 것
③ 재료의 품질이 우수할 것
④ 작업에 방해가 되지 않을 것

Answer

41. ①　42. ④　43. ①　44. ②　45. ③　46. ②　47. ④　48. ②　49. ①

50. 다음 중 안전 보호구가 아닌 것은?
① 안전모 ② 안전화
③ 안전 가드레일 ④ 안전장갑

51. 작업 시 보안경 착용에 대한 설명으로 틀린 것은?
① 가스용접을 할 때는 보안경을 착용해야 한다.
② 절단하거나 깎는 작업을 할 때는 보안경을 착용해서는 안 된다.
③ 아크용접을 할 때는 보안경을 착용해야 한다.
④ 특수용접을 할 때는 보안경을 착용해야 한다.

52. 보안경을 사용하는 이유로 틀린 것은?
① 유해약물의 침입을 막기 위하여
② 떨어지는 중량물을 피하기 위하여
③ 비산되는 칩에 의한 부상을 막기 위하여
④ 유해광선으로부터 눈을 보호하기 위하여

53. 안전한 작업을 위해 보안경을 착용하여야 하는 작업은?
① 엔진오일 보충 및 냉각수 점검 작업
② 제동등 작동점검 시
③ 장비의 하체점검 작업
④ 전기저항 측정 및 배선점검 작업

[해설] 건설기계 장비의 하체를 점검할 때에는 보안경을 착용하여야 한다.

54. 연삭작업 시 반드시 착용해야 하는 보호구는?
① 방독면 ② 장갑
③ 보안경 ④ 마스크

55. 아크용접에서 눈을 보호하기 위한 보안경 선택으로 맞는 것은?
① 도수 안경 ② 방진안경
③ 차광용 안경 ④ 실험실용 안경

56. 유해광선이 있는 작업장에 보호구로 가장 적절한 것은?
① 보안경 ② 안전모
③ 귀마개 ④ 방독마스크

[해설] 유해광선이 있는 작업장에서는 보안경을 착용하여야 한다.

57. 사용구분에 따른 차광보안경의 종류에 해당하지 않는 것은?
① 자외선용 ② 적외선용
③ 용접용 ④ 비산방지용

58. 액체약품 취급 시 비산물로 부터 눈을 보호하기 위한 보안경은?
① 고글형 ② 프론트형
③ 스펙타클형 ④ 일반형

59. 귀마개가 갖추어야 할 조건으로 틀린 것은?
① 내습, 내유성을 가질 것
② 적당한 세척 및 소독에 견딜 수 있을 것
③ 가벼운 귓병이 있어도 착용할 수 있을 것
④ 안경이나 안전모와 함께 착용을 하지 못하게 할 것

50. ③ 51. ② 52. ② 53. ③ 54. ③ 55. ③ 56. ① 57. ④ 58. ① 59. ④

60. 안전모에 대한 설명으로 바르지 못한 것은?
① 알맞은 규격으로 성능시험에 합격품이어야 한다.
② 구멍을 뚫어서 통풍이 잘되게 하여 착용한다.
③ 각종 위험으로부터 보호할 수 있는 종류의 안전모를 선택해야 한다.
④ 가볍고 성능이 우수하며 머리에 꼭 맞고 충격흡수성이 좋아야 한다.

61. 안전모의 관리 및 착용방법으로 틀린 것은?
① 큰 충격을 받은 것은 사용을 피한다.
② 사용 후 뜨거운 스팀으로 소독하여야 한다.
③ 정해진 방법으로 착용하고 사용하여야 한다.
④ 통풍을 목적으로 모체에 구멍을 뚫어서는 안 된다.

62. 방진 마스크를 착용해야 하는 작업장은?
① 온도가 낮은 작업장
② 분진이 많은 작업장
③ 산소가 결핍되기 쉬운 작업장
④ 소음이 심한 작업장

해설 분진(먼지)이 발생하는 장소에서는 방진마스크를 착용하여야 한다.

63. 산소결핍의 우려가 있는 장소에서 착용하여야 하는 마스크의 종류는?
① 방독 마스크
② 방진 마스크
③ 송기 마스크
④ 가스 마스크

해설 산소결핍의 우려가 있는 장소에서 착용하여야 하는 마스크는 송기(송풍)마스크이다.

64. 감전되거나 전기화상을 입을 위험이 있는 곳에서 작업 시 작업자가 착용해야 할 것은?
① 구명구 ② 보호구
③ 구명조끼 ④ 비상벨

해설 감전되거나 전기 화상을 입을 위험이 있는 작업장에서는 보호구를 착용하여야 한다.

65. 중량물 운반 작업 시 착용하여야 할 안전화로 가장 적절한 것은?
① 중 작업용 ② 보통 작업용
③ 경 작업용 ④ 절연용

해설 중량물 운반 작업을 할 때에는 중 작업용 안전화를 착용하여야 한다.

66. 안전작업 측면에서 장갑을 착용하고 해도 가장 무리가 없는 작업은?
① 드릴작업을 할 때
② 건설현장에서 청소작업을 할 때
③ 해머작업을 할 때
④ 정밀기계 작업을 할 때

67. 장갑을 끼고 작업할 때 가장 위험한 작업은?
① 건설기계운전 작업
② 타이어 교환 작업
③ 해머작업
④ 오일교환 작업

60. ② 61. ② 62. ② 63. ③ 64. ② 65. ① 66. ② 67. ③

68. 전기기기에 의한 감전 사고를 막기 위하여 필요한 설비로 가장 중요한 것은?
① 접지설비
② 방폭등 설비
③ 고압계 설비
④ 대지전위 상승설비

해설
전기 기기에 의한 감전 사고를 막기 위해서는 접지설비를 하여야 한다.

69. 전기 감전위험이 생기는 경우로 가장 거리가 먼 것은?
① 몸에 땀이 배어 있을 때
② 옷이 비에 젖어 있을 때
③ 앞치마를 하지 않았을 때
④ 발밑에 물이 있을 때

70. 감전재해 사고 발생 시 취해야 할 행동으로 틀린 것은?
① 설비의 전기 공급원 스위치를 내린다.
② 피해자 구출 후 상태가 심할 경우 인공호흡 등 응급조치를 한 후 작업을 직접 마무리 하도록 도와준다.
③ 전원을 끄지 못했을 때는 고무장갑이나 고무장화를 착용하고 피해자를 구출한다.
④ 피해자가 지닌 금속체가 전선 등에 접촉되었는가를 확인한다.

71. 감전재해 방지책으로 틀린 것은?
① 전기설비에 약간의 물을 뿌려 감전여부를 확인한다.
② 전기기기에 위험표시를 한다.
③ 작업자에게 사전 안전교육을 시킨다.
④ 작업자에게 보호구를 착용시킨다.

72. 진동 장애의 예방대책이 아닌 것은?
① 실외작업을 한다.
② 저진동 공구를 사용한다.
③ 진동업무를 자동화 한다.
④ 방진장갑과 귀마개를 착용한다.

73. 작업장에서 작업복을 착용하는 이유로 가장 옳은 것은?
① 작업장의 질서를 확립시키기 위해서
② 작업자의 직책과 직급을 알리기 위해서
③ 재해로부터 작업자의 몸을 보호하기 위해서
④ 작업자의 복장통일을 위해서

74. 안전한 작업을 하기 위하여 작업 복장을 선정할 때의 유의사항으로 가장 거리가 먼 것은?
① 화기사용 장소에서 방염성·불연성의 것을 사용하도록 한다.
② 착용자의 취미·기호 등에 중점을 두고 선정한다.
③ 작업복은 몸에 맞고 동작이 편하도록 제작한다.
④ 상의의 소매나 바지자락 끝 부분이 안전하고 작업하기 편리하게 잘 처리된 것을 선정한다.

Answer ▶▶▶
68. ① 69. ③ 70. ② 71. ① 72. ① 73. ③ 74. ②

75. 작업복에 대한 설명으로 적합하지 않은 것은?
① 작업복은 몸에 알맞고 동작이 편해야 한다.
② 착용자의 연령, 성별 등에 관계없이 일률적인 스타일을 선정해야 한다.
③ 작업복은 항상 깨끗한 상태로 입어야 한다.
④ 주머니가 너무 많지 않고, 소매가 단정한 것이 좋다.

76. 납산 배터리 액체를 취급하는데 가장 적합한 것은?
① 고무로 만든 옷
② 가죽으로 만든 옷
③ 무명으로 만든 옷
④ 화학섬유로 만든 옷

77. 보기에서 작업자의 올바른 안전자세로 모두 짝지어진 것은?

[보기]
a. 자신의 안전과 타인의 안전을 고려한다.
b. 작업에 임해서는 아무런 생각 없이 작업한다.
c. 작업장 환경조성을 위해 노력한다.
d. 작업 안전사항을 준수한다.

① a, b, c   ② a, c, d
③ a, b, d   ④ a, b, c, d

78. 다음 중 유해한 작업환경요소가 아닌 것은?
① 화재나 폭발의 원인이 되는 환경
② 신선한 공기가 공급되도록 환풍 장치 등의 설비
③ 소화기와 호흡기를 통하여 흡수되어 건강장애를 일으키는 물질
④ 피부나 눈에 접촉하여 자극을 주는 물질

79. 사고로 인하여 위급한 환자가 발생하였다. 의사의 치료를 받기 전까지 응급처치를 실시할 때 응급처치 실시자의 준수사항으로 가장 거리가 먼 것은?
① 사고현장 조사를 실시한다.
② 원칙적으로 의약품의 사용은 피한다.
③ 의식 확인이 불가능하여도 생사를 임의로 판정하지 않는다.
④ 정확한 방법으로 응급처치를 한 후 반드시 의사의 치료를 받도록 한다.

80. 안전적인 측면에서 병 속에 들어있는 약품을 냄새로 알아보고자 할 때 가장 좋은 방법은?
① 내용물을 조금 쏟아서 확인한다.
② 손바람을 이용하여 확인한다.
③ 숟가락으로 약간 떠내어 냄새를 직접 맡아본다.
④ 종이로 적셔서 알아본다.

81. 다음 중 안전·보건표지의 구분에 해당하지 않는 것은?
① 금지표지   ② 성능표지
③ 지시표지   ④ 안내표지

해설
안전표지의 종류에는 금지표지, 경고표지, 지시표지, 안내표지가 있다.

Answer
75. ② 76. ① 77. ② 78. ② 79. ① 80. ② 81. ②

82. 보기는 재해발생 시 조치요령이다. 조치 순서로 가장 적합하게 이루어 진 것은 ?

[보기]
㉮ 운전정지
㉯ 관련된 또 다른 재해방지
㉰ 피해자 구조
㉱ 응급처치

① ㉮ → ㉯ → ㉰ → ㉱
② ㉰ → ㉯ → ㉱ → ㉮
③ ㉰ → ㉱ → ㉮ → ㉯
④ ㉮ → ㉰ → ㉱ → ㉯

재해가 발생하였을 때 조치순서는 운전정지 → 피해자 구조 → 응급처치 → 2차 재해방지

83. 적색 원형으로 만들어지는 안전 표지판은 ?
① 경고표시 ② 안내표시
③ 지시표시 ④ 금지표시

금지표시는 적색 원형으로 만들어지는 안전 표지판이다.

84. 안전·보건표지의 종류별용도·사용 장소·형태 및 색채에서 바탕은 흰색, 기본모형은 빨간색, 관련부호 및 그림은 검정색으로 된 표지는 ?
① 보조표지 ② 지시표지
③ 주의표지 ④ 금지표지

금지표지는 바탕은 흰색, 기본모형은 빨간색, 관련부호 및 그림은 검정색으로 되어 있다.

85. 다음 그림과 같은 안전 표지판이 나타내는 것은 ?
① 비상구

② 출입금지
③ 인화성 물질경고
④ 보안경 착용

86. 산업안전 보건표지에서 그림이 나타내는 것은 ?
① 비상구 없음 표지
② 방사선위험 표지
③ 탑승금지 표지
④ 보행금지 표지

87. 안전·보건표지의 종류와 형태에서 그림의 표지로 맞는 것은 ?
① 차량통행금지
② 사용금지
③ 탑승금지
④ 물체이동금지

88. 안전·보건표지의 종류와 형태에서 그림의 안전표지판이 나타내는 것은 ?
① 보행금지
② 작업금지
③ 출입금지
④ 사용금지

89. 안전·보건표지의 종류와 형태에서 그림과 같은 표지는 ?
① 인화성 물질경고
② 금연
③ 화기금지
④ 산화성 물질경고

Answer ▶▶▶
82. ④ 83. ④ 84. ④ 85. ② 86. ④ 87. ① 88. ④ 89. ③

90. 안전·보건표지의 종류와 형태에서 그림의 안전표지판이 나타내는 것은?
   ① 사용금지
   ② 탑승금지
   ③ 보행금지
   ④ 물체이동금지

91. 산업안전보건표지의 종류에서 경고표시에 해당되지 않는 것은?
   ① 방독면착용   ② 인화성물질경고
   ③ 폭발물경고   ④ 저온경고

92. 산업안전보건법령상 안전·보건표지의 종류 중 다음 그림에 해당하는 것은?
   ① 산화성 물질경고
   ② 인화성 물질경고
   ③ 폭발성 물질경고
   ④ 급성독성 물질경고

93. 산업안전보건표지에서 그림이 표시하는 것으로 맞는 것은?
   ① 독극물 경고
   ② 폭발물 경고
   ③ 고압전기 경고
   ④ 낙하물 경고

94. 안전·보건표지의 종류와 형태에서 그림의 안전표지판이 나타내는 것은?
   ① 폭발물 경고
   ② 매달린 물체 경고
   ③ 몸 균형상실 경고
   ④ 방화성 물질 경고

95. 안전·보건표지의 종류와 형태에서 그림의 안전표지판이 사용되는 곳은?

   ① 폭발성의 물질이 있는 장소
   ② 발전소나 고전압이 흐르는 장소
   ③ 방사능 물질이 있는 장소
   ④ 레이저광선에 노출될 우려가 있는 장소

96. 보안경 착용, 방독 마스크착용, 방진 마스크착용, 안전모자 착용, 귀마개 착용 등을 나타내는 표지의 종류는?
   ① 금지표시   ② 지시표지
   ③ 안내표지   ④ 경고표지

   해설
   지시표지에는 보안경착용, 방독마스크 착용, 방진마스크착용, 보안면 착용, 안전모 착용, 귀마개 착용, 안전화 착용, 안전장갑 착용, 안전복 착용 등이 있다.

97. 산업안전보건표지의 종류에서 지시표시에 해당하는 것은?
   ① 차량통행금지   ② 고온경고
   ③ 안전모착용   ④ 출입금지

98. 다음 그림은 안전표지의 어떠한 내용을 나타내는가?
   ① 지시표지
   ② 금지표지
   ③ 경고표지
   ④ 안내표지

Answer ▶▶▶
90. ④ 91. ① 92. ② 93. ③ 94. ② 95. ④ 96. ② 97. ③ 98. ①

99. 안전·보건표지의 종류와 형태에서 그림의 표지로 맞는 것은?

① 안전복 착용
② 안전모 착용
③ 보안면 착용
④ 출입금지

100. 안전·보건표지의 종류와 형태에서 그림의 표지로 맞는 것은?

① 보행금지
② 몸균형 상실 경고
③ 안전복착용
④ 방독마스크착용

101. 안전·보건표지에서 안내표지의 바탕색은?

① 백색 ② 적색
③ 녹색 ④ 흑색

안내표지는 녹색바탕에 백색으로 안내대상을 지시하는 표지판이다.

102. 안전표지의 종류 중 안내표지에 속하지 않는 것은?

① 녹십자 표지   ② 응급구호 표지
③ 비상구   ④ 출입금지

103. 안전·보건표지 종류와 형태에서 그림의 안전표지판이 나타내는 것은?

① 병원표지
② 비상구 표지
③ 녹십자 표지
④ 안전지대 표지

104. 안전·보건표지의 종류와 형태에서 그림의 표지로 맞는 것은?

① 비상구
② 안전제일표지
③ 응급구호표지
④ 들것표지

105. 다음 그림과 같은 안전표지판이 나타내는 것은?

① 비상구
② 출입금지
③ 보안경 착용
④ 인화성물질 경고

106. 안전표시 중 응급치료소, 응급처치용 장비를 표시하는데 사용하는 색은?

① 황색과 흑색
② 적색
③ 흑색과 백색
④ 녹색

응급치료소, 응급처치용 장비를 표시하는데 사용하는 색은 녹색이다.

107. 산업안전보건법령상 안전·보건표지에서 색채와 용도가 다르게 짝지어진 것은?

① 파란색 : 지시
② 녹색 : 안내
③ 노란색 : 위험
④ 빨간색 : 금지, 경고

노란색
주의(충돌, 추락, 전도 및 그 밖의 비슷한 사고의 방지를 위해 물리적 위험성을 표시)

Answer 99. ② 100. ③ 101. ③ 102. ④ 103. ③ 104. ③ 105. ① 106. ④ 107. ③

108. 작업현장에서 사용되는 안전표지 색으로 잘못 짝지어진 것은 ?
① 빨간색 – 방화표시
② 노란색 – 충돌·추락 주의표시
③ 녹색 – 비상구 표시
④ 보라색 – 안전지도 표시

> 해설
> 보라색
> 방사능의 위험을 경고하기 위한 표시

109. 안전표지의 색채 중에서 대피장소 또는 비상구의 표지에 사용되는 것으로 맞는 것은 ?
① 빨간색   ② 주황색
③ 녹색   ④ 청색

> 해설
> 대피장소 또는 비상구의 표지에 사용되는 색은 녹색이다.

110. 다음은 화재에 대한 설명이다. 틀린 것은 ?
① 화재가 발생하기 위해서는 가연성 물질, 산소, 발화원이 반드시 필요하다.
② 가연성 가스에 의한 화재를 D급 화재라 한다.
③ 전기에너지가 발화원이 되는 화재를 C급 화재라 한다.
④ 화재는 어떤 물질이 산소와 결합하여 연소하면서 열을 방출시키는 산화반응을 말한다.

> 해설
> 유류 및 가연성가스에 의한 화재를 B급 화재라 한다.

111. 화재가 발생하기 위해서는 3가지 요소가 있는데 모두 맞는 것으로 연결된 것은 ?
① 가연성 물질 – 점화원 – 산소
② 산화물질 – 소화원 – 산소
③ 산화물질 – 점화원 – 질소
④ 가연성 물질 – 소화원 – 산소

> 해설
> 화재발생의 3요소는 가연성 물질, 점화원(불씨), 산소이다.

112. 다음 중 인화점이 가장 낮은 것은 ?
① 경유   ② 작동유
③ 가솔린   ④ 에틸렌글리콜

113. 안전적 측면에서 인화점이 낮은 연료의 내용으로 맞는 것은 ?
① 화재발생 부분에서 안전하다.
② 화재발생 위험이 있다.
③ 연소상태의 불량 원인이 된다.
④ 압력저하 요인이 발생한다.

> 해설
> 인화점이 낮은 연료는 화재발생 위험이 있다.

114. 연소조건에 대한 설명으로 틀린 것은 ?
① 산화되기 쉬운 것일수록 타기 쉽다.
② 열전도율이 적은 것일수록 타기 쉽다.
③ 발열량이 적은 것일수록 타기 쉽다.
④ 산소와의 접촉면이 클수록 타기 쉽다.

> 해설
> 연소조건은 산화되기 쉬운 것일수록, 열전도율이 적은 것일수록, 발열량이 큰 것일수록, 산소와의 접촉면이 클수록 타기 쉽다.

Answer
108. ④   109. ③   110. ②   111. ①   112. ③   113. ②   114. ③

115. 자연발화가 일어나기 쉬운 조건으로 틀린 것은?
① 발열량이 클 때
② 주위온도가 높을 때
③ 착화점이 낮을 때
④ 표면적이 작을 때

해설
자연발화는 발열량이 클 때, 주위온도가 높을 때, 착화점이 낮을 때 일어나기 쉽다.

116. 화재예방 조치로서 적합하지 않은 것은?
① 가연성 물질을 인화 장소에 두지 않는다.
② 유류취급 장소에는 방화수를 준비한다.
③ 흡연은 정해진 장소에서만 한다.
④ 화기는 정해진 장소에서만 취급한다.

117. 가스 및 인화성 액체에 의한 화재예방조치 방법으로 틀린 것은?
① 가연성 가스는 대기 중에 자주 방출시킬 것
② 인화성 액체의 취급은 폭발한계의 범위를 초과한 농도로 할 것
③ 배관 또는 기기에서 가연성 증기의 누출여부를 철저히 점검할 것
④ 화재를 진화하기 위한 방화 장치는 위급상황 시 눈에 잘 띄는 곳에 설치할 것

118. 소화설비 선택 시 고려하여야 할 사항이 아닌 것은?
① 작업의 성질   ② 작업자의 성격
③ 화재의 성질   ④ 작업장의 환경

119. 소화설비를 설명한 내용으로 맞지 않는 것은?
① 포말 소화설비는 저온 압축한 질소가스를 방사시켜 화재를 진화한다.
② 분말 소화설비는 미세한 분말 소화제를 화염에 방사시켜 진화시킨다.
③ 물 분무 소화설비는 연소물의 온도를 인화점 이하로 냉각시키는 효과가 있다.
④ 이산화탄소 소화설비는 질식작용에 의해 화염을 진화시킨다.

해설
포말소화기는 용기 내의 약제가 화합되어 탄산가스가 발생하며, 거품을 발생해서 방사하는 것이며 A, B급 화재에 적합하다.

120. 화재분류에 대한 설명이다. 기호와 설명이 잘 연결된 것은?
① B급 화재 - 전기화재
② C급 화재 - 유류화재
③ D급 화재 - 금속화재
④ E급 화재 - 일반화재

해설
화재의 분류
• A급 화재 : 나무, 석탄 등 연소 후 재를 남기는 일반적인 화재
• B급 화재 : 휘발유, 벤젠 등 유류화재
• C급 화재 : 전기화재
• D급 화재 : 금속화재

121. 목재, 종이, 석탄 등 일반 가연물의 화재는 어떤 화재로 분류하는가?
① A급 화재   ② B급 화재
③ C급 화재   ④ D급 화재

Answer
115. ④ 116. ② 117. ① 118. ② 119. ① 120. ③ 121. ①

122. 화재의 분류기준에서 휘발유(액상 또는 기체상의 연료성 화재)로 인해 발생한 화재는 ?
① A급 화재 ② B급 화재
③ C급 화재 ④ D급 화재

123. B급 화재에 대한 설명으로 옳은 것은 ?
① 목재, 섬유류 등의 화재로서 일반적으로 냉각소화를 한다.
② 유류 등의 화재로서 일반적으로 질식효과(공기차단)로 소화한다.
③ 전기기기의 화재로서 일반적으로 전기절연성을 갖는 소화제로 소화한다.
④ 금속나트륨 등의 화재로서 일반적으로 건조사를 이용한 질식효과로 소화한다.

124. 유류화재 시 소화용으로 가장 거리가 먼 것은 ?
① 물   ② 소화기
③ 모래 ④ 흙

125. 작업장에서 휘발유 화재가 일어났을 경우 가장 적합한 소화방법은 ?
① 물 호스의 사용
② 불의 확대를 막는 덮개의 사용
③ 소다 소화기의 사용
④ 탄산가스 소화기의 사용

[해설] 휘발유 등의 유류화재에는 탄산가스(이산화탄소) 소화기를 사용한다.

126. 전기시설과 관련된 화재로 분류되는 것은 ?
① A급 화재 ② B급 화재
③ C급 화재 ④ D급 화재

127. 다음 중 자연발화성 및 금속성물질이 아닌 것은 ?
① 탄소   ② 나트륨
③ 칼륨   ④ 알킬나트륨

[해설] 자연발화성 및 금속성물질에는 나트륨, 칼륨, 알킬나트륨이 있다.

128. 금속나트륨이나 금속칼륨 화재의 소화재로서 가장 적합한 것은 ?
① 물
② 포소화기
③ 건조사
④ 이산화탄소 소화기

[해설] D급 화재는 금속나트륨 등의 화재로서 일반적으로 건조사를 이용한 질식효과로 소화한다.

129. 소화 작업 시 행동요령으로 틀린 것은?
① 카바이드 및 유류에는 물을 뿌린다.
② 가스밸브를 잠그고 전기 스위치를 끈다.
③ 전선에 물을 뿌릴 때는 송전여부를 확인한다.
④ 화재가 일어나면 화재 경보를 한다.

130. 소화 작업의 기본요소가 아닌 것은 ?
① 가연물질을 제거하면 된다.
② 산소를 차단하면 된다.
③ 점화원을 제거시키면 된다.
④ 연료를 기화시키면 된다.

Answer 122. ② 123. ② 124. ① 125. ④ 126. ③ 127. ① 128. ③ 129. ① 130. ④

131. 화재발생 시 초기진화를 위해 소화기를 사용하고자 할 때, 다음 보기에서 소화기 사용방법에 따른 순서로 맞는 것은?

[보기]
a. 안전핀을 뽑는다.
b. 안전핀 걸림 장치를 제거한다.
c. 손잡이를 움켜잡아 분사한다.
d. 노즐을 불이 있는 곳으로 향하게 한다.

① a → b → c → d
② c → a → b → d
③ d → b → c → a
④ b → a → d → c

132. 화재발생 시 소화기를 사용하여 소화 작업을 하고 할 때 올바른 방법은?
① 바람을 안고 우측에서 좌측을 향해 실시한다.
② 바람을 등지고 좌측에서 우측을 향해 실시한다.
③ 바람을 안고 아래쪽에서 위쪽을 향해 실시한다.
④ 바람을 등지고 위쪽에서 아래쪽을 향해 실시한다.

[해설] 소화기를 사용하여 소화 작업을 할 경우에는 바람을 등지고 위쪽에서 아래쪽을 향해 실시한다.

133. 건설기계에 비치할 가장 적합한 종류의 소화기는?
① A급 화재소화기
② 포말 B소화기
③ ABC소화기
④ 포말소화기

134. 전기화재 시 가장 좋은 소화기는?
① 포말 소화기
② 이산화탄소 소화기
③ 중조산식 소화기
④ 산·알칼리 소화기

[해설] 전기화재에 가장 좋은 소화기는 이산화탄소 소화기이다.

135. 전기설비 화재 시 가장 적합하지 않은 소화기는?
① 포말 소화기
② 이산화탄소 소화기
③ 무상강화액 소화기
④ 할로겐화합물 소화기

[해설] 전기화재의 소화에 포말소화기는 사용해서는 안 된다.

136. 전기화재에 적합하며 화재 때 화점에 분사하는 소화기로 산소를 차단하는 소화기는?
① 포말소화기
② 이산화탄소 소화기
③ 분말소화기
④ 증발소화기

[해설] 이산화탄소 소화기는 유류, 전기화재 모두 적용 가능하나, 산소차단(질식작용)에 의해 화염을 진화하기 때문에 실내에서 사용할 때는 특히 주의를 기울여야 한다.

Answer
131. ④ 132. ④ 133. ③ 134. ② 135. ① 136. ②

137. 보통 유류, 전기화재 모두 적용가능하나, 질식작용에 의해 화염을 진화하기 때문에 실내 사용에는 특히 주의를 기울여야 하는 소화기는?
① 모래
② 분말소화기
③ 이산화탄소 소화기
④ C급 화재소화기

138. 화재 및 폭발의 우려가 있는 가스발생 장치 작업장에서 지켜야 할 사항으로 맞지 않는 것은?
① 불연성 재료의 사용금지
② 화기의 사용금지
③ 인화성 물질 사용금지
④ 점화의 원인이 될 수 있는 기계 사용금지

139. 가연성 가스 저장실에 안전사항으로 옳은 것은?
① 기름걸레를 가스통 사이에 끼워 충격을 적게 한다.
② 조명은 백열등으로 하고 실내에 스위치를 설치한다.
③ 담뱃불을 가지고 출입한다.
④ 휴대용 전등을 사용한다.

해설
가연성 가스 저장실에서는 휴대용 전등을 사용한다.

140. 화재발생으로 부득이 화염이 있는 곳을 통과할 때의 요령으로 틀린 것은?
① 몸을 낮게 엎드려서 통과한다.
② 물수건으로 입을 막고 통과한다.
③ 머리카락, 얼굴, 발, 손 등을 불과 닿지 않게 한다.
④ 뜨거운 김은 입으로 마시면서 통과한다.

141. 소화하기 힘든 정도로 화재가 진행된 현장에서 제일 먼저 취하여야 할 조치로 가장 올바른 것은?
① 소화기 사용   ② 화재신고
③ 인명구조   ④ 경찰서에 신고

142. 화상을 입었을 때 응급조치로 가장 적합한 것은?
① 옥도정기를 바른다.
② 메틸알코올에 담근다.
③ 아연화연고를 바르고 붕대를 감는다.
④ 찬물에 담갔다가 아연화연고를 바른다.

기계 · 기기 및 공구에 관한 사항

01. 기계시설의 안전 유의사항에 맞지 않은 것은?
① 회전부분(기어, 벨트, 체인) 등은 위험하므로 반드시 커버를 씌워둔다.
② 발전기, 용접기, 엔진 등 장비는 한 곳에 모아서 배치한다.
③ 작업장의 통로는 근로자가 안전하게 다닐 수 있도록 정리정돈을 한다.
④ 작업장의 바닥은 보행에 지장을 주지 않도록 청결하게 유지한다.

해설
발전기, 용접기, 엔진 등 소음이 나는 장비는 분산시켜 배치한다.

Answer 137. ③ 138. ① 139. ④ 140. ④ 141. ③ 142. ④ 01. ②

02. 기계의 보수점검 시 운전 상태에서 해야 하는 작업은?
① 체인의 장력상태 확인
② 베어링의 급유상태 확인
③ 벨트의 장력상태 확인
④ 클러치의 상태 확인

03. 기계운전 중 안전 측면에서 설명으로 옳은 것은?
① 빠른 속도로 작업 시는 일시적으로 안전장치를 제거한다.
② 기계장비의 이상으로 정상가동이 어려운 상황에서는 중속 회전상태로 작업한다.
③ 기계운전 중 이상한 냄새, 소음, 진동이 날 때는 정지하고, 전원을 끈다.
④ 작업의 속도 및 효율을 높이기 위해 작업범위 이외의 기계도 동시에 작동한다.

04. 기계운전 및 작업 시 안전사항으로 맞는 것은?
① 작업의 속도를 높이기 위해 레버조작을 빨리한다.
② 장비의 무게는 무시해도 된다.
③ 작업도구나 적재물이 장애물에 걸려도 동력에 무리가 없으므로 그냥 작업한다.
④ 장비 승·하차 시에는 장비에 장착된 손잡이 및 발판을 사용한다.

05. 기계취급에 관한 안전수칙 중 잘못된 것은?
① 기계운전 중에는 자리를 지킨다.
② 기계의 청소는 작동 중에 수시로 한다.
③ 기계운전 중 정전 시는 즉시 주 스위치를 끈다.
④ 기계공장에서는 반드시 작업복과 안전화를 착용한다.

06. 동력공구 사용 시 주의사항으로 틀린 것은?
① 보호구는 안 해도 무방하다.
② 에어 그라인더는 회전수에 유의한다.
③ 규정 공기압력을 유지한다.
④ 압축공기 중의 수분을 제거하여 준다.

07. 다음 중 안전사항으로 틀린 것은?
① 전선의 연결부는 되도록 저항을 적게 해야 한다.
② 전기장치는 반드시 접지하여야 한다.
③ 퓨즈 교체 시에는 기준보다 용량이 큰 것을 사용한다.
④ 계측기는 최대 측정범위를 초과하지 않도록 해야 한다.

08. 지렛대 사용 시 주의사항이 아닌 것은?
① 손잡이가 미끄럽지 않을 것
② 화물 중량과 크기에 적합한 것
③ 화물 접촉면을 미끄럽게 할 것
④ 둥글고 미끄러지기 쉬운 지렛대는 사용하지 말 것

Answer

02. ④ 03. ③ 04. ④ 05. ② 06. ① 07. ③ 08. ③

09. 원목처럼 길이가 긴 화물을 외줄 달기 슬링 용구를 사용하여 크레인으로 물건을 안전하게 달아 올리는 방법으로 가장 거리가 먼 것은?
① 화물의 중량이 많이 걸리는 방향을 아래쪽으로 향하게 들어올린다.
② 제한용량 이상을 달지 않는다.
③ 수평으로 달아 올린다.
④ 신호에 따라 움직인다.

10. 무거운 물체를 인양하기 위하여 체인블록을 사용할 때 안전상 가장 적절한 것은?
① 체인이 느슨한 상태에서 급격히 잡아 당기면 재해가 발생할 수 있으므로 안전을 확인할 수 있는 시간적 여유를 가지고 작업한다.
② 무조건 굵은 체인을 사용하여야 한다.
③ 내릴 때는 하중 부담을 줄이기 위해 최대한 빠른 속도로 실시한다.
④ 이동시는 무조건 최대거리 코스로 빠른 시간 내에 이동시켜야 한다.

해설
체인블록을 사용할 때에는 체인이 느슨한 상태에서 급격히 잡아당기면 재해가 발생할 수 있으므로 안전을 확인할 수 있는 시간적 여유를 가지고 작업한다.

11. 공기(air)기구 사용 작업에서 적당치 않은 것은?
① 공기기구의 섭동 부위에 윤활유를 주유하면 안 된다.
② 규정에 맞는 토크를 유지하면서 작업한다.
③ 공기를 공급하는 고무호스가 꺾이지 않도록 한다.
④ 공기기구의 반동으로 생길 수 있는 사고를 미연에 방지한다.

해설
공기기구의 섭동(미끄럼 운동) 부위에는 윤활유를 주유하여야 한다.

12. 수공구 사용상의 안전사고의 원인이 아닌 것은?
① 잘못된 공구선택
② 사용법의 미 숙지
③ 공구의 점검소홀
④ 규격에 맞는 공구사용

13. 수공구 사용 시 안전수칙으로 바르지 못한 것은?
① 쇠톱작업은 밀 때 절삭되게 작업한다.
② 줄 작업으로 생긴 쇳가루는 브러시로 털어낸다.
③ 해머작업은 미끄러짐을 방지하기 위해서 반드시 면장갑을 끼고 작업한다.
④ 조정렌치는 조정 조가 있는 부분에 힘을 받지 않게 하여 사용한다.

해설
해머작업을 할 때에는 장갑을 착용해서는 안 된다.

14. 수공구 사용방법으로 옳지 않은 것은?
① 좋은 공구를 사용할 것
② 해머의 쐐기 유무를 확인할 것
③ 스패너는 너트에 잘 맞는 것을 사용할 것
④ 해머의 사용면이 넓고 얇아진 것을 사용할 것

해설
해머의 사용면이 넓고 얇아진 것을 사용해서는 안 된다.

Answer ▶▶▶ 09. ③ 10. ① 11. ① 12. ④ 13. ③ 14. ④

15. 수공구를 사용할 때 유의사항으로 맞지 않는 것은?
① 무리한 공구 취급을 금한다.
② 토크렌치는 볼트를 풀 때 사용한다.
③ 수공구는 사용법을 숙지하여 사용한다.
④ 공구를 사용하고 나면 일정한 장소에 관리 보관한다.

> **해설**
> 토크렌치는 볼트 및 너트를 조일 때 규정 토크로 조이기 위하여 사용한다.

16. 작업장에서 수공구 재해예방 대책으로 잘못된 사항은?
① 결함이 없는 안전한 공구사용
② 공구의 올바른 사용과 취급
③ 공구는 항상 오일을 바른 후 보관
④ 작업에 알맞은 공구 사용

17. 일반 수공구 취급 시 주의할 사항이 아닌 것은?
① 작업에 알맞은 공구를 사용할 것
② 공구를 청결한 상태에서 보관할 것
③ 공구는 지정된 장소에 보관할 것
④ 공구가 맞는 것이 없으면 비슷한 용도의 공구를 사용할 것

18. 공구사용 시 주의사항이 아닌 것은?
① 결함이 없는 공구를 사용한다.
② 작업에 적당한 공구를 선택한다.
③ 공구의 이상 유무를 사용 후 점검한다.
④ 공구를 올바르게 취급하고 사용한다.

> **해설**
> 공구의 이상 유무는 사용하기 전에 점검한다.

19. 공구사용 시 주의해야 할 사항으로 틀린 것은?
① 해머작업 시 보호안경을 쓸 것
② 주위 환경에 주의해서 작업 할 것
③ 손이나 공구에 기름을 바른 다음 작업할 것
④ 강한 충격을 가하지 않을 것

20. 정비작업에서 공구의 사용법에 대한 내용으로 틀린 것은?
① 스패너의 자루가 짧다고 느낄 때는 반드시 둥근 파이프로 연결할 것
② 스패너를 사용할 때는 앞으로 당길 것
③ 스패너는 조금씩 돌리며 사용할 것
④ 파이프 렌치는 반드시 둥근 물체에만 사용할 것

21. 작업장에 필요한 수공구의 보관방법으로 적합하지 않은 것은?
① 공구함을 준비하여 종류와 크기별로 보관한다.
② 사용한 공구는 파손된 부분 등의 점검 후 보관한다.
③ 사용한 수공구는 녹슬지 않도록 손잡이 부분에 오일을 발라 보관하도록 한다.
④ 날이 있거나 뾰족한 물건은 위험하므로 뚜껑을 씌워둔다.

Answer
15. ② 16. ③ 17. ④ 18. ③ 19. ③ 20. ① 21. ③

22. 안전하게 공구를 취급하는 방법으로 적합하지 않은 것은?
① 공구를 사용한 후 제자리에 정리하여 둔다.
② 끝 부분이 예리한 공구 등을 주머니에 넣고 작업을 하여서는 안 된다.
③ 공구를 사용 전에 손잡이에 묻은 기름 등은 닦아내어야 한다.
④ 숙달이 되면 옆 작업자에게 공구를 던져서 전달하여 작업능률을 올린다.

23. 작업을 위한 공구관리의 요건으로 가장 거리가 먼 것은?
① 공구별로 장소를 지정하여 보관할 것
② 공구는 항상 최소보유량 이하로 유지할 것
③ 공구사용 점검 후 파손된 공구는 교환할 것
④ 사용한 공구는 항상 깨끗이 한 후 보관할 것

24. 수공구인 렌치를 사용할 때 지켜야 할 안전사항으로 옳은 것은?
① 볼트를 풀 때는 지렛대 원리를 이용하여, 렌치를 밀어서 힘이 받도록 한다.
② 볼트를 조일 때는 렌치를 해머로 쳐서 조이면 강하게 조일 수 있다.
③ 렌치작업 시 큰 힘으로 조일 경우 연장대를 끼워서 작업한다.
④ 볼트를 풀 때는 렌치 손잡이를 당길 때 힘을 받도록 한다.

25. 볼트·너트를 조일 때 사용하는 공구가 아닌 것은?
① 소켓렌치   ② 복스 렌치
③ 파이프 렌치 ④ 토크렌치

26. 스패너사용시 주의사항으로 잘못된 것은?
① 스패너의 입이 폭과 맞는 것을 사용한다.
② 필요 시 두 개를 이어서 사용할 수 있다.
③ 스패너를 너트에 정확하게 장착하여 사용한다.
④ 스패너의 입이 변형된 것은 폐기한다.

27. 스패너 작업방법으로 옳은 것은?
① 스패너로 볼트를 죌 때는 앞으로 당기고 풀 때는 뒤로 민다.
② 스패너의 입이 너트의 치수보다 조금 큰 것을 사용한다.
③ 스패너 사용 시 몸의 중심을 항상 옆으로 한다.
④ 스패너로 죄고 풀 때는 항상 앞으로 당긴다.

28. 렌치의 사용이 적합하지 않은 것은?
① 둥근 파이프를 죌 때 파이프 렌치를 사용하였다.
② 렌치는 적당한 힘으로 볼트, 너트를 죄고 풀어야 한다.
③ 오픈렌치로 파이프 피팅작업에 사용하였다.
④ 토크렌치의 용도는 큰 토크를 요할 때만 사용한다.

Answer
22. ④ 23. ② 24. ④ 25. ③ 26. ② 27. ④ 28. ④

29. 6각 볼트·너트를 조이고 풀 때 가장 적합한 공구는?
   ① 바이스　　② 플라이어
   ③ 드라이버　　④ 복스 렌치

30. 복스 렌치를 오픈엔드 렌치보다 많이 사용하는 이유로 옳은 것은?
   ① 두 개를 한 번에 조일 수 있다.
   ② 마모율이 적고 가격이 저렴하다.
   ③ 다양한 볼트 너트의 크기를 사용할 수 있다.
   ④ 볼트와 너트 주위를 감싸는 힘의 균형 때문에 미끄러지지 않는다.

   [해설] 복스 렌치는 볼트와 너트 주위를 감싸는 힘의 균형 때문에 미끄러지지 않는다.

31. 볼트·너트를 가장 안전하게 조이거나 풀 수 있는 공구는?
   ① 조정렌치　　② 스패너
   ③ 6각 소켓렌치　　④ 파이프렌치

   [해설] 소켓렌치는 볼트나 너트를 조일 때 가장 큰 힘을 가하여 조일 수 있고, 가장 안전하게 조이거나 풀 수 있다.

32. 볼트나 너트를 죄거나 푸는데 사용하는 각종 렌치(wrench)에 대한 설명으로 틀린 것은?
   ① 조정렌치 : 제한된 범위 내에서 어떠한 규격의 볼트나 너트에도 사용할 수 있다.
   ② 엘 렌치 : 6각형 봉을 "L"자 모양으로 구부려서 만든 렌치이다.
   ③ 복스 렌치 : 연료파이프 피팅 작업에 사용할 수 있다.
   ④ 소켓렌치 : 다양한 크기의 소켓을 바꾸어가며 작업할 수 있도록 만든 렌치이다.

   [해설] 연료파이프 피팅작업은 오픈엔드렌치(스패너)를 사용한다.

33. 토크렌치 사용방법으로 올바른 것은?
   ① 핸들을 잡고 밀면서 사용한다.
   ② 토크 증대를 위해 손잡이에 파이프를 끼워서 사용하는 것이 좋다.
   ③ 게이지에 관계없이 볼트 및 너트를 조이면 된다.
   ④ 볼트나 너트 조임력을 규정 값에 정확히 맞도록 하기 위해 사용한다.

   [해설] 토크렌치는 볼트나 너트 조임력을 규정 값에 정확히 맞도록 하기 위해 사용한다.

34. 토크렌치의 가장 올바른 사용법은?
   ① 렌치 끝을 한 손으로 잡고 돌리면서 눈은 게이지 눈금을 확인한다.
   ② 렌치 끝을 양 손으로 잡고 돌리면서 눈은 게이지 눈금을 확인한다.
   ③ 왼손은 렌치 중간지점을 잡고 돌리며, 오른손은 지지점을 누르고 게이지 눈금을 확인한다.
   ④ 오른손은 렌치 끝을 잡고 돌리며, 왼손은 지지점을 누르고 눈은 게이지 눈금을 확인한다.

   [해설] 토크렌치를 사용할 때에는 오른손은 렌치 끝을 잡고 돌리며, 왼손은 지지점을 누르고 눈은 게이지 눈금을 확인한다.

Answer 29. ④　30. ④　31. ③　32. ③　33. ④　34. ④

35. 공구 및 장비사용에 대한 설명으로 틀린 것은?
① 공구는 사용 후 공구상자에 넣어 보관한다.
② 볼트와 너트는 가능한 소켓렌치로 작업한다.
③ 토크렌치는 볼트와 너트를 푸는데 사용한다.
④ 마이크로미터를 보관할 때는 직사광선에 노출시키지 않는다.

36. 해머작업 시 틀린 것은?
① 장갑을 끼지 않는다.
② 작업에 알맞은 무게의 해머를 사용한다.
③ 해머는 처음부터 힘차게 때린다.
④ 자루가 단단한 것을 사용한다.

[해설] 타격할 때 처음과 마지막에 힘을 많이 가하지 않는다.

37. 망치(hammer)작업 시 옳은 것은?
① 망치자루의 가운데 부분을 잡아 놓치지 않도록 할 것
② 손은 다치지 않게 장갑을 착용할 것
③ 타격할 때 처음과 마지막에 힘을 많이 가하지 말 것
④ 열처리 된 재료는 반드시 해머작업을 할 것

38. 해머작업에 대한 주의사항으로 틀린 것은?
① 작업자가 서로 마주보고 두드린다.
② 작게 시작하여 차차 큰 행정으로 작업하는 것이 좋다.
③ 타격범위에 장애물이 없도록 한다.
④ 녹슨 재료 사용 시 보안경을 사용한다.

39. 스크루(screw) 또는 머리에 홈이 있는 볼트를 박거나 뺄 때 사용하는 스크루 드라이버의 크기는 무엇으로 표시하는가?
① 손잡이를 제외한 길이
② 손잡이를 포함한 전체 길이
③ 섕크(shank)의 두께
④ 포인트(tip)의 너비

[해설] 스크루 드라이버의 크기는 손잡이를 제외한 길이로 표시한다.

40. 다음 중 드라이버 사용방법으로 틀린 것은?
① 날 끝 홈의 폭과 깊이가 같은 것을 사용한다.
② 전기 작업 시 자루는 모두 금속으로 되어 있는 것을 사용한다.
③ 날 끝이 수평이어야 하며 둥글거나 빠진 것은 사용하지 않는다.
④ 작은 공작물이라도 한손으로 잡지 않고 바이스 등으로 고정하고 사용한다.

[해설] 전기 작업을 할 때에는 절연된 자루를 사용한다.

Answer 35. ③ 36. ③ 37. ③ 38. ① 39. ① 40. ②

41. 드라이버사용 시 주의할 점으로 틀린 것은?
① 규격에 맞는 드라이버를 사용한다.
② 드라이버는 지렛대 대신으로 사용하지 않는다.
③ 클립(clip)이 있는 드라이버는 옷에 걸고 다녀도 무방하다.
④ 잘 풀리지 않는 나사는 플라이어를 이용하여 강제로 뺀다.

42. 줄 작업 시 주위사항으로 틀린 것은?
① 줄은 반드시 자루를 끼워서 사용한다.
② 줄은 반드시 바이스 등에 올려놓아야 한다.
③ 줄은 부러지기 쉬우므로 절대로 두드리거나 충격을 주어서는 안 된다.
④ 줄은 사용하기 전에 균열 유무를 충분히 점검하여야 한다.

43. 정 작업 시 안전수칙으로 부적합한 것은?
① 담금질한 재료를 정으로 쳐서는 안 된다.
② 기름을 깨끗이 닦은 후에 사용한다.
③ 머리가 벗겨진 것은 사용하지 않는다.
④ 차광안경을 착용한다.

> **해설** 정 작업을 할 때에는 보호안경을 착용하여야 한다.

44. 마이크로미터를 보관하는 방법으로 틀린 것은?
① 습기가 없는 곳에 보관한다.
② 직사광선에 노출되지 않도록 한다.
③ 앤빌과 스핀들을 밀착시켜 둔다.
④ 측정부분이 손상되지 않도록 보관함에 보관한다.

> **해설** 마이크로미터를 보관할 때 앤빌과 스핀들을 밀착시켜서는 안 된다.

작업상의 안전

01. 운반 작업을 하는 작업장의 통로에서 통과 우선순위로 가장 적당한 것은?
① 짐차 → 빈차 → 사람
② 빈차 → 짐차 → 사람
③ 사람 → 짐차 → 빈차
④ 사람 → 빈차 → 짐차

> **해설** 운반 작업을 하는 작업장의 통로에서 통과 우선순위는 짐차 → 빈차 → 사람이다.

02. 운반 작업 시 지켜야 할 사항으로 옳은 것은?
① 운반 작업은 장비를 사용하기 보다는 가능한 많은 인력을 동원하여 하는 것이 좋다.
② 인력으로 운반 시 무리한 자세로 장시간 취급하지 않는다.
③ 인력으로 운반 시 보조구를 사용하되 몸에서 멀리 떨어지게 하고, 가슴위치에서 하중이 걸리게 한다.
④ 통로 및 인도에 가까운 곳에서는 빠른 속도로 벗어나는 것이 좋다.

Answer 41. ④ 42. ② 43. ④ 44. ③ 01. ① 02. ②

03. 공장에서 엔진 등 중량물을 이동하려고 한다. 가장 좋은 방법은?
① 여러 사람이 들고 조용히 움직인다.
② 체인블록이나 호이스트를 사용한다.
③ 로프로 묶어 인력으로 당긴다.
④ 지렛대를 이용하여 움직인다.

해설
공장에서 엔진 등 중량물을 이동하려고 할 때에는 체인블록이나 호이스트를 사용한다.

04. 작업장에서 공동 작업으로 물건을 들어 이동할 때 잘못된 것은?
① 힘을 균형을 유지하여 이동할 것
② 불안전한 물건은 드는 방법에 주의할 것
③ 보조를 맞추어 들도록 할 것
④ 운반도중 상대방에게 무리하게 힘을 가할 것

05. 무거운 물건을 들어 올릴 때의 주의사항에 관한 설명으로 가장 적합하지 않은 것은?
① 장갑에 기름을 묻히고 든다.
② 가능한 이동식 크레인을 이용한다.
③ 힘센 사람과 약한 사람과의 균형을 잡는다.
④ 약간씩 이동하는 것은 지렛대를 이용할 수도 있다.

06. 중량물 운반에 대한 설명으로 틀린 것은?
① 흔들리는 중량물은 사람이 붙잡아서 이동한다.
② 무거운 물건을 운반할 경우 주위사람에게 인지하게 한다.
③ 규정용량을 초과하여 운반하지 않는다.
④ 무거운 물건을 상승시킨 채 오랫동안 방치하지 않는다.

07. 작업 중 기계에 손이 끼어 들어가는 안전사고가 발생했을 경우 우선적으로 해야 할 것은?
① 신고부터 한다.
② 응급처치를 한다.
③ 기계의 전원을 끈다.
④ 신경 쓰지 않고 계속 작업한다.

08. 위험한 작업을 할 때 작업자에게 필요한 조치로 가장 적절한 것은?
① 작업이 끝난 후 즉시 알려주어야 한다.
② 공청회를 통해 알려 주어야 한다.
③ 작업 전 미리 작업자에게 이를 알려주어야 한다.
④ 작업하고 있을 때 작업자에게 알려주어야 한다.

09. 일반 작업환경에서 지켜야 할 안전사항으로 틀린 것은?
① 안전모를 착용한다.
② 해머는 반드시 장갑을 끼고 작업한다.
③ 주유 시는 시동을 끈다.
④ 정비나 청소작업은 기계를 정지 후 실시한다.

Answer ▶▶▶
03. ② 04. ④ 05. ① 06. ① 07. ③ 08. ③ 09. ②

10. 작업장에 대한 안전관리상 설명으로 틀린 것은?
   ① 항상 청결하게 유지한다.
   ② 작업대 사이 또는 기계사이의 통로는 안전을 위한 일정한 너비가 필요하다.
   ③ 공장바닥은 폐유를 뿌려, 먼지가 일어나지 않도록 한다.
   ④ 전원 콘센트 및 스위치 등에 물을 뿌리지 않는다.

11. 안전작업 사항으로 잘못된 것은?
   ① 전기장치는 접지를 하고 이동식 전기기구는 방호장치를 설치한다.
   ② 엔진에서 배출되는 일산화탄소에 대비한 통풍장치를 한다.
   ③ 담뱃불은 발화력이 약하므로 제한장소 없이 흡연해도 무방하다.
   ④ 주요장비 등은 조작자를 지정하여 아무나 조작하지 않도록 한다.

12. 작업장의 안전수칙 중 틀린 것은?
   ① 공구는 오래 사용하기 위하여 기름을 묻혀서 사용한다.
   ② 작업복과 안전장구는 반드시 착용한다.
   ③ 각종기계를 불필요하게 공회전 시키지 않는다.
   ④ 기계의 청소나 손질은 운전을 정지시킨 후 실시한다.

13. 공장 내 안전수칙으로 옳은 것은?
   ① 기름걸레나 인화물질은 철재 상자에 보관한다.
   ② 공구나 부속품을 닦을 때에는 휘발유를 사용한다.
   ③ 차가 잭에 의해 올려져 있을 때는 직원 외는 차내 출입을 삼가 한다.
   ④ 높은 곳에서 작업 시 훅을 놓치지 않게 잘 잡고, 체인블록을 이용한다.

14. 작업장 정리정돈에 대한 설명으로 틀린 것은?
   ① 사용이 끝난 공구는 즉시 정리한다.
   ② 공구 및 재료는 일정한 장소에 보관한다.
   ③ 폐자재는 지정된 장소에 보관한다.
   ④ 통로 한쪽에 물건을 보관한다.

15. 작업 시 일반적인 안전에 대한 설명으로 적합하지 않은 것은?
   ① 장비는 사용 전에 점검한다.
   ② 장비 사용법은 사전에 숙지한다.
   ③ 장비는 취급자가 아니어도 사용한다.
   ④ 회전되는 물체에 손을 대지 않는다.

16. 작업 시 준수해야 할 안전사항으로 틀린 것은?
   ① 대형물건의 기중작업 시 신호 확인을 철저히 할 것
   ② 고장 중인 기기에는 표시를 해 둘 것
   ③ 정전 시에는 반드시 전원을 차단할 것
   ④ 자리를 비울 때 장비 작동은 자동으로 할 것

해설
자리를 비울 때 장비 작동을 정지시킬 것

Answer ▶▶▶
10. ③ 11. ③ 12. ① 13. ① 14. ④ 15. ③ 16. ④

17. 작업장의 사다리식 통로를 설치하는 관련 법상 틀린 것은?
① 견고한 구조로 할 것
② 발판의 간격은 일정하게 할 것
③ 사다리가 넘어지거나 미끄러지는 것을 방지하기 위한 조치를 할 것
④ 사다리식 통로의 길이가 10m 이상인 때에는 접이식으로 설치할 것

해설
사다리식 통로의 길이가 10m 이상인 때에는 접이식을 사용해서는 안 된다.

18. 작업장에서 전기가 예고 없이 정전되었을 경우 전기로 작동하던 기계·기구의 조치 방법으로 가장 적합하지 않은 것은?
① 즉시 스위치를 끈다.
② 안전을 위해 작업장을 정리해 놓는다.
③ 퓨즈의 단락 유·무를 검사한다.
④ 전기가 들어오는 것을 알기 위해 스위치를 켜 둔다.

19. 전장품을 안전하게 보호하는 퓨즈의 사용법으로 틀린 것은?
① 퓨즈가 없으면 임시로 철사를 감아서 사용한다.
② 회로에 맞는 전류 용량의 퓨즈를 사용한다.
③ 오래되어 산화된 퓨즈는 미리 교환한다.
④ 과열되어 끊어진 퓨즈는 과열된 원인을 먼저 수리한다.

20. 정비작업 시 안전에 가장 위배되는 것은?
① 깨끗하고 먼지가 없는 작업환경을 조정한다.
② 회전부분에 옷이나 손이 닿지 않도록 한다.
③ 연료를 채운 상태에서 연료통을 용접한다.
④ 가연성 물질을 취급 시 소화기를 준비한다.

해설
연료탱크는 탱크 내의 연료를 완전히 제거하고 물을 채운 후 용접을 한다.

21. 운전자가 작업 전에 장비 점검과 관련된 내용 중 거리가 먼 것은?
① 타이어 및 궤도 차륜상태
② 브레이크 및 클러치의 작동상태
③ 낙석, 낙하물 등의 위험이 예상되는 작업 시 견고한 헤드 가이드 설치상태
④ 정격용량보다 높은 회전으로 수차례 모터를 구동시켜 내구성 상태 점검

22. 건설기계의 운전 중에도 안전을 위하여 점검하여야 하는 것은?
① 계기판 점검
② 냉각수량 점검
③ 타이어 압력측정 및 점검
④ 팬벨트 장력점검

23. 밀폐된 공간에서 엔진을 가동할 때 가장 주의하여야 할 사항은?
① 소음으로 인한 추락
② 배출가스 중독
③ 진동으로 인한 직업병
④ 작업시간

17. ④ 18. ④ 19. ① 20. ③ 21. ④ 22. ① 23. ②

24. 건설기계작업 후 점검사항으로 거리가 먼 것은?
① 파이프나 실린더의 누유를 점검한다.
② 작동 시 필요한 소모품의 상태를 점검한다.
③ 겨울철엔 가급적 연료탱크를 가득 채운다.
④ 다음날 계속 작업하므로 차의 내·외부는 그대로 둔다.

25. 건설기계작업 시 주의사항으로 틀린 것은?
① 운전석을 떠날 경우에는 기관을 정지시킨다.
② 작업 시에는 항상 사람의 접근에 특별히 주의한다.
③ 주행 시는 가능한 한 평탄한 지면으로 주행한다.
④ 후진 시는 후진 후 사람 및 장애물 등을 확인한다.

26. 유압장치 작동 시 안전 및 유의사항으로 틀린 것은?
① 규정의 오일을 사용한다.
② 냉간시에는 난기운전 후 작업한다.
③ 작동 중 이상소음이 생기면 작업을 중단한다.
④ 오일이 부족하면 종류가 다른 오일이라도 보충한다.

> 해설
> 오일이 부족할 때 종류가 다른 오일을 보충하면 오일의 열화를 촉진시킨다.

27. 세척작업 중 알칼리 또는 산성 세척유가 눈에 들어갔을 경우 가장 먼저 조치하여야 하는 응급처치는?
① 수돗물로 씻어낸다.
② 눈을 크게 뜨고 바람 부는 쪽을 향해 눈물을 흘린다.
③ 알칼리성 세척유가 눈에 들어가면 붕산수를 구입하여 중화시킨다.
④ 산성 세척유가 눈에 들어가면 병원으로 후송하여 알칼리성으로 중화시킨다.

> 해설
> 세척유가 눈에 들어갔을 경우에는 가장 먼저 수돗물로 씻어낸다.

28. 드릴작업 시 주의사항으로 틀린 것은?
① 작업이 끝나면 드릴을 척에서 빼놓는다.
② 칩을 털어낼 때는 칩 털이를 사용한다.
③ 공작물은 움직이지 않게 고정한다.
④ 드릴이 움직일 때는 칩을 손으로 치운다.

29. 드릴작업 시 유의사항으로 잘못된 것은?
① 작업 중 칩 제거를 금지한다.
② 작업 중 면장갑 착용을 금한다.
③ 작업 중 보안경 착용을 금한다.
④ 균열이 있는 드릴은 사용을 금한다.

30. 드릴작업에서 드릴링 할 때 공작물과 드릴이 함께 회전하기 쉬운 때는?
① 드릴 핸들에 약간의 힘을 주었을 때
② 구멍 뚫기 작업이 거의 끝날 때
③ 작업이 처음 시작될 때
④ 구멍을 중간쯤 뚫었을 때

> 해설
> 드릴링 할 때 공작물과 드릴이 함께 회전하기 쉬운 때는 구멍 뚫기 작업이 거의 끝날 때이다.

Answer
24. ④ 25. ④ 26. ④ 27. ① 28. ④ 29. ③ 30. ②

31. 연삭기에서 연삭 칩의 비산을 막기 위한 안전방호 장치는 ?
① 안전 덮개
② 광전식 안전 방호장치
③ 급정지 장치
④ 양수 조작식 방호장치

해설 연삭기에는 연삭 칩의 비산을 막기 위하여 안전덮개를 부착하여야 한다.

32. 연삭작업 시 주의사항으로 틀린 것은 ?
① 숫돌 측면을 사용하지 않는다.
② 작업은 반드시 보안경을 쓰고 작업한다.
③ 연삭작업은 숫돌차의 정면에 서서 작업한다.
④ 연삭숫돌에 일감을 세게 눌러 작업하지 않는다.

해설 연삭작업은 숫돌차의 측면에 서서 작업한다.

33. 전등의 스위치가 옥내에 있으면 안 되는 것은 ?
① 카바이드 저장소
② 건설기계 차고
③ 공구창고
④ 절삭유 저장소

해설 카바이드에서 아세틸렌가스가 발생하므로 전등 스위치가 옥내에 있으면 안 된다.

34. 산소가스 용기의 도색으로 맞는 것은 ?
① 녹색   ② 노란색
③ 흰색   ④ 갈색

해설 산소용기 및 도관의 색은 녹색이다.

35. 용접기에서 사용되는 아세틸렌 도관은 어떤 색으로 구별하는가 ?
① 흑색   ② 청색
③ 녹색   ④ 적색

해설 용접기에서 사용하는 아세틸렌 도관의 색은 황색 또는 적색이다.

36. 가스누설 검사에 가장 좋고 안전한 것은?
① 아세톤   ② 성냥불
③ 순수한 물   ④ 비눗물

37. 아세틸렌 용접장치의 방호장치는 ?
① 덮개
② 제동장치
③ 안전기
④ 자동전력방지기

해설 아세틸렌 용접장치의 방호장치는 안전기이다.

38. 가스용기가 발생기와 분리되어 있는 아세틸렌 용접장치의 안전기 설치위치는 ?
① 발생기
② 가스용기
③ 발생기와 가스용기사이
④ 용접토치와 가스용기사이

해설 아세틸렌 용접장치의 안전기는 발생기와 가스용기 사이에 설치된다.

Answer 31. ① 32. ③ 33. ① 34. ① 35. ④ 36. ④ 37. ③ 38. ③

39. 산소-아세틸렌 사용 시 안전수칙으로 잘못된 것은?
① 산소는 산소병에 35℃ 150기압으로 충전한다.
② 아세틸렌의 사용압력은 15기압으로 제한한다.
③ 산소통의 메인밸브가 얼면 60℃ 이하의 물로 녹인다.
④ 산소의 누출은 비눗물로 확인한다.

[해설] 아세틸렌의 사용압력은 1기압으로 제한한다.

40. 가스용접 작업 시 안전수칙으로 바르지 못한 것은?
① 산소용기는 화기로부터 지정된 거리를 둔다.
② 40℃ 이하의 온도에서 산소용기를 보관한다.
③ 산소용기 운반 시 충격을 주지 않도록 주의한다.
④ 토치에 점화할 때 성냥불이나 담뱃불로 직접 점화한다.

[해설] 토치에 점화할 때에는 전용 라이터를 사용한다.

41. 산소용접 시 안전수칙으로 옳은 것은?
① 용접작업 시 반드시 투명안경을 사용한다.
② 작업 후 산소밸브를 먼저 닫고 아세틸렌밸브를 닫는다.
③ 점화 시에는 산소밸브를 먼저 열고 아세틸렌밸브를 연다.
④ 점화하는 성냥불이나 담뱃불로 해도 무관하다.

[해설] 토치에 점화할 때에는 아세틸렌밸브를 먼저 열고 점화시킨 후 산소밸브를 열고, 작업 후에는 산소밸브를 먼저 닫고 아세틸렌밸브를 닫는다.

42. 가스용접 시 사용하는 봄베의 안전수칙으로 틀린 것은?
① 봄베를 넘어뜨리지 않는다.
② 봄베를 던지지 않는다.
③ 산소 봄베는 40℃ 이하에서 보관한다.
④ 봄베 몸통에는 녹슬지 않도록 그리스를 바른다.

[해설] 봄베 몸통에는 그리스 등 오일을 발라서는 안 된다.

43. 교류아크용접기의 감전방지용 방호장치에 해당하는 것은?
① 2차 권선장치   ② 자동전격방지기
③ 전류조절장치   ④ 전자계전기

[해설] 교류아크 용접기에 설치하는 방호장치는 자동전격방지기이다.

44. 전기용접의 아크 빛으로 인해 눈이 혈안이 되고 눈이 붓는 경우가 있다. 이럴 때 응급조치 사항으로 가장 적절한 것은?
① 안약을 넣고 계속 작업한다.
② 눈을 잠시 감고 안정을 취한다.
③ 소금물로 눈을 세정한 후 작업한다.
④ 냉습포를 눈 위에 올려놓고 안정을 취한다.

[해설] 전기용접의 아크 빛으로 인해 눈이 혈안이 되고 눈이 붓는 경우에는 냉습포를 눈 위에 올려놓고 안정을 취한다.

Answer 39. ② 40. ④ 41. ② 42. ④ 43. ② 44. ④

45. 기계의 회전부분(기어, 벨트, 체인)에 덮개를 설치하는 이유는?
① 좋은 품질의 제품을 얻기 위하여
② 회전부분의 속도를 높이기 위하여
③ 제품의 제작과정을 숨기기 위하여
④ 회전부분과 신체의 접촉을 방지하기 위하여

46. 벨트 전동장치에 내재된 위험적 요소로 의미가 다른 것은?
① 트랩(Trap)
② 충격(Impact)
③ 접촉(Contact)
④ 말림(Entanglement)

> [해설] 벨트 전동장치에 내재된 위험적 요소는 트랩(끼임), 접촉, 말림이다.

47. 사고로 인한 재해가 가장 많이 발생할 수 있는 것은?
① 차동장치
② 종 감속기어
③ 벨트와 풀리
④ 변속기

> [해설] 사고로 인한 재해가 가장 많이 발생할 수 있는 것은 벨트와 풀리이다.

48. 구동벨트를 점검할 때 기관의 상태는?
① 공회전 상태
② 급가속 상태
③ 정지 상태
④ 급감속 상태

> [해설] 벨트를 점검하거나 교체할 때에는 기관의 가동이 정지된 상태에서 한다.

49. 벨트를 풀리(pulley)에 장착 시 작업방법에 대한 설명으로 옳은 것은?
① 고속으로 회전시키면서 건다.
② 저속으로 회전시키면서 건다.
③ 회전을 중지시킨 후 건다.
④ 중속으로 회전시키면서 건다.

50. 벨트 취급 시 안전에 대한 주의사항으로 틀린 것은?
① 벨트에 기름이 묻지 않도록 한다.
② 벨트의 적당한 유격을 유지하도록 한다.
③ 벨트 교환 시 회전을 완전히 멈춘 상태에서 한다.
④ 벨트의 회전을 정지시킬 때 손으로 잡아 정지시킨다.

51. 벨트에 대한 안전사항으로 틀린 것은?
① 벨트의 이음쇠는 돌기가 없는 구조로 한다.
② 벨트를 걸거나 벗길 때에는 기계를 정지한 상태에서 실시한다.
③ 벨트가 풀리에 감겨 돌아가는 부분은 커버나 덮개를 설치한다.
④ 바닥면으로부터 2m 이내에 있는 벨트는 덮개를 제거한다.

> [해설] 바닥면으로부터 2m 이내에 있는 벨트는 덮개를 설치한다.

Answer
45. ④ 46. ② 47. ③ 48. ③ 49. ③ 50. ④ 51. ④

52. 동력전달장치를 다루는데 필요한 안전수칙으로 틀린 것은?

① 커플링은 키 나사가 돌출되지 않도록 사용한다.
② 풀리가 회전 중일 때 벨트를 걸지 않도록 한다.
③ 벨트의 장력은 정지 중 일 때 확인하지 않도록 한다.
④ 회전중인 기어에는 손을 대지 않도록 한다.

해설 벨트의 장력은 반드시 회전이 정지된 상태에서 점검하도록 한다.

가스배관의 손상방지

01. 액화천연가스에 대한 설명 중 틀린 것은?

① 기체 상태는 공기보다 가볍다.
② 가연성으로써 폭발의 위험성이 있다.
③ LNG라 하며, 메탄이 주성분이다.
④ 액체 상태로 배관을 통하여 수요자에게 공급된다.

해설 액화천연가스(LNG, 도시가스)는 배관을 통하여 각 가정에 공급되는 가스이며, 주성분은 메탄이다.

02. 도시가스로 사용하는 LNG(액화천연가스)의 특징에 대한 설명으로 틀린 것은?

① 공기보다 가벼워 가스누출 시 위로 올라간다.
② 공기보다 무거워 소량누출 시 밑으로 가라앉는다.
③ 공기와 혼합되어 폭발범위에 이르면 점화원에 의하여 폭발한다.
④ 도시가스 배관을 통하여 각 가정에 공급되는 가스이다.

해설 기체 상태의 천연가스는 공기보다 가벼워 누출되면 위로 올라간다.

03. 보기의 조건에서 도시가스가 누출되었을 경우 폭발할 수 있는 조건으로 모두 맞는 것은?

[보기]
a. 누출된 가스의 농도는 폭발범위 내에 들어야 한다.
b. 누출된 가스에 불씨 등의 점화원이 있어야 한다.
c. 점화가 가능한 공기(산소)가 있어야 한다.
d. 가스가 누출되는 압력이 3.0 MPa 이상이어야 한다.

① a
② a, b
③ a, b, c
④ a, c, d

04. 다음 중 LP가스의 특성이 아닌 것은?

① 주성분은 프로판과 메탄이다.
② 액체상태일 때 피부에 닿으면 동상의 우려가 있다.
③ 누출 시 공기보다 무거워 바닥에 체류하기 쉽다.
④ 원래 무색·무취이나 누출 시 쉽게 발견하도록 부취제를 첨가한다.

해설 LPG(액화석유가스)의 주성분은 프로판과 부탄이며, 누출되면 공기보다 무거워 밑으로 가라앉는다.

Answer 52. ③ 01. ④ 02. ② 03. ③ 04. ①

05. 지상에 설치되어있는 도시가스배관 외면에 반드시 표시해야 하는 사항이 아닌 것은?
① 사용가스 명   ② 가스의 흐름방향
③ 소유자 명   ④ 최고사용압력

해설
지상에 설치된 가스배관 외면에 반드시 표시해야 하는 사항은 사용가스 명, 가스흐름방향, 최고사용압력이다.

06. 도시가스사업법에서 저압이라 함은 압축가스일 경우 몇 MPa 미만의 압축을 말하는가?
① 0.1   ② 1.0
③ 0.3   ④ 0.01

해설
도시가스의 압력
- 저압 : 0.1MPa 미만
- 중압 : 0.1Mpa 이상 1Mpa 미만
- 고압 : 1MPa 이상

07. 도시가스사업법에서 압축가스일 경우 중압이라 함은 얼마의 압력을 말하는가?
① 0.1MPa~1MPa 미만
② 0.02MPa~0.1MPa 미만
③ 1MPa~10MPa 미만
④ 10MPa~100MPa 미만

08. 도시가스 매설배관의 최고 사용압력에 따른 보호포의 바탕 색상이 바른 것은?
① 저압 – 황색, 중압 이상 – 적색
② 저압 – 흰색, 중압 이상 – 적색
③ 저압 – 적색, 중압 이상 – 황색
④ 저압 – 적색, 중압 이상 – 흰색

해설
매설된 도시가스 배관이 중압 이상일 경우에는 적색, 저압일 경우에는 황색이다.

09. 도로굴착 시 적색의 도시가스 보호포가 나왔다. 매설된 도시가스 배관의 압력은?
① 중압 또는 저압
② 고압 또는 중압
③ 저압 또는 고압
④ 배관압력에 관계없이 보호포 색상은 적색이다.

10. 도시가스사업법에서 정의한 배관구분에 해당되지 않는 것은?
① 본관   ② 공급관
③ 내관   ④ 가정관

해설
배관의 구분에는 본관, 공급관, 내관 등이 있다

11. 도시가스 관련법상 도시가스 제조사업소의 부지경계에서 정압기까지에 이르는 배관을 무엇이라고 하는가?
① 강관   ② 외관
③ 내관   ④ 본관

해설
본관이란 도시가스 제조사업소의 부지경계에서 정압기까지에 이르는 배관이다.

12. 도시가스가 공급되는 지역에서 굴착공사 중에 [그림]과 같은 것이 발견되었다. 이것은 무엇인가?

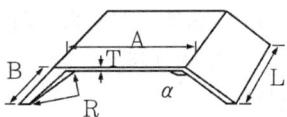

① 보호포
② 보호판
③ 라인마크
④ 가스누출 검지공

Answer
05. ③   06. ①   07. ①   08. ①   09. ②   10. ④   11. ④   12. ②

13. 가스공급 압력이 중압이상의 배관 상부에는 보호 판을 사용하고 있다. 이 보호 판에 대한 설명으로 틀린 것은?

① 배관 직상부 30cm 상단에 매설되어 있다.
② 두께가 4mm 이상의 철판으로 방식 코팅되어 있다.
③ 보호 판은 가스가 누출되지 않도록 하기 위한 것이다.
④ 보호 판은 철판으로 장비에 의한 배관손상을 방지하기 위하여 설치한 것이다.

14. 특수한 사정으로 인해 매설 깊이를 확보할 수 없는 곳에 가스배관을 설치하였을 때 노면과 0.3m 이상의 깊이를 유지하여 배관주위에 설치하여야 하는 것은?

① 수취기
② 도시가스 입상관
③ 가스 배관의 보호판
④ 가스 차단장치

해설 보호 판은 철판으로 장비에 의한 배관손상을 방지하기 위하여 설치한 것이며, 두께가 4mm 이상의 철판으로 방식 코팅되어 있고 배관 직상부 30cm 상단에 매설되어 있다.

15. 지하구조물이 있으며 도시가스가 공급되는 곳에서 굴착공사 중 지면으로부터 0.3m 깊이에서 나타날 수 있는 물체로 옳은 것은?

① 도시가스 배관을 보호하는 보호판
② 가스 차단장치
③ 도시가스 입상관
④ 수취기

16. 공동주택 부지 내에서 굴착작업 시 황색의 가스 보호포가 나왔다. 도시가스 배관은 그 보호포가 설치된 위치로부터 최소한 몇 m 이상의 깊이에 매설되어 있는가? (단, 배관의 심도는 0.6m이다.)

① 0.2m   ② 0.3m
③ 0.4m   ④ 0.5m

해설 배관의 심도가 0.6m일 때 도시가스 배관은 그 보호포가 설치된 위치로부터 최소한 0.4m 이상의 깊이에 매설되어 있다.

17. 도로굴착 시 황색의 가스 보호포가 나왔다. 도시가스배관은 그 보호포가 설치된 위치로부터 최소 몇 cm 이상의 깊이에 매설되어 있는가? (단, 배관의 심도는 1.2m이다.)

① 30cm   ② 60cm
③ 90cm   ④ 120cm

해설 배관의 심도가 1.2m일 때 도시가스 배관은 그 보호포가 설치된 위치로부터 최소한 60cm 이상의 깊이에 매설되어 있다.

18. 일반 도시가스 사업자의 지하배관을 설치할 때 공동주택 등의 부지 내에서는 몇 m이상의 깊이에 배관을 설치해야 하는가?

① 0.6m 이상
② 1.0m 이상
③ 1.2m 이상
④ 1.5m 이상

해설 일반 도시가스 배관을 설치할 때 공동주택 등의 부지 내에서는 0.6m 이상의 깊이에 배관을 설치해야 한다.

Answer 13. ③ 14. ③ 15. ① 16. ③ 17. ② 18. ①

19. 폭 4m 이상 8m 미만인 도로에 일반 도시가스 배관을 매설 시 지면과 도시가스 배관 상부와의 최소 이격 거리는?

① 0.6m　　② 1.0m
③ 1.2m　　④ 1.5m

해설
폭 4m 이상, 8m 미만인 도로에 일반 도시가스 배관을 매설할 때 지면과 도시가스 배관 상부와의 최소 이격거리는 1.0m 이상이다.

20. 도시가스사업법령에 따라 도시가스배관 매설 시 폭 8m 이상의 도로에서는 얼마 이상의 설치간격을 두어야 하는가?

① 0.3m　　② 0.5m
③ 0.8m　　④ 1.2m

해설
도로 폭 8m 이상인 도로에서는 1.2m 이상의 깊이에 배관이 설치되어 있다.

21. 가스도매사업자의 배관을 시가지의 도로 노면 밑에 매설하는 경우 노면으로부터 배관의 외면까지 몇 m 이상 매설 깊이를 유지하여야 하는가? (단, 방호구조를 안에 설치하는 경우를 제외한다.)

① 0.6m 이상　　② 1.0m 이상
③ 1.2m 이상　　④ 1.5m 이상

해설
가스도매사업자의 배관을 시가지의 도로 노면 밑에 매설하는 경우 노면으로부터 배관의 외면까지 1.5m 이상 매설 깊이를 유지하여야 한다.

22. 굴착공사를 위하여 가스배관과 근접하여 H 파일을 설치하고자 할 때 가장 근접하여 설치할 수 있는 수평거리는?

① 10cm　　② 20cm
③ 30cm　　④ 50cm

해설
가스배관과 수평거리 30cm 이내에서는 파일박기를 할 수 없도록 규정되어 있다.

23. 항타기는 원칙적으로 가스배관과의 수평거리가 몇 m 이상 되는 곳에 설치하여야 하는가?

① 1m　　② 2m
③ 3m　　④ 5m

해설
항타기는 가스배관과의 수평거리를 최소한 2m 이상 이격하여 설치하여야 한다.

24. 파일박기를 하고자 할 때 가스배관과의 수평거리 몇 m 이내에서 시험굴착을 통하여 가스배관의 위치를 확인해야 하는가?

① 4m　　② 3m
③ 5m　　④ 2m

해설
파일박기를 하고자 할 때 가스배관과의 수평거리 2m 이내에서 시험굴착을 통하여 가스배관의 위치를 확인해 한다.

25. 도시가스가 공급되는 지역에서 굴착공사를 하기 전에 도로부분의 지하에 가스배관의 매설여부는 누구에게 요청하여야 하는가?

① 굴착공사 관할 시장·군수·구청장
② 굴착공사 관할 경찰서장
③ 굴착공사 관할 시·도지사
④ 굴착공사 관할정보 지원센터

해설
도시가스가 공급되는 지역에서 굴착공사를 하고자 할 때에는 가스배관 매설여부를 도시가스사업자 또는 굴착공사 관할 정보 지원센터에 조회한다.

Answer
19. ②　20. ④　21. ④　22. ③　23. ②　24. ④　25. ④

26. 가스배관 주변 굴착작업 시 주의사항으로 틀린 것은?

① 가스배관과의 수평거리 30cm 이내에서 파일박기를 금지할 것
② 가스배관의 좌우 1m 이내의 부분은 인력으로 굴착할 것
③ 공사착공 전에 도시가스사업자와 현장협의를 통해 각종 사항 및 안전조치를 상호 확인할 것
④ 가스배관과의 수평거리 2m 이내에서 파일박기를 하고자 할 때는 시공업체 직원 입회하에 굴착할 것

27. 도시가스 배관이 매설된 지점에서 가스배관 주위를 굴착하고자 할 때에 반드시 인력으로 굴착해야 하는 범위는?

① 배관 좌·우 1m 이내
② 배관 좌·우 2m 이내
③ 배관 좌·우 3m 이내
④ 배관 좌·우 4m 이내

[해설] 가스배관 좌·우 1m 이내 에서는 반드시 인력으로 굴착해야 한다.

28. 도로 굴착자가 굴착공사 전에 이행할 사항에 대한 설명으로 옳지 않은 것은?

① 도면에 표시된 가스배관과 기타 저장물 매설유무를 조사하여야 한다.
② 조사된 자료로 시험굴착위치 및 굴착개소 등을 정하여 가스배관 매설위치를 확인하여야 한다.
③ 위치 표시용 페인트와 표지판 및 황색 깃발 등을 준비하여야 한다.
④ 굴착 용역회사의 안전관리자가 지정하는 일정에 시험굴착을 수립하여야 한다.

[해설] 도로 굴착자는 도시가스 사업자와 일정을 협의하여 시험 굴착계획을 수립하여야 한다.

29. 가스배관의 손상방지 굴착공사 작업방법 내용이다. ( )안에 알맞은 것은?

"가스배관과 수평거리 ( )m 이내에서 파일박기를 하고자 할 때 도시가스 사업자의 입회하에 시험굴착을 통하여 가스배관의 위치를 정확히 확인할 것"

① 1
② 2
③ 3
④ 4

[해설] 가스배관과 수평거리 2m 이내에서 파일박기를 하고자 할 때 도시가스 사업자의 입회하에 시험굴착을 통하여 가스배관의 위치를 정확히 확인할 것

30. 지하매설 배관탐지장치 등으로 확인된 지점 중 확인이 곤란한 분기점, 곡선부, 장애물 우회지점의 안전 굴착방법으로 가장 적합한 것은?

① 절대불가 작업구간으로 제한되어 굴착할 수 없다.
② 유도관(가이드 파이프)을 설치하여 굴착한다.
③ 가스배관 좌·우측 굴착을 실시한다.
④ 시험굴착을 실시하여야 한다.

[해설] 확인이 곤란한 분기점, 곡선부, 장애물 우회지점은 시험굴착을 한다.

Answer 26. ④ 27. ① 28. ④ 29. ② 30. ④

31. 도로에 가스배관을 매설할 때 지켜야 할 사항으로 잘못된 것은?
① 자동차 등의 하중에 대한 영향이 적은 곳에 매설한다.
② 배관은 외면으로부터 도로 밑의 다른 매설물과 0.1m 이상의 거리를 유지한다.
③ 포장되어 있는 차도에 매설하는 경우 배관의 외면과 노반의 최하부와의 거리는 0.5m 이상으로 한다.
④ 배관의 외면에서 도로 경계까지는 1m 이상 수평거리를 유지한다.

해설) 배관은 외면으로부터 도로 밑의 다른 매설물과 30cm 이상의 거리를 유지한다.

32. 도시가스배관을 지하에 매설할 경우 상수도관 등 다른 시설물과의 이격거리는 얼마이상 유지해야 하는가?
① 10cm   ② 30cm
③ 60cm   ④ 100cm

해설) 가스배관 주위에 매설물을 부설하고자 할 때는 최소한 가스배관과 30cm 이상 이격하여 설치하여야 한다.

33. 노출된 가스배관의 길이가 몇 m 이상인 경우에 기준에 따라 점검통로 및 조명시설을 설치하여야 하는가?
① 10   ② 15
③ 20   ④ 30

해설) 노출된 배관의 길이가 15m 이상인 경우에는 점검통로 및 조명시설을 설치하여야 한다.

34. 노출된 배관의 길이가 몇 m 이상인 경우에는 가스누출 경보기를 설치하여야 하는가?
① 20m   ② 50m
③ 100m   ④ 200m

해설) 노출된 배관의 길이가 20m 이상인 경우에는 가스누출 경보기를 설치하여야 한다.

35. 굴착작업 중 줄파기 작업에서 줄파기 1일 시공량 결정은 어떻게 하도록 되어 있는가?
① 시공속도가 가장 느린 천공작업에 맞추어 결정한다.
② 시공속도가 가장 빠른 천공작업에 맞추어 결정한다.
③ 공사시방서에 명기된 일정에 맞추어 결정한다.
④ 공사 관리 감독기관에 보고한 날짜에 맞추어 결정한다.

해설) 줄파기 1일 시공량 결정은 시공속도가 가장 느린 천공작업에 맞추어 결정한다.

36. 도로 굴착자는 가스배관이 확인된 지점에 가스배관 위치표시를 해야 한다. 비포장도로의 경우 위치표시 방법은?
① 표시말뚝을 설치한다.
② 5m 간격으로 시험굴착을 해둔다.
③ 가스배관 직상부에 페인트를 사용하여 두 줄로 긋는다.
④ 가스배관 직상부 도로에 보호판을 설치해 둔다.

해설) 가스배관 위치표시 방법 중 비포장도로의 경우에는 표시말뚝을 설치한다.

Answer 31. ② 32. ② 33. ② 34. ① 35. ① 36. ①

37. 굴착공사 시 도시가스배관의 안전조치와 관련된 사항 중 다음 ( )안에 적합한 것은?

> 도시가스사업자는 굴착예정 지역의 매설배관 위치를 굴착공사자에게 알려주어야 하며, 굴착공사자는 매설배관 위치를 매설배관 (㉠)의 지면에 (㉡)페인트로 표시할 것

① ㉠ 직상부, ㉡ 황색
② ㉠ 우측부, ㉡ 황색
③ ㉠ 좌측부, ㉡ 적색
④ ㉠ 직하부, ㉡ 황색

[해설]
굴착공사자는 매설배관 위치를 매설배관 직상부의 지면에 황색페인트로 표시할 것

38. 굴착작업 중 줄파기 작업에서 줄파기 심도는 최소한 얼마이상으로 하여야 하는가?

① 0.6m ② 1m
③ 1.5m ④ 2m

[해설]
굴착작업 중 줄파기 작업에서 줄파기 심도는 최소한 1.5m 이상으로 하여야 한다.

39. 굴착공사 중 적색으로 된 도시가스 배관을 손상시켰으나 다행히 가스는 누출되지 않고 피복만 벗겨졌다. 이때의 조치사항으로 가장 적합한 것은?

① 해당 도시가스회사에 그 사실을 알려 보수하도록 한다.
② 가스가 누출되지 않았으므로 그냥 되메우기 한다.
③ 벗겨지거나 손상된 피복은 고무판이나 비닐 테이프로 감은 후 되메우기 한다.
④ 벗겨진 피복은 부식방지를 위하여 아스팔트를 칠하고 비닐 테이프로 감은 후 직접 되메우기 한다.

40. 도시가스배관이 손상되는 사고 원인으로 틀린 것은?

① 되메우기 부실에 의한 지반침하 시
② 굴착공사 시
③ H빔 설치를 위한 지반천공 시
④ 물을 차단하기 위한 토류판 설치 시

41. 도로 굴착자는 되메움 공사완료 후 도시가스 배관 손상방지를 위하여 최소한 몇 개월 이상 지반침하 유무를 확인하여야 하는가?

① 1개월 ② 2개월
③ 3개월 ④ 4개월

[해설]
도로 굴착자는 되메움 공사완료 후 최소 3개월 이상 지반 침하 유무를 확인하여야 한다.

42. 도시가스가 공급되는 지역에서 도로공사 중 그림과 같은 것이 일렬로 설치되어 있는 것이 발견되었다. 이것을 무엇이라 하는가?

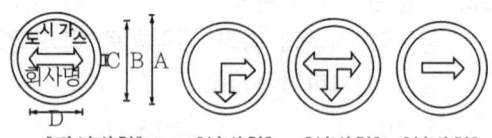

[직선방향] [양방향] [삼방향] [일방향]

① 가스누출 검지공
② 라인마크
③ 가스배관매몰 표지판
④ 보호판

Answer ▶▶▶
37. ① 38. ③ 39. ① 40. ④ 41. ③ 42. ②

43. 도로상에 가스배관이 매설된 것을 표시하는 라인마크에 대한 설명으로 틀린 것은?
① 직경이 9cm 정도인 원형으로 된 동합금이나 황동주물로 되어있다.
② 도시가스라 표기되어 있으며 화살표가 표시되어 있다.
③ 분기점에는 T형 화살표가 표시되어 있고, 직선구간에는 배관길이 50m마다 1개 이상 설치되어있다.
④ 청색으로 된 원형마크로 되어있고 화살표가 표시되어 있다.

44. 도시가스 배관 주위를 굴착 후 되메우기 시 지하에 매몰하면 안 되는 것은?
① 보호포
② 보호판
③ 라인마크
④ 전기방식용 양극

> 해설
> 라인마크는 도로 표면에 설치하는 것이므로 매몰하면 안 된다.

45. 도시가스 매설배관 표지판의 설치기준으로 바르지 않은 것은?
① 설치간격은 500m마다 1개 이상이다.
② 표지판 모양은 직사각형이다.
③ 포장도로 및 공동주택 부지 내의 도로에 라인마크(line mark)와 함께 설치한다.
④ 황색바탕에 검정색 글씨로 도시가스 배관임을 알리고 연락처 등을 표시한다.

> 해설
> 도시가스 매설배관 표지판은 포장도로 및 공동주택 부지 내의 도로에 라인마크(line mark)와 함께 설치해서는 안 된다.

46. 가스배관 파손 시 긴급조치 요령으로 잘못된 것은?
① 소방서에 연락한다.
② 주변의 차량을 통제한다.
③ 누출되는 가스배관의 라인마크를 확인하여 후단밸브를 차단한다.
④ 천공기 등으로 도시가스배관을 뚫었을 경우에는 그 상태에서 기계를 정지시킨다.

47. 도시가스가 공급되는 지역에서 시하차도 굴착공사를 하고자 하는 자가 시·도지사에게 작성하여 제출하여야 할 서류의 명칭으로 맞는 것은?
① 기술검토서
② 안전관리규정
③ 가스안전영향평가서
④ 공급규정

> 해설
> 도시가스가 공급되는 지역에서 지하차도 굴착공사를 하고자 하는 자는 가스안전영향평가서를 작성하여 시·도지사에게 제출하여야 한다.

48. 다음 중 가스안전 영향평가서를 작성하여야 하는 공사는?
① 도로 폭이 8m 이상인 도로
② 가스배관이 통과하는 지하보도
③ 도로 폭이 12m 이상인 도로
④ 가스배관의 매설이 없는 철도구간

Answer 43. ④ 44. ③ 45. ③ 46. ③ 47. ③ 48. ②

49. 가스배관용 폴리에틸렌관의 특징으로 틀린 것은 ?
   ① 도시가스 고압관으로 사용된다.
   ② 일광, 열에 약하다.
   ③ 지하매설용으로 사용된다.
   ④ 부식이 잘되지 않는다.

   [해설] 폴리에틸렌관은 도시가스 저압 관으로 사용된다.

전기시설물 작업 주의사항

01. 고압충전 전선로 근방에서 작업을 할 경우 작업지가 감전되지 않도록 사용하는 안전장구로 가장 적합한 것은 ?
   ① 절연용 방호구
   ② 방수복
   ③ 보호용 가죽장갑
   ④ 안전대

02. 고압전선로 주변에서 작업 시 건설기계와 전선로와의 안전이격 거리에 대한 설명 중 틀린 것은 ?
   ① 애자수가 많을수록 멀어져야 한다.
   ② 전압에는 관계없이 일정하다.
   ③ 전선이 굵을수록 멀어져야 한다.
   ④ 전압이 높을수록 멀어져야 한다.

   [해설] 건설기계로 고압선로 주변에서 작업할 때 애자수가 많을수록, 전선이 굵을수록, 전압이 높을수록 멀리 떨어져야 한다.

03. 고압 전선로 부근에서 작업 도중 고압선에 의한 감전사고가 발생하였다. 조치사항으로 틀린 것은 ?
   ① 감전사고 발생 시에는 감전자 구출, 증상의 관찰 등 필요한 조치를 취한다.
   ② 사고 자체를 은폐시킨다.
   ③ 전선로 관리자에게 연락을 취한다.
   ④ 가능한 한 전원으로부터 환자를 이탈시킨다.

04. 다음 중 감전재해의 대표적인 발생 형태로 틀린 것은 ?
   ① 전선이나 전기기기의 노출된 충전부의 양단간에 인체가 접촉되는 경우
   ② 전기기기의 충전부와 대지사이에 인체가 접촉되는 경우
   ③ 누전상태의 전기기기에 인체가 접촉되는 경우
   ④ 고압전력선에 안전거리 이상 이격한 경우

05. 인체 감전 시 위험을 결정하는 요소와 가장 거리가 먼 것은 ?
   ① 인체에 흐르는 전류 크기
   ② 인체에 전류가 흐른 시간
   ③ 전류의 인체 통과 경로
   ④ 감전 시의 기온

   [해설] 인체가 감전되었을 때 위험을 결정하는 요소는 인체에 흐르는 전류크기, 인체에 전류가 흐른 시간, 전류의 인체통과 경로이다.

06. 교류 전기에서 고전압이라 함은 몇 V를 초과하는 전압을 말하는가 ?
   ① 220V 초과   ② 380V 초과
   ③ 600V 초과   ④ 750V 초과

   [해설] 교류 전기에서 고전압이라 함은 600V를 초과하는 전압이다.

Answer 49. ① 01. ① 02. ② 03. ② 04. ④ 05. ④ 06. ③

07. 발전소 상호간, 변전소 상호간, 발전소와 변전소 간의 전선로를 나타내는 용어로 옳은 것은?

① 배전선로
② 송전선로
③ 인입선로
④ 전기수용 설비선로

[해설] 발전소 상호간 또는 발전소와 변전소 간의 전선로를 송전선로라 한다.

08. 현재 한전에서 운용하고 있는 송전선로 종류가 아닌 것은?

① 345KV 선로
② 765KV 선로
③ 154KV 선로
④ 22.9KV 선로

[해설] 한국전력에서 사용하는 송전선로 종류에는 154kV, 345kV, 765kV가 있다.

09. 그림과 같이 시가지에 있는 배전선로 A에는 보통 몇 V의 전압이 인가되고 있는가?

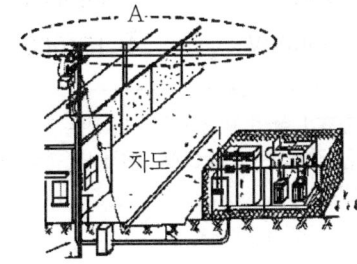

① 110V
② 220V
③ 440V
④ 22900V

[해설] 시가지에 있는 배전선로에는 22,900V의 전압이 인가되고 있다.

10. 콘크리트 전주 상에 변압기가 설치되어 있는 선로주변에서 건설기계에 의한 작업 시 예측할 수 있는 전압은?

① 66000V
② 22900V
③ 154000V
④ 345000V

[해설] 콘크리트 전주에 변압기가 설치된 경우 예측할 수 있는 전압은 22,900V이다.

11. 가공 송전선로 애자에 관한 설명으로 틀린 것은?

① 애자 수는 전압이 높을수록 많다.
② 애자는 고전압 선로의 안전시설에 필요하다.
③ 애자는 코일에 전류가 흐르면 자기장을 형성하는 역할을 한다.
④ 애자는 전선과 철탑과의 절연을 하기 위해 취부한다.

[해설] 애자는 전선과 철탑과의 절연을 하기 위해 취부하며, 고전압 선로의 안전시설에 필요하다. 또 애자 수는 전압이 높을수록 많다.

12. 전기는 전압이 높을수록 위험한데 가공 전선로의 위험정도를 건설기계 운전자가 판별하는 방법으로 가장 옳은 것은?

① 전선의 전류측정
② 전선의 소선 가닥수 확인
③ 현수애자의 개수 확인
④ 지지물의 개수확인

[해설] 전선로의 위험 정도는 현수애자의 개수로 확인한다.

Answer 07. ② 08. ④ 09. ④ 10. ② 11. ③ 12. ③

13. 다음 배전선로 그림에서 A의 명칭은 ?

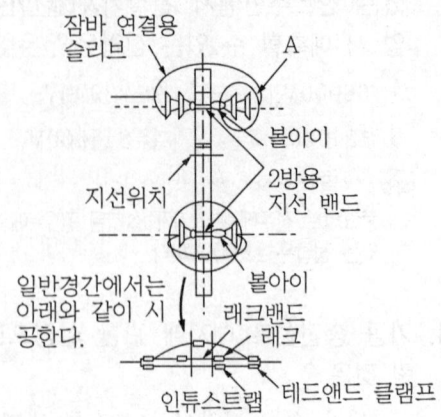

① 라인포스트 애자(LPI)
② 변압기
③ 현수애자
④ 피뢰기

14. 다음 그림에서 "A"는 특고압 22.9kV 배전선로의 지지와 절연을 위한 애자를 나타낸 것이다. "A"의 명칭은 ?

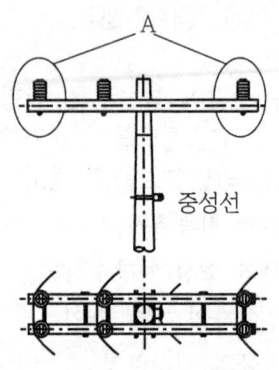

[3상 4선식 선로의 소각도주(10°~20°)]

① 가공지선애자
② 지선애자
③ 라인포스트 애자(LPI)
④ 현수애자

해설 라인포스트 애자(LPI)란 선로용 지지 애자이며, 점 퍼선의 지지용으로 사용된다.

15. 다음 그림에서 A는 배전선로에서 전압을 변환하는 기기이다. A의 명칭으로 맞는 것은 ?

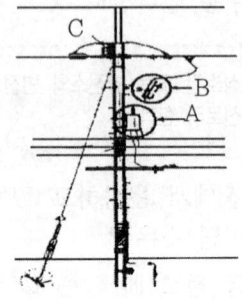

① 현수애자
② 컷아웃스위치(COS)
③ 아킹 혼(Arcing Horn)
④ 주상변압기(P.Tr)

16. 철탑주변에서 건설기계작업을 위해 전선을 지지하는 애자를 확인하니 한 줄에 10개로 되어 있었다. 예측 가능한 전압은?

① 22900V ② 66000V
③ 345000V ④ 154000V

해설 애자가 한 줄에 3개 일 경우에는 22,900V, 10개 인 경우에는 154,00V, 20개 인 경우는 345,00V 이다.

Answer ▶▶▶ 13. ③ 14. ③ 15. ④ 16. ④

17. 그림과 같이 고압 가공전선로 주상변압기를 설치하는데 높이 H는 시가지와 시가지 외에서 각각 몇 m 인가?

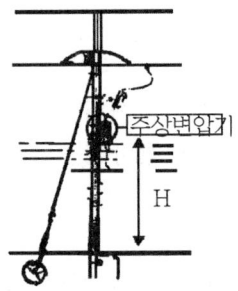

① 시가지= 4.5m, 시가지 외= 4m
② 시가지= 4.5m, 시가지 외= 3m
③ 시가지= 5m, 시가지 외= 4m
④ 시가지= 5m, 시가지 외= 3m

해설
주상변압기의 높이는 시가지에서는 4.5m, 시가지 이외의 지역에서는 4m이다.

18. 특별고압 가공 송전선로에 대한 설명으로 틀린 것은?
① 애자의 수가 많을수록 전압이 높다.
② 겨울철에 비하여 여름철에는 전선이 더 많이 처진다.
③ 154,000V 가공전선은 피복전선이다.
④ 철탑과 철탑과의 거리가 멀수록 전선의 흔들림이 크다.

19. 건설기계로 22.9kV 배전선로에 근접하여 작업할 때 가장 적절한 것은?
① 전력선에 장비가 접촉되는 사고발생 시 시설물관리자에게 연락한다.
② 콘크리트 전주의 전력선은 모두 저압선이므로 접촉해도 안전하다.
③ 작업 중 전력선과 접촉 시 단선만 되지 않으면 안전하다.
④ 작업 중에 전력선이 단선되면 동선으로 접속한다.

20. 작업 중 고압 전력선에 근접 및 접촉할 우려가 있을 때 조치사항으로 가장 적합한 것은?
① 우선 줄자를 이용하여 전력선과의 거리 측정을 한다.
② 관할 시설물 관리자에게 연락을 취한 후 지시를 받는다.
③ 현장의 작업반장에게 도움을 청한다.
④ 고압전력선에 접촉만 하지 않으면 되므로 주의를 기울이면서 작업을 계속한다.

21. 굴삭기, 지게차 및 불도저가 고압전선에 근접, 접촉으로 인한 사고유형이 아닌 것은?
① 화재   ② 화상
③ 휴전   ④ 감전

22. 특별고압 가공 배전선로에 관한 설명으로 옳은 것은?
① 높은 전압일수록 전주 상단에 설치하는 것을 원칙으로 한다.
② 낮은 전압일수록 전주 상단에 설치하는 것을 원칙으로 한다.
③ 전압에 관계없이 장소마다 다르다.
④ 배전선로는 전부 절연전선이다.

해설
높은 전압일수록 전주 상단에 설치하고, 낮은 전압일수록 전주 하단에 설치하는 것을 원칙으로 한다.

Answer 17. ① 18. ③ 19. ① 20. ② 21. ③ 22. ①

23. 전기 선로 주변에서 크레인, 지게차, 굴삭기 등으로 작업 중 활선에 접촉하여 사고가 발생하였을 경우 조치요령으로 가장 거리가 먼 것은?
   ① 발생개소, 정돈, 진척상태를 정확히 파악하여 조치한다.
   ② 이상상태 확대 및 재해방지를 위한 조치, 강구 등의 응급조치를 한다.
   ③ 사고 담당자가 모든 상황을 처리한 후 상사인 안전 담당자 및 작업관계자에게 통보한다.
   ④ 재해가 더 확대되지 않도록 응급상황에 대처한다.

24. 가공전선로 주변에서 굴삭작업 중 [보기]와 같은 상황 발생 시 조치사항으로 가장 적절한 것은?

   [보기]
   굴삭작업 중 작업장 상부를 지나는 전선이 버킷실린더에 의해 단선되었으나 인명과 장비의 피해는 없었다.

   ① 발생 후 1일 이내에 감독관에게 알린다.
   ② 가정용이므로 작업을 마친 다음 현장 전기공에 의해 복구시킨다.
   ③ 발생 즉시 인근 한국전력 사업소에 연락하여 복구하도록 한다.
   ④ 전주나 전주 위의 변압기에 이상이 없으면 무관하다.

25. 22.9kV 배전선로에 근접하여 굴삭기 등 건설기계로 작업 시 안전 관리상 맞는 것은?
   ① 안전관리자의 지시 없이 운전자가 알아서 작업한다.
   ② 전력선에 접촉되더라도 끊어지지 않으면 사고는 발생하지 않는다.
   ③ 전력선이 활선인지 확인 후 안전조치된 상태에서 작업한다.
   ④ 해당 시설관리자는 입회하지 않아도 무관하다.

26. 6600V 고압전선로 주변에서 굴착 시 안전작업 조치사항으로 가장 올바른 것은?
   ① 버킷과 붐 길이는 무시해도 된다.
   ② 전선에 버킷이 근접하는 것은 괜찮다.
   ③ 고압전선에 붐이 근접하지 않도록 한다.
   ④ 고압전선에 장비가 직접 접촉하지 않으면 작업을 할 수 있다.

27. 철탑에 154,000V라는 표시판이 부착되어 있는 전선근처에서 작업으로 틀린 것은?
   ① 전선에 30cm 이내로 접근되지 않게 작업한다.
   ② 철탑 기초에서 충분히 이격하여 굴착한다.
   ③ 철탑 기초 주변 흙이 무너지지 않도록 한다.
   ④ 전선이 바람에 흔들리는 것을 고려하여 접근금지 로프를 설치한다.

   해설
   154,000V의 경우 이격거리는 5m 이상이어야 한다.

Answer
23. ③ 24. ③ 25. ③ 26. ③ 27. ①

28. 154kV 송전선로 주변에서 굴삭기 작업에 관한 설명으로 가장 적합한 내용은?
① 전력회사에만 연락하면 전력선에 접촉해도 안전하다.
② 전력선에 접촉만 않도록 하여 조심하여 작업한다.
③ 전력선에 접촉되더라도 끊어지지 않으면 계속 작업한다.
④ 전력선에 접근되지 않도록 충분한 이격거리를 확보한다.

29. 굴삭기 등 건설기계 운전자가 전선로 주변에서 작업을 할 때 주의할 사항으로 틀린 것은?
① 작업을 할 때 붐이 전선에 근접되지 않도록 주의한다.
② 디퍼(버킷)를 고압선으로부터 안전 이격거리 이상 떨어져서 작업한다.
③ 작업감시자를 배치한 후 전력선 인근에서는 작업감시자의 지시에 따른다.
④ 바람에 흔들리는 정도를 고려하여 전선 이격거리를 감소시켜 작업해야 한다.

30. 송전, 변전 건설공사 시 지게차, 크레인, 호이스트 등을 사용하여 중량물을 운반할 때의 안전수칙 중 잘못된 것은?
① 미리 화물의 중량, 중심의 위치 등을 확인하고, 허용무게를 넘는 화물은 싣지 않는다.
② 올려진 짐의 아래 방향에 사람을 출입시키지 않는다.
③ 법정자격이 있는 자가 운전한다.
④ 작업원은 중량 위에나 지게차의 포크 위에 탑승한다.

31. 지중전선로 지역에서 지하 장애물 조사 시 가장 적합한 방법은?
① 일정 깊이로 보링을 한 후 코어를 분석하여 조사한다.
② 작업속도 효율이 높은 굴삭기로 굴착한다.
③ 굴착개소를 종횡으로 조심스럽게 인력 굴착한다.
④ 장애물 노출 시 굴삭기 브레이커 장비로 찍어본다.

32. 고압 전력케이블을 지중에 매설하는 방법이 아닌 것은?
① 관로식   ② 전력구식
③ 궤도식   ④ 직매식

> [해설] 고압 전력케이블을 지중에 매설하는 방법에는 직매식(직접매설 방식), 관로식, 전력구식(암거식) 등이 있다.

33. 지중 전력케이블 관로로 사용되지 않는 것은?
① 흄관   ② 강관
③ 나이론관   ④ 파형 PE관

34. 굴착으로부터 전력 케이블을 보호하기 위하여 설치하는 표시시설이 아닌 것은?
① 표지시트   ② 지중선로 표시기
③ 모래   ④ 보호판

> [해설] 지중선로 보호표시에는 케이블 표지시트, 지중선로 표시기, 지중선로 표시주, 보호판 등이 있다.

Answer ▶▶▶
28. ④ 29. ④ 30. ④ 31. ③ 32. ③ 33. ③ 34. ③

35. 전력케이블이 매설돼 있음을 표시하기 위한 표지시트는 차도에서 지표면 아래 몇 cm 깊이에 설치되어 있는가?

① 10 ② 30
③ 50 ④ 100

해설
표지시트는 차도에서 지표면 아래 30cm 깊이에 설치되어 있다.

36. 건설기계를 이용하여 도로 굴착작업 중 "고압선 위험" 표지시트가 발견되었다. 다음 중 맞는 것은?

① 표지시트의 직각방향에 전력케이블이 묻혀 있다.
② 표지시트의 직하에 전력케이블이 묻혀 있다.
③ 표지시트의 우측에 전력케이블이 묻혀 있다.
④ 표지시트의 좌측에 전력케이블이 묻혀 있다.

해설
고압선 위험 표지시트의 직하에 전력케이블이 묻혀 있다.

37. 다음 중 전력케이블의 매설 깊이로 가장 적정한 것은?

① 차도 및 중량물의 영향을 받을 우려가 없는 경우 0.3m 이상
② 차도 및 중량물의 영향을 받을 우려가 없는 경우 0.6m 이상
③ 차도 및 중량물의 영향을 받을 우려가 있는 경우 0.3m 이상
④ 차도 및 중량물의 영향을 받을 우려가 있는 경우 0.6m 이상

해설
전력케이블의 매설 깊이는 차도 및 중량물의 영향을 받을 우려가 없는 경우 0.6m 이상이다.

38. 다음은 시가지에서 시설한 고압 전선로에서 자가용 수용가에 구내전주를 경유하여 옥외 수전설비에 이르는 전선로 및 시설의 실체도이다. ⓗ에서 지중전선로의 차도부분의 매설깊이는 몇[m]인가?

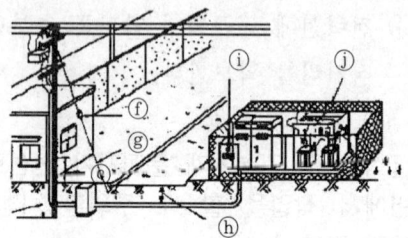

① 1.2m ② 1m
③ 0.75m ④ 0.5m

해설
지중 전선로의 차도부분의 매설깊이는 1.2m 이다.

39. 건설기계에 의한 콘크리트 전주 주변 굴착작업에 대한 설명 중 옳은 것은?

① 콘크리트 전주는 지선을 이용하여 지지되어 있어 전주 주변을 굴착해도 된다.
② 콘크리트 전주 밑동에는 근기를 이용하여 지지되어 있어 지선이 단선 접촉되어도 된다.
③ 작업 중 지선이 끊어지면 같은 굵기의 철선을 이으면 된다.
④ 전선 및 지선 주위를 함부로 굴착해서는 안 된다.

Answer
35. ② 36. ② 37. ② 38. ① 39. ④

40. 차도 아래에 매설되는 전력케이블(직접매설식)은 지면에서 최소 몇 m 이상의 깊이로 매설되어야 하는가?
① 2.5m   ② 0.9m
③ 1.2m   ④ 0.3m

해설
전력케이블을 직접매설식으로 매설할 때 매설깊이는 최저 1.2m 이상이다.

41. 굴착공사를 하고자 할 때 지하 매설물 설치 여부와 관련하여 안전상 가장 적합한 조치는?
① 굴착공사 시행자는 굴착공사를 착공하기 전에 굴착지점 또는 그 인근의 주요 매설물 설치 여부를 미리 확인하여야 한다.
② 굴착공사 도중 작업에 지장이 있는 고압케이블은 옆으로 옮기고 계속 작업을 진행한다.
③ 굴착공사 시행자는 굴착공사 시공 중에 굴착지점 또는 그 인근의 주요 매설물 설치 여부를 확인하여야 한다.
④ 굴착작업 중 전기, 가스, 통신 등의 지하매설물에 손상을 가하였을 시 즉시 매설하여야 한다.

42. 전선로가 매설된 도로에서 굴착작업 시 설명으로 가장 적합한 것은?
① 지하에는 저압케이블만 매설되어 있다.
② 굴착작업 중 케이블 표지시트가 노출되면 제거하고 계속 굴착한다.
③ 전선로 매설지역에서 기계굴착 작업 중 모래가 발견되면 인력으로 작업을 한다.
④ 접지선이 노출되면 철거 후 계속 작업한다.

해설
전선로가 매설된 도로에서 기계굴착 작업 중 모래가 발견되면 인력으로 작업을 한다.

43. 건설기계를 이용한 파일작업 중 지하에 매설된 전력케이블 외피가 손상되었을 경우 가장 적절한 조치방법은?
① 케이블 내에 있는 동선에 손상이 없으면 전력공급에 지장이 없다.
② 케이블 외피를 마른 헝겊으로 감아 놓았다.
③ 인근 한국전력사업소에 통보하고 손상부위를 절연 테이프로 감은 후 흙으로 덮었다.
④ 인근 한국전력사업소에 연락하여 한전에서 조치하도록 하였다.

해설
파일작업 중 지하에 매설된 전력케이블 외피가 손상되었을 경우에는 인근 한국전력사업소에 연락하여 한전에서 조치토록 한다.

44. 전기설비에서 차단기의 종류 중 ELB (earth leakage circuit breaker)는 어떤 차단기 인가?
① 유입 차단기
② 진공 차단기
③ 누전 차단기
④ 가스차단기

해설
ELB(earth leakage circuit breaker)란 누전차단기이다.

Answer
40. ③   41. ①   42. ③   43. ④   44. ③

45. 도로에서 파일 항타, 굴착작업 중 지하에 매설된 전력 케이블 피복이 손상되었을 때 전력공급에 파급되는 영향 중 가장 올바르게 설명한 것은?
① 케이블이 절단되어도 전력공급에는 지장이 없다.
② 케이블은 외피 및 내부가 철 그물망으로 되어있어 절대로 절단되지 않는다.
③ 케이블을 보호하는 관은 손상이 되어도 전력공급에는 지장이 없으므로 별도의 조치는 필요 없다.
④ 전력케이블에 충격 또는 손상이 가해지면 전력공급이 차단되거나 일정시일 경과 후 부식 등으로 전력공급이 중단될 수 있다.

해설
도로에서 파일 항타, 굴착작업 중에 매설된 전력케이블이 충격 또는 손상이 가해지면 즉각 전력공급이 차단되거나 일정시일 경과 후 부식 등으로 전력공급이 중단될 수 있다.

46. 지하 전력케이블이 지상전주로 입상 또는 지상 전력선이 지하 전력케이블로 입하하는 전주 주변에서 건설기계로 작업할 때 가장 올바른 설명은?
① 지하 전력케이블이 지상전주로 입상하는 전주는 전력선이 케이블로 되어있어 건설기계가 접촉해도 무관하다.
② 지상전주의 전력선이 지하 전력케이블로 입하하는 전주는 전력선이 케이블로 되어있어 건설기계가 접촉해도 상관이 없다.
③ 전력케이블이 입상 또는 입하하는 전주에는 건설기계가 절대로 접촉 또는 근접하지 않도록 한다.
④ 전력케이블이 입상 또는 입하하는 전주의 전력선은 모두 케이블로 되어있어 건설기계가 근접하는 것은 가능하나, 접촉되지 않으면 된다.

해설
지하 전력케이블이 지상 전주로 입상 또는 지상 전력선이 지하 전력케이블로 입하하는 전주 주변에서 건설기계로 작업할 경우에는 전력케이블이 입상 또는 입하하는 전주 상에는 기기가 설치되어 있어 건설기계가 절대로 접촉 또는 근접해서는 안 된다.

47. 다음 그림은 전주 번호찰 표기 내용이다. 전주길이를 나타내는 것은?

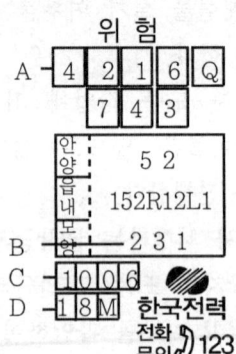

① C   ② A
③ B   ④ D

해설
• A : 관리구 번호   • B : 전주번호
• C : 시행년월   • D : 전주길이

48. 전기시설에 접지공사가 되어 있는 경우 접지선의 표시색은?
① 적색   ② 녹색
③ 황색   ④ 백색

해설
접지선의 표시색은 녹색이다.

Answer ▶▶▶ 45. ④ 46. ③ 47. ④ 48. ②

Chapter 08 • 실력평가

01 굴삭기운전기능사

01. 해머사용 시 안전에 주의해야 될 사항으로 틀린 것은 ?
① 해머사용 전 주위를 살펴본다.
② 담금질한 것은 무리하게 두들기지 않는다.
③ 해머를 사용하여 작업할 때에는 처음부터 강한 힘을 사용한다.
④ 대형해머를 사용할 때는 자기의 힘에 적합한 것으로 한다.

02. 무거운 물건을 들어 올릴 때의 주의사항에 관한 설명으로 가장 적합하지 않은 것은 ?
① 장갑에 기름을 묻히고 든다.
② 가능한 이동식 크레인을 이용한다.
③ 힘센 사람과 약한 사람과의 균형을 잡는다.
④ 약간씩 이동하는 것은 지렛대를 이용할 수도 있다.

03. 다음 중 전기설비 화재 시 가장 적합하지 않은 소화기는 ?
① 포말 소화기
② 이산화탄소 소화기
③ 무상 강화액 소화기
④ 할로겐화합물 소화기

전기화재의 소화에 포말소화기는 사용해서는 안된다.

04. 다음 중 사용구분에 따른 차광보안경의 종류에 해당하지 않는 것은 ?
① 자외선용   ② 적외선용
③ 용접용   ④ 비산방지용

05. 크레인 인양작업 시 줄걸이 안전사항으로 적합하지 않은 것은 ?
① 신호자는 원칙적으로 1인이다.
② 신호자는 크레인운전자가 잘 볼 수 있는 안전한 위치에서 행한다.
③ 2인 이상의 고리 걸이 작업 시에는 상호 간에 소리를 내면서 행한다.
④ 권상작업 시 지면에 있는 보조자는 와이어로프를 손으로 꼭 잡아 하물이 흔들리지 않게 하여야 한다.

06. 산업안전보건법상 산업재해의 정의로 옳은 것은?
① 고의로 물적 시설을 파손한 것을 말한다.
② 운전 중 본인의 부주의로 교통사고가 발생된 것을 말한다.
③ 일상 활동에서 발생하는 사고로서 인적 피해에 해당하는 부분을 말한다.
④ 근로자가 업무에 관계되는 건설물·설비·원재료·가스·증기·분진 등에 의하거나 작업 또는 그 밖의 업무로 인하여 사망 또는 부상하거나 질병에 걸리게 되는 것을 말한다.

07. 산업재해 원인은 직접원인과 간접원인으로 구분되는데 다음 직접원인 중에서 불안전한 행동에 해당되지 않는 것은?
① 허가 없이 장치를 운전
② 불충분한 경보 시스템
③ 결함 있는 장치를 사용
④ 개인 보호구 미사용

08. 다음 중 산소결핍의 우려가 있는 장소에서 착용하여야 하는 마스크의 종류는?
① 방독 마스크   ② 방진 마스크
③ 송기 마스크   ④ 가스 마스크

09. 다음 중 가스안전 영향평가서를 작성하여야 하는 공사는?
① 도로 폭이 8m 이상인 도로
② 가스배관이 통과하는 지하보도
③ 도로 폭이 12m 이상인 도로
④ 가스배관의 매설이 없는 철도구간

10. 22.9kV 배전선로에 근접하여 굴삭기 등 건설기계로 작업 시 안전 관리상 맞는 것은?
① 안전관리자의 지시 없이 운전자가 알아서 작업한다.
② 전력선에 접촉되더라도 끊어지지 않으면 사고는 발생하지 않는다.
③ 전력선이 활선인지 확인 후 안전조치된 상태에서 작업한다.
④ 해당 시설관리자는 입회하지 않아도 무관하다.

11. 기관의 실린더 수가 많을 때의 장점이 아닌 것은?
① 기관의 진동이 적다.
② 저속회전이 용이하고 큰 동력을 얻을 수 있다.
③ 연료소비가 적고 큰 동력을 얻을 수 있다.
④ 가속이 원활하고 신속하다.

> **해설**
> 실린더 수가 많으면 흡입공기의 분배가 어렵고 연료소모가 많다.

12. 기관의 연료장치에서 희박한 혼합비가 미치는 영향으로 옳은 것은?
① 시동이 쉬워진다.
② 저속 및 공전이 원활하다.
③ 연소속도가 빠르다.
④ 출력(동력)의 감소를 가져온다.

> **해설**
> 혼합비가 희박하면 기관 시동이 어렵고, 저속운전이 불량해지며, 연소속도가 느려 기관의 출력이 저하한다.

13. 커먼레일 디젤기관의 흡기온도센서(ATS)에 대한 설명으로 틀린 것은?

① 주로 냉각팬 제어신호로 사용된다.
② 연료량 제어 보정신호로 사용된다.
③ 분사시기 제어 보정신호로 사용된다.
④ 부특성 서미스터이다.

해설 -- 흡기온도 센서는 부특성 서미스터를 이용하며, 분사시기와 연료량 제어 보정신호로 사용된다.

14. 수냉식 기관이 과열되는 원인으로 틀린 것은?

① 방열기의 코어가 20% 이상 막혔을 때
② 규정보다 높은 온도에서 수온조절기가 열릴 때
③ 수온조절기가 열린 채로 고정되었을 때
④ 규정보다 적게 냉각수를 넣었을 때

15. 윤활유의 구비조건으로 틀린 것은?

① 청정성이 있을 것
② 적당한 점도를 가질 것
③ 인화점 및 발화점이 높을 것
④ 응고점이 높고 유막이 적당할 것

16. 배기터빈 과급기에서 터빈 축 베어링의 윤활방법으로 옳은 것은?

① 기관오일을 급유
② 오일리스 베어링 사용
③ 그리스로 윤활
④ 기어오일을 급유

해설 -- 과급기의 터빈축 베어링에는 기관오일을 급유한다.

17. 에어컨시스템에서 기화된 냉매를 액화하는 장치는?

① 응축기   ② 건조기
③ 컴프레서   ④ 팽창밸브

해설 -- 응축기(condenser)는 고온·고압의 기체냉매를 냉각에 의해 액체냉매 상태로 변화시킨다.

18. 도체 내의 전류의 흐름을 방해하는 성질은?

① 전하   ② 전류
③ 전압   ④ 저항

해설 -- 저항은 전자의 이동을 방해하는 요소이다.

19. MF(maintenance free) 축전지에 대한 설명으로 적합하지 않는 것은?

① 격자의 재질은 납과 칼슘합금이다.
② 무보수용 배터리다.
③ 밀봉 촉매마개를 사용한다.
④ 증류수는 매 15일마다 보충한다.

해설 -- MF축전지는 증류수를 점검 및 보충하지 않아도 된다.

20. 충전장치의 역할로 틀린 것은?

① 램프류에 전력을 공급한다.
② 에어컨장치에 전력을 공급한다.
③ 축전지에 전력을 공급한다.
④ 기동장치에 전력을 공급한다.

해설 -- 기동장치에 전력을 공급하는 것은 축전지이다.

21. 유압회로에서 작동유의 정상작동 온도에 해당되는 것은?

① 5~10℃   ② 40~80℃
③ 112~115℃   ④ 125~140℃

해설 -- 작동유의 정상작동 온도범위는 40~80℃ 정도이다.

22. 유압 실린더의 숨 돌리기 현상이 생겼을 때 일어나는 현상이 아닌 것은?
   ① 작동지연 현상이 생긴다.
   ② 서지압이 발생한다.
   ③ 오일의 공급이 과대해진다.
   ④ 피스톤 작동이 불안정하게 된다.

   해설) 유압실린더의 숨 돌리기 현상이 생겼을 때 일어나는 현상은 ①, ②, ④항 이외에 오일의 공급이 부족해진다.

23. 건설기계의 유압장치 취급방법으로 적합하지 않은 것은?
   ① 유압장치는 워밍업 후 작업하는 것이 좋다.
   ② 유압유는 1주에 한 번, 소량씩 보충한다.
   ③ 작동유에 이물질이 포함되지 않도록 관리·취급하여야 한다.
   ④ 작동유가 부족하지 않은지 점검하여야 한다.

24. 난연성 작동유의 종류에 해당하지 않는 것은?
   ① 석유계 작동유
   ② 유중수형 작동유
   ③ 물-글리콜형 작동유
   ④ 인산 에스텔형 작동유

   해설) 난연성 작동유의 종류에는 인산에스테르, 폴리올에스테르 수중유적형(O/W), 유중수형(W/O), 물-글리콜계 등이 있다.

25. 건설기계작업 중 유압회로 내의 유압이 상승되지 않을 때의 점검사항으로 적합하지 않은 것은?
   ① 오일탱크의 오일량 점검
   ② 오일이 누출되었는지 점검
   ③ 펌프로부터 유압이 발생되는지 점검
   ④ 자기탐상법에 의한 작업장치의 균열점검

26. 유압장치에서 가장 많이 사용되는 유압 회로도는?
   ① 조합 회로도
   ② 그림 회로도
   ③ 단면 회로도
   ④ 기호 회로도

   해설) 일반적으로 많이 사용하는 유압 회로도는 기호 회로도이다.

27. 플런저가 구동축의 직각방향으로 설치되어 있는 유압모터는?
   ① 캠형 플런저 모터
   ② 액시얼형 플런저 모터
   ③ 블래더형 플런저 모터
   ④ 레이디얼형 플런저 모터

   해설) 레이디얼형 플런저 모터는 플런저가 구동축의 직각방향으로 설치되어 있다.

28. 유압실린더의 움직임이 느리거나 불규칙할 때의 원인이 아닌 것은?
   ① 피스톤 링이 마모되었다.
   ② 유압유의 점도가 너무 높다.
   ③ 회로 내에 공기가 혼입되고 있다.
   ④ 체크밸브의 방향이 반대로 설치되어 있다.

29. 유압실린더의 종류에 해당하지 않는 것은?

① 복동 실린더 싱글로드형
② 복동 실린더 더블로드형
③ 단동 실린더 배플형
④ 단동 실린더 램형

해설 유압실린더의 종류에는 단동실린더, 복동 실린더(싱글로드형과 더블로드형), 다단 실린더, 램형 실린더 등이 있다.

30. 일반적인 오일탱크의 구성품이 아닌 것은?

① 스트레이너
② 유압태핏
③ 드레인 플러그
④ 배플 플레이트

해설 오일탱크는 유압펌프로 흡입되는 유압유를 여과하는 스트레이너, 탱크 내의 오일량을 표시하는 유면계, 유압유의 출렁거림을 방지하고 기포발생 방지 및 제거하는 배플 플레이트(격판) 유압유를 배출시킬 때 사용하는 드레인 플러그 등으로 구성된다.

31. 도로교통법령에 따라 도로를 통행하는 자동차가 야간에 켜야 하는 등화의 구분 중 견인되는 차가 켜야 할 등화는?

① 전조등, 차폭등, 미등
② 미등, 차폭등, 번호등
③ 전조등, 미등, 번호등
④ 전조등, 미등

해설 야간에 견인되는 자동차가 켜야 할 등화는 차폭등, 미등, 번호등이다.

32. 건설기계관리법령상 시·도지사는 건설기계등록원부를 건설기계의 등록을 말소한 날부터 몇 년간 보존하여야 하는가?

① 3
② 5
③ 7
④ 10

해설 건설기계 등록원부는 건설기계의 등록을 말소한 날부터 10년간 보존하여야 한다.

33. 대형건설기계의 특별표지 중 경고표지판 부착 위치는?

① 작업인부가 쉽게 볼 수 있는 곳
② 조종실 내부의 조종사가 보기 쉬운 곳
③ 교통경찰이 쉽게 볼 수 있는 곳
④ 특별번호판 옆

해설 대형 건설기계에는 조종실 내부의 조종사가 보기 쉬운 곳에 경고표시판을 부착하여야 한다.

34. 도로에서 정차를 하고자 할 때의 방법으로 옳은 것은?

① 차체의 전단부가 도로 중앙을 향하도록 비스듬히 정차한다.
② 진행방향의 반대방향으로 정차한다.
③ 차도의 우측 가장자리에 정차한다.
④ 일방통행로에서 좌측 가장자리에 정차한다.

35. 교통사고로서 중상의 기준에 해당하는 것은?

① 1주 이상의 치료를 요하는 부상
② 2주 이상의 치료를 요하는 부상
③ 3주 이상의 치료를 요하는 부상
④ 4주 이상의 치료를 요하는 부상

해설 중상 기준은 3주 이상의 치료를 요하는 부상이다.

36. 고속도로를 제외한 도로에서 위험을 방지하고 교통의 안전과 원활한 소통을 확보하기 위하여 필요 시 구역 또는 구간을 지정하여 자동차의 속도를 제한할 수 있는 자는 ?
① 경찰청장
② 국토교통부장관
③ 지방경찰청장
④ 도로교통공단 이사장

해설 ----
지방경찰청장은 도로에서 위험을 방지하고 교통의 안전과 원활한 소통을 확보하기 위하여 필요하다고 인정하는 때에 구역 또는 구간을 지정하여 자동차의 속도를 제한할 수 있다.

37. 건설기계의 조종 중 과실로 7명 이상에게 중상을 입힌 때 면허처분 기준은 ?
① 면허 취소
② 면허 효력정지 30일
③ 면허 효력정지 60일
④ 면허 효력정지 90일

38. 건설기계의 정비명령은 누구에게 하여야 하는가 ?
① 해당기계 운전자
② 해당기계 검사업자
③ 해당기계 정비업자
④ 해당기계 소유자

해설 ----
정비명령은 검사에 불합격한 해당 건설기계 소유자에게 한다.

39. 운전자가 진행방향을 변경하려고 할 때 신호를 하여야 할 시기로 옳은 것은 ?
(단, 고속도로 제외)
① 변경하려고 하는 지점의 3m 전에서
② 변경하려고 하는 지점의 10m 전에서
③ 변경하려고 하는 지점의 30m 전에서
④ 특별히 정하여져 있지 않고, 운전자 임의대로

해설 ----
진행방향을 변경하려고 할 때 신호를 하여야 할 시기는 변경하려고 하는 지점의 30m 전이다.

40. 신호등이 없는 교차로에 좌회전하려는 버스와 그 교차로에 진입하여 직진하고 있는 건설기계가 있을 때 어느 차가 우선권이 있는가 ?
① 직진하고 있는 건설기계가 우선
② 좌회전하려는 버스가 우선
③ 사람이 많이 탄 차가 우선
④ 형편에 따라서 우선순위가 정해짐

41. 전부장치가 부착된 굴삭기를 트레일러로 수송할 때 붐이 향하는 방향으로 가장 적합한 것은 ?
① 앞 방향　　② 뒷 방향
③ 좌측방향　　④ 우측방향

해설 ----
트레일러로 굴삭기를 운반할 때 작업장치를 반드시 뒤쪽으로 한다.

42. 토크컨버터 구성품 중 스테이터의 기능으로 맞는 것은 ?
① 오일의 흐름방향을 바꾸어 회전력을 증대시킨다.
② 토크컨버터의 동력을 전달 또는 차단시킨다.
③ 오일의 회전속도를 감속하여 견인력을 증대시킨다.
④ 클러치판의 마찰력을 감소시킨다.

해설 ----
스테이터는 펌프와 터빈사이의 오일 흐름방향을 바꾸어 회전력을 증대시킨다.

43. 무한궤도식 굴삭기에서 주행충격이 클 때 트랙의 조정방법 중 틀린 것은?
① 브레이크가 있는 경우에는 브레이크를 사용해서는 안 된다.
② 장력은 일반적으로 25~40cm이다.
③ 2~3회 반복 조정하여 양쪽 트랙의 유격을 똑같이 조정하여야 한다.
④ 전진하다가 정지시켜야 한다.

해설) 트랙유격 일반적으로 25~40mm 정도이다.

44. 유압식 굴삭기의 특징이 아닌 것은?
① 구조가 간단하다.
② 운전조작이 쉽다.
③ 프런트 어태치먼트 교환이 쉽다.
④ 회전부분의 용량이 크다.

45. 다음 중 굴삭기 작업장치의 구성요소에 속하지 않는 것은?
① 붐　　　　② 디퍼스틱
③ 버킷　　　④ 롤러

46. 굴삭기의 굴삭력이 가장 클 경우는?
① 암과 붐이 일직선상에 있을 때
② 암과 붐이 45°선상을 이루고 있을 때
③ 버킷을 최소작업 반경위치로 놓았을 때
④ 암과 붐이 직각위치에 있을 때

해설) 큰 굴삭력은 암과 붐의 각도가 80~110° 정도일 때 발휘한다.

47. 타이어식 건설기계의 액슬 허브에 오일을 교환하고자 한다. 오일을 배출시킬 때와 주입할 때의 플러그 위치로 옳은 것은?
① 배출시킬 때 1시 방향, 주입할 때 : 9시 방향
② 배출시킬 때 6시 방향, 주입할 때 : 9시 방향
③ 배출시킬 때 3시 방향, 주입할 때 : 9시 방향
④ 배출시킬 때 2시 방향, 주입할 때 : 12시 방향

해설) 액슬 허브 오일을 교환할 때 오일을 배출시킬 경우에는 플러그를 6시 방향에, 주입할 때는 플러그 방향을 9시에 위치시킨다.

48. 건설기계를 트레일러에 상·하차하는 방법 중 틀린 것은?
① 언덕을 이용한다.
② 기중기를 이용한다.
③ 타이어를 이용한다.
④ 건설기계 전용 상하차대를 이용한다.

49. 굴삭기로 작업시 작동이 불가능하거나 해서는 안 되는 작동은 어느 것인가?
① 굴삭하면서 선회한다.
② 붐을 들면서 버킷에 흙을 담는다.
③ 붐을 낮추면서 선회한다.
④ 붐을 낮추면서 굴삭 한다.

50. 덤프트럭에 상차작업 시 가장 중요한 굴삭기의 위치는?
① 선회거리를 가장 짧게 한다.
② 암 작동거리를 가장 짧게 한다.
③ 버킷 작동거리를 가장 짧게 한다.
④ 붐 작동거리를 가장 짧게 한다.

해설) 덤프트럭에 상차작업을 할 때 굴삭기의 선회거리를 가장 짧게 하여야 한다.

51. 다음 중 효과적인 굴착작업이 아닌 것은?
 ① 붐과 암의 각도를 80~110°정도로 선정한다.
 ② 버킷 투스의 끝이 암(디퍼스틱)보다 안쪽으로 향해야 한다.
 ③ 버킷은 의도한대로 위치하고 붐과 암을 계속 변화시키면서 굴착한다.
 ④ 굴착한 후 암(디퍼스틱)을 오므리면서 붐은 상승위치로 변화시켜 하역위치로 스윙한다.

해설 ------
버킷 투스의 끝이 암(디퍼스틱)보다 바깥쪽으로 향해야 한다.

52. 굴삭기의 주행성능이 불량할 때 점검과 관계없는 것은?
 ① 트랙장력   ② 스윙모터
 ③ 주행모터   ④ 센터조인트

53. 타이어형 굴삭기의 주행 전 주의사항으로 틀린 것은?
 ① 버킷 실린더, 암 실린더를 충분히 늘려 펴서 버킷이 캐리어 상면 높이 위치에 있도록 한다.
 ② 버킷 레버, 암 레버, 붐 실린더 레버가 움직이지 않도록 잠가둔다.
 ③ 선회고정 장치는 반드시 풀어 놓는다.
 ④ 굴삭기에 그리스, 오일, 진흙 등이 묻어 있는지 점검한다.

해설 ------
선회고정 장치는 반드시 잠그고 주행한다.

54. 무한궤도식 굴삭기로 주행 중 회전반경을 가장 적게 할 수 있는 방법은?
 ① 한쪽 주행 모터만 구동시킨다.
 ② 구동하는 주행 모터 이외에 다른 모터의 조향 브레이크를 강하게 작동시킨다.
 ③ 2개의 주행모터를 서로 반대방향으로 동시에 구동시킨다.
 ④ 트랙의 폭이 좁은 것으로 교체한다.

해설 ------
회전반경을 적게 하려면 2개의 주행모터를 서로 반대방향으로 동시에 구동시킨다. 즉 스핀회전을 한다.

55. 크롤러식 굴삭기에서 상부회전체의 회전에는 영향을 주지 않고 주행모터에 작동유를 공급할 수 있는 부품은?
 ① 컨트롤밸브   ② 센터조인트
 ③ 사축형 유압모터 ④ 언로더밸브

해설 ------
센터조인트는 상부회전체의 회전중심부에 설치되어 있으며, 상부회전체의 유압유를 주행모터로 전달한다. 또 상부회전체가 회전하더라도 호스, 파이프 등이 꼬이지 않고 원활히 공급한다.

56. 크롤러형 굴삭기에서 하부 추진체의 동력전달순서로 맞는 것은?
 ① 기관 → 트랙 → 유압모터 → 변속기 → 토크컨버터
 ② 기관 → 토크컨버터 → 변속기 → 트랙 → 클러치
 ③ 기관 → 유압펌프 → 컨트롤밸브 → 주행 모터 → 트랙
 ④ 기관 → 트랙 → 스프로킷 → 변속기 → 클러치

해설 ------
무한궤도식 굴삭기의 하부 추진체 동력전달순서는 기관 → 유압펌프 → 컨트롤밸브 → 센터조인트 → 주행 모터 → 트랙이다.

57. 굴삭기의 밸런스 웨이트(balance weight)에 대한 설명으로 가장 적합한 것은?

① 작업을 할 때 장비의 뒷부분이 들리는 것을 방지한다.
② 굴삭량에 따라 중량물을 들 수 있도록 운전자가 조절하는 장치이다.
③ 접지 압을 높여주는 장치이다.
④ 접지면적을 높여주는 장치이다.

[해설]
굴삭기의 밸런스 웨이트(평형추)는 작업을 할 때 장비의 뒷부분이 들리는 것을 방지한다.

58. 굴삭기의 상부회전체는 어느 것에 의해 하부주행체에 연결되어 있는가?

① 푸트핀
② 스윙 볼 레이스
③ 스윙모터
④ 주행모터

[해설]
굴삭기 상부회전체는 스윙 볼 레이스에 의해 하부주행체와 연결된다.

59. 굴삭기 버킷 포인트(투스)의 사용 및 정비방법으로 옳은 것은?

① 샤프형 포인트는 암석, 자갈 등의 굴착 및 적재작업에 사용한다.
② 로크형 포인트는 점토, 석탄 등을 잘 나낼 때 사용한다.
③ 핀과 고무 등은 가능한 한 그대로 사용한다.
④ 마모상태에 따라 안쪽과 바깥쪽의 포인트를 바꿔 끼워가며 사용한다.

[해설]
버킷 포인트(투스)는 마모상태에 따라 안쪽과 바깥쪽의 포인트를 바꿔 끼워가며 사용한다.

60. 작업장치 핀 등에 그리스가 주유되었는가를 확인하는 방법으로 옳은 것은?

① 그리스 니플을 분해하여 확인한다.
② 그리스 니플을 깨끗이 청소한 후 확인한다.
③ 그리스 니플의 볼을 눌러 확인한다.
④ 그리스 주유 후 확인할 필요가 없다.

[해설]
그리스 주유 확인은 니플의 볼을 눌러 확인한다.

Answer

01. ③ 02. ① 03. ① 04. ④ 05. ④ 06. ④ 07. ② 08. ③ 09. ② 10. ③ 11. ③
12. ④ 13. ① 14. ② 15. ④ 16. ① 17. ① 18. ④ 19. ④ 20. ④ 21. ② 22. ③
23. ② 24. ① 25. ④ 26. ④ 27. ④ 28. ④ 29. ③ 30. ③ 31. ② 32. ④ 33. ②
34. ② 35. ③ 36. ③ 37. ① 38. ③ 39. ④ 40. ① 41. ③ 42. ① 43. ② 44. ④
45. ④ 46. ④ 47. ③ 48. ④ 49. ① 50. ① 51. ② 52. ③ 53. ③ 54. ③ 55. ②
56. ③ 57. ① 58. ② 59. ④ 60. ③

02 굴삭기운전기능사

01. 전기화재에 적합하며 화재 때 화점에 분사하는 소화기로 산소를 차단하는 소화기는?
① 포말소화기
② 이산화탄소 소화기
③ 분말소화기
④ 증발소화기

[해설] 이산화탄소 소화기는 유류, 전기화재 모두 적용이 가능하나, 산소차단(질식작용)에 의해 화염을 진화하기 때문에 실내에서 사용할 때는 특히 주의를 기울여야 한다.

02. 건설기계 작업 시 주의사항으로 틀린 것은?
① 운전석을 떠날 경우에는 기관을 정지시킨다.
② 작업 시에는 항상 사람의 접근에 특별히 주의한다.
③ 주행 시는 가능한 한 평탄한 지면으로 주행한다.
④ 후진 시는 후진 후 사람 및 장애물 등을 확인한다.

03. 기계의 회전부분(기어, 벨트, 체인)에 덮개를 설치하는 이유는?
① 좋은 품질의 제품을 얻기 위하여
② 회전부분의 속도를 높이기 위하여
③ 제품의 제작과정을 숨기기 위하여
④ 회전부분과 신체의 접촉을 방지하기 위하여

04. 수공구 사용방법으로 옳지 않은 것은?
① 좋은 공구를 사용할 것
② 해머의 쐐기 유무를 확인할 것
③ 스패너는 너트에 잘 맞는 것을 사용할 것
④ 해머의 사용면이 넓고 얇아진 것을 사용할 것

05. 산업재해의 통상적인 분류 중 통계적 분류에 대한 설명으로 틀린 것은?
① 사망 : 업무로 인해서 목숨을 잃게 되는 경우
② 중경상 : 부상으로 인하여 30일 이상의 노동 상실을 가져온 상해정도
③ 경상해 : 부상으로 1일 이상 7일 이하의 노동 상실을 가져온 상해정도
④ 무상해 사고 : 응급처치 이하의 상처로 작업에 종사하면서 치료를 받는 상해정도

06. 불안전한 조명, 불안전한 환경, 방호장치의 결함으로 인하여 오는 산업재해 요인은?
① 지적 요인   ② 물적 요인
③ 신체적 요인 ④ 정신적 요인

[해설] 물적 요인이란 불안전한 조명, 불안전한 환경, 방호장치의 결함 등으로 인하여 발생하는 산업재해이다.

07. 일반적인 보호구의 구비조건으로 맞지 않는 것은?
① 착용이 간편할 것
② 햇볕에 잘 열화 될 것
③ 재료의 품질이 양호할 것
④ 위험유해 요소에 대한 방호성능이 충분할 것

08. 다음 중 가스누설 검사에 가장 좋고 안전한 것은?
① 아세톤   ② 성냥불
③ 순수한 물   ④ 비눗물

09. 굴착공사 중 적색으로 된 도시가스 배관을 손상시켰으나 다행히 가스는 누출되지 않고 피복만 벗겨졌다. 이때의 조치 사항으로 가장 적합한 것은?
① 해당 도시가스회사에 그 사실을 알려 보수하도록 한다.
② 가스가 누출되지 않았으므로 그냥 되메우기 한다.
③ 벗겨지거나 손상된 피복은 고무판이나 비닐 테이프로 감은 후 되메우기 한다.
④ 벗겨진 피복은 부식방지를 위하여 아스팔트를 칠하고 비닐테이프로 감은 후 직접 되메우기 한다.

10. 특별고압 가공 배전선로에 관한 설명으로 옳은 것은?
① 높은 전압일수록 전주 상단에 설치하는 것을 원칙으로 한다.
② 낮은 전압일수록 전주 상단에 설치하는 것을 원칙으로 한다.
③ 전압에 관계없이 장소마다 다르다.
④ 배전선로는 전부 절연전선이다.

11. 노킹이 발생되었을 때 디젤기관에 미치는 영향이 아닌 것은?
① 배기가스의 온도가 상승한다.
② 연소실 온도가 상승한다.
③ 엔진에 손상이 발생할 수 있다.
④ 출력이 저하된다.

12. 크랭크축의 비틀림 진동에 대한 설명으로 틀린 것은?
① 각 실린더의 회전력 변동이 클수록 커진다.
② 크랭크축이 길수록 커진다.
③ 강성이 클수록 커진다.
④ 회전부분의 질량이 클수록 커진다.

> **해설**
> 크랭크축의 비틀림 진동발생은 크랭크축의 강성이 적을수록, 기관의 회전속도가 느릴수록 크다.

13. 디젤기관에서 발생하는 진동의 원인이 아닌 것은?
① 프로펠러 샤프트의 불균형
② 분사시기의 불균형
③ 분사량의 불균형
④ 분사압력의 불균형

14. 2행정 디젤기관의 소기방식에 속하지 하는 것은?
① 루프 소기식   ② 횡단 소기식
③ 복류 소기식   ④ 단류 소기식

> **해설**
> 소기방식에는 단류 소기식, 횡단 소기식, 루프 소기식이 있다.

15. 건설기계운전 작업 중 온도게이지가 "H" 위치에 근접되어 있다. 운전자가 취해야 할 조치로 가장 알맞은 것은?
① 작업을 계속해도 무방하다.
② 잠시 작업을 중단하고 휴식을 취한 후 다시 작업한다.
③ 윤활유를 즉시 보충하고 계속 작업한다.
④ 작업을 중단하고 냉각수 계통을 점검한다.

16. 전조등의 구성부품으로 틀린 것은?
① 전구　　　　② 렌즈
③ 반사경　　　④ 플래셔 유닛

17. 압력식 라디에이터 캡에 대한 설명으로 옳은 것은?
① 냉각장치 내부압력이 규정보다 낮을 때 공기밸브는 열린다.
② 냉각장치 내부압력이 규정보다 높을 때 진공밸브는 열린다.
③ 냉각장치 내부압력이 부압이 되면 진공밸브는 열린다.
④ 냉각장치 내부압력이 부압이 되면 공기밸브는 열린다.

해설
압력식 라디에이터 캡의 작동
• 냉각장치 내부압력이 부압이 되면(내부압력이 규정보다 낮을 때) 진공밸브가 열린다.
• 냉각장치 내부압력이 규정보다 높을 때 압력밸브가 열린다.

18. 일반적인 축전지 터미널의 식별법으로 적합하지 않은 것은?
① (+), (-)의 표시로 구분한다.
② 터미널의 요철로 구분한다.
③ 굵고 가는 것으로 구분한다.
④ 적색과 흑색 등 색깔로 구분한다.

19. 교류발전기에서 높은 전압으로부터 다이오드를 보호하는 구성품은 어느 것인가?
① 콘덴서　　　② 필드코일
③ 정류기　　　④ 로터

해설
콘덴서는 교류발전기에서 높은 전압으로부터 다이오드를 보호한다.

20. 기관의 기동을 보조하는 장치가 아닌 것은?
① 공기 예열장치
② 실린더의 감압장치
③ 과급장치
④ 연소촉진제 공급 장치

21. 건설기계조종사의 면허취소 사유에 해당하는 것은?
① 과실로 인하여 1명을 사망하게 하였을 경우
② 면허의 효력정지 기간 중 건설기계를 조종한 경우
③ 과실로 인하여 10명에게 경상을 입힌 경우
④ 건설기계로 1천만 원 이상의 재산피해를 냈을 경우

22. 술에 취한 상태의 기준은 혈중알코올농도가 최소 몇 퍼센트 이상인 경우인가?
① 0.25%　　　② 0.05%
③ 1.25%　　　④ 1.50%

해설
도로교통법령상 술에 취한 상태의 기준은 혈중 알코올농도가 0.05% 이상인 경우이다.

23. 건설기계관리법령상 정기검사 유효기간이 3년인 건설기계는?

① 덤프트럭
② 콘크리트믹서트럭
③ 트럭적재식 콘크리트펌프
④ 무한궤도식 굴삭기

[해설] 무한궤도식 굴삭기의 정기검사 유효기간은 3년이다.

24. 주행 중 차마의 진로를 변경해서는 안 되는 경우는?

① 교통이 복잡한 도로일 때
② 시속 30km 이하인 주행도인 곳
③ 특별히 진로변경이 금지된 곳
④ 4차로 도로일 때

[해설] 특별히 진로변경이 금지된 곳에서는 진로를 변경해서는 안 된다.

25. 시·도지사가 지정한 교육기관에서 당해 건설기계의 조종에 관한 교육과정을 이수한 경우 건설기계 조종사면허를 받은 것으로 보는 소형 건설기계는?

① 5톤 미만의 불도저
② 5톤 미만의 지게차
③ 5톤 미만의 굴삭기
④ 5톤 미만의 타워크레인

[해설] 소형건설기계의 종류
5톤 미만의 불도저, 5톤 미만의 로더, 5톤 미만의 천공기(트럭적재식은 제외), 3톤 미만의 지게차, 3톤 미만의 굴삭기, 3톤 미만의 타워크레인, 공기압축기, 콘크리트펌프(이동식에 한정), 쇄석기, 준설선

26. 정기검사에 불합격한 건설기계의 정비명령 기간으로 옳은 것은?

① 3개월 이내
② 4개월 이내
③ 5개월 이내
④ 6개월 이내

[해설] 정비명령 기간은 6개월 이내 이다.

27. 건설기계의 출장검사가 허용되는 경우가 아닌 것은?

① 도서지역에 있는 건설기계
② 너비가 2.0미터를 초과하는 건설기계
③ 최고속도가 시간당 35킬로미터 미만인 건설기계
④ 자체중량이 40톤을 초과하거나 축중이 10톤을 초과하는 건설기계

[해설] 출장검사를 받을 수 있는 경우는 ①, ③, ④항 이외에 너비가 2.5m 이상인 경우

28. 자동차 1종 대형 운전면허로 건설기계를 운전할 수 없는 것은?

① 덤프트럭
② 노상안정기
③ 트럭적재식천공기
④ 트레일러

[해설] 제1종 대형 운전면허로 조종할 수 있는 건설기계는 덤프트럭, 아스팔트 살포기, 노상 안정기, 콘크리트 믹서트럭, 콘크리트 펌프, 트럭적재식 천공기 등이다.

29. 건설기계의 연료 주입구는 배기관의 끝으로부터 얼마 이상 떨어져 설치하여야 하는가?

① 5cm
② 10cm
③ 30cm
④ 50cm

[해설] 연료 주입구는 배기관의 끝으로부터 30cm 이상 떨어져 설치하여야 한다.

30. 밤에 도로에서 차를 운행하는 경우 등의 등화로 틀린 것은 ?
   ① 견인되는 차 : 미등, 차폭등 및 번호등
   ② 원동기장치자전거 : 전조등 및 미등
   ③ 자동차 : 자동차안전기준에서 정하는 전조등, 차폭등, 미등
   ④ 자동차등 외의 모든 차 : 지방경찰청장이 정하여 고시하는 등화

31. 유압 작동유의 점도가 지나치게 낮을 때 나타날 수 있는 현상은 ?
   ① 출력이 증가한다.
   ② 압력이 상승한다.
   ③ 유동저항이 증가한다.
   ④ 유압실린더의 속도가 늦어진다.

   해설 ------
   유압유의 점도가 너무 낮으면 유압실린더의 속도가 늦어진다.

32. 베인펌프에 대한 설명으로 틀린 것은 ?
   ① 날개로 펌핑 동작을 한다.
   ② 토크(torque)가 안정되어 소음이 작다.
   ③ 싱글형과 더블형이 있다.
   ④ 베인 펌프는 1단 고정으로 설계된다.

   해설 ------
   베인 펌프는 날개로 펌핑 동작을 하며, 싱글형과 더블형이 있고, 토크가 안정되어 소음이 작다.

33. 유압기기의 단점으로 틀린 것은 ?
   ① 에너지의 손실이 적다.
   ② 오일은 가연성이 있어 화재위험이 있다.
   ③ 회로구성이 어렵고 누설되는 경우가 있다.
   ④ 오일의 온도변화에 따라서 점도가 변하여 기계의 작동속도가 변한다.

34. 순차 작동밸브라고도 하며, 각 유압 실린더를 일정한 순서로 순차 작동시키고자 할 때 사용하는 것은 ?
   ① 릴리프밸브   ② 감압밸브
   ③ 시퀀스밸브   ④ 언로드밸브

   해설 ------
   시퀀스밸브는 2개 이상의 분기회로에서 유압 실린더나 모터의 작동순서를 결정한다.

35. 유압계통에서 릴리프밸브의 스프링 장력이 약화될 때 발생될 수 있는 현상은 ?
   ① 채터링 현상   ② 노킹 현상
   ③ 블로바이 현상   ④ 트램핑 현상

   해설 ------
   채터링이란 릴리프밸브에서 스프링 장력이 약할 때 볼이 밸브의 시트를 때려 소음을 내는 진동현상이다.

36. 플런저가 구동축의 직각방향으로 설치되어 있는 유압모터는 ?
   ① 캠형 플런저 모터
   ② 액시얼형 플런저 모터
   ③ 블래더형 플런저 모터
   ④ 레이디얼형 플런저 모터

   해설 ------
   레이디얼형 플런저 모터는 플런저가 구동축의 직각방향으로 설치되어 있다.

37. 유압실린더의 종류에 해당하지 않는 것은 ?
   ① 복동 실린더 싱글로드형
   ② 복동 실린더 더블로드형
   ③ 단동 실린더 배플형
   ④ 단동 실린더 램형

   해설 ------
   유압 실린더의 종류에는 단동실린더, 복동 실린더(싱글로드형과 더블로드형), 다단 실린더, 램형 실린더 등이 있다.

38. 유압·공기압 도면기호 중 그림이 나타내는 것은?

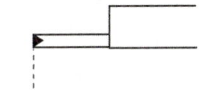

① 유압 파일럿(외부)
② 공기압 파일럿(외부)
③ 유압 파일럿(내부)
④ 공기압 파일럿(내부)

39. 유압회로에 사용되는 유압제어 밸브의 역할이 아닌 것은?

① 일의 관성을 제어한다.
② 일의 방향을 변환시킨다.
③ 일의 속도를 제어한다.
④ 일의 크기를 조정한다.

[해설] 압력제어 밸브는 일의 크기 결정, 유량제어 밸브는 일의 속도결정, 방향제어 밸브는 일의 방향결정

40. 건설기계의 작동유 탱크 역할로 틀린 것은?

① 유온을 적정하게 유지하는 역할을 한다.
② 작동유를 저장한다.
③ 오일 내 이물질의 침전작용을 한다.
④ 유압을 적정하게 유지하는 역할을 한다.

41. 무한궤도식 굴삭기에서 스프로킷이 한쪽으로만 마모되는 원인으로 가장 적합한 것은?

① 트랙장력이 늘어났다.
② 트랙링크가 마모되었다.
③ 상부롤러가 과다하게 마모되었다.
④ 스프로킷 및 아이들러가 직선배열이 아니다.

[해설] 스프로킷이 한쪽으로만 마모되는 원인은 스프로킷 및 아이들러가 직선배열이 아니기 때문이다.

42. 트랙 슈의 종류가 아닌 것은?

① 고무 슈
② 4중 돌기 슈
③ 3중 돌기 슈
④ 반이중 돌기 슈

[해설] 트랙 슈의 종류에는 단일돌기 슈, 2중 돌기 슈, 3중 돌기 슈, 습지용 슈, 고무 슈, 암반용 슈, 평활 슈 등이 있다.

43. 변속기의 필요성과 관계가 없는 것은?

① 시동 시 장비를 무부하 상태로 한다.
② 기관의 회전력을 증대시킨다.
③ 장비의 후진 시 필요로 한다.
④ 환향을 빠르게 한다.

[해설] 변속기는 기관을 시동할 때 무부하 상태로 하고, 회전력을 증가시키며, 역전(후진)을 가능하게 한다.

44. 굴삭기의 작업장치 연결부(작동부) 니플에 주유하는 것은?

① G.A.A(그리스)
② SAE #30(엔진오일)
③ G.O(기어오일)
④ H.O(유압유)

[해설] 작업장치 연결부(작동부)의 니플에는 G.A.A(그리스)를 8~10시간 마다 주유한다.

45. 굴삭기의 붐 제어레버를 계속하여 상승위치로 당기고 있으면 다음 중 어느 곳에 가장 큰 손상이 발생하는가 ?
① 엔진
② 유압펌프
③ 릴리프 밸브 및 시트
④ 유압모터

> **해설** 굴삭기의 붐 제어레버를 계속하여 상승위치로 당기고 있으면 릴리프밸브 및 시트에 가장 큰 손상이 발생한다.

46. 굴삭기의 조종레버 중 굴삭작업과 직접 관계가 없는 것은 ?
① 버킷 제어레버
② 붐 제어레버
③ 암(스틱) 제어레버
④ 스윙 제어레버

> **해설** 굴삭작업에 직접 관계되는 것은 암(디퍼스틱) 제어레버, 붐 제어레버, 버킷 제어레버 등이다.

47. 굴삭기 붐(boom)은 무엇에 의하여 상부회전체에 연결되어 있는가 ?
① 테이퍼 핀(taper pin)
② 푸트 핀(foot pin)
③ 킹핀(king pin)
④ 코터 핀(cotter pin)

> **해설** 굴삭기 붐은 푸트 핀에 의해 상부회전체에 설치된다.

48. 굴삭기 붐의 자연 하강량이 많을 때의 원인이 아닌 것은 ?
① 유압실린더의 내부누출이 있다.
② 컨트롤밸브의 스풀에서 누출이 많다.
③ 유압실린더 배관이 파손되었다.
④ 유압작동 압력이 과도하게 높다.

> **해설** 붐의 자연 하강량이 큰 원인은 유압실린더 내부누출, 컨트롤 밸브 스풀에서의 누출, 유압실린더 배관의 파손, 유압이 과도하게 낮을 때이다.

49. 다음 중 굴삭기 작업장치의 구성요소에 속하지 않는 것은 ?
① 붐
② 디퍼스틱
③ 버킷
④ 롤러

> **해설** 굴삭기 작업장치는 붐, 디퍼스틱(암, 투붐), 버킷으로 구성된다.

50. 버킷의 굴삭력을 증가시키기 위해 부착하는 것은 ?
① 보강 판
② 사이드 판
③ 노즈
④ 포인트(투스)

> **해설** 버킷의 굴삭력을 증가시키기 위해 포인트(투스)를 설치한다.

51. 굴삭기 스윙(선회) 동작이 원활하게 안 되는 원인으로 틀린 것은 ?
① 컨트롤밸브 스풀 불량
② 릴리프밸브 설정압력 부족
③ 터닝조인트(Turning joint)불량
④ 스윙(선회)모터 내부 손상

> **해설** 터닝조인트는 센터조인트라고도 부르며 무한궤도형 굴삭기에서 상부회전체의 회전에는 영향을 주지 않고 주행모터에 작동유를 공급할 수 있는 부품이다.

52. 무한궤도식 굴삭기의 하부주행체를 구성하는 요소가 아닌 것은 ?
① 선회고정 장치
② 주행 모터
③ 스프로킷
④ 트랙

53. 트랙식 굴삭기의 한쪽 주행레버만 조작하여 회전하는 것을 무엇이라 하는가?
① 피벗 회전 ② 급회전
③ 스핀회전 ④ 원웨이 회전

해설
피벗 턴(pivot turn)은 한쪽 주행레버만 조작하여 조향을 하는 방법이다.

54. 굴삭기에서 그리스를 주입하지 않아도 되는 곳은?
① 버킷 핀 ② 링키지
③ 트랙 슈 ④ 선회 베어링

55. 크롤러형 굴삭기가 진흙에 빠져서, 자력으로는 탈출이 거의 불가능하게 된 상태의 경우견인방법으로 가장 적당한 것은?
① 버킷으로 지면을 걸고 나온다.
② 두 대의 굴삭기 버킷을 서로 걸고 견인한다.
③ 전부장치로 잭업시킨 후, 후진으로 밀면서 나온다.
④ 하부기구 본체에 와이어로프를 걸고 크레인으로 당길 때 굴삭기는 주행레버를 견인방향으로 밀면서 나온다.

56. 넓은 홈의 굴착작업 시 알맞은 굴착순서는?

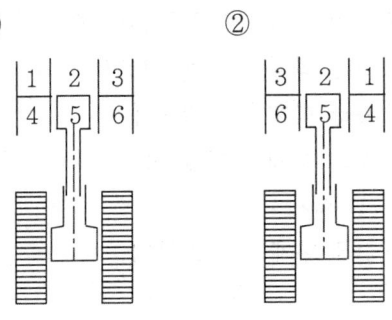

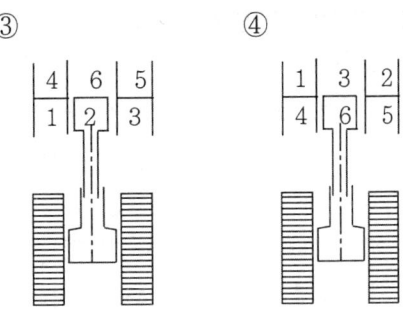

57. 굴삭기 작업 시 진행방향으로 옳은 것은?
① 전진 ② 후진
③ 선회 ④ 우방향

해설
굴삭기로 작업을 할 때에는 후진시키면서 한다.

58. 경사면 작업 시 전복사고를 유발할 수 행위가 아닌 것은?
① 붐이 탈착된 상태에서 좌우로 스윙할 때
② 작업반경을 초과한 상태로 작업을 때
③ 붐을 최대 각도로 상승한 상태로 스윙을 할 때
④ 작업반경을 조정하기 위해 버킷을 높이 들고 스윙할 때

59. 도심지 주행 및 작업 시 안전사항과 관계없는 것은?
① 안전표지의 설치
② 매설된 파이프 등의 위치확인
③ 관성에 의한 선회확인
④ 장애물의 위치확인

60. 굴삭기작업 안전수칙에 대한 설명 중 틀린 것은?

① 버킷에 무거운 하중이 있을 때는 5~10cm 들어 올려서 장비의 안전을 확인한 후 계속 작업한다.

② 버킷이나 하중을 달아 올린 채로 브레이크를 걸어두어서는 안 된다.

③ 작업할 때는 버킷 옆에 항상 작업을 보조하기 위한 사람이 위치하도록 한다.

④ 운전자는 작업반경의 주위를 파악한 후 스윙, 붐의 작동을 행한다.

Answer

01. ② 02. ④ 03. ④ 04. ④ 05. ② 06. ② 07. ② 08. ④ 09. ① 10. ① 11. ①
12. ③ 13. ① 14. ③ 15. ④ 16. ④ 17. ③ 18. ② 19. ① 20. ③ 21. ② 22. ③
23. ④ 24. ② 25. ① 26. ④ 27. ② 28. ④ 29. ③ 30. ③ 31. ④ 32. ② 33. ①
34. ② 35. ① 36. ④ 37. ③ 38. ① 39. ① 40. ② 41. ④ 42. ② 43. ① 44. ①
45. ③ 46. ④ 47. ② 48. ④ 49. ⑤ 50. ② 51. ③ 52. ① 53. ① 54. ① 55. ④
56. ④ 57. ② 58. ① 59. ③ 60. ③

---

03 굴삭기운전기능사

01. 굴착공사 시 도시가스배관의 안전조치와 관련된 사항 중 다음 ( )에 적합한 것은?

> 도시가스사업자는 굴착예정 지역의 매설배관 위치를 굴착공사자에게 알려주어야 하며, 굴착공사자는 매설배관 위치를 매설배관 (㉠)의 지면에 (㉡) 페인트로 표시할 것

① ㉠ 우측부 ㉡ 황색
② ㉠ 직하부 ㉡ 황색
③ ㉠ 좌측부 ㉡ 적색
④ ㉠ 직상부 ㉡ 황색

[해설]
굴착공사자는 매설배관 위치를 매설배관 직상부의 지면에 황색페인트로 표시할 것

02. 고압선로 주변에서 건설기계에 의한 작업 중 고압선로 또는 지지물에 접촉 위험이 가장 높은 것은?

① 장비 운전석 ② 하부 주행체
③ 붐 또는 권상로프 ④ 상부 회전체

03. 화재의 분류기준으로 틀린 것은?

① A급 화재 : 고체 연료성 화재
② D급 화재 : 금속화재
③ B급 화재 : 액상 또는 기체상의 연료성 화재
④ C급 화재 : 가스화재

[해설]
• C급 화재 : 전기화재

04. 안전·보건표지에서 안내표지의 바탕색은?
① 백색　　　　② 적색
③ 흑색　　　　④ 녹색

>[해설] 안내표지는 녹색바탕에 백색으로 안내대상을 지시하는 표지판이다.

05. 작업 시 일반적인 안전에 대한 설명으로 틀린 것은?
① 회전되는 물체에 손을 대지 않는다.
② 장비는 취급자가 아니어도 사용한다.
③ 장비는 사용 전에 점검한다.
④ 장비 사용법은 사전에 숙지한다.

06. 가스 용접기에서 아세틸렌 용접장치의 방호장치는?
① 자동전격방지기　② 안전기
③ 제동장치　　　　④ 덮개

07. 공구사용 시 주의해야 할 사항으로 틀린 것은?
① 강한 충격을 가하지 않을 것
② 손이나 공구에 기름을 바른 다음에 작업할 것
③ 주위환경에 주의해서 작업할 것
④ 해머작업 시 보호안경을 쓸 것

08. 구급처치 중에서 환자의 상태를 확인하는 사항과 거리가 먼 것은?
① 의식　　　　② 격리
③ 상처　　　　④ 출혈

09. 자연적 재해가 아닌 것은?
① 방화　　　　② 홍수
③ 태풍　　　　④ 지진

10. 벨트를 풀리(pulley)에 장착 시 작업방법에 대한 설명으로 옳은 것은?
① 중속으로 회전시키면서 건다.
② 회전을 중지시킨 후 건다.
③ 저속으로 회전시키면서 건다.
④ 고속으로 회전시키면서 건다.

11. 디젤기관의 연소실 중 연료소비율이 낮으며 연소압력이 가장 높은 연소실 형식은?
① 예연소실식　　② 공기실식
③ 직접분사식　　④ 와류실식

>[해설] 직접분사식은 디젤기관의 연소실중 연료 소비율이 낮으며 연소 압력이 가장 높다.

12. 오일압력이 낮은 것과 관계없는 것은?
① 엔진오일에 경우가 혼입되었을 때
② 실린더 벽과 피스톤 간극이 클 때
③ 각 마찰부분 윤활간극이 마모되었을 때
④ 커넥팅로드 대단부 베어링과 핀 저널의 간극이 클 때

>[해설] 실린더 벽과 피스톤 간극이 클 때 압축압력의 저하로 기관의 출력이 저하한다.

13. 커먼레일 디젤기관의 공기유량센서(AFS)로 많이 사용되는 방식은?
① 베인 방식　　② 칼만 와류방식
③ 피토관 방식　④ 열막 방식

>[해설] 공기유량 센서는 열막(hot film)방식을 사용하며, 이 센서의 주 기능은 EGR 피드백 제어이며, 또 다른 기능은 스모그 리미트 부스트 압력제어(매연 발생을 감소시키는 제어)이다.

14. 다음 중 펌프로부터 보내진 고압의 연료를 미세한 안개 모양으로 연소실에 분사하는 부품으로 알맞은 것은?
① 커먼레일 ② 분사펌프
③ 공급펌프 ④ 분사노즐

15. 엔진의 부하에 따라 연료 분사량을 가감하여 최고 회전속도를 제어하는 장치는?
① 플런저와 노즐펌프
② 토크컨버터
③ 래크와 피니언
④ 거버너

해설 ---
거버너(조속기)는 분사펌프에 설치되어 있으며, 기관의 부하에 따라 자동적으로 연료분사량을 가감하여 최고 회전속도를 제어한다.

16. 배기터빈 과급기에서 터빈 축 베어링의 윤활방법으로 옳은 것은?
① 기관오일을 급유
② 오일리스 베어링 사용
③ 그리스로 윤활
④ 기어오일을 급유

해설 ---
과급기의 터빈 축 베어링에는 기관오일을 급유한다.

17. 건설기계에 사용되는 12볼트(V) 80암페어(A) 축전지 2개를 병렬연결하면 전압과 전류는?
① 24볼트(V) 160암페어(A)가 된다.
② 12볼트(V) 160암페어(A)가 된다.
③ 24볼트(V) 80암페어(A)가 된다.
④ 12볼트(V) 80암페어(A)가 된다.

해설 ---
12V 80A 축전지 2개를 병렬로 연결하면 12V 160A가 된다.

18. 건설기계에 주로 사용되는 기동전동기로 맞는 것은?
① 직류 복권전동기
② 직류 직권전동기
③ 직류 분권전동기
④ 교류전동기

해설 ---
기관 시동용으로 사용하는 전동기는 직류 직권전동기이다.

19. 다음 중 예열장치의 설치목적으로 옳은 것은?
① 연료를 압축하여 분무성을 향상시키기 위함이다.
② 냉간시동 시 시동을 원활히 하기 위함이다.
③ 연료분사량을 조절하기 위함이다.
④ 냉각수의 온도를 조절하기 위함이다.

해설 ---
예열장치는 한랭한 상태에서 기관을 시동할 때 시동을 원활히 하기 위해 사용한다.

20. 방향지시등 스위치 작동 시 한쪽은 정상이고, 다른 한쪽은 점멸작용이 정상과 다르게(빠르게, 느리게, 작동불량) 작용할 때, 고장원인으로 가장 거리가 먼 것은?
① 플래셔 유닛이 고장 났을 때
② 한쪽 전구소켓에 녹이 발생하여 전압강하가 있을 때
③ 전구 1개가 단선 되었을 때
④ 한쪽 램프 교체 시 규정용량의 전구를 사용하지 않았을 때

해설 ---
플래셔 유닛이 고장나면 모든 방향지시등이 점멸되지 못한다.

21. 유압모터의 일반적인 특징으로 가장 적합한 것은?
① 넓은 범위의 무단변속이 용이하다.
② 직선운동 시 속도조절이 용이하다.
③ 각도에 제한 없이 왕복 각운동을 한다.
④ 운동량을 자동으로 직선 조작할 수 있다.

해설) 유압모터는 넓은 범위의 무단변속이 용이한 장점이 있다.

22. 유압기기 속에 혼입되어 있는 불순물을 제거하기 위해 사용되는 것은?
① 패킹   ② 릴리프밸브
③ 배수기   ④ 스트레이너

해설) 스트레이너(strainer)는 유압펌프의 흡입관에 설치하는 여과기이다.

23. 사용 중인 작동유의 수분함유 여부를 현장에서 판정하는 것으로 가장 적합한 방법은?
① 오일을 가열한 철판 위에 떨어뜨려 본다.
② 오일의 냄새를 맡아본다.
③ 오일을 시험관에 담아서 침전물을 확인한다.
④ 여과지에 약간(3~4방울)의 오일을 떨어뜨려 본다.

해설) 작동유의 수분함유를 알아보려면 가열한 철판 위에 오일을 떨어뜨려 본다.

24. 유압 계통에서 오일누설 시의 점검사항이 아닌 것은?

① 오일의 윤활성   ② 실(seal)의 파손
③ 실(seal)의 마모   ④ 볼트의 이완

해설) 오일이 누설되면 실(seal)의 파손, 실(seal)의 마모, 볼트의 이완 등을 점검한다.

25. 유압회로에서 어떤 부분회로의 압력을 주회로의 압력보다 저압으로 해서 사용하고자 할 때 사용하는 밸브는?
① 릴리프밸브
② 리듀싱밸브
③ 카운터밸런스 밸브
④ 체크밸브

해설) 리듀싱(감압)밸브는 어떤 부분회로의 압력을 주회로의 압력보다 저압으로 해서 사용하고자 할 때 사용한다.

26. 베인펌프의 일반적인 특징이 아닌 것은?
① 대용량, 고속 가변형에 적합하지만 수명이 짧다.
② 맥동과 소음이 적다.
③ 간단하고 성능이 좋다.
④ 소형, 경량이다.

해설) 베인펌프는 수명이 길다.

27. 작동유가 넓은 온도범위에서 사용되기 위한 조건으로 가장 알맞은 것은?
① 산화작용이 양호해야 한다.
② 점도지수가 높아야 한다.
③ 유성이 커야 한다.
④ 소포성이 좋아야 한다.

해설) 작동유가 넓은 온도범위에서 사용되기 위해서는 점도지수가 높아야 한다.

28. 유압 실린더의 종류에 해당하지 않은 것은?
① 복동 실린더 더블로드형
② 복동 실린더 싱글로드형
③ 단동 실린더 램형
④ 단동 실린더 배플형

해설 -- 유압실린더의 종류에는 단동실린더, 복동 실린더(싱글로드형과 더블로드형), 다단 실린더, 램형 실린더 등이 있다.

29. 그림에서 체크밸브를 나타낸 것은?

①  ②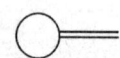

③ 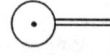 ④

30. 유압회로에서 속도제어회로에 속하지 않는 것은?
① 시퀀스회로   ② 미터 인회로
③ 블리드 오프회로 ④ 미터 아웃회로

해설 -- 속도제어 회로에는 미터인 회로, 미터아웃 회로, 블리드 오프회로가 있다.

31. 건설기계 조종 중 과실로 1명에게 중상을 입힌 때 건설기계를 조종한 자에 대한 면허의 처분기준은?
① 면허효력정지 60일
② 면허효력정지 15일
③ 면허효력정지 30일
④ 취소

해설 -- 인명 피해에 따른 면허정지 기간
• 사망 1명마다 : 면허효력정지 45일
• 중상 1명마다 : 면허효력정지 15일
• 경상 1명마다 : 면허효력정지 5일

32. 그림과 같은 교통안전표지의 뜻은?

① 좌합류 도로가 있음을 알리는 것
② 좌로 굽은 도로가 있음을 알리는 것
③ 우합류 도로가 있음을 알리는 것
④ 철길건널목이 있음을 알리는 것

33. 건설기계관리법상의 건설기계사업에 해당하지 않는 것은?
① 건설기계매매업   ② 건설기계폐기업
③ 건설기계정비업   ④ 건설기계제작업

해설 -- 건설기계사업의 종류에는 매매업, 대여업, 폐기업, 정비업이 있다.

34. 건설기계관리법령상 건설기계조종사면허의 취소처분 기준에 해당하지 않는 것은?
① 건설기계조종사면허증을 다른 사람에게 빌려 준 경우
② 술에 취한상태(혈중 알코올농도 0.05% 이상 0.1% 미만)에서 건설기계를 조종하다가 사고로 사람을 죽게 하거나 다치게 한 경우
③ 과실로 2명을 사망하게 한 경우
④ 술에 만취한 상태(혈중 알코올농도 0.1%)에서 건설기계를 조종한 경우

35. 도로교통법에서 정하는 주차금지 장소가 아닌 곳은?
① 소방용 방화물통으로부터 5m 이내인 곳
② 전신주로부터 20m 이내인 곳
③ 화재경보기로부터 3m 이내인 곳
④ 터널 안 및 다리 위

36. 정기검사 신청을 받은 검사대행자는 며칠 이내에 검사일시 및 장소를 신청인에게 통지하여야 하는가?
① 3일   ② 20일
③ 15일   ④ 5일

<small>해설</small>
정기검사 신청을 받은 검사대행자는 5일 이내에 검사일시 및 장소를 신청인에게 통지하여야 한다.

37. 건설기계관리법령상 건설기계의 범위로 옳은 것은?
① 덤프트럭 : 적재용량 10톤 이상인 것
② 공기압축기 : 공기토출량이 매분당 10m³ 이상의 이동식인 것
③ 불도저 : 무한궤도식 또는 타이어식인 것
④ 기중기 : 무한궤도식으로 레일식일 것

38. 도로교통법에 의한 통고처분의 수령을 거부하거나 범칙금을 기간 안에 납부하지 못한 자는 어떻게 처리되는가?
① 면허증이 취소된다.
② 즉결 심판에 회부된다.
③ 연기신청을 한다.
④ 면허의 효력이 정지된다.

<small>해설</small>
통고처분의 수령을 거부하거나 범칙금을 기간 안에 납부하지 못한 자는 즉결 심판에 회부된다.

39. 고속도로 통행이 허용되지 않는 건설기계는?
① 콘크리트믹서트럭
② 덤프트럭
③ 지게차
④ 기중기(트럭적재식)

40. 건설기계의 출장검사가 허용되는 경우가 아닌 것은?
① 너비가 2.5m 미만 건설기계
② 최고속도가 35km/h 미만인 건설기계
③ 도서지역에 있는 건설기계
④ 자체중량이 40톤을 초과 하거나 축중이 10톤을 초과하는 건설기계

<small>해설</small>
출장검사를 받을 수 있는 경우는 ②, ③, ④항 이외에 너비가 2.5m 이상인 경우

41. 타이어식 굴삭기로 길고 급한 경사 길을 운전할 때 반 브레이크를 오래 사용하면 어떤 현상이 생기는가?
① 라이닝은 페이드, 파이프는 스팀록
② 파이프는 증기폐쇄, 라이닝은 스팀록
③ 라이닝은 페이드, 파이프는 베이퍼록
④ 파이프는 스팀록, 라이닝은 베이퍼록

<small>해설</small>
길고 급한 경사 길을 운전할 때 반 브레이크를 사용하면 라이닝에서는 페이드가 발생하고, 파이프에서는 베이퍼록이 발생한다.

42. 추진축의 각도변화를 가능하게 하는 이음은?
① 등속이음   ② 자재이음
③ 플랜지 이음   ④ 슬립이음

<small>해설</small>
자재이음(유니버설 조인트)은 두 축 간의 충격완화와 각도변화를 융통성 있게 동력 전달하는 기구이다.

43. 무한궤도식 굴삭기에서 캐리어 롤러에 대한 내용으로 맞는 것은?
① 캐리어 롤러는 좌우 10개로 구성되어 있다.
② 트랙의 장력을 조정한다.
③ 장비의 전체 중량을 지지한다.
④ 트랙을 지지한다.

[해설] 캐리어 롤러(상부롤러)는 트랙 프레임 위에 한쪽만 지지하거나 양쪽을 지지하는 브래킷에 1~2개를 설치한다.

44. 굴삭기의 작업장치 중 콘크리트 등을 깰 때 사용되는 것으로 가장 적합한 것은?
① 마그넷 ② 브레이커
③ 파일 드라이버 ④ 드롭해머

[해설] 브레이커는 아스팔트, 콘크리트, 바위 등을 깰 때 사용하는 작업 장치이다.

45. 휠식 굴삭기에서 아워 미터의 역할은?
① 엔진 가동시간을 나타낸다.
② 주행거리를 나타낸다.
③ 오일량을 나타낸다.
④ 작동유량을 나타낸다.

[해설] 아워 미터(시간계)의 설치목적은 가동시간에 맞추어 예방정비 및 각종 오일교환과 각 부위 주유를 정기적으로 하기 위함이다.

46. 굴삭기를 크레인 등으로 들어 올릴 때 주의사항으로 틀린 것은?
① 굴삭기 중량에 알맞은 크레인을 사용한다.
② 굴삭기의 앞부분부터 들리도록 와이어로프로 묶는다.
③ 와이어로프는 충분한 강도가 있어야 한다.
④ 배관 등이 와이어로프에 닿지 않도록 한다.

47. 다음 중 굴삭기 작업장치의 구성요소에 속하지 않는 것은?
① 붐 ② 디퍼스틱
③ 버킷 ④ 롤러

[해설] 굴삭기 작업장치는 붐, 디퍼스틱(암, 투붐), 버킷으로 구성된다.

48. 굴삭기를 주차시키고자 할 때의 방법으로 옳지 않은 것은?
① 단단하고 평탄한 지면에 굴삭기를 정차시킨다.
② 작업장치는 굴삭기 중심선과 일치시킨다.
③ 유압계통의 압력을 완전히 제거한다.
④ 유압 실린더의 로드(rod)는 노출시켜 놓는다.

[해설] 굴삭기를 주차시킬 때 유압 실린더 로드를 노출시키지 않도록 한다.

49. 굴삭기의 3대 주요 구성요소로 가장 적당한 것은?
① 상부회전체, 하부회전체, 중간회전체
② 작업장치, 하부추진체, 중간선회체
③ 작업장치, 상부회전체, 하부추진체
④ 상부조정 장치, 하부회전 장치, 중간 동력 장치

[해설] 굴삭기는 작업장치, 상부회전체, 하부추진체로 구성된다.

50. 굴삭기의 굴삭작업은 주로 어느 것을 사용하면 좋은가?
① 버킷 실린더   ② 디퍼스틱 실린더
③ 붐 실린더   ④ 주행모터

> 해설: 굴삭작업을 할 때에는 주로 디퍼스틱(암) 실린더를 사용하여야 한다.

51. 굴삭작업 시 작업능력이 떨어지는 원인으로 맞는 것은?
① 트랙 슈에 주유가 안 됨
② 아워미터 고장
③ 조향핸들 유격과다
④ 릴리프밸브 조정불량

> 해설: 릴리프밸브의 조정이 불량하면 작업능력이 떨어진다.

52. 굴삭기의 붐의 작동이 느린 이유가 아닌 것은?
① 기름에 이물질 혼입
② 기름의 압력저하
③ 기름의 압력과다
④ 기름의 압력부족

53. 굴삭기의 회전 로크장치에 대한 설명으로 알맞은 것은?
① 선회 클러치의 제동장치이다.
② 드럼 축의 회전 제동장치이다.
③ 굴착할 때 반력으로 차체가 후진하는 것을 방지하는 장치이다.
④ 작업 중 차체가 기우러져 상부회전체가 자연히 회전하는 것을 방지하는 장치이다.

> 해설: 회전 로크장치는 작업 중 차체가 기우러져 상부회전체가 자연히 회전하는 것을 방지한다.

54. 타이어형 굴삭기의 주행 전 주의사항으로 틀린 것은?
① 버킷 실린더, 암 실린더를 충분히 눌러 펴서 버킷이 캐리어 상면 높이 위치에 있도록 한다.
② 버킷 레버, 암 레버, 붐 실린더 레버가 움직이지 않도록 잠가둔다.
③ 선회고정 장치는 반드시 풀어 놓는다.
④ 굴삭기에 그리스, 오일, 진흙 등이 묻어 있는지 점검한다.

> 해설: 선회 고정장치는 반드시 잠가 놓는다.

55. 굴삭기의 양쪽 주행레버를 조작하여 급회전하는 것을 무슨 회전이라고 하는가?
① 급회전   ② 스핀 회전
③ 피벗 회전   ④ 원웨이 회전

> 해설: 스핀 턴(spin turn): 양쪽 주행레버를 조작하여 급회전하는 것

56. 트랙형 굴삭기의 주행 장치에 브레이크 장치가 없는 이유로 가장 적당한 것은?
① 주속으로 주행하기 때문이다.
② 트랙과 지면의 마찰이 크기 때문이다.
③ 주행제어 레버를 반대로 작용시키면 정지하기 때문이다.
④ 주행제어 레버를 중립으로 하면 주행모터의 작동유 공급 쪽과 복귀 쪽 회로가 차단되기 때문이다.

> 해설: 트랙형 굴삭기에 브레이크 장치가 없는 이유는 주행제어 레버를 중립으로 하면 주행 모터의 작동유 공급 쪽과 복귀 쪽 회로가 차단되기 때문이다.

57. 덤프트럭에 상차작업 시 가장 중요한 굴삭기의 위치는?

① 선회거리를 가장 짧게 한다.
② 암 작동거리를 가장 짧게 한다.
③ 버킷 작동거리를 가장 짧게 한다.
④ 붐 작동거리를 가장 짧게 한다.

[해설] 덤프트럭에 상차작업을 할 때 굴삭기의 선회거리를 가장 짧게 하여야 한다.

58. 굴삭기 작업 시 작업 안전사항으로 틀린 것은?

① 기중작업은 가능한 피하는 것이 좋다.
② 경사지 작업 시 측면절삭을 행하는 것이 좋다.
③ 타이어형 굴삭기로 작업 시 안전을 위하여 아웃트리거를 받치고 작업한다.
④ 한쪽 트랙을 들 때에는 암과 붐 사이의 각도는 90~110°범위로 해서 들어주는 것이 좋다.

[해설] 경사지에서 작업할 때 측면절삭을 해서는 안 된다.

59. 굴삭기로 작업 시 작동이 불가능하거나 해서는 안 되는 작동은 다음 중 어느 것인가?

① 굴삭하면서 선회한다.
② 붐을 들면서 버킷에 흙을 담는다.
③ 붐을 낮추면서 선회한다.
④ 붐을 낮추면서 굴삭 한다.

[해설] 굴삭기로 작업할 때 굴삭하면서 선회를 해서는 안 된다.

60. 굴삭기로 작업할 때 주의사항으로 틀린 것은?

① 땅을 깊이 팔 때는 붐의 호스나 버킷 실린더의 호스가 지면에 닿지 않도록 한다.
② 암석, 토사 등을 평탄하게 고를 때는 선회관성을 이용하면 능률적이다.
③ 암 레버의 조작 시 잠깐 멈췄다가 움직이는 것은 펌프의 토출량이 부족하기 때문이다.
④ 작업 시는 실린더의 행정 끝에서 약간 여유를 남기도록 운전한다.

[해설] 암석, 토사 등을 평탄하게 고를 때는 선회관성을 이용하면 스윙모터에 과부하가 걸리기 쉽다.

Answer

01. ④ 02. ③ 03. ④ 04. ④ 05. ② 06. ② 07. ② 08. ② 09. ① 10. ② 11. ③
12. ② 13. ④ 14. ④ 15. ④ 16. ① 17. ② 18. ② 19. ② 20. ① 21. ① 22. ④
23. ① 24. ① 25. ② 26. ① 27. ② 28. ④ 29. ① 30. ① 31. ② 32. ③ 33. ④
34. ③ 35. ② 36. ② 37. ② 38. ② 39. ③ 40. ① 41. ③ 42. ③ 43. ④ 44. ②
45. ① 46. ② 47. ④ 48. ④ 49. ③ 50. ② 51. ④ 52. ③ 53. ④ 54. ③ 55. ②
56. ④ 57. ① 58. ② 59. ① 60. ②

04 굴삭기운전기능사

01. 도시가스가 공급되는 지역에서 도로공사 중 그림과 같은 것이 일렬로 설치되어 있는 것이 발견되었다. 이것을 무엇이라 하는가?

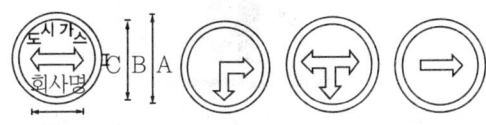

① 가스누출 검지공
② 라인마크
③ 가스배관매몰 표지판
④ 보호판

02. 유압식 굴삭기의 주행동력으로 이용되는 것은?

① 차동장치   ② 전기 모터
③ 유압 모터   ④ 변속기 동력

[해설] 유압식 굴삭기는 주행동력을 유압모터(주행 모터)로부터 공급받는다.

03. 가스 용접기에서 아세틸렌 용접장치의 방호장치는?

① 자동전격 방지기
② 안전기
③ 제동장치
④ 덮개

[해설] 아세틸렌 용접장치의 방호장치는 안전기이다.

04. 공구사용 시 주의해야 할 사항으로 틀린 것은?

① 강한 충격을 가하지 않을 것
② 손이나 공구에 기름을 바른 다음에 작업할 것
③ 주위환경에 주의해서 작업할 것
④ 해머작업 시 보호안경을 쓸 것

05. 무한궤도형 굴삭기에서 캐리어 롤러에 대한 내용으로 옳은 것은?

① 캐리어 롤러는 좌우 10개로 구성되어 있다.
② 트랙의 장력을 조정한다.
③ 굴삭기의 전체중량을 지지한다.
④ 트랙을 지지한다.

[해설] 캐리어 롤러(상부롤러)는 트랙 프레임 위에 한쪽만 지지하거나 양쪽을 지지하는 브래킷에 1~2개가 설치되어 프런트 아이들러와 스프로킷 사이에서 트랙이 처지는 것을 방지하는 동시에 트랙의 회전 위치를 정확하게 유지한다.

06. 굴삭기의 상부선회체 작동유를 하부주행체로 전달하는 역할을 하고 상부선회체가 선회 중에 배관이 꼬이지 않게 하는 것은?

① 주행 모터   ② 선회 감속장치
③ 센터 조인트   ④ 선회 모터

[해설] 센터 조인트(center joint)는 상부회전체의 회전중심부에 설치되어 있으며, 메인펌프의 유압유를 주행모터로 전달한다. 또 상부회전체가 회전하더라도 호스, 파이프 등이 꼬이지 않고 원활히 공급한다.

07. 건설기계관리법령상 건설기계 조종사 면허의 취소처분 기준에 해당하지 않는 것은?

① 건설기계조종사면허증을 다른 사람에게 빌려 준 경우
② 술에 취한 상태(혈중 알코올농도 0.05% 이상 0.1% 미만)에서 건설기계를 조종하다가 사고로 사람을 죽게 하거나 다치게 한 경우
③ 과실로 2명을 사망하게 한 경우
④ 술에 만취한 상태(혈중 알코올농도 0.1%)에서 건설기계를 조종한 경우

해설
과실로 3명을 사망하게 한 경우 면허가 취소된다.

08. 타이어형 굴삭기에서 추진축의 각도 변화를 가능하게 하는 이음은?

① 등속이음   ② 자재이음
③ 플랜지 이음 ④ 슬립이음

해설
자재이음(유니버설 조인트)은 추진축의 각도 변화를 가능하게 하는 이음이다.

09. 건설기계의 일상 점검정비 작업 내용에 속하지 않는 것은?

① 라디에이터 냉각수량
② 분사노즐 압력
③ 엔진 오일량
④ 브레이크액 수준

10. 건설기계 조종 중에 과실로 1명에게 중상을 입힌 때 건설기계를 조종한 자에 대한 면허의 처분기준은?

① 면허효력정지 60일
② 면허효력정지 15일
③ 면허효력정지 30일
④ 면허 취소

해설
인명 피해에 따른 면허효력정지 기간
• 사망 1명마다 : 면허효력정지 45일
• 중상 1명마다 : 면허효력정지 15일
• 경상 1명마다 : 면허효력정지 5일

11. 그림과 같은 교통안전표지의 뜻은?

① 좌합류 도로가 있음을 알리는 것
② 좌로 굽은 도로가 있음을 알리는 것
③ 우합류 도로가 있음을 알리는 것
④ 철길건널목이 있음을 알리는 것

12. 무한궤도식 굴삭기에서 하부주행체 동력전달 순서로 맞는 것은?

① 유압펌프→제어밸브→센터조인트→주행 모터
② 유압펌프→제어밸브→주행 모터→자재이음
③ 유압펌프→센터조인트→제어밸브→주행 모터
④ 유압펌프→센터조인트→주행 모터→자재이음

해설
동력전달 순서
유압펌프 → 제어밸브 → 센터조인트 → 주행 모터

13. 건설기계관리법상의 건설기계사업에 해당하지 않는 것은?
① 건설기계매매업 ② 건설기계폐기업
③ 건설기계정비업 ④ 건설기계제작업

[해설] 건설기계 사업의 종류에는 매매업, 대여업, 폐기업, 정비업이 있다.

14. 무한궤도형 굴삭기의 주행 장치에 브레이크 장치가 없는 이유는?
① 저속으로 주행하기 때문이다.
② 트랙과 지면의 마찰이 크기 때문이다.
③ 주행제어 레버를 반대로 작용시키면 정지하기 때문이다.
④ 주행제어 레버를 중립으로 하면 주행 모터의 유압유 공급 쪽과 복귀 쪽 회로가 차단되기 때문이다.

[해설] 트랙형 굴삭기의 주행 장치에 브레이크 장치가 없는 이유는 주행제어 레버를 중립으로 하면 주행 모터의 유압유 공급 쪽과 복귀 쪽 회로가 차단되기 때문이다.

15. 도로교통법에서 정하는 주차금지 장소가 아닌 곳은?
① 소방용 방화 물통으로부터 5m 이내인 곳
② 전신주로부터 20m 이내인 곳
③ 화재경보기로부터 3m 이내인 곳
④ 터널 안 및 다리 위

16. 자연적 재해가 아닌 것은?
① 방화   ② 홍수
③ 태풍   ④ 지진

17. 굴삭기 작업 시 작업 안전사항으로 틀린 것은?

① 기중작업은 가능한 피하는 것이 좋다.
② 경사지 작업 시 측면절삭을 행하는 것이 좋다.
③ 타이어형 굴삭기로 작업 시 안전을 위하여 아웃트리거를 받치고 작업한다.
④ 한쪽 트랙을 들 때에는 암과 붐 사이의 각도는 90~110°범위로 해서 들어주는 것이 좋다.

[해설] 경사지에서 작업할 때 측면절삭을 해서는 안 된다.

18. 벨트를 풀리(pulley)에 장착 시 작업방법에 대한 설명으로 옳은 것은?
① 중속으로 회전시키면서 건다.
② 회전을 정지시킨 후 건다.
③ 저속으로 회전시키면서 건다.
④ 고속으로 회전시키면서 건다.

19. 유압실린더의 종류에 해당하지 않는 것은?
① 복동 실린더 더블로드형
② 복동 실린더 싱글로드형
③ 단동 실린더 램형
④ 단동 실린더 배플형

[해설] 유압실린더의 종류
단동실린더, 복동 실린더(싱글로드형과 더블로드형), 다단 실린더, 램형 실린더

20. 무한궤도 굴삭기에서 주행 불량 현상의 원인이 아닌 것은?
① 트랙에 오일이 묻었을 때
② 스프로킷이 손상되었을 때
③ 한쪽 주행모터의 브레이크 작동이 불량할 때
④ 유압펌프의 토출유량이 부족할 때

21. 타이어식 굴삭기로 길고 급한 경사 길을 운전할 때 반 브레이크를 오래 사용하면 어떤 현상이 생기는가 ?
① 라이닝은 페이드, 파이프는 스팀록
② 파이프는 증기폐쇄, 라이닝은 스팀록
③ 라이닝은 페이드, 파이프는 베이퍼록
④ 파이프는 스팀록, 라이닝은 베이퍼록

해설
길고 급한 경사 길을 운전할 때 반 브레이크를 사용하면 라이닝에서는 페이드가 발생하고, 파이프에서는 베이퍼록이 발생한다.

22. 그림에서 체크밸브를 나타낸 것은?

 ① ②

 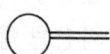

 ③ ④

23. 굴삭기로 작업할 때 주의사항으로 틀린 것은 ?
① 땅을 깊이 팔 때는 붐의 호스나 버킷 실린더의 호스가 지면에 닿지 않도록 한다.
② 암석, 토사 등을 평탄하게 고를 때는 선회관성을 이용하면 능률적이다.
③ 암 레버의 조작 시 잠깐 멈췄다가 움직이는 것은 유압펌프의 토출유량이 부족하기 때문이다.
④ 작업 시는 실린더의 행정 끝에서 약간 여유를 남기도록 운전한다.

해설
암석, 토사 등을 평탄하게 고를 때는 선회관성을 이용하면 스윙모터에 과부하가 걸리기 쉽다.

24. 유압회로에서 속도제어회로에 속하지 않는 것은 ?
① 시퀀스 회로   ② 미터 인 회로
③ 블리드 오프 회로 ④ 미터 아웃 회로

해설
속도제어 회로에는 미터 인(meter in)회로, 미터 아웃(meter out)회로, 블리드 오프(bleed off)회로가 있다.

25. 현재 한전에서 운용하고 있는 송전선로 종류가 아닌 것은 ?
① 345kV 선로   ② 765kV 선로
③ 154kV 선로   ④ 22.9kV 선로

해설
한국전력에서 사용하는 송전선로 종류에는 154 kV, 345kV, 765kV가 있다.

26. 무한궤도 굴삭기의 상부회전체가 하부주행체에 대한 역 위치에 있을 때 좌측 주행레버를 당기면 차체가 어떻게 회전되는가 ?
① 좌향 스핀회전   ② 우향 스핀회전
③ 좌향 피벗회전   ④ 우향 피벗회전

해설
무한궤도식 굴삭기의 상부회전체가 하부주행체에 대한 역 위치에 있을 때 좌측 주행레버를 당기면 차체는 좌향 피벗회전을 한다.

27. 전부장치가 부착된 무한궤도형 굴삭기를 트레일러로 수송할 때 붐이 향하는 방향으로 가장 적합한 것은 ?
① 앞방향   ② 뒤방향
③ 좌측방향   ④ 우측방향

해설
전부장치가 부착된 굴삭기를 트레일러로 수송할 때 붐은 뒤 방향으로 향하도록 한다.

28. 방향지시등 스위치 작동 시 한쪽은 정상이고, 다른 한쪽은 점멸작용이 정상과 다르게(빠르게, 느리게, 작동불량) 작용할 때, 고장원인으로 가장 거리가 먼 것은?
   ① 플래셔 유닛이 고장 났을 때
   ② 한쪽 전구소켓에 녹이 발생하여 전압강하가 있을 때
   ③ 전구 1개가 단선 되었을 때
   ④ 한쪽 램프 교체 시 규정용량의 전구를 사용하지 않았을 때

   해설: 플래셔 유닛이 고장나면 모든 방향지시등이 점멸되지 못한다.

29. 굴삭기 운전 시 작업안전 사항으로 적합하지 않은 것은?
   ① 스윙하면서 버킷으로 암석을 부딪쳐 파쇄 하는 작업을 하지 않는다.
   ② 안전한 작업 반경을 초과해서 하중을 이동시킨다.
   ③ 굴삭하면서 주행하지 않는다.
   ④ 작업을 중지할 때는 파낸 모서리로부터 굴삭기를 이동시킨다.

   해설: 굴삭기로 작업할 때 작업 반경을 초과해서 하중을 이동시켜서는 안 된다.

30. 엔진의 부하에 따라 연료 분사량을 가감하여 최고 회전속도를 제어하는 장치는?
   ① 분사노즐   ② 토크컨버터
   ③ 래크와 피니언   ④ 거버너

   해설: 거버너(governor, 조속기)는 분사펌프에 설치되어 있으며, 기관의 부하에 따라 자동적으로 연료분사량을 가감하여 최고 회전속도를 제어한다.

31. 4행정 사이클 기관에서 주로 사용되고 있는 오일펌프는?
   ① 로터리펌프와 기어펌프
   ② 로터리펌프와 나사펌프
   ③ 기어펌프와 플런저펌프
   ④ 원심펌프와 플런저펌프

   해설: 4행정 사이클 기관에 주로 사용하는 오일펌프는 로터리펌프와 기어펌프이다.

32. 굴삭기의 효과적인 굴착작업이 아닌 것은?
   ① 붐과 암의 각도를 80~110° 정도로 선정한다.
   ② 버킷 투스의 끝이 암(디퍼스틱)보다 안쪽으로 향해야 한다.
   ③ 버킷을 의도한대로 위치하고 붐과 암을 계속 변화시키면서 굴착한다.
   ④ 굴착한 후 암(디퍼스틱)을 오므리면서 붐은 상승위치로 변화시켜 하역위치로 스윙한다.

   해설: 버킷 투스의 끝이 암(디퍼스틱)보다 바깥쪽으로 향해야 한다.

33. 절토 작업 시 안전준수 사항으로 잘못된 것은?
   ① 상부에서 붕괴낙하 위험이 있는 장소에서 작업은 금지한다.
   ② 상·하부 동시작업으로 작업능률을 높인다.
   ③ 굴착 면이 높은 경우에는 계단식으로 굴착한다.
   ④ 부석이나 붕괴되기 쉬운 지반은 적절한 보강을 한다.

   해설: 절토작업을 할 때에는 상하부 동시작업을 해서는 안 된다.

34. 펌프로부터 보내진 고압의 연료를 미세한 안개 모양으로 연소실에 분사하는 부품은 ?
① 커먼레일　　② 분사펌프
③ 공급펌프　　④ 분사노즐

해설
분사노즐은 분사펌프에 보내준 고압의 연료를 연소실에 안개 모양으로 분사하는 부품이다.

35. 연료장치에서 희박한 혼합비가 기관에 미치는 영향으로 옳은 것은 ?
① 저속 및 공전이 원활하다.
② 연소속도가 빠르다.
③ 출력(동력)의 감소를 가져온다.
④ 시동이 쉬워진다.

해설
혼합비가 희박하면 기관 시동이 어렵고, 저속운전이 불량해지며, 연소속도가 느려 기관의 출력이 저하한다.

36. 디젤기관의 배출물로 규제 대상은 ?
① 일산화탄소　　② 매연
③ 탄화수소　　④ 공기 과잉율(λ)

37. 굴삭기로 작업할 때 안전한 작업방법에 관한 사항들이다. 가장 적절하지 않는 것은 ?
① 작업 후에는 암과 버킷 실린더 로드를 최대로 줄이고 버킷을 지면에 내려놓을 것
② 토사를 굴착하면서 스윙하지 말 것
③ 암석을 옮길 때는 버킷으로 밀어내지 말 것
④ 버킷을 들어 올린 채로 브레이크를 걸어두지 말 것

38. 건설기계에 사용되는 12볼트(V) 80암페어(A) 축전지 2개를 직렬연결하면 전압과 전류는 ?
① 24볼트(V) 160암페어(A)가 된다.
② 12볼트(V) 160암페어(A)가 된다.
③ 24볼트(V) 80암페어(A)가 된다.
④ 12볼트(V) 80암페어(A)가 된다.

해설
12V 80A 축전지 2개를 직렬로 연결하면 24V 80A가 된다.

39. 디젤기관의 연소실중 연료소비율이 낮으며 연소압력이 가장 높은 연소실 형식은?
① 예연소실식　　② 공기실식
③ 직접분사실식　　④ 와류실식

40. 예열장치의 설치 목적으로 옳은 것은 ?
① 연료를 압축하여 분무성능을 향상시키기 위함이다.
② 냉간시동 시 시동을 원활히 하기 위함이다.
③ 연료분사량을 조절하기 위함이다.
④ 냉각수의 온도를 조절하기 위함이다.

해설
예열장치는 한랭한 상태에서 기관을 시동할 때 시동을 원활히 하기 위해 사용한다.

41. 축전지의 자기방전 원인에 대한 설명으로 틀린 것은 ?
① 전해액 중에 불순물이 혼입되어 있다.
② 축전지 케이스의 표면에서는 전기누설이 없다.
③ 이탈된 작용물질이 극판의 아래 부분에 퇴적되어 있다.
④ 축전지의 구조상 부득이하다.

42. 안전·보건표지에서 안내표지의 바탕색은?

① 백색 ② 적색
③ 흑색 ④ 녹색

해설 안내표지는 녹색바탕에 백색으로 안내대상을 지시하는 표지판이다.

43. 유압기기 속에 혼입되어 있는 불순물을 제거하기 위해 사용되는 것은?

① 패킹 ② 릴리프밸브
③ 배수기 ④ 스트레이너

해설 스트레이너(strainer)는 유압펌프의 흡입관에 설치하는 여과기이다.

44. 굴착공사 시 도시가스배관의 안전조치와 관련된 사항 중 다음 ( )에 적합한 것은?

> 도시가스사업자는 굴착예정 지역의 매설배관 위치를 굴착공사자에게 알려주어야 하며, 굴착공사자는 매설배관 위치를 매설배관 (ⓐ)의 지면에 (ⓑ) 페인트로 표시할 것

① ⓐ 우측부 ⓑ 황색
② ⓐ 직하부 ⓑ 황색
③ ⓐ 좌측부 ⓑ 적색
④ ⓐ 직상부 ⓑ 황색

해설 굴착공사자는 매설배관 위치를 매설배관 직상부의 지면에 황색페인트로 표시할 것

45. 유압모터의 일반적인 특징으로 가장 적합한 것은?

① 넓은 범위의 무단변속이 용이하다.
② 직선운동 시 속도조절이 용이하다.
③ 각도에 제한 없이 왕복 각운동을 한다.
④ 운동량을 자동으로 직선 조작할 수 있다.

해설 유압모터는 넓은 범위의 무단변속이 용이한 장점이 있다.

46. 건설기계의 범위에 속하지 않는 것은?

① 공기 토출량이 매분 당 2.83세제곱미터 이상의 이동식인 공기압축기
② 노상안정장치를 가진 자주식인 노상안정기
③ 정지장치를 가진 자주식인 모터그레이더
④ 전동식 솔리드 타이어를 부착한 것 중 도로가 아닌 장소에서만 운행하는 지게차

47. 도로교통법에 의한 통고처분의 수령을 거부하거나 범칙금을 기간 안에 납부하지 못한 자는 어떻게 처리되는가?

① 면허증이 취소된다.
② 즉결 심판에 회부된다.
③ 연기신청을 한다.
④ 면허의 효력이 정지된다.

해설 통고처분의 수령을 거부하거나 범칙금을 기간 안에 납부하지 못한 자는 즉결 심판에 회부된다.

48. 작업 시 일반적인 안전에 대한 설명으로 틀린 것은?

① 회전되는 물체에 손을 대지 않는다.
② 건설기계는 취급자가 아니어도 사용한다.
③ 건설기계는 사용 전에 점검한다.
④ 건설기계의 사용법은 사전에 숙지한다.

49. 사용 중인 작동유의 수분함유 여부를 현장에서 판정하는 것으로 가장 적합한 방법은?

① 오일을 가열한 철판 위에 떨어뜨려 본다.
② 오일의 냄새를 맡아본다.
③ 오일을 시험관에 담아서 침전물을 확인한다.
④ 여과지에 약간(3~4방울)의 오일을 떨어뜨려 본다.

해설 작동유의 수분함유 여부를 판정하기 위해서는 가열한 철판 위에 오일을 떨어뜨려 본다.

50. 유압계통에서 오일누설 시의 점검사항이 아닌 것은?

① 오일의 윤활성
② 실(seal)의 파손
③ 실(seal)의 마모
④ 볼트의 이완

해설 오일이 누설되면 실(seal)의 파손, 실(seal)의 마모, 볼트의 이완 등을 점검한다.

51. 고속도로 통행이 허용되지 않는 건설기계는?

① 콘크리트믹서트럭
② 덤프트럭
③ 지게차
④ 기중기(트럭적재식)

52. 건설기계의 출장검사가 허용되는 경우가 아닌 것은?

① 너비가 2.5m 미만 건설기계
② 최고속도가 35km/h 미만인 건설기계
③ 도서지역에 있는 건설기계
④ 자체중량이 40톤을 초과 하거나 축중이 10톤을 초과하는 건설기계

해설 출장검사를 받을 수 있는 경우
도서지역에 있는 경우, 자체중량이 40ton 이상 또는 축중이 10ton 이상인 경우, 너비가 2.5m 이상인 경우, 최고속도가 시간당 35km 미만인 경우

53. 정기검사 신청을 받은 검사대행자는 며칠 이내에 검사일시 및 장소를 신청인에게 통지하여야 하는가?

① 3일   ② 20일
③ 15일   ④ 5일

해설 정기검사 신청을 받은 검사대행자는 5일 이내에 검사일시 및 장소를 신청인에게 통지하여야 한다.

54. 클러치의 구비조건으로 틀린 것은?

① 단속 작용이 확실하며 조작이 쉬어야 한다.
② 회전부분의 평형이 좋아야 한다.
③ 방열이 잘되고 과열되지 않아야 한다.
④ 회전부분의 관성력이 커야 한다.

55. 건설기계 운전 및 작업 시 안전 사항으로 옳은 것은?

① 작업의 속도를 높이기 위해 레버 조작을 빨리 한다.
② 건설기계에 승·하차 시에는 건설기계에 장착된 손잡이 및 발판을 사용한다.
③ 건설기계의 무게는 무시해도 된다.
④ 작업도구나 적재물이 장애물에 걸려도 동력에 무리가 없으므로 그냥 작업한다.

56. 유압회로에서 어떤 부분회로의 압력을 주회로의 압력보다 저압으로 해서 사용하고자 할 때 사용하는 밸브는?

① 릴리프 밸브
② 리듀싱 밸브
③ 카운터 밸런스 밸브
④ 체크밸브

[해설] 리듀싱(감압)밸브는 회로일부의 압력을 릴리프 밸브의 설정압력(메인 유압) 이하로 하고 싶을 때 사용한다.

57. 베인펌프의 일반적인 특징이 아닌 것은?

① 대용량, 고속 가변형에 적합하지만 수명이 짧다.
② 맥동과 소음이 적다.
③ 간단하고 성능이 좋다.
④ 소형, 경량이다.

[해설] 베인 펌프는 소형, 경량이며, 구조가 간단하고 성능이 좋고, 맥동과 소음이 적다.

58. 기계의 회전부분(기어, 벨트, 체인)에 덮개를 설치하는 이유는?

① 좋은 품질의 제품을 얻기 위하여
② 회전부분과 신체의 접촉을 방지하기 위하여
③ 회전부분의 속도를 높이기 위하여
④ 제품의 제작과정을 숨기기 위하여

59. 굴삭기의 작업장치 중 콘크리트 등을 깰 때 사용되는 것으로 가장 적합한 것은?

① 파일 드라이버   ② 드롭해머
③ 마그넷   ④ 브레이커

[해설] 브레이커는 아스팔트, 콘크리트, 바위 등을 깰 때 사용하는 작업 장치이다.

60. 작동유가 넓은 온도범위에서 사용되기 위한 조건으로 가장 알맞은 것은?

① 산화작용이 양호해야 한다.
② 소포성이 좋아야 한다.
③ 점도지수가 높아야 한다.
④ 유성이 커야 한다.

[해설] 작동유가 넓은 온도범위에서 사용되기 위해서는 점도지수가 높아야 한다.

Answer

01. ② 02. ③ 03. ② 04. ② 05. ④ 06. ③ 07. ③ 08. ② 09. ② 10. ② 11. ③
12. ① 13. ④ 14. ④ 15. ② 16. ① 17. ② 18. ② 19. ① 20. ① 21. ③ 22. ①
23. ② 24. ① 25. ④ 26. ③ 27. ② 28. ① 29. ② 30. ④ 31. ① 32. ② 33. ②
34. ④ 35. ③ 36. ② 37. ③ 38. ① 39. ② 40. ② 41. ② 42. ② 43. ① 44. ①
45. ① 46. ② 47. ④ 48. ② 49. ① 50. ① 51. ③ 52. ① 53. ④ 54. ④ 55. ②
56. ② 57. ① 58. ② 59. ④ 60. ③

05 굴삭기운전기능사

01. 동력전달 장치를 다루는데 필요한 안전 수칙으로 틀린 것은?
① 커플링은 키 나사가 돌출되지 않도록 사용한다.
② 풀리가 회전 중일 때 벨트를 걸지 않도록 한다.
③ 벨트의 장력은 정지 중 일 때 확인하지 않도록 한다.
④ 회전중인 기어에는 손을 대지 않도록 한다.

[해설] 벨트의 장력은 회전을 정지시킨 상태에서 점검한다.

02. 굴삭기의 주행 형식별 분류에서 접지면적이 크고 접지압력이 작아 사지나 습지와 같이 위험한 지역에서 작업이 가능한 형식으로 적당한 것은?
① 반 정치식　　② 타이어식
③ 트럭 탑재식　 ④ 무한궤도식

[해설] 무한궤도식은 접지면적이 크고 접지압력이 작아 사지나 습지와 같이 위험한 지역에서 작업이 가능하다.

03. 굴삭기의 조종레버 중 굴삭작업과 직접 관계가 없는 것은?
① 버킷 제어레버
② 붐 제어레버
③ 암(스틱) 제어레버
④ 스윙 제어레버

04. 산업체에서 안전을 지킴으로서 얻을 수 있는 이점이 아닌 것은?
① 직장 상·하 동료 간 인간관계 개선 효과도 기대된다.
② 기업의 투자 경비가 늘어난다.
③ 사내 안전수칙이 준수되어 질서유지가 실현된다.
④ 기업의 신뢰도를 높여준다.

05. 굴삭기의 작업 장치에 해당되지 않는 것은?
① 브레이커(breaker)
② 파일 드라이브(fail drive)
③ 힌지드 버킷(hinged bucket)
④ 백호(back hoe)

[해설] 힌지드 버킷은 지게차 작업 장치의 일종이다.

06. 작업자의 신체부위가 위험한계 또는 그 인접한 거리로 들어오면 이를 감지하여 그 즉시 동작하던 기계를 정지시키거나 스위치가 꺼지도록 하는 방호 장치법은?
① 격리형 방호장치
② 위치 제한형 방호장치
③ 접근 반응형 방호장치
④ 포집형 방호장치

[해설] 접근 반응형 방호장치 : 작업자의 신체부위가 위험한계 또는 그 인접한 거리로 들어오면 이를 감지하여 그 즉시 동작하던 기계를 정지시키거나 스위치가 꺼지도록 하는 방호법이다.

07. 타이어식 굴삭기에서 유압식 동력전달장치 중 변속기를 직접 구동시키는 것은?
① 선회 모터　② 주행 모터
③ 토크컨버터　④ 기관

> 해설
> 타이어식 굴삭기가 주행할 때 주행 모터의 회전력이 입력축을 통해 전달되면 변속기 내의 유성기어→유성기어 캐리어→출력축을 통해 차축으로 전달된다.

08. 사고의 직접원인으로 가장 옳은 것은?
① 사회적 환경요인
② 불안전한 행동 및 상태
③ 유전적인 요소
④ 성격결함

> 해설
> 사고의 직접원인은 불안전한 행동 및 상태이다.

09. 굴삭기의 기본 작업 사이클 과정으로 옳은 것은?
① 굴착 → 적재 → 붐 상승 → 선회 → 굴착 → 선회
② 굴착 → 붐 상승 → 스윙 → 적재 → 스윙 → 굴착
③ 선회 → 굴착 → 적재 → 선회 → 굴착 → 붐 상승
④ 선회 → 적재 → 굴착 → 적재 → 붐 상승 → 선회

> 해설
> 굴삭기의 작업 사이클은 굴착 → 붐 상승 → 스윙 → 적재 → 스윙 → 굴착순서이다.

10. 드릴작업 시 주의사항으로 틀린 것은?
① 작업이 끝나면 드릴을 척에서 빼놓는다.
② 칩을 털어낼 때는 칩 털이를 사용한다.
③ 공작물은 움직이지 않게 고정한다.
④ 드릴이 움직일 때는 칩을 손으로 치운다.

11. 암석, 자갈 등의 굴착 및 적재작업에 사용하는 굴삭기의 버킷 투스(포인트)는?
① 로크형 투스(lock type tooth)
② 롤러형 투스(roller type tooth)
③ 샤프형 투스(sharp type tooth)
④ 슈형 투스(shoe type tooth)

> 해설
> 버킷 투스의 종류
> • 샤프형 : 점토, 석탄 등의 굴착 및 적재작업에 사용한다.
> • 로크형 : 암석, 자갈 등의 굴착 및 적재작업에 사용한다.

12. 정 작업 시 안전수칙으로 부적합한 것은?
① 담금질한 재료를 정으로 쳐서는 안 된다.
② 기름을 깨끗이 닦은 후에 사용한다.
③ 머리가 벗겨진 것은 사용하지 않는다.
④ 차광안경을 착용한다.

13. 도시가스사업법에서 저압이라 함은 압축가스일 경우 몇 MPa 미만의 압축을 말하는가?
① 0.1MPa　② 1.0MPa
③ 3.0MPa　④ 0.01MPa

> 해설
> 도시가스의 압력
> • 저압 : 0.1MPa 미만
> • 중압 : 0.1Mpa 이상 1Mpa 미만
> • 고압 : 1MPa 이상

14. 굴삭기 운전 시 작업안전 사항으로 적합하지 않은 것은?

① 스윙하면서 버킷으로 암석을 부딪쳐 파쇄 하는 작업을 하지 않는다.
② 안전한 작업 반경을 초과해서 하중을 이동시킨다.
③ 굴삭하면서 주행하지 않는다.
④ 작업을 중지할 때는 파낸 모서리로부터 굴삭기를 이동시킨다.

[해설] 굴삭기로 작업할 때 작업 반경을 초과해서 하중을 이동시켜서는 안 된다.

15. 송전, 변전 건설공사 시 지게차, 기중기, 호이스트 등을 사용하여 중량물을 운반할 때의 안전수칙 중 잘못된 것은?

① 미리 화물의 중량, 중심의 위치 등을 확인하고, 허용무게를 넘는 화물은 싣지 않는다.
② 올려진 짐의 아래 방향에 사람을 출입시키지 않는다.
③ 법정자격이 있는 자가 운전한다.
④ 작업원은 중량 위에나 지게차의 포크 위에 탑승한다.

16. 굴삭기의 굴삭작업은 주로 어느 것을 사용하는가?

① 버킷 실린더   ② 암 실린더
③ 붐 실린더   ④ 주행 모터

[해설] 굴삭작업을 할 때에는 주로 암(디퍼스틱) 실린더를 사용한다.

17. 수동변속기에서 변속할 때 기어가 끌리는 소음이 발생하는 원인으로 옳은 것은?

① 클러치가 유격이 너무 클 때
② 변속기 출력축의 속도계 구동기어 마모
③ 클러치판의 마모
④ 브레이크 라이닝의 마모

[해설] 클러치 페달의 유격이 크면 변속기의 기어를 변속할 때 기어가 끌리는 소음이 발생한다.

18. 무한궤도식 굴삭기의 트랙 유격을 조정할 때 유의사항으로 잘못된 방법은?

① 브레이크가 있는 경우에는 브레이크를 사용한다.
② 굴삭기를 평지에 주차시킨다.
③ 트랙을 들고서 늘어지는 것을 점검한다.
④ 2~3회 나누어 조정한다.

[해설] 트랙 유격을 조정할 때 브레이크가 있는 경우에는 브레이크를 사용해서는 안 된다.

19. 브레이크 드럼이 갖추어야 할 조건으로 틀린 것은?

① 가볍고 강도와 강성이 커야 한다.
② 냉각이 잘되어야 한다.
③ 내마멸성이 적어야 한다.
④ 정적·동적 평형이 잡혀 있어야 한다.

[해설] 브레이크 드럼의 구비조건
• 내마멸성이 클 것
• 정적·동적 평형이 잡혀 있을 것
• 가볍고 강도와 강성이 클 것
• 냉각이 잘될 것

20. 상부 롤러에 대한 설명으로 틀린 것은?

① 더블 플랜지형을 주로 사용한다.
② 트랙이 밑으로 처지는 것을 방지한다.
③ 전부 유동륜과 기동륜 사이에 1~2개가 설치된다.
④ 트랙의 회전을 바르게 유지한다.

21. 굴삭기의 작업용도로 가장 적합한 것은?
① 도로포장공사에서 지면의 평탄, 다짐 작업에 사용
② 토목공사에서 터파기, 쌓기, 깎기, 되 메우기 작업에 사용
③ 터널공사에서 발파를 위한 천공 작업에 사용
④ 화물의 기중, 적재 및 적차 작업에 사용

해설 ------
굴삭기는 토사굴토 작업, 굴착작업, 도랑파기 작업, 쌓기, 깎기, 되 메우기, 토사상차 작업에 사용된다.

22. 유압모터의 특징을 설명한 것으로 틀린 것은?
① 자동 원격조작이 가능하다.
② 관성력이 크다.
③ 무단변속이 가능하다.
④ 구조가 간단하다.

해설 ------
유압모터는 회전체의 관성이 작아 응답성이 빠르다.

23. 4행정 사이클 디젤기관에서 흡입행정 시 실린더 내에 흡입되는 것은?
① 혼합기   ② 공기
③ 스파크   ④ 연료

해설 ------
디젤기관은 흡입행정에서 공기만을 흡입한 후 압축하여 자기 착화시킨다.

24. 무한궤도형 굴삭기에는 유압모터가 몇 개 설치되어 있는가?
① 1개   ② 2개
③ 3개   ④ 5개

25. 크롤러식 굴삭기에서 상부회전체의 회전에는 영향을 주지 않고 주행모터에 작동

유를 공급할 수 있는 부품은?
① 컨트롤밸브
② 센터조인트
③ 사축형 유압모터
④ 언로더 밸브

해설 ------
센터조인트는 상부회전체의 회전중심부에 설치되어 있으며, 메인펌프의 유압유를 주행모터로 전달한다.

26. 도로교통법규상 4차로 이상 고속도로에서 건설기계의 최저속도는?
① 40km/h   ② 50km/h
③ 30km/h   ④ 60km/h

해설 ------
모든 고속도로에서 건설기계의 최고속도는 80km/h, 최저속도는 50km/h이다.

27. 릴리프밸브 등에서 밸브시트를 때려 비교적 높은 소리를 내는 진동현상을 무엇이라 하는가?
① 캐비테이션   ② 서지압
③ 채터링   ④ 점핑

해설 ------
채터링(chattering)이란 릴리프 밸브에서 볼이 밸브의 시트를 때려 소음을 내는 진동현상이다.

28. 무한궤도식 굴삭기 좌·우 트랙에 각각 한 개씩 설치되어 있으며 센터조인트로부터 유압을 받아 조향기능을 하는 구성품은?
① 주행 모터   ② 드래그 링크
③ 조향기어 박스   ④ 동력조향 실린더

해설 ------
주행모터는 무한궤도식 굴삭기 좌우 트랙에 각각 한 개씩 설치되어 있으며 센터조인트로부터 유압을 받아 조향기능을 한다.

29. 커먼레일 디젤엔진의 연료장치 구성품이 아닌 것은?
   ① 분사펌프   ② 커먼레일
   ③ 고압연료펌프   ④ 인젝터

   [해설] 분사펌프는 기계제어 디젤기관의 연료장치에서 저압의 연료를 고압으로 하여 분사노즐로 보내는 장치이다.

30. 최고속도 15km/h 미만 타이어식 건설기계에 갖추지 않아도 되는 조명장치는?
   ① 제동등   ② 후부반사기
   ③ 전조등   ④ 번호등

   [해설] 최고속도 15km/h 미만 타이어식 건설기계에 갖추어야 하는 조명장치는 전조등, 후부반사기, 제동등이다.

31. 공구사용 시 주의해야 할 사항으로 틀린 것은?
   ① 해머작업 시 보호안경을 쓸 것
   ② 주위환경에 주의해서 작업 할 것
   ③ 손이나 공구에 기름을 바른 다음 작업할 것
   ④ 강한 충격을 가하지 않을 것

32. 타이어형 굴삭기의 주행 전 주의사항으로 틀린 것은?
   ① 버킷 실린더, 암 실린더를 충분히 눌러 펴서 버킷이 캐리어 상면 높이 위치에 있도록 한다.
   ② 선회고정 장치는 반드시 풀어 놓는다.
   ③ 버킷 레버, 암 레버, 붐 실린더 레버가 움직이지 않도록 잠가둔다.
   ④ 굴삭기에 그리스, 오일, 진흙 등이 묻어 있는지 점검한다.

   [해설] 주행 전에 선회고정 장치는 반드시 잠가 놓는다.

33. 건설기계의 유압장치 취급방법으로 적합하지 않은 것은?
   ① 유압장치는 워밍업 후 작업하는 것이 좋다.
   ② 유압유는 1주에 한 번, 소량씩 보충한다.
   ③ 작동유에 이물질이 포함되지 않도록 관리·취급하여야 한다.
   ④ 작동유가 부족하지 않은지 점검하여야 한다.

34. 차축의 스플라인 부는 차동장치 어느 기어와 결합되어 있는가?
   ① 차동 피니언
   ② 링 기어
   ③ 차동 사이드 기어
   ④ 구동 피니언

   [해설] 차축의 스플라인 부는 차동장치의 차동 사이드 기어와 결합된다.

35. 굴삭기 기관에서 부동액으로 사용 될 수 없는 것은?
   ① 에틸렌글리콜   ② 메탄
   ③ 글리세린   ④ 알코올

   [해설] 부동액의 종류에는 에틸렌글리콜, 메탄올(메틸알코올), 글리세린이 있으며 현재는 에틸렌글리콜만 사용한다.

36. 사고로 인한 재해가 가장 많이 발생할 수 있는 것은?
   ① 차동장치   ② 종감속기어
   ③ 벨트와 풀리   ④ 변속기

37. 유압회로 내의 압력이 설정압력에 도달하면 펌프에서 토출된 오일을 전부 탱크로 회송시켜 펌프를 무부하로 운전시키는데 사용하는 밸브는?

① 체크밸브
② 시퀀스밸브
③ 언로드밸브
④ 카운터밸런스 밸브

해설) 언로드(무부하)밸브는 유압회로 내의 압력이 설정압력에 도달하면 펌프에서 토출된 오일을 전부 탱크로 회송시켜 펌프를 무부하로 운전시키는데 사용한다.

38. 엔진의 밸브장치 중 밸브 가이드 내부를 상하 왕복운동하며 밸브헤드가 받는 열을 가이드를 통해 방출하고, 밸브의 개폐를 돕는 부품의 명칭은?

① 밸브 페이스   ② 밸브 스템 엔드
③ 밸브시트   ④ 밸브 스템

해설) 밸브 스템(valve stem)은 밸브가이드 내부를 상하 왕복운동하며 밸브헤드가 받는 열을 가이드를 통해 방출하고, 밸브의 개폐를 돕는다.

39. 굴삭기에서 사용되는 납산 축전지의 용량 단위는?

① Ah   ② PS
③ kW   ④ kV

해설) 축전지 용량의 단위는 Ah(암페어 시)를 사용한다.

40. 건설기계의 범위에 속하지 않는 것은?

① 전동식 솔리드 타이어를 부착한 지게차
② 공기토출량이 매분 당 2.83세제곱미터 이상의 이동식인 공기압축기
③ 정지(整地)장치를 가진 자주식인 모터그레이더
④ 노상안정장치를 가진 자주식인 노상안정기

해설) 지게차의 건설기계 범위는 타이어식으로 들어 올림 장치와 조종석을 가진 것. 다만, 전동식으로 솔리드타이어를 부착한 것 중 도로가 아닌 장소에서만 운행하는 것은 제외한다.

41. 기관에서 연료압력이 너무 낮은 원인이 아닌 것은?

① 연료펌프의 공급압력이 누설되었다.
② 연료압력 레귤레이터에 있는 밸브의 밀착이 불량하여 리턴포트 쪽으로 연료가 누설되었다.
③ 연료필터가 막혔다.
④ 리턴호스에서 연료가 누설된다.

해설) 연료펌프의 공급압력이 누설될 때, 연료압력 레귤레이터에 있는 밸브의 밀착이 불량하여 리턴포트 쪽으로 연료가 누설될 때, 연료필터가 막혔을 때 연료압력이 낮아진다.

42. 건설기계 정기검사 연기사유가 아닌 것은?

① 건설기계를 건설현장에 투입했을 때
② 건설기계를 도난당했을 때
③ 건설기계의 사고가 발생했을 때
④ 1월 이상에 걸친 정비를 하고 있을 때

해설) 정기검사 연기신청 사유
건설기계의 도난, 사고발생, 압류, 1개월 이상에 걸친 정비, 사업의 휴지, 기타 부득이한 사유로 정기검사를 신청할 수 없는 경우

43. 디젤기관에 사용되는 공기 청정기의 설명으로 틀린 것은?
① 공기청정기는 실린더 마멸과 관계없다.
② 공기청정기가 막히면 배기색은 흑색이 된다.
③ 공기청정기가 막히면 출력이 감소한다.
④ 공기청정기가 막히면 연소가 나빠진다.

해설
공기 청정기가 막히면 불완전 연소가 일어나 실린더 마멸을 촉진한다.

44. 건설기계 등록사항 변경이 있을 때, 소유자는 건설기계등록사항 변경신고서를 누구에게 제출하여야 하는가?
① 관할검사소장
② 고용노동부장관
③ 행정안전부장관
④ 시·도지사

45. 도로교통법령상 총중량 2000kg 미만인 자동차를 총중량이 그의 3배 이상인 자동차로 견인할 때의 속도는?(단, 견인하는 차량이 견인자동차가 아닌 경우이다.)
① 매시 30km 이내
② 매시 50km 이내
③ 매시 80km 이내
④ 매시 100km 이내

해설
총중량 2000kg 미달인 자동차를 그의 3배 이상의 총중량 자동차로 견인할 때의 속도는 매시 30km 이내이다.

46. 교류발전기의 설명으로 틀린 것은?
① 철심에 코일을 감아 사용한다.
② 두 개의 슬립링을 사용한다.
③ 전자석을 사용한다.
④ 영구자석을 사용한다.

해설
교류발전기는 스테이터 철심에 코일을 감아 사용하며, 여자전류를 공급받아 전자석이 되는 로터가 있으며, 로터에는 브러시로부터 여자전류를 공급받는 슬립링을 2개 둔다.

47. 교통안전표지 중 노면표지에서 차마가 일시 정지해야 하는 표시로 옳은 것은?
① 황색 실선으로 표시한다.
② 백색 점선으로 표시한다.
③ 황색 점선으로 표시한다.
④ 백색 실선으로 표시한다.

해설
일시정지선은 백색 실선으로 표시한다.

48. 건설기계에서 등록의 갱정은 어느 때 하는가?
① 등록을 행한 후에 그 등록에 관하여 착오 또는 누락이 있음을 발견한 때
② 등록을 행한 후에 소유권이 이전되었을 때
③ 등록을 행한 후에 등록지가 이전되었을 때
④ 등록을 행한 후에 소재지가 변동되었을 때

해설
등록의 갱정은 등록을 행한 후에 그 등록에 관하여 착오 또는 누락이 있음을 발견한 때 한다.

49. 납산축전지의 충전 중 주의사항으로 틀린 것은?
① 차상에서 충전할 때는 축전지 접지(-)케이블을 분리할 것
② 전해액의 온도는 45℃ 이상을 유지할 것
③ 충전 중 축전지에 충격을 가하지 말 것
④ 통풍이 잘되는 곳에서 충전할 것

[해설] 충전할 때 전해액의 온도가 45℃ 이상 되지 않도록 한다.

50. 1년 간 벌점에 대한 누산점수가 최소 몇 점 이상이면 운전면허가 취소되는가?
① 271 ② 190
③ 121 ④ 201

51. 옴의 법칙에 대한 설명으로 옳은 것은?
① 도체에 흐르는 전류는 도체의 저항에 정비례한다.
② 도체의 저항은 도체 길이에 비례한다.
③ 도체의 저항은 도체에 가해진 전압에 반비례한다.
④ 도체에 흐르는 전류는 도체의 전압에 반비례한다.

[해설] 옴의 법칙은 전류는 전압에 비례하고 저항에 반비례 한다는 법칙이며, 도체의 저항은 도체 길이에 비례하고 단면적에 반비례한다.

52. 유압장치의 계통 내에 슬러지 등이 생겼을 때 이것을 용해하여 깨끗이 하는 작업은?
① 서징 ② 코킹
③ 플러싱 ④ 트램핑

[해설] 플러싱(flushing)이란 유압계통의 오일장치 내에 슬러지 등이 생겼을 때 이것을 용해하여 장치 내를 깨끗이 하는 작업이다.

53. 건설기계소유자 또는 점유자가 건설기계를 도로에 계속하여 버려두거나 정당한 사유 없이 타인의 토지에 버려둔 경우의 처벌은?
① 1년 이하의 징역 또는 1000만 원 이하의 벌금
② 1년 이하의 징역 또는 500만 원 이하의 벌금
③ 1년 이하의 징역 또는 200만 원 이하의 벌금
④ 1년 이하의 징역 또는 400만 원 이하의 벌금

[해설] 건설기계를 도로에 계속하여 버려두거나 정당한 사유 없이 타인의 토지에 버려둔 경우의 처벌은 1년 이하의 징역 또는 1000만 원 이하의 벌금

54. 유압 실린더의 지지방식이 아닌 것은?
① 유니언형 ② 푸트형
③ 트러니언형 ④ 플랜지형

[해설] 유압 실린더 지지방식 : 푸트형, 플랜지형, 트러니언형, 클레비스형

55. 유압 작동유의 점도가 너무 높을 때 발생되는 현상은?
① 내부누설 증가
② 유압펌프 효율 증가
③ 동력손실 증가
④ 내무마찰 감소

[해설] 유압유의 점도가 너무 높으면 동력손실이 증가하여 기계효율이 감소한다.

56. 굴삭기 스윙(선회) 동작이 원활하게 안 되는 원인으로 틀린 것은 ?
① 컨트롤 밸브 스풀 불량
② 릴리프 밸브 설정압력 부족
③ 터닝 조인트(Turning joint) 불량
④ 스윙(선회)모터 내부 손상

[해설] 터닝 조인트가 불량하면 원활한 주행이 어려워진다.

57. 일반적인 유압펌프에 대한 설명으로 가장 거리가 먼 것은 ?
① 오일을 흡입하여 컨트롤 밸브(control valve)로 송유(토출)한다.
② 엔진 또는 모터의 동력으로 구동된다.
③ 벨트에 의해서만 구동된다.
④ 동력원이 회전하는 동안에는 항상 회전한다.

[해설] 유압펌프는 동력원과 커플링으로 직결되어 있어 동력원이 회전하는 동안에는 항상 회전하여 오일 탱크 내의 유압유를 흡입하여 컨트롤 밸브로 송유(토출)한다.

58. 유압유의 압력에 영향을 주는 요소로 가장 관계가 적은 것은 ?
① 유압유의 점도
② 관로의 직경
③ 유압유의 흐름량
④ 유압유의 흐름방향

[해설] 압력에 영향을 주는 요소는 유압유의 흐름량, 유압유의 점도, 관로직경이다.

59. 현장에서 오일의 열화를 확인하는 인자가 아닌 것은 ?
① 오일의 점도
② 오일의 냄새
③ 오일의 유동
④ 오일의 색깔

[해설] 오일의 열화를 확인하는 인자는 오일의 점도, 오일의 냄새, 오일의 색깔 등이다.

60. 유압모터를 이용한 스크루로 구멍을 뚫고 전신주 등을 박는 작업에 사용되는 굴삭기 작업 장치는 ?
① 그래플(grapple)
② 브레이커(breaker)
③ 오거(auger)
④ 리퍼(ripper)

[해설] 오거(또는 어스 오거)는 유압모터를 이용한 스크루로 구멍을 뚫고 전신주 등을 박는 작업에 사용되는 굴삭기 작업 장치이다.

Answer

01. ③ 02. ④ 03. ④ 04. ② 05. ③ 06. ③ 07. ② 08. ② 09. ② 10. ④ 11. ①
12. ④ 13. ① 14. ② 15. ④ 16. ② 17. ① 18. ① 19. ③ 20. ① 21. ② 22. ②
23. ② 24. ③ 25. ② 26. ② 27. ③ 28. ① 29. ① 30. ④ 31. ② 32. ② 33. ②
34. ③ 35. ② 36. ③ 37. ③ 38. ④ 39. ① 40. ① 41. ④ 42. ② 43. ① 44. ④
45. ① 46. ④ 47. ④ 48. ② 49. ② 50. ③ 51. ② 52. ③ 53. ① 54. ① 55. ③
56. ③ 57. ③ 58. ④ 59. ③ 60. ③

1. 코스운전

① 작업전 의자시트를 본인에 맞추고 안전벨트를 착용하고 장비에 시동을 걸고 작업 스위치를 주행으로 조정한 후 주차 브레이크를 해제한다.

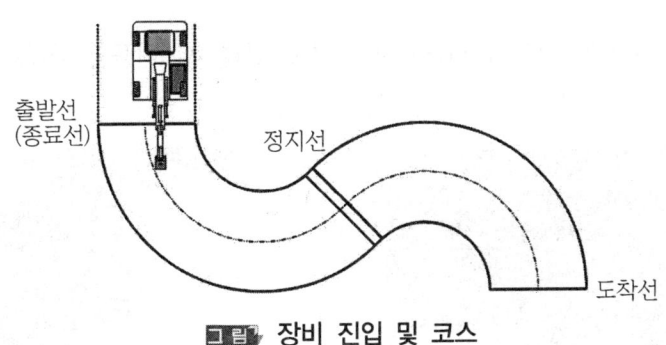

그림 장비 진입 및 코스

② 출발신호와 함께 2.5m 지점부터 핸들을 천천히 감으면서 출발선에 진입한다. 왼쪽선과 왼쪽바퀴의 간격을 90~100cm 유지하면서 정지선에 까지 이동한다.

③ 정지선에서 일시 정지하고 정차가 확인되면 바로 출발한다. 앞 타이어 두 개 중 하나는 반드시 정지선 안에 들어가야 한다.

(a)   (b)

그림 정지선 일시정지

④ 정지선에서 핸들을 천천히 풀면서 약 2.5~3m 전진한다.

(a)   (b)

그림 2.5~3m 전진

⑤ 좌측선과 앞 타이어 거리를 50~60cm 정도 맞춘 후 핸들을 우측으로 완전히 감는다.

(a)   (b)

그림 핸들을 우측으로 완전히 감는다.

⑥ 도착선까지 주행하여 뒷 타이어가 도착선 밖으로 완전히 나갈 때까지 주행한다.

그림 도착선 밖으로

⑦ 핸들을 풀지 않고 그대로 후진한다. 차체 후미와 좌측선과의 거리가 약 30cm 정도 되게 한다. 후진시에는 일시정지가 없다.

(a)

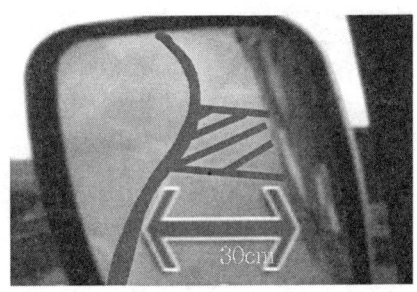
(b)

그림 후진

⑧ 타이어가 정지선을 약 30cm 정도 벗어나면 핸들을 좌측으로 완전히 감은 후 그대로 후진하여 출발선 라인 밖으로 나간 후에 정지하고 주차브레이크를 체결한 후 안전벨트를 풀고 하차한다.

그림 핸들을 좌측으로 완전히 감는다.

그림 주행 완료

> **REFERENCE 실격사유**
> ① 주차 브레이크 해제 하지 않고 출발시
> ② 출발신호 후 1분 이내에 장비의 앞바퀴가 출발선을 통과하지 못할 경우
> ③ 주행중 라인 터치시
> ④ 조작 미숙으로 엔진이 1회 이상 정지시
> ⑤ 규정시간 2분 초과할 경우

2 굴착작업

① 시트를 체격조건에 맞게 조정하고 브레이크가 제동되었는지 확인한다.

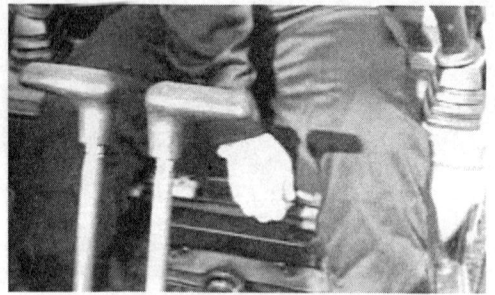
그림 시트 조정

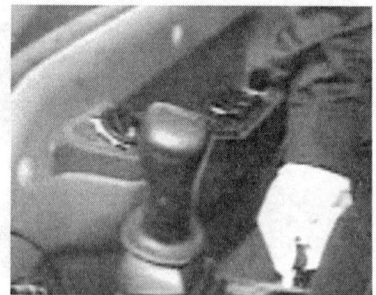
그림 시동

② 장비에 시동을 걸고 작업스위치를 작업(W)위치로 조정한다.
③ 엔진의 rpm을 약 1900~2000rpm 정도의 H모드에 맞춘다.

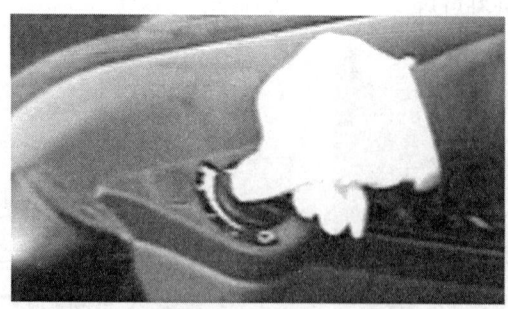
그림 rpm 조정

④ 안전장치를 해제한다.
⑤ A지점에서 암이 지면과 90도 될 때까지 오므리고 버켓 상단면이 지면과 수평이 되게 한다.

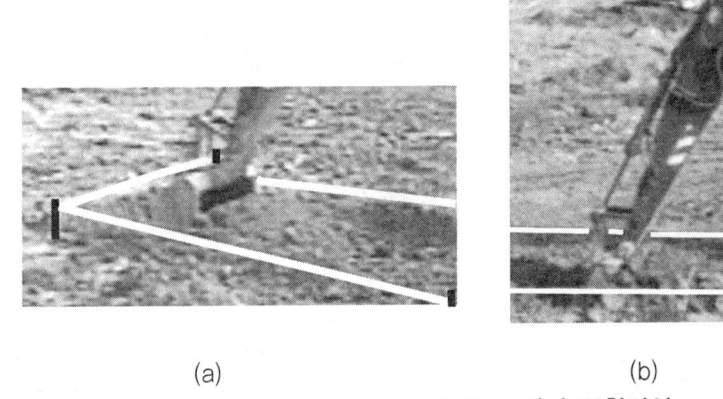

(a)　　　　　　　　　　　(b)　　　　　　　　　　　(c)

그림 A지점 굴착작업

⑥ 버켓 밑면이 운전자의 눈높이 보다 약 15도 정도 위에 위치하게 한다.
⑦ 붐 실린더가 지면과 90도가 될 때까지 붐을 들어 올린다.
⑧ B지점을 지나 C지점 까지 180도 스윙한다.

그림 붐 상승　　　　**그림** B지점 스윙　　　　**그림** C지점까지 스윙

⑨ 붐을 C지점의 1m 높이까지 하강한다.

(a) (b)

그림 C지점 붐 하강

⑩ 암을 펴면서 동시에 붐과 버켓을 작동시켜 덤프한다.

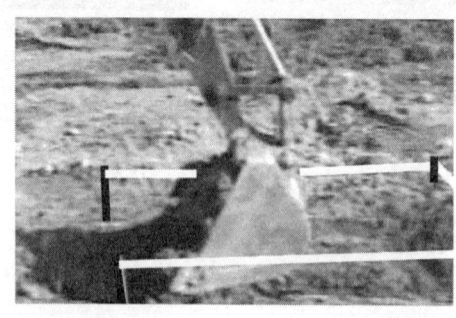 

(a) (b)

그림 C지점 덤프

그림 A지점으로 스윙

⑪ B지점을 지나 A지점에서 ⑤~⑩까지의 동작으로 4회 작업을 한다. 4회 덤프 후 평탄작업을 하고, 그 지점에 버켓을 접지 않고 완전히 펼친 상태로 지면에 내려놓고 굴착작업을 끝낸다.

> **REFERENCE 실격사유**
> ① B지점의 장애를 폴 밖으로 버켓이 통과할 경우
> ② 안전사고 발생 및 장비손상의 우려되는 경우
> ③ 조작미숙으로 엔진이 1회 이상 정지되는 경우
> ④ 굴삭 횟수가 4회 미만인 경우
> ⑤ 규정시간 4분 초과시
> ⑥ 굴삭 후 버켓의 흙량이 1/2 이하인 경우

3 국가기술자격 실기시험문제[굴삭기운전기능사]

3.1. 굴삭기운전기능사 과제 변경내역

요구사항과 수험자 유의사항의 수정내용 중 단순 맞춤법이나 문장순화를 위한 변경 내용은 기록하지 않음을 알려드립니다.

[1] 요구사항

항 목	시험문제(요구사항)		비고
	변경 전	변경 후	
굴착작업		(가상통과제한선, 버킷통과구역 도식)	[추가] B지점 정면도

[2] 수험자 유의사항

항 목	시험문제(수험자 유의사항)		비 고
	변경 전	변경 후	
실격사항		나. 다음과 같은 경우에는 채점대상에서 제외하고 불합격 처리합니다. 7) 코스 중간지점의 정비선 내에 일시정지하지 않은 경우 15) 평탄작업을 하지 않고 작업을 종료하는 경우	[추가] 시험과제의 요구사항을 수행하지 않는 경우 명시

3.2. 수험자 지참공구 목록 및 기준

지참공구명	규 격	단 위	수 량	비 고
작업복	긴팔, 긴바지	벌	1	
작업화	안전화 및 운동화	켤레	1	

[1] 작업복
① 피부노출이 되지 않는 긴소매 상의(팔토시 허용)
② 피부노출이 되지 않는 긴바지 하의(반바지, 7부 바지, 찢어진 청바지, 치마 등 허용 안됨)

[2] 작업화
안전화 및 운동화(샌들, 슬리퍼, 굽 높은 신발(하이힐) 등 허용 안 됨)

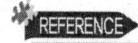

음주상태의 경우 실기시험에 응시할 수 없음(음주상태 : 도로교통법에 정하는 혈중 알콜농도 0.05% 이상 적용)

국가기술자격 실시시험문제

자격 종목	굴삭기운전기능사	과제명	코스운전 및 굴착작업

※시험시간 : 6분(코스운전 2분, 굴착작업 4분)
※시험문제의 일부 내용이 변경될 수 있음

1. 요구사항

가. 코스운전(2분)

  1) 주어진 장비(타이어식)를 운전하여 운전석쪽 앞바퀴가 중간지점의 정지선 사이에 위치하면 일시정지한 후, 뒷바퀴가 (나)도착선을 통과할 때까지 전진 주행합니다.
  2) 전진 주행이 끝난 지점에서 후진 주행으로 앞바퀴가 (가)종료선을 통과할 때까지 운전하여 출발 전 장비 위치에 주차합니다.

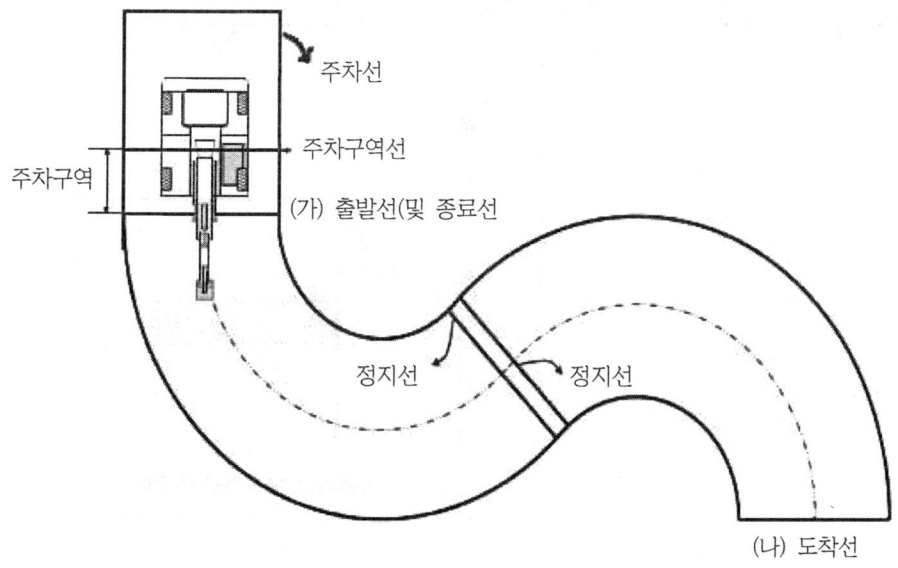

① 주행시에는 상부회전체를 고정시켜야 합니다.
② 코스 중간지점의 정지선(앞, 뒤) 내에 운전석 쪽(좌측) 앞바퀴가 들어 있거나 정지선에 물린상태가 되도록 정지합니다.
③ 코스 전진시, 뒷바퀴가 (나)도착선을 통과한 후 정차합니다.

④ 코스 후진시, 주차구역 내에 앞바퀴를 위치시키도록 주차한 후 코스 운전을 종료합니다.

나. 굴착작업(4분)

주어진 자비로 A(C)지점을 굴착한 후, B지점에 설치된 폴(pole)의 버킷 통과구역 사이에 버킷이 통과하도록 선회합니다. 그리고 C(A)지점의 구덩이를 메운 다음 평탄작업을 마친 후, 버킷을 완전히 펼친 상태로 지면에 내려놓고 작업을 끝냅니다.

※굴착작업 회수는 4회 이상

※A지점 굴착작업 규격과 C지점 크기 : 가로(버킷 가로 폭) × 세로(버킷 세로 폭의 2.5배)

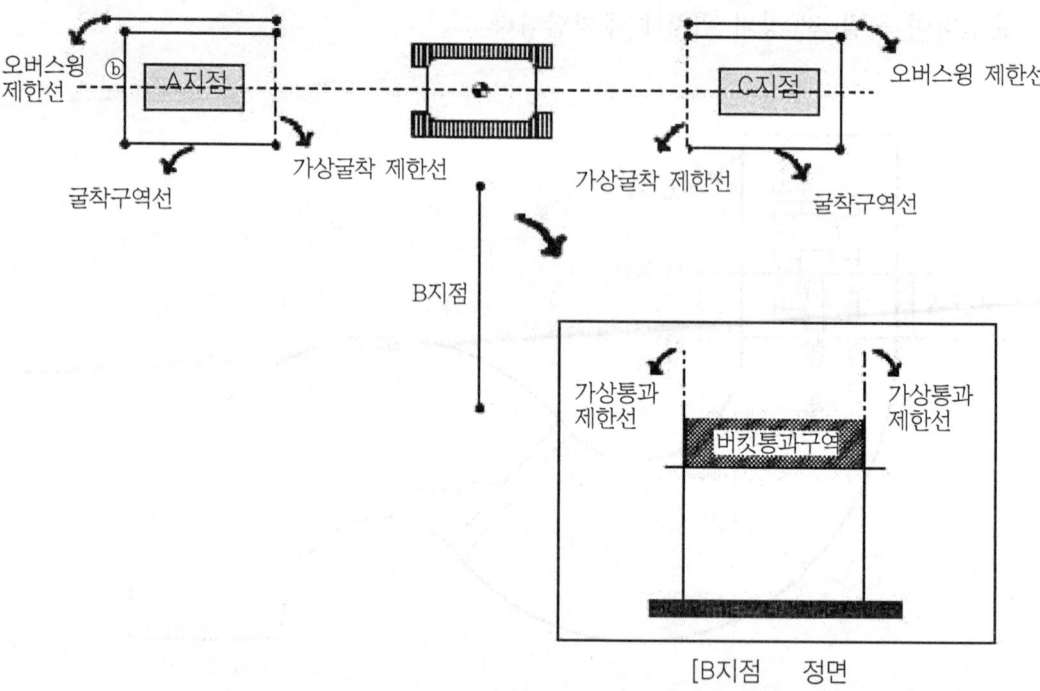

① 굴착, 선회, 덤프, 평탄작업시 설치되어 있는 폴(pole), 선 등을 건드리지 않아야 합니다.
② 선회시 폴(pole)을 건드리거나 가상통과 제한선을 넘어가지 않도록 주의하여, B지점의 버킷통과 구역 사이를 버킷이 통과해야 합니다.

③ 덤프 지점의 흙을 고르게 평탄작업을 해야 합니다.

2. 수험자 유의사항
가. 공통
1) 감독위원의 지시에 따라 시험장소에 출입 및 장비운전을 하여야 합니다.
2) 음주상태 측정은 시험시작 전에 실시하며, 음주상태이거나 음주 측정을 거부하는 경우 실기시험에 응시할 수 없습니다(혈중 알콜 농도 0.05% 이상 적용).
3) 휴대폰 및 시계류(손목시계, 스톱워치 등)는 시험시작 전 감독위원에게 제출합니다.
4) 규정된 작업복장의 착용여부는 채점사항에 포함됩니다(복장 : 수험자 지참공구 목록 참고).
5) 안전벨트 및 안전레버 체결, 각종 레버 및 rpm 조절 등의 조작상태는 채점사항에 포함됩니다.
6) 코스운전 후 굴착작업을 합니다(단, 시험장 사정에 따라 순서가 바뀔 수 있음).
7) 굴착작업 시 버킷 가로폭의 중심위치는 앞쪽 터치라인(b선)을 기준으로 하여 안쪽으로 30cm 들어온 지점에서 굴착합니다.
8) 굴착 및 덤프작업시 구분동작이 아닌 연결동작으로 작업합니다.
9) 굴착 시 흙량은 버킷의 평적 이상으로 합니다.
10) 장비운전 중 이상 소음이 발생되거나 위험 사항이 발생되면 즉시 운전을 중지하고, 감독위원에게 보고하여야 합니다.
11) 굴착지역의 흙이 기준면과 부합하지 않다고 판단될 경우 감독위원에게 흙량의 보정을 요구할 수 있습니다(단, 굴착지역의 기준면은 지면에서 하향 50cm).
12) 장비 조작 및 운전 중 안전수칙을 준수하여 안전사고가 발생되지 않도록 유의합니다.
13) 과제 시작과 종료
① 코스 : 앞바퀴 기준으로 출발선(및 종료선)을 통과하는 시점으로 시작(및 종료) 됩니다.

② 작업 : 수험자가 준비된 상태에서 감독위원의 호각신호에 의해 시작하고, 작업을 완료하여 버킷을 완전히 펼쳐 지면에 내려놓았을 때 종료됩니다(단, 과제시작 전, 수험자가 운행 준비를 완료한 후 감독위원에게 의사표현을 하고 이를 확인한 감독위원이 호각신호를 주었을 때 과제를 시작합니다).

14) 항목별 배점은 "코스운전 25점, 굴착작업 75점"입니다.

나. 다음과 같은 경우에는 채점 대상에서 제외하고 불합격 처리합니다.
   ○ 기권
     수험자 본인이 기권 의사를 표시하는 경우
   ○ 실격
   1) 시험시간을 초과하거나 시험 전 과정(코스, 작업)을 응시하지 않은 경우
   2) 운전조작이 극히 미숙하여 안전사고 발생 및 장비손상이 우려되는 경우
   3) 요구사항 및 도면대로 코스를 운전하지 않은 경우
   4) 코스운전, 굴착작업 어느 한 과정 전체가 0점일 경우
   5) 출발신호 후 1분 내에 장비의 앞바퀴가 출발선을 통과하지 못하는 경우
   6) 주차브레이크를 해제하지 않고 앞바퀴가 출발선을 통과하는 경우
   7) 코스 중간지점의 정지선 내에 일시정지하지 않은 경우
   8) 뒷바퀴가 도착선을 통과하지 않고 후진 주행하여 돌아가는 경우
   9) 주행 중 코스 라인을 터치하는 경우(단, 출발선(및 종료선)·정지선·도착선·주차구역선·주차선은 제외)
   10) 수험자의 조작미숙으로 엔진이 1회 정지된 경우(단, 수동변속기형 2회 엔진정지)
   11) 버킷, 암, 붐 등이 폴(pole), 줄을 건드리거나 오버스윙 제한선을 넘어가는 경우
   12) 굴착, 덤프, 평탄작업시 버킷 일부가 굴착구역선 및 가상 굴착 제한선을 초과하여 작업한 경우
   13) 선회시 버킷 일부가 B지점의 가상통과 제한선을 건드리거나, 버킷통과구역 사이를 통과하지 않는 경우
   14) 굴착작업 회수가 4회 미만인 경우
   15) 평탄작업을 하지 않고 작업을 종료하는 경우

시험장 준비도면(운전코스 및 가설물)

자격 종목	굴삭기운전기능사	과제명	코스운전 및 굴착작업	척 도	NS

1. 운전코스 설치 도면
○ 설치 방법
  가. 장비의 차폭(D)과 축간거리(E)를 실측합니다.
  나. 수직선상에 임의 점 A를 잡고 직선상에 B 및 B´점을 잡는다(AB= L, BB´= 1.8D).
  다. A점에서 선분 AB와 135°을 이루는 직선상에서 A´점을 잡는다(AA´= L + (L-1.8D).
  라. A점을 중심으로 선분 AB 및 AB´를 반지름으로 한 각각의 원호 BC와 B´C´를 작도합니다.
  마. 선분 AA´와 135°를 이루는 수직선을 긋고 F 및 F´점을 잡는다.
  바. A´점을 중심으로 각각의 원호 CF´와 C´F를 작도합니다.
  마. 주차선의 전후 길이는 축간거리(E)의 2배로 합니다.
    ※도면의 치수는 선의 두께를 제외한 내측 간격
    ※굴삭기의 차폭(D)과 축간거리(E) 측정기준
      • 차폭(D) : 좌·우 최 외측 타이어의 최 외측 면간의 거리
      • 축간거리(E) : 가장 앞축 중심에서 가장 뒤축 중심까지의 거리
    ※회전반경
      • 앞 차폭이 좁고 뒤 차폭이 넓은 경우 : L = 2.5 × E
      • 앞 차폭과 뒤 차폭이 같은 경우 : L= 2.7 × E

E
(축간거리)

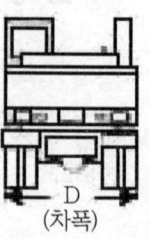
D
(차폭)

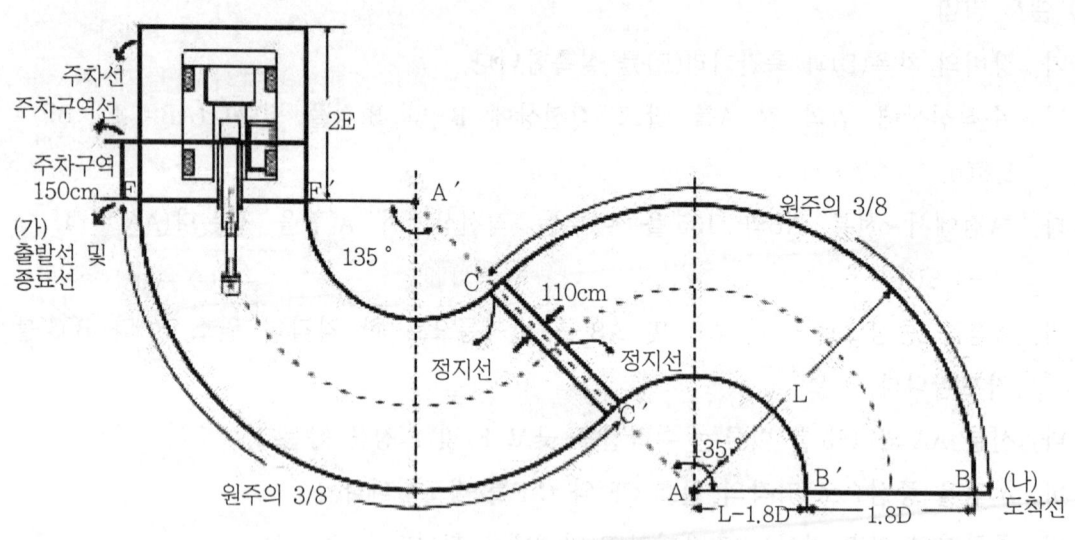

※회전반경(L)

앞 차폭이 좁고 뒤 차폭이 넓은 경우 : L = 2.5 × E

앞 차폭과 뒤 차폭이 같은 경우 : L = 2.7 × E

2. 굴착작업 가설도면

가. A지점

ⓐ위치 : 붐, 암, 버킷을 최대로 뻗었을 때의 최대 도달거리

ⓑ, ⓒ위치 폴(pole)과 선 높이 : 50cm

ⓑ선 : ⓐ위치에서 안쪽으로 30cm

ⓒ선 : 버킷 폭 작업구덩이 좌, 우로 50cm 위치에 설치, 길이 : 버킷 세로폭의 2.5
배 + 80cm

ⓓ폴 높이 : β

ⓓ선(오버스윙 제한선) : 선 ⓒ로부터 20cm 떨어진 위치에 폴(pole) 상단으로부터 50cm 아래에 설치

나. B지점

ⓔ폴(pole) : 장비 중심점으로부터 B지점으로 90°방향에서 β지점 + 50cm 위치

ⓕ폴(pole) : 붐, 암, 버킷을 최대로 펼쳤을 때 버킷 투스의 끝 지점으로부터, ⓔ위치 (안쪽) 방향으로 1m지점

ⓖ폴 높이 : β

ⓖ장애물 선의 높이 : 폴 상단에서 아랫방향으로 100cm 지점

β : 붐을 최대한 세우고 암을 최대로 오므린 상태에서 암 끝(버킷 연결)핀과 지면과의 수직거리
β지점 : β가 지면과 만나는 점

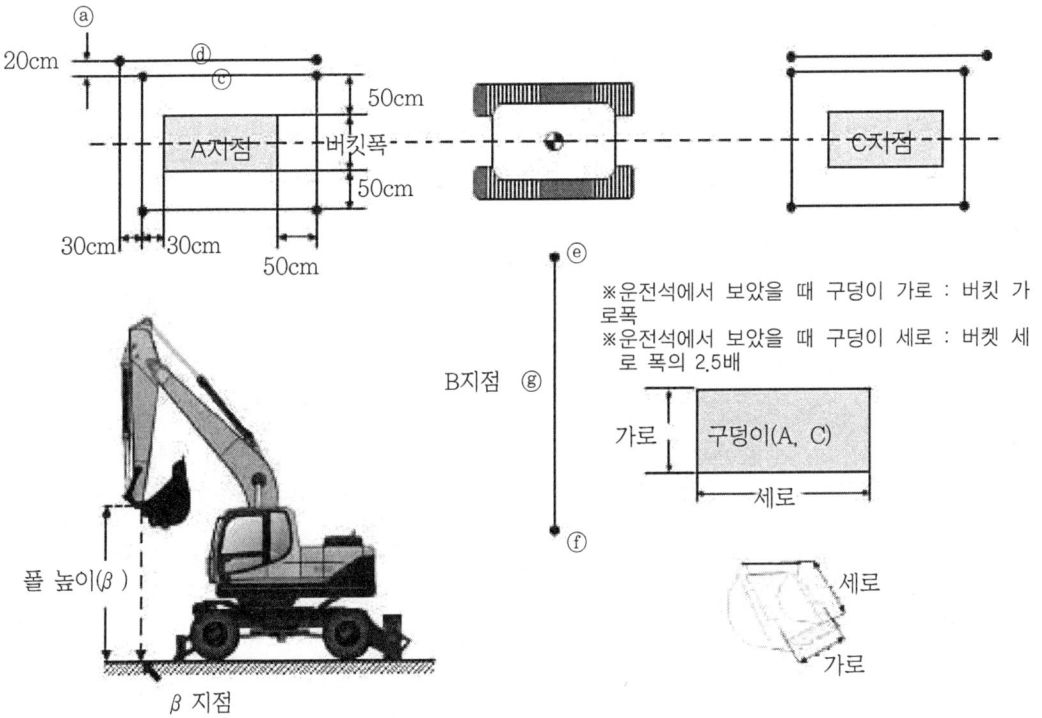

◎ 저자 소개

- 이영환   現 전남과학대학교 자동차과 교수
- 김성식   現 목포과학대학교 토목조경과 교수
- 박용호   現 호남직업전문학교 자동차과 교사

상시검정대비 굴삭기운전기능사

초판 인쇄	2018년 7월 10일
재판 발행	2022년 1월 10일
저 자	이영환 김성식 박용호
발 행 인	박필만
발 행 처	도서출판 미전사이언스

(08338) 서울시 구로구 개봉로 17나길 33, 1층(개봉동)
TEL: 02) 2611-3846, 2618-8742 FAX: 02) 2611-3847

E-mail mjsbook@hanmail.net
등   록 제12-318호(2001.10.10)
ISBN 978-89-6345-257-9-13550

정가 20,000원

ⓒ 미전사이언스
- 잘못 만들어진 책은 출판사나 구입하신 서점에서 바꿔 드립니다.
- 어떠한 경우든 본 책 내용과 편집 체재의 일부 혹은 전부의 무단복제 및 표절을 불허함. 무단 복제와 표절은 범법 행위입니다.

도서출간안내

미전사이언스 MI JEON SCIENCE PUBLISHING CO.
주소: (152-092) 서울시 구로구 개봉로 17나길 33, 1층(개봉동)
TEL: 02) 2611-3846, 2618-8742 FAX: 02) 2611-3847

■ 자동차 기관

도 서 명	저 자	면수	정 가	비고(ISBN)
[친환경] 그린카 정비공학	이원철 外 5	550	25,000	978-89-6345-184-8-93550
[신기술수록] 新編·자동차공학개론	오영택 外 3	540	22,000	978-89-89920-31-1-93550
자 동 차 공 학	오영택 外 3	592	24,000	978-89-6345-144-2-93550
오 토 엔 진	김보한 外 2	382	20,000	978-89-6345-186-2-93550
자 동 차 공 학 기 초	박종상 外 3	410	20,000	978-89-6345-160-2-93550
자 동 차 엔 진 공 학	이병학 外 3	474	22,000	978-89-6345-153-4-93550
[基礎] 자 동 차 해 석	엄소연 外 1	240	18,000	978-89-6345-175-6-93550
자 동 차 가 솔 린 기 관 공 학	이철승 外 3	398	20,000	978-89-6345-215-9-93550
자 동 차 디 젤 엔 진	이승재 外 2	436	20,000	978-89-6345-143-5-93550
[종합] 자 동 차 기 관 이 론 실 습	김태한 外 1	514	24,000	978-89-6345-158-9-93550
[NCS를 활용한] 자 동 차 기 관 실 습	이철승 外 3	564	24,000	978-89-6345-208-1-93550
[NCS를 활용한] 자동차 디젤기관 이론실습	조일영 外 1	434	22,000	978-89-6345-234-0-93550
[NCS교육과정에 준한] 자동차 기관 공학	정 찬 문	416	20,000	978-89-6345-236-4-93550
[NCS국가직무능력표준에 따른] 자 동 차 기 관	김광희 外 1	596	23,000	978-89-6345-237-1-93550
자 동 차 전 자 제 어 엔 진 이 론 실 무	이상문 外 3	524	22,000	978-89-6345-106-0-93550
[하이테크] 자동차 전자 제어 현장 실무	유환신 外 3	600	24,000	978-89-6345-052-0-93550
[자동차 전자제어] 스 마 트 자 동 차	김병우 外 1	344	18,000	978-89-6345-088-9-93550
자 동 차 엔 진 구 조	박재림 外 1	390	22,000	978-89-6345-277-7-93550
자 동 차 가 솔 린 엔 진	박우영 外 1	446	24,000	978-89-6345-279-1-93550
자 동 차 구 조 학	정 찬 문	242	16,000	978-89-6345-023-0-93550
자 동 차 엔 진 튠 업	박 재 림	360	20,000	978-89-6345-027-8-93550
자동차기초실습 [공구사용법]	손병래 外 3	352	20,000	978-89-6345-246-3-93550
자 동 차 기 관 개 론	최 두 석	420	22,000	978-89-6345-272-3-93550
[지능형] 스 마 트 자 동 차 개 론	이용주 外 2	410	22,000	978-89-6345-274-6-93550
자 동 차 전 자 제 어 엔 진 구 조	김영일 外 2	426	22,000	978-89-6345-286-9-93550
자 동 차 엔 진 이 론 실 습	이종호 外 1	480	25,000	978-89-6345-287-6-93550

자동차 전기·전자

도 서 명	저 자	면수	정가	비고(ISBN)
자 동 차 전 기 · 전 자	김광열 外 1	310	19,000	978-89-6345-238-8-93550
자 동 차 전 기 시 스 템	김병지 外 3	490	20,000	978-89-6345-050-6-93550
친 환 경 전 기 자 동 차	정용욱 外 2	420	22,000	978-89-6345-148-0-93550
자 동 차 전 기 · 전 자 공 학	정용욱 外 3	382	20,000	978-89-6345-210-4-93550
자 동 차 전 기 장 치 실 습	지명석 外 2	390	20,000	978-89-6345-152-7-93550
[新] 자 동 차 전 기 실 습	김규성 外 2	440	20,000	978-89-6345-091-9-93550
[알기 쉬운] 기 초 전 기·전 자 개 론	김상영 外 3	328	18,000	978-89-89920-00-7-93550
자 동 차 회 로 판 독 실 습	이용주 外 3	268	17,000	978-89-6345-048-3-93550
하 이 브 리 드 전 기 자 동 차	김영일 外 2	312	19,000	978-89-6345-188-6-93550
[NCS기반] 자 동 차 충 전·시 동 장 치	김재욱 外 1	402	20,000	978-89-6345-223-4-93550
[NCS를 활용한] 자동차 전기 · 전자 실습	윤재곤 外 1	540	23,000	978-89-6345-225-8-93550
[最新] 자 동 차 전 기·전 자 공 학	송용식 外 1	400	22,000	978-89-6345-233-3-93550
하 이 테 크 진 단 정 비	이용주 外 3	266	18,000	978-89-6345-264-7-93550
[새로운 시스템] 전 기 자 동 차	정용욱 外 1	394	20,000	978-89-6345-265-4-93550
자 동 차 전 기·전 자 시 스 템	김재욱 外 3	470	24,000	978-89-6345-278-4-93550
자 동 차 전 기·전 자 공 학 개 론	송용식 外 1	450	23,000	978-89-6345-285-2-93550

자동차 섀시

도 서 명	저 자	면수	정 가	비고(ISBN)
자 동 차 섀 시	이성만 外 3	426	22,000	978-89-6345-212-8-93550
차 량 동 력 전 달 장 치	오태일 外 2	420	20,000	978-89-6345-190-9-93550
차 량 현 가 장 치[조향·제동]	손일선 外 2	504	24,000	978-89-6345-206-8-93550
자 동 차 섀 시 공 학	이상훈 外 4	450	22,000	978-89-6345-176-3-93550
[NCS를 활용한] 종 합 자 동 차 섀 시	민규식 外 3	518	22,000	978-89-6345-247-0-93550
전 자 제 어 자 동 차 섀 시	이철승 外 2	410	22,000	978-89-6345-253-1-93550
자 동·무 단 변 속 기(이론·실습응용)	장성규 外 3	380	18,000	978-89-89920-24-3-93550
자 동 차 섀 시 정 비 실 습	김홍성 外 3	470	22,000	978-89-6345-174-9-93550
자 동 차 섀 시 실 습	오재건 外 3	470	20,000	978-89-6345-086-5-93550
자 동 차 전 자 제 어 섀 시 실 습	최병희 外 2	380	20,000	978-89-6345-125-1-93550
[NCS 교육과정에 의한] 자 동 차 섀 시 실 습 지 침 서	이형복	394	20,000	978-89-6345-207-4-93550
[NCS를 활용한] 자동차 전자제어 섀시실습	오태일 外 2	396	20,000	978-89-6345-229-6-93550
CAR 에 어 컨 시 스 템	김찬원 外 3	400	20,000	978-89-6345-130-5-93550
커 먼 레 일 이 론 실 무	장명원 外 3	464	22,000	978-89-89920-72-4-93550
자 동 차 보 수 도 장	이강복	230	18,000	978-89-6345-113-8-93550
자 동 차 차 체 수 리 실 무	김태원	420	20,000	978-89-89920-86-1-93550
자 동 차 수 리 견 적 실 무	권순익 外 2	450	20,000	978-89-6345-136-7-93550
휠 얼 라 인 먼 트	최국식	260	19,000	978-89-6345-227-2-93550
[最新] 자 동 차 섀 시 실 습	조성철 外 3	450	23,000	978-89-6345-273-9-93550
자 동 차 섀 시 일 반	임대성 外 2	506	24,000	978-89-6345-281-4-93550

기계

도 서 명	저 자	면수	정 가	비 고(ISBN)
[쉽게 풀이한] 재료역학	남정환 外 2	340	18,000	978-89-89920-53-3-93550
[AutoCAD활용] 전산응용기계제도	신동명 外 2	508	22,000	978-89-6345-085-8-13550
[따라하며 익히는] AutoCAD 기계제도실습	이상현	334	18,000	978-89-6345-231-9-93550
CATIA V5 모델링예제가이드	최홍태	616	26,000	978-89-6345-068-1-93550
[新] 일반기계공학	조성철 外 3	480	20,000	978-89-6345-024-7-93550
유체역학	박정우 外 2	320	19,000	978-89-6345-151-0-93550
유·공압제어기술	김근묵 外 3	412	18,000	978-89-89920-70-0-93530
[新編] 기계재료	신동명 外 1	440	22,000	978-89-6345-156-5-93550
공업열역학	박상규	440	20,000	978-89-6345-149-7-93550
기계열역학	배태열 外 2	350	20,000	978-89-6345-150-3-93550
연소공학	오영택 外 3	412	22,000	978-89-6345-070-4-93570
공압제어	정태현 外 2	312	19,000	978-89-6345-099-5-93560
[最新] 전산유체역학	서용권 外 5	370	20,000	978-89-6345-101-5-93560
PLC 제어	정태현 外 1	328	19,000	978-89-6345-107-7-93560
CNC 공작법	황석렬 外 1	200	17,000	978-89-6345-142-8-93550
[알기 쉬운] 유압공학	배태열 外 1	292	17,000	978-89-6345-109-1-93550
[수정판] 공업열역학	윤준규	612	28,000	978-89-6345-018-6-93550
공업기초수학	이용주 外 1	310	19,000	978-89-6345-057-5-93410
공업수학	이용주 外 1	238	18,000	978-89-6345-241-8-93410
기초역학	한성철	300	18,000	978-89-6345-284-5-93550

법규 및 기타 · 수험서

도 서 명	저 자	면수	정 가	비 고(ISBN)
[2020 개정] 자동차 보험 보상 실무	목진영 外 1	564	26,000	978-89-6345-280-7-93550
[2020 개정] 자동차관리법규	박재림 外 1	790	28,000	978-89-6345-283-8-13550
[NCS를 활용한] 자동차 검사 실무	신동명 外 3	654	23,000	978-89-6345-203-6-93550
스마트팩토리현장개선관리	이승호 外 2	350	19,000	978-89-6345-115-2-13320
[공학도를 위한] 창의적 공학 설계	이태근 外 1	296	18,000	978-89-6345-129-9-93550
냉 동 실 무	배태열	280	17,000	978-89-6345-134-3-93550
[最 新] 선 박 기 관	양현수	334	18,000	978-89-6345-114-5-93550
[산업기사시험대비] 자동차 정비 실무	최국식 外 3	516	25,000	978-89-6345-226-5-13550
자 동 차 정 비 산 업 기 사	이철승 外 3	620	26,000	978-89-6345-214-2-13550
[컬러판] 자 동 차 정 비 기 능 사 실 기	최인배 外 3	504	25,000	978-89-6345-217-3-13550
[신개념] 자동차 정비 기능사 총정리	김선양 外 3	584	21,000	978-89-6345-093-3-93550
[개정판] 건 설 기 계 [중장비] 공 학	김세광 外 2	508	20,000	978-89-89920-56-4-93550
건 설 기 계 운 전 기 능 사	김희찬 外 4	588	20,000	978-89-6345-230-2-13550
[단기완성] 건 설 기 계 운 전 기 능 사	이원청 外 5	438	18,000	978-89-6345-211-1-13550
[상시검정대비] 굴 삭 기 운 전 기 능 사	이영환 外 2	440	20,000	978-89-6345-257-9-13550
[상시검정대비] 지 게 차 운 전 기 능 사	이영환 外 3	400	20,000	978-89-6345-258-6-13550

도서출간안내

도서출판 미광

주소: (152-082) 서울시 구로구 개봉로 17나길 33, 1층(개봉동)
TEL: 02) 2611-3846, 2618-8742 FAX: 02) 2611-3847

도 서 명	저 자	면수	정 가	비 고(ISBN)
자 동 차 공 학	이철승 外 3	466	20,000	978-89-98497-14-9-93550
내 연 기 관 공 학	최낙정 外 2	486	22,000	978-89-98497-04-0-93550
[통신회로를 이용한] 자 동 차 전 기 회 로	이 용 주	330	18,000	978-89-98497-07-1-93550
공 업 기 초 수 학	박정우 外 3	324	19,000	978-89-98497-00-2-93410
열 역 학	이친규 外 3	400	20,000	978-89-98497-03-3-93550
열 · 유 체 공 학	이원섭 外 1	484	20,000	978-89-98497-06-4-93550
Project를 통한 Surface실무	김 태 규	340	18,000	978-89-98497-11-8-93550
[最新版] 기계 제도 & 도면 해독	신동명 外 2	454	22,000	978-89-98497-21-7-93550
[자가운전을 위한] 내 차 는 내 가 고 친 다.	박 광 희	246	15,000	978-89-98497-19-4-13550